教育部高等学校化工类专业教学指导委员会推荐教材
面向21世纪课程教材

2016年中国石油和化学工业优秀教材一等奖

催化剂工程导论

（第三版）

王尚弟　孙俊全　王正宝　编著

U0284239

化学工业出版社

·北京·

内 容 提 要

本书是将工业催化剂的制备生产、评价测试、设计开发、操作使用等重要工程问题的探讨与该学科前沿的研究进展融合编著而成。本书特色在于：催化理论与化工实践并重，体系新颖独特；既有相当的知识广度，又有适中的学术深度；特别注重实际工程案例的分析评述，以期有助于读者提高分析解决催化剂工程问题的能力。

全书共分 10 章：工业催化剂概述，工业催化剂的制造方法，催化剂性能的评价、测试和表征，工业催化剂的开发，工业催化剂的制备设计，工业催化剂的操作设计，工业聚烯烃催化剂，纳米催化材料，分子筛催化材料，若干催化剂的新进展。

本书可作为化学工程与工艺及相近专业的教材或教学参考书，亦可供有关工程技术人员阅读参考。

图书在版编目（CIP）数据

催化剂工程导论/王尚弟，孙俊全，王正宝编著.
3 版. —北京：化学工业出版社，2015.7（2023.8 重印）
教育部高等学校化工类专业教学指导委员会推荐教材
面向 21 世纪课程教材
ISBN 978-7-122-23668-5

Ⅰ.①催…　Ⅱ.①王…②孙…③王…　Ⅲ.①催化剂-高等学校-教材　Ⅳ.①TQ426

中国版本图书馆 CIP 数据核字（2015）第 079206 号

责任编辑：何　丽　徐雅妮

责任校对：边　涛　　　　　　　　　　　　装帧设计：关　飞

出版发行：化学工业出版社（北京市东城区青年湖南街 13 号　邮政编码 100011）
印　　刷：三河市航远印刷有限公司
装　　订：三河市宇新装订厂
787mm×1092mm　1/16　印张 21　字数 510 千字　2023 年 8 月北京第 3 版第 8 次印刷

购书咨询：010-64518888　　　　　　　　售后服务：010-64518899
网　　址：http://www.cip.com.cn
凡购买本书，如有缺损质量问题，本社销售中心负责调换。

定　价：58.00 元　　　　　　　　　　　　版权所有　违者必究

序

化学工业是国民经济的基础和支柱性产业，主要包括无机化工、有机化工、精细化工、生物化工、能源化工、化工新材料等，遍及国民经济建设与发展的重要领域。化学工业在世界各国国民经济中占据重要位置，自 2010 年起，我国化学工业经济总量居全球第一。

高等教育是推动社会经济发展的重要力量。当前我国正处在加快转变经济发展方式、推动产业转型升级的关键时期。化学工业要以加快转变发展方式为主线，加快产业转型升级，增强科技创新能力，进一步加大节能减排、联合重组、技术改造、安全生产、两化融合力度，提高资源能源综合利用效率，大力发展循环经济，实现化学工业集约发展、清洁发展、低碳发展、安全发展和可持续发展。化学工业转型迫切需要大批高素质创新人才，培养适应经济社会发展需要的高层次人才正是大学最重要的历史使命和战略任务。

教育部高等学校化工类专业教学指导委员会（简称"化工教指委"）是教育部聘请并领导的专家组织，其主要职责是以人才培养为本，开展高等学校本科化工类专业教学的研究、咨询、指导、评估、服务等工作。高等学校本科化工类专业包括化学工程与工艺、资源循环科学与工程、能源化学工程、化学工程与工业生物工程等，培养化工、能源、信息、材料、环保、生物工程、轻工、制药、食品、冶金和军工等领域从事工程设计、技术开发、生产技术管理和科学研究等方面工作的工程技术人才，对国民经济的发展具有重要的支撑作用。

为了适应新形势下教育观念和教育模式的变革，2008 年"化工教指委"与化学工业出版社组织编写和出版了 10 种适合应用型本科教育、突出工程特色的"教育部高等学校化工类专业教学指导委员会推荐教材"（简称"教指委推荐教材"），部分品种为国家级精品课程、省级精品课程的配套教材。本套"教指委推荐教材"出版后被 100 多所高校选用，并获得中国石油和化学工业优秀教材等奖项，其中《化工工艺学》还被评选为"十二五"普通高等教育本科国家级规划教材。

党的十八大报告明确提出要着力提高教育质量，培养学生社会责任感、创新精神和实践能力。高等教育的改革要以更加适应经济社会发展需要为着力点，以培养多规格、多样化的应用型、复合型人才为重点，积极稳步推进卓越工程师教育培养计划实施。为提高化工类专业本科生的创新能力和工程实践能力，满足化工学科知识与技术不断更新以及人才培养多样化的需求，2014 年 6 月"化工教指委"和化学工业出版社共同在太原召开了"教育部高等学校化工类专业教学指导委员会推荐教材编审会"，在组织修订第一批 10 种推荐教材的同时，增补专业必修课、专业选修课与实验实践课配套教材品种，以期为我国化工类专业人才培养提供更丰富的教学支持。

本套"教指委推荐教材"反映了化工类学科的新理论、新技术、新应用，强化安全环保意识；以"实例—原理—模型—应用"的方式进行教材内容的组织，便于学生学以致用；加强教育界与产业界的联系，联合行业专家参与教材内容的设计，增加培养学生实践能力的内容；讲述方式更多地采用实景式、案例式、讨论式，激发学生的学习兴趣，培养学生的创新能力；强调现代信息技术在化工中的应用，增加计算机辅助化工计算、模拟、设计与优化等内容；提供配套的数字化教学资源，如电子课件、课程知识要点、习题解答等，方便师生使用。

希望"教育部高等学校化工类专业教学指导委员会推荐教材"的出版能够为培养理论基础扎实、工程意识完备、综合素质高、创新能力强的化工类人才提供系统的、优质的、新颖的教学内容。

教育部高等学校化工类专业教学指导委员会
2015 年 1 月

第三版前言

本书出版至今，已逾 15 年。其间曾重印 9 次，累计共印约 10000 册。作为一本新编的专业课本，能得到编辑和读者的认可，以及市场的接纳，我深感荣幸，也觉侥幸。

这次改写第三版，内容作了一些修改增删。但初版的定位不变。本书是一本化工催化方面的"入门教科书"，最适于化工专业本科生，以及感兴趣和可接受性相当的其他读者。基于这种最初的设想，本次修订还删减了部分偏深的内容。

本次修订比第二版又新增了一章，前后已增写两章。这是因为，"催化剂工程"这门新学科，正是在这 15 年间，在纳米催化材料和新型分子筛这两个新领域，已取得了更大更新的进展，值得我们从事教学和研究的师生，以及其他读者，密切关注。

这两个方向的新进展预示着：（1）如果传统固体催化剂活性组分的初级颗粒，进一步细化到纳米级，那么这种纳米催化剂的活性或将呈现指数级的增长。我国近 10 年内已开发出多种纳米粉体材料。中国工业纳米催化剂的问世，已为期不远；（2）有序结构的介孔新型分子筛材料，或许是取代氧化硅、氧化铝、活性炭等传统催化剂载体的最佳替代品。它不仅有望适用于固体催化剂，也有望适用于均相或酶催化剂，成为新的"万能载体"。固体非均相催化剂、均相催化剂、酶催化剂，或将通过这种"万能载体"的平台，实现优势互补的高质量融合，并进而促进均相催化剂"负载化"、"锚定化"等难题的破解，以及无机膜催化剂、相转移催化剂等的创新与发明，从而实现工业催化剂又一场革命化的变革。我们大家都有理由期待！

执笔编写本书第三版的是：浙江大学联合化学反应工程研究所孙俊全（第七章）、王正宝（第三章）和王尚弟（其余各章）。

王尚弟

2015 年 4 月

于浙江大学玉泉校区

20 世纪特别是其下半叶以来，由于催化科学和技术的飞速进步，使得数以百计的工业催化剂开发成功，而数量更多的催化剂，在深刻认识的基础上，得以更新换代。新型催化剂正日益广泛和深入地渗透于石油炼制工业、化学工业、高分子材料工业、生物化学工业、食品工业、医药工业以及环境保护等产业的绝大部分工艺过程中，起着举足轻重的作用。

人们常把化学工艺的核心知识简明概括为"三传一反"，即传热、传质、传动和化学反应。"三传一反"，"反"是核心。工业的化学反应通常在反应器中进行，而这些反应器中，绝大部分都必须装有工业催化剂。事实上，催化技术现已成为调控化学反应速度与方向的核心技术。

经典的催化科学，涵盖面广。然而，应用于化工生产的催化科学，还应当有"化工催化"的限定，而且更适于将其研究领域划分为"工业催化剂"和"催化剂工程"这两个不同层次的子领域。前者偏重于工艺，后者偏重于工程；前者偏重于普及，后者偏重于提高。"化工催化"的教学内容，不应是纯科学的、或者"学院式"的，而应是以重要的化学工艺过程为背景并为之服务的，富有工程特色的。强调这一特色十分必要。众所周知，在 20 世纪中晚期，前苏联科学家在催化科学中的成就是卓越的，世界公认的；然而，前苏联的许多重要工业催化剂，却又一直颇为落后，在世界上默默无闻。这个矛盾的历史事实，是发人深省的。

催化剂工程仍然是一门前沿新学科。关于其研究对象和领域，至今尚未见到明确而权威的界定，并且国内外至今也尚无有关的专著，特别是教材的问世。但据我们理解，催化剂工程，是以工业催化剂的制造生产、评价测试、设计开发、操作使用等工程问题为其研究对象的一门科学。它有理由成为 21 世纪化工行业专门人才所必备的基本知识之一。

新学科催化剂工程立足于经典的催化科学和化学动力学、化学反应工程学、计算机应用化学以及表面物理化学等多学科的交界面上，是数理化基础科学互相渗透、互为补充而又有机融合的新产物。

"催化剂工程"与"化学反应工程"既有联系，又有区别。后者以研究工业反应器为主，而前者以研究反应器中运转的催化剂为主。而若将两者有机地结合起来研究，将会产生出更多更好的研究成果来。例如，一旦定型的工业反应器，其结构往往相对稳定，更新较慢。然而其中的催化剂定型生产后，换代开发却相当频繁，目前已缩短至每 3~5 年更换一个牌号。世界上催化剂的创新（特别是专利创新）从未停顿过，随之而来的装置扩容、挖潜、节能、增效等成果也就源源而来，日新月异，并以此推动着化学工艺过程更加多快好省地实现。

现代物理手段的介入，以及电子计算机运用于化工催化，已经大大帮助了人们认清催化现象背后的物理化学本质，从而充实了催化理论的准确性及预见性，并且大大提高了工业催化剂设计开发的速度、质量和效益，同时使之由长期以来的盲目定性试探，向精确的定量计算转化，进而由技艺型向科学型转化。在世纪之交的近几年里，已看到化工催化这一革命性转变的前兆。

本教材以与催化剂有关的工程问题为主线，保留了工业催化剂的精粹部分，以期使之具备作为教科书的广泛可接受性。它既适于本专业本科生学习，也适于某些非化工专业（如石油炼制、环境化工）的学生和科技人员参考，也可作为化学工艺类专业硕士研究生的前修课参考书。由于编者立意于扩大知识覆盖面且便于学生自学，本书篇幅略长。用书教师对教学内容可灵活取舍。例如，本科生可不讲授第七章和第八章，研究生可不讲授第一章和第二章，而分别令其自学，教师答疑并主持讨论。

在素材选择方面，本书更重视最常见而且最典型的工业催化剂，尤其是国内业已广泛应用的催化剂，以引导读者举一反三并学以致用。除常见的多相、无机材质的催化剂而外，还新增了有机金属配合物催化剂、工业酶催化剂等内容，同时又强化了工业催化剂开发设计的成功案例分析。所选催化剂的案例力求具有典型性、重要性和新颖性，突出我国相关的科技成果，尤其是专利创新成果。这是因为工程科学研究的目的，主要并不在于发现，而是发明；主要并不在于沿袭，而是创新。当前，国外各学科的科技创新成果多集中记载于专利文献中，而公开发表并被承认和推广。化工催化领域是发达国家的专利高产区之一。透过这一领域可以看到，在目前世界经济一体化的大背景下，科学技术商品化、产业化、国际化的发展总趋势。本书还用较大篇幅增加了与工业催化剂操作和使用有关问题的讨论，并列为重点之一。这是由于工业催化剂本身与其他任何化工产品一样，也应该从其制备、性能和使用这三个侧面及其结合上来研究开发和设计等问题，才是全面的、恰当的。更何况，绝大多数工科学生，今天在大学里学习和研究催化剂，并不只是专门为了日后研究或生产制造催化剂，而主要是为了更好地使用好各种催化剂。

本书的编著出版是当前高校教学改革的一项成果，得到教改项目组和相关院校的大力支持，尤其是浙江大学化工学院及联合化学反应工程研究所，对编者给予了许多关心指导和经费资助。对此一并表示诚挚的谢意。

执笔编写本书的是浙大联合化学反应工程研究所孙俊全（第七章）和王尚弟（其余各章）。本书由华东理工大学化工学院徐佩若、四川大学化工学院党洁修和梁斌主审。

由于编者水平有限，加之编著时间仓促，本书错误在所难免，敬请专家学者及其他读者不吝指教，我们将甚感荣幸。

编　者
2001 年 4 月
于浙江大学求是村

第二版前言

本书自 2001 年 8 月出版以来，先后重印过三次。读者的关注和市场的接纳，感染了我们，在出版社编辑的要求下，着手修订再版。

有关催化的著述已经相当浩繁。当年之所以要写这本书，无非是希望为整合后的"化学工程与工艺"专业，量身定制一本工业催化的入门教科书，并且主要突出工科教材的实用性，以及它的可接受性。

从本书初版后读者的反响看，我们当初的希望没有落空。有几位从事化工生产的民营企业家，买书看过之后，辗转找到我们，为的是面对面地讨论一下本书，以及他们的难题。

一些学生，从学长们那里听到过对催化课题的议论："研究就是研制，研制就是制备，制备就是全凭经验盲目地筛选配方。"当这些学生自己也进入毕业前的课题研究，再翻翻上课时无暇顾及的这本催化教材时，其中有的人也许就会想到"原来催化剂是可以这样来研究的"。

不错，国内外前沿的催化剂研究方法就是这样地在变化着，发展着。如今，许多工业催化剂配方已经可以在进行必要而精炼的若干"样本试验"之后，借助电脑，预先粗略地设计出来。信息技术与合成化学的完美结合，正改变着 21 世纪的化工，也发展着 21 世纪的工业催化。目前，有关各种"聚合物分子设计"之类的专用软件信息，人们已经不难从期刊或互联网上找到。

本次修订与初版的间隔时间不长，因而，除删节一些过时的内容，订正若干初版的谬误，以及润色部分欠妥的文字之外，篇章结构等主要内容变更不多，仅增写了篇幅有限的"纳米催化材料"一章。近十年来，纳米材料的高新科技异军突起，激活了以往相对较为沉寂的无机精细化工（与有机精细化工和功能高分子相比），这其中也包括了某些固体催化剂。这种新形势发展下去，其影响之所及，我们大家在数年之后就会更加明显地感觉到。

王尚弟

2006 年 3 月

于浙江大学玉泉校区

目录

第3章　催化剂性能的评价、测试和表征 / 70

第 4 章　工业催化剂的开发 / 120

第 9 章　分子筛催化材料 / 279

第 10 章　若干催化剂的新进展 / 302

第1章

工业催化剂概述

1.1 催化剂在国计民生中的作用

1.1.1 催化剂——化学工业的基石

催化剂是影响化学反应的重要媒介物，是开发许多化工产品生产的关键。以生产化工产品为目的的化学工业，是一个高技术、多品种的复杂产业。据新近统计，化学物质的种类正呈指数倍增加，现已达到一千万种左右，其中大部分是 1975～1995 年发现和合成的[T13]。与能源、材料和信息相关的产业，是当代工业社会最大和最基本的三大支柱产业。石油化学工业与其中能源和材料产业密切相关，与一个国家综合国力的强弱以及人民生活水平的高低关系甚大。

在现代化学工业和石油加工工业、食品工业及其他一些工业部门中，广泛地使用着催化剂。据估计，现代燃料工业和化学工业的生产，80％以上采用催化过程。新开发的产品中，采用催化方法的比例高于传统产品，而有机产品生产中的比例又高于无机产品。

以下，我们根据最近搜集到的各种相关数据，探讨化学工业的重要性以及工业催化剂的作用。

表 1-1 与我国化学工业相关的部分原料、半成品和成品的年产量[T35]

产 品 名 称	单 位	2012 年	2013 年	备 注
原煤	亿吨	36.50	86.80	
原油	万吨	20571.14	20946.87	
天然气	亿米^3	1070.35	1070.46	
汽油	万吨	8976.07	9833.30	
柴油	万吨	17063.81	17272.80	
硫酸(折合 100％)	万吨	7876.63	8122.60	
烧碱(NaOH)	万吨	2696.82	2858.95	
纯碱(Na$_2$CO$_3$)	万吨	2395.93	2434.95	
乙烯	万吨	1486.80	1622.60	不包括台湾地区产量
合成氨	万吨	5528.40	5745.30	
农用氮磷钾化肥	万吨	6832.10	7036.70	

产 品 名 称	单位	2012 年	2013 年	备 注
初级形态的塑料	万吨	5330.92	5836.70	
合成橡胶	万吨	397.39	408.80	
合成洗涤剂	万吨	933.80	1029.60	
化学药品原料	万吨	292.19	271.00	
中成药	万吨	313.04	310.60	
化学纤维	万吨	3837.37	4121.94	
水泥	万吨	220984.08	241613.60	
橡胶轮胎外胎	万条	89370.49	96503.60	
平板玻璃		75050.50	77898.40	

表 1-1 数据取自《2014 年中国统计年鉴》，其中未包括的几种有机化工重要产品的数据，表 1-2 进行了补充。

表 1-2　我国部分有机化学品的年产量[T36]

产 品 名 称	单位	2011 年	2012 年
丙烯	万吨	819.96	808.77
丁二烯	万吨	137.33	137.36
苯	万吨	359.13	351.72
甲苯	万吨	84.23	92.67
对二甲苯	万吨	441.11	440.55
甲醇	万吨	19.88	64.90
环氧乙烷	万吨	65.62	70.12
苯乙烯	万吨		204.22
苯酐	万吨		12.75

表 1-2 数据取自〈2013 年中国石油化工集团公司年鉴〉。该公司生产绝大多数国内的石油化工新产品。例如表 1-1 和表 1-2 未具体提及的聚烯烃（PE、PP、PS）树脂，2012 年中石化的总产量达 5213 万吨/年[T42]。

此外，我国台湾省化工产品的产能也不少，例如台塑集团 2013 年聚氯乙烯（PVC）产能 317 万吨/年，排名世界第二，其装置位于中国大陆和台湾地区，以及美国。2013 年，中国台湾生产聚苯乙烯（PS）85.4 万吨，ABS 树脂 120.9 万吨[T42]。台湾还生产乙烯，产能 20 余万吨/年。

为了进行横向对比，图 1-1 和图 1-2 表示出世界几种最大宗石化产品的产量。

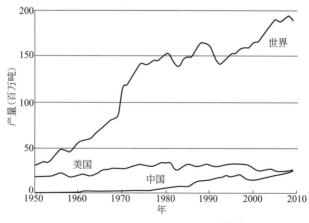

图 1-1　中国、美国的硫酸产量[T41]

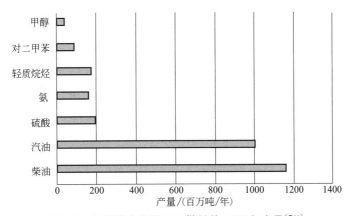

图 1-2 某些基本化学品及燃料的 2010 年产量[T41]

综合表 1-1、表 1-2 和图 1-1 与图 1-2 的信息加以对比，可以看出，经过建国 60 余年，特别是近 30 余年的发展和不懈努力，我国化学工业现已取得长足的进步，生产的总产能和总产量，已跻身世界化工大国的行列。当然距化工强国的目标还有很长的路要走。

催化作用对于现代能源转化、化学品制造以及环境科技而言，已是必不可少。据目前统计，85％的化工生产用到催化剂。燃料化学品，差不多每一种都会用到一种或多种催化剂。目前 80％的催化过程用到固体催化剂，其余 20％使用均相催化剂（17％）和生物催化剂（3％）。

2004 年，世界催化剂销售额达到 150 亿美元/年左右，其中 120 亿/年来自固体催化剂，预计年销售额增长 5％。2007 年至今的相关数据见表 1-3。

表 1-3 世界催化剂需求量及预测[T38]

项　　目	需求量（亿美元/年）			年平均增长率,％
	2007 年	2010 年	2013 年	
炼油催化剂	43.5	49.8	58.5	5.7
石油化学催化剂	30.3	36.4	43.4	7.2
聚合催化剂	32.4	37.5	43.0	5.4
精细化学品催化剂/其它	14.7	15.9	17.0	2.5
环保催化剂	55.1	62.8	69.3	4.3
总计	176	202.4	231.2	约 5

工业催化剂是小产量而高附加值的特殊精细化学品。国外 2004 年有人根据流化床催化裂化及加氢裂解的数据计算出，催化剂的成本利润率为 100％以上。所有能源和化工行业的利润率在 100％～300％之间。由此推算出 2004 年催化剂行业的总利润达 15000 亿美元[T38]。此前在 1984 年，美国有人根据石油化工行业催化剂销售的 13.3 亿美元，对应产出石化产品销售额 2590 元，即用 1 美元催化剂产出价值 195 美元的产品。这两项相隔 20 年的经济分析，得出甚相一致的极高利润率结论。可见，催化剂有可观的直接经济效益。

再者，许多重要的石油化工过程，不用催化剂时，其化学反应速率非常缓慢，或者根本无法进行工业生产。采用催化方法可以加速化学反应，广辟自然资源，促进技术革新，大幅度降低产品成本，提高产品质量，并且合成用其他方法不能得到的产品。因此，催化剂在化学工业中对提高其间接经济效益的作用更大。

随着世界工业的发展,保护人类赖以生存的大气、水源和土壤,防止环境污染是一项刻不容缓的任务。这就要求尽快地改造引起环境污染的现有工艺,并研究无污染物排出的绿色化工新工艺,以及大力开发有效治理废渣、废水和废气污染的过程和催化剂。在这方面,催化剂也越来越起着重要的作用,具有极大的社会效益,并且还将对人类社会的可持续发展做出重大的贡献。

总之,可以说,没有催化剂就没有近代的化学工业,催化剂是化学工业的基石。以下几方面的典型实例,可说明催化剂对化学工业乃至整个国计民生的重要作用。

1.1.2 合成氨及合成甲醇催化剂

合成氨工业,对于世界农业生产的发展,乃至对于整个人类物质文明的进步,都是具有重大历史意义的事件。氨是世界上最大的工业合成化学品之一,主要用作肥料。

正是合成氨铁系催化剂的发现和应用,才实现了用工业的方法从空气中固定氮,进而廉价地制得了氨。此后各种催化剂的研究和发展与合成氨工艺过程的完善相辅相成,曾经起过重要的作用。至今,现代化大型氨厂中几乎所有工序都采用催化剂。图 1-3 是典型的现代化氨厂流程示意。表 1-4 列举了现代化氨厂所用的催化剂。

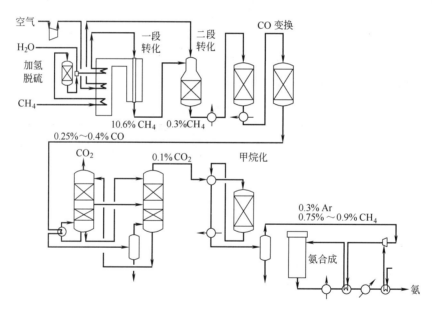

图 1-3 以天然气为原料生产合成氨的工艺流程简图[T10]

表 1-4 天然气或石脑油水蒸气转化制氨所用的催化剂[T2,T11] （1000t/d）

催化反应器名称	加氢反应炉	脱硫塔		一段转化炉	二段转化炉	一氧化碳变换炉			甲烷化炉	氨合成塔
催化剂名称	钼酸钴催化剂	钼酸钴催化剂	氧化锌脱硫剂	一段转化催化剂	二段转化催化剂	中温变换催化剂	低温变换防护剂	低温变换催化剂	甲烷化催化剂	氨合成催化剂
使用前活性组分	MoO_3		ZnO	NiO	NiO	Fe_2O_3	ZnO 或 $CuO\text{-}ZnO$	CuO	NiO	Fe_3O_4
使用后活性组分	MoS_2		ZnO	Ni	Ni	Fe_3O_4	ZnO 或 $CuO\text{-}ZnO$	Cu	Ni	Fe

催化反应器名称	加氢反应炉	脱硫塔		一段转化炉	二段转化炉	一氧化碳变换炉			甲烷化炉	氨合成塔
催化剂名称	钼酸钴催化剂	钼酸钴催化剂	氧化锌脱硫剂	一段转化催化剂	二段转化催化剂	中温变换催化剂	低温变换防护剂	低温变换催化剂	甲烷化催化剂	氨合成催化剂
操作温度/℃	350～430	350～430		500～800	800～1000	300～500	200～280	200～280	250～400	400～500
操作压力/MPa	3	3		3	3	3	3	3	3	20～30
催化剂装量/m³	10～50	26～60		16～26	25～30	50～75	5～10	60～65	20～30	30～50
预期寿命/a	3～4	取决于进气硫含量		3～4		3～4		2～3	3～5	4～5
保证寿命/a	1	1～2		1	1～2	1		1	1～2	1～3

工业氨由氮和氢合成。氮从空气中获取，氢从含氢的水或烃（天然气、石脑油、重油等）以及煤中获取。各种工业合成氨工艺路线的不同，本质在于其制氢路线的区别。其中，水电解法、煤为原料的水煤气法或重油部分氧化法制氢是非催化过程。世界上现代化的大型合成氨厂，多数采用技术先进、经济合理的烃类水蒸气转化法，按下列反应制得氢，进而制氨。

$$CH_4 + H_2O \longrightarrow 3H_2 + CO \tag{1-1}$$

（天然气）

$$C_n H_m + n H_2O \longrightarrow \left(n + \frac{m}{2}\right) H_2 + nCO \tag{1-2}$$

（石脑油）

$$CO + H_2O \longrightarrow H_2 + CO_2 \tag{1-3}$$

从图 1-3 和表 1-4 可知，一个以天然气（或石脑油）为原料的现代化大型合成氨生产装置，实际上要使用加氢、脱硫、一段转化、二段转化、中温变换、低温变换、甲烷化及氨合成等 8 种以上不同的催化剂。而这 8 种催化剂又派生出国内外数十种不同牌号的催化剂产品。以它们为主，形成一个庞大的化肥催化剂系列。例如我国已有化肥催化剂生产厂家约 40 个，它们可以生产 9 大类、20 余个品种，共 80 多个型号的国产化肥催化剂，其中有些型号已有非常好的质量，有的已达到国外同类产品的水平。

最初的合成氨造气工艺，利用水电解或利用水煤气变换制氢，成本昂贵。随着天然气或石脑油（轻油）水蒸气转化制氢催化剂的开发，使合成氨工业得到了廉价的氢气来源。早期的合成氨原料气净化，用铜氨液吸收脱除 CO，流程繁杂，成本昂贵，生产环境条件差，在一氧化碳低温变换和甲烷化催化剂开发成功后，采用甲烷化法脱除 CO 和 CO_2，各种问题迎刃而解。许多类似的事例都说明，没有催化剂领域科学和技术的进步，便不会有合成氨工业今日的面貌。

当前合成氨工业的革新、改造和挖潜，也有待于新催化剂的发明和老催化剂的更新。

从今后的发展看，合成氨工业要解决节能降耗的技术难题，自然离不开低水碳比的新型蒸汽转化催化剂的开发。而要开发"等压合成"的新流程，多半要依赖于低温、低压、高活性的新型合成氨催化剂（例如钌系催化剂）的研制成功，如此等等，不胜枚举。

甲醇是最重要的基本有机化工产品之一，也是最简单的醇基燃料。其主要下游产品包括甲醛、二甲醚、甲基叔丁基醚、甲基丙烯酸甲酯等。

合成甲醇是合成氨的姊妹工业，因为两者的原料路线和工艺流程都极为相似。例如，按式（1-1）或式（1-2）反应，调节两反应条件，并且不进行式（1-3）的变换反应，则烃类水蒸气转化反应最终可得以 CO 和 H_2 为主的甲醇合成气，进而可以由它们合成甲醇。该反应与合成氨有相近的高压条件，却有各不相同的合成催化剂。合成甲醇，同样也是一个需要多种催化剂的生产过程。而且同样地，合成甲醇用的降低操作温度与压力的多种节能催化剂的开发，也层出不穷，数十年来一直不停顿地进行着换代开发。

1.1.3 催化剂与石油炼制及合成燃料工业

石油是当代工业和交通运输业的血液。石油工业的蓬勃兴起，是第二次世界大战后世界经济繁荣的主要支柱之一。

早期的石油炼制工业，从原油中分离出较轻的液态烃（汽油、煤油、柴油）和气态烃作为工业交通以及民用的能源。早期主要用蒸馏等物理方法，以非化学、非催化过程为主。

近代的石油炼制工业，为了扩大轻馏分燃料的收率并提高油品的质量，普遍发展了催化裂化、烷基化、加氢精制、加氢脱硫等新工艺。在这些新工艺的开发中，无一不伴有新催化剂的成功开发。

二战后，随着新兴的石油化学工业的发展，许多重要的化工产品的起始原料由煤转向石油和天然气。乙烯、丙烯、丁二烯、乙炔、苯、甲苯、二甲苯和萘是有机合成和三大合成材料（塑料、橡胶、纤维）的有机基础原料。过去这些原料主要来源于煤和农副产品，产量非常有限，现在则大量地来自石油和天然气。当用石油和天然气生产石油化工基础原料时，广泛采用的方法有石油烃的催化裂解和石油炼制过程中的催化重整。特别是流化床催化裂化（FCC）工艺的开发，被称为 20 世纪的一大工业革命。裂化催化剂是世界上应用最广、产量最大的催化剂。从石油烃非催化裂解可以得到乙烯、丙烯和部分丁二烯。催化重整的根本目的是从直链或支链烃石油馏分中制取苯、甲苯和二甲苯等芳烃。表 1-5 列出了从石油出发生产的若干重要化工产品及其多相催化剂。

表 1-5 若干重要石油化工产品及其多相催化剂[T7]

过 程 或 产 品	催 化 剂	反 应 条 件
催化裂化以生产汽油	Al_2O_3/SiO_2 分子筛	500～550℃, 0.1～2MPa
加氢裂化生产汽油及其他燃料	$MoO_3/CoO/Al_2O_3$ Ni/SiO_2-Al_2O_3 $Pd/$分子筛	320～420℃, 10～20MPa
原油加氢脱硫	$NiS/WS_2/Al_2O_3$ $CoS/MoS_2/Al_2O_3$	300～450℃, 10MPa
石脑油催化重整 （制高辛烷值汽油、芳烃、液化石油气）	Pt/Al_2O_3 双金属$/Al_2O_3$	470～530℃, 1.3～4MPa
轻汽油（烷烃）异构化或间二甲苯异构化制邻或对二甲苯	Pt/Al_2O_3 $Pt/Al_2O_3/SiO_2$	400～500℃, 2～4MPa
甲苯脱甲基制苯	MoO_3/Al_2O_3	500～600℃, 2～4MPa
甲苯歧化制苯和二甲苯	$Pt/Al_2O_3/SiO_2$	420～550℃, 0.5～3MPa
烯烃低聚生产汽油	$H_3PO_4/$硅藻土 $H_3PO_4/$活性炭	200～240℃, 2～6MPa

在经历了半个多世纪高消耗量的开发使用后，作为石油炼制及化学工业原料支柱的石油资源，如今已面临着日益枯竭的危机。而天然气和煤已探明的储量和可开采期，要大得多和

长得多。加之，当前世界煤、石油、天然气的消费结构与资源结构间比例失衡，价廉而方便的石油消费过度。因此，在未来"石油以后"的时代里，如何获取新的产品取代石油，以生产未来人类所必需的能源和化工原料，已成为一系列重大而紧迫的研究课题。于是 C_1 化学应运而生。

C_1 化学主要研究含一个碳原子的化合物（如甲烷、甲醇、CO、CO_2、HCN 等）参与的化学反应。目前已可按 C_1 化学的路线，从煤和天然气出发，生产出新型的合成燃料，以及三烯（乙烯、丙烯、丁二烯）、三苯（苯、甲苯、二甲苯）等重要的起始化工原料。这些新工艺的开发，几乎毫无例外地需要首先解决催化剂这一关键难题。有关催化剂的开发，目前已有程度不同的进展。

新型的合成燃料，包括甲醇、乙醇等醇基燃料、甲基叔丁基醚和二甲醚等醚基燃料以及合成汽油等烃基燃料。

由异丁烯与甲醇经催化反应而制得的甲基叔丁基醚（MTBE）是一种醚基燃料，兼作汽油的新型抗爆添加剂，取代污染空气的四乙基铅。由两分子甲醇催化脱水，或由合成气（$CO+H_2$）一步催化合成，均可得二甲醚。二甲醚的燃烧性能和液化性能均与目前大量使用的液化石油气相近。它不仅可以取代后者，用作石油化工的原料和燃料，而且有望部分取代汽油、柴油，作为污染少得多的"环境友好"燃料。美国有专家经论证后甚至认为，二甲醚是 21 世纪新型合成燃料中之首选品种。二甲醚再催化脱水还可制乙烯。

由天然气催化合成汽油已在新西兰成功地实现了工业化大生产，使这个贫油而富产天然气的国家实现了汽油的大部分自给。

由甲醇经催化合成制乙烯、丙烯等低级烯烃，由甲烷催化氧化偶联制乙烯，都是目前正在大力开发并有初步成果的新工艺。由乙烯、丙烯在催化剂的作用下，通过低聚等反应制取丁烯，进而制取丁二烯，以及其他更高级的烯烃。由低级烯烃等还可催化合成苯类化合物（苯、甲苯、二甲苯）。

1.1.4 基础无机化学工业用催化剂

以"三酸两碱"为核心的基础无机化工产品，品种不多，但产量巨大。如硫酸是世界产量最大的合成化学品之一，2010 年世界硫酸产量 2 亿吨（见图 1-2）。硫酸曾被称为化学工业之母，是一个国家化工强弱的重要标志之一。硝酸为炸药工业之母，有重大的工业和国防价值。

早期的硫酸生产是以二氧化氮为催化剂在铅室塔内氧化 SO_2 制得，设备庞大、硫酸浓度低。1918 年成功开发钒催化剂，其活性高、抗毒性好、价格低廉，使硫酸生产质量提高、产量增加、成本大幅度下降。

早期硝酸生产在原料上依赖于智利硝石，用硫酸分解硝石制取，成本高，生产能力小。之后发展的高温电弧法，使氨和氧直接化合为氮氧化物进而生产硝酸，能耗大。1913 年，在铂-铑催化剂的存在下实现了氨的催化氧化，在此基础上奠定了硝酸的现代生产方法，从而完全淘汰了历史上的硝石法和高温电弧法。

生产工业原料气及主要无机化学品使用的多相催化剂分类见表 1-6。

1.1.5 基本有机合成工业用催化剂

基本有机化学工业，在化学上是基于低分子有机化合物的合成反应。有机物反应存在反应速度慢及副产物多的普遍规律。在这类反应中，寻找高活性和选择性的催化剂，往往成为

表 1-6　生产工业原料气及主要无机化学品用多相催化剂[T7]

产品或过程	催化剂(主要成分)	反 应 条 件
甲烷水蒸气转化 $H_2O + CH_4 \longrightarrow 3H_2 + CO$	Ni/Al_2O_3	$750 \sim 950℃, 3 \sim 3.5MPa$
CO 变换	Fe/氧化铬 Cu/ZnO	$350 \sim 450℃$ $140 \sim 260℃$
甲烷化(合成天然气)	Ni/Al_2O_3	$500 \sim 700℃, 2 \sim 4MPa$
氨合成	$Fe_3O_4(K_2O, Al_2O_3)$	$450 \sim 500℃, 25 \sim 40MPa$
SO_2 氧化为 SO_3	$V_2O_5/$载体	$400 \sim 500℃$
NH_3 氧化为 NO_2 (制硝酸)	Pt-Rh 网	约 $900℃$
Claus 法制硫 $2H_2S + SO_2 \longrightarrow 3S + 2H_2O$	铝矾土，Al_2O_3	$300 \sim 350℃$

其工业化的关键。故基本有机化学工业中催化反应的比例更高。在乙醇、环氧丙烷、丁醇、辛醇、1,4-丁二醇、醋酸、苯酐、苯酚、丙酮、顺丁烯二酸酐、环氧乙烷、甲醛、乙醛、环氧氯丙烷等生产中，无一不用到催化剂，分类举例如表 1-7。基本有机合成工业在加工其下游高分子化工和精细化工产品中起关键作用，故在近半个世纪以来，有高速的增长。

表 1-7　生产有机化学品用多相催化剂[T7]

过程或产品	催 化 剂	反 应 条 件
加氢		
甲醇合成 $CO + 2H_2 \longrightarrow CH_3OH$	$ZnO\text{-}Cr_2O_3$ $CuO\text{-}ZnO\text{-}Cr_2O_3$	$250 \sim 400℃, 20 \sim 30MPa$ $230 \sim 280℃, 6MPa$
油脂硬化	Ni/Cu	$150 \sim 200℃, 0.5 \sim 1.5MPa$
苯制环己烷	RaneyNi 贵金属	液相 $200 \sim 225℃, 5MPa$ 气相 $400℃, 2.5 \sim 3MPa$
醛和酮制醇	Ni,Cu,Pt	$100 \sim 150℃, 3MPa$
酯制醇	$CuCr_2O_4$	$250 \sim 300℃, 25 \sim 50MPa$
腈制胺	Co 或 Ni (负载于 Al_2O_3 上)	$100 \sim 200℃, 20 \sim 40MPa$
脱氢		
乙苯制苯乙烯	Fe_3O_4(Cr、K 氧化物)	$500 \sim 600℃, 0.12MPa$
丁烷制丁二烯	Cr_2O_3/Al_2O_3	$500 \sim 600℃, 0.1MPa$
氧化		
乙烯制环氧乙烷	Ag/载体	$200 \sim 250℃, 1 \sim 2.2MPa$
甲醇制甲醛	Ag 晶体	约 $600℃$
苯或丁烷制顺丁烯二酸酐	$V_2O_5/$载体	$400 \sim 450℃, 0.1 \sim 0.2MPa$
邻二甲苯或萘制邻苯二甲酸酐	V_2O_5/TiO_2 $V_2O_5\text{-}K_2S_2O_7/SiO_2$	$400 \sim 450℃, 0.12MPa$
丙烯制丙烯醛	Bi/Mo 氧化物	$350 \sim 450℃, 0.15MPa$

过程或产品	催化剂	反应条件
氢氧化		
丙烯制丙烯腈	钼酸铋(U、Sb 氧化物)	$400\sim450℃$,$1\sim3MPa$
甲烷制 HCN	Pt-Rh 网	$800\sim1400℃$,$0.1MPa$
乙烯+HCl/O_2制氯乙烯	$CuCl_2/Al_2O_3$	$200\sim240℃$,$0.2\sim0.5MPa$
羰基化		
甲醇羰基合成醋酸	Rh 配合物(均相)	$150\sim200℃$,$3.3\sim6.5MPa$
烷基化		
甲苯和丙烯制异丙基苯	H_3PO_4/SiO_2	$300℃$,$4\sim6MPa$
甲苯和乙烯制乙苯	Al_2O_3/SiO_2 或 H_3PO_4/SiO_2	$300℃$,$4\sim6MPa$
烯烃反应		
乙烯聚合制聚乙烯	Cr_2O_3/MoO_3 或 Cr_2O_3/SiO_2	$50\sim150℃$,$2\sim8MPa$

1.1.6 三大合成材料工业用催化剂

合成树脂与塑料、合成橡胶以及合成纤维这三大合成材料是石油化工最重要的三大下游产品,有着广泛的用途和巨大的经济价值。

自 2000 年以后,世界塑料年产量已超过 $1.0\times10^8 t$,以其使用体积计,与钢铁持平。产量最大的通用塑料是聚乙烯、聚丙烯、聚苯乙烯、聚氯乙烯和热塑性聚酯等,它们在包装、建筑、电器等各行业用途广、用量大,发展很快。

在合成树脂及塑料工业中,聚乙烯、聚丙烯等的生产以及高分子单体氯乙烯、苯乙烯、醋酸乙烯酯等的生产,都要使用多种催化剂(如表 1-7 所示)。

1953 年,Ziegler-Natta 型催化剂问世,这是化学工业中里程碑的伟大事件,由此给聚合物的生产带来一次历史性的飞跃。利用这种催化剂,首先使乙烯在接近常压下聚合成高分子量❶聚合物。而在过去,这个反应是要在 $100\sim300MPa$ 下才能发生的。继而又发展到丙烯的聚合,并成功地确立了"有规立构聚合体"的概念。在此基础上,关于聚丁二烯、聚异戊二烯等有规立构聚合物也相继被发现。于是,一个以聚烯烃为主体的合成材料新时代便开始了。

到 20 世纪 90 年代前后,又出现了全新一代的茂金属催化剂等新型聚烯烃催化剂,如 Kaminsky-Sinn 催化剂等。新一代聚烯烃催化剂将具有更高的活性和选择性,能制备出质量更高、品种更多的全新聚合物,如高透明度、高纯度的间规聚丙烯;高熔点、高硬度的间规聚苯乙烯;分子量分布极均匀或"双峰分布"的聚烯烃;含有共聚的高支链烃单体或极性单体的聚烯烃;力学性能优异且更耐老化的聚烯烃弹性体等等。总之,可以看到,在新世纪开始后的不长时期内,以茂金属为代表的全新聚合催化剂,将把人类带进一个聚烯烃以及其他塑料的新时代,聚合物生产的又一次大飞跃已经到来。

在合成橡胶工业中,几个主要的品种,如丁苯橡胶、顺丁橡胶、异戊橡胶和乙丙橡胶等的生产中都要采用催化剂,如丁烯氧化脱氢制丁二烯、苯烃化制乙苯、乙苯脱氢制苯乙烯、

---

❶ 本书中的分子量均指相对分子质量。

异戊烷制异戊二烯等用于单体生产的催化剂，以及进一步用于单体聚合的多种催化剂体系等。

在合成纤维工业中，四大合成纤维的生产，无不包含催化过程。涤纶（聚对苯二甲酸乙二醇酯）纤维的生产需要甲苯歧化、二甲苯异构化、对二甲苯氧化、对苯二甲酸酯化、乙烯氧化制环氧乙烷、对苯二甲酸与乙二醇缩聚等多个过程，于是几乎每个过程都有催化剂参与；在腈纶（聚丙烯腈）纤维生产中，要用到丙烯氨氧化等多种催化剂；在维纶（聚乙烯醇）纤维生产中，无论是由乙炔合成或由乙烯合成醋酸乙烯酯，均系催化过程；特别是在聚酰胺纤维的生产中，还有可能用到苯加氢制环己烷和苯酚氧化制环己醇等各种催化剂。

这里仅以苯为原料制造聚酰胺纤维的单体己内酰胺的过程为例（如图1-4所示），加以具体说明。

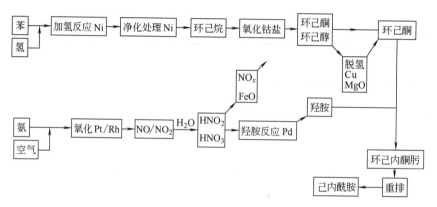

图 1-4 由苯制取己内酰胺的过程[T5]

以上过程包括：①加氢反应，由苯加氢生成环己烷，使用骨架（Raney）镍或活性氧化铝作载体的钯（Pd/Al$_2$O$_3$）催化剂；②氧化反应，由环己烷氧化生成环己酮和环己醇，所用催化剂为钴的醋酸盐或硼酸；③脱氢反应，由环己醇脱氢成为环己酮，早期所用的锌-铁催化剂，反应温度约400℃，以后改为铜-镁催化剂，反应温度降到260℃，近来采用铜-锌催化剂后，在同样操作条件下，可使催化剂寿命大大延长。

1.1.7 精细化工及专用化学品中的催化

近20年来，精细及专用化学品工业发展很快。它包括数百种技术密集、产量小而附加值高的化工产品，例如塑料助剂、橡胶助剂、纤维用化学品、表面活性剂、胶黏剂、药品、染料、催化剂等。其中，专用化学品一般指专用性较强、能满足用户对产品性能要求、采用较高技术和中小型规模生产的高附加值化学品或合成材料（如某些功能高分子产品）；而精细化学品，一般指专用性不甚强的高附加值化学品。这两类化学品，有时难以严格区分。精细及专用化学品的用途，几乎遍及国民经济和国防建设各个部门，其中也包括整个石油化工部门本身。

由于多品种的特点，在精细及专用化学品生产中往往要涉及多种反应，如加氢、氧化、酯化、环化、开环、重排等，且往往一种产品要涉及多步反应。因此，在这个工业部门中，催化剂使用量虽不大，但一种产品往往要涉及多个催化剂品种。

精细化学品的化学结构一般比较复杂，产品纯度要求高，合成工序多，流程长。在实际生产工艺中多采用新的技术，以缩短工艺流程，提高效率，确保质量和节约能耗。目前，精细化学品的新技术主要是指催化技术、合成技术、分离提纯技术、测试技术等。其中催化技术是开发精细化学品的关键。因此，重视精细化工发展就必须重视催化技术。

表 1-7 举例出一些有机化学品用催化剂，这些产品与基本有机、高分子及其单体的生产有关。同时也和精细化工产品的起始原料有关。

1.1.8　催化剂在生物化工中的应用

与典型的化学工程不同，生物化工过程所要研究的是以活体细胞为催化剂，或者是由细胞提取的酶为催化剂的生物化学反应过程。生物化工是化学工程的一个分支。生物催化剂俗称酶。虽然酶是不同于化学催化剂的另一种类型催化剂，但现在人们已经相信，在生物细胞中发生的过程，大体都能用已知的物理和化学科学理论加以概括，因此现在显然没有必要再把酶反应和化学催化反应区别研究。酶的催化作用是生化反应的核心，正如化学催化剂是化学反应的关键一样。

数千年前，我国人民已能用发酵方法酿酒和制醋，这可视为最古老的生物化学过程。在 19 世纪初，国外科学家就已认识到，酵母是一种能使糖转化成酒精和二氧化碳的微生物。所以，生物化工有比现代化学工业更悠远的历史。

在传统产业与化工技术相结合的基础上，近年来发展了庞大的生物化工行业，同时也伴随着生物催化剂（酶）的广泛研究和应用。

在医药和农药工业中，以种种酶作催化剂，现已能大量生产激素、抗生素、胰岛素、干扰素、维生素以及多种高效的药物、农药和细菌肥料等。

在食品工业中，用酶催化的生物化工方法，可以生产发酵食品、调味品、醇类饮料、有机酸、氨基酸、甜味剂、鲜味剂以及各种有保健功能的食品。

在能源工业中，用纤维素、淀粉甚至包括人畜粪便在内的有机废弃物发酵的方法，已可大量生产甲烷、甲醇、乙醇用作能源。巴西曾有 80％ 以上的汽车使用过酒精代替汽油。许多国家都正致力于可再生能源（生物物质）的利用，以减少对石油的依赖。由微生物制氢的方法和生物电池目前也正在研究中。

在传统化工和冶金行业中，生物化工及酶催化剂的应用将会越来越具有竞争力。从长远的观点看，石油、煤和天然气等"化石能源"的枯竭已是不可避免的。因此，尽快寻求可再生资源，例如以淀粉和纤维素等作为化工原料，已是当务之急。

目前，利用微生物发酵的生化工艺，已经能生产许多种化工原料，包括甲醇、乙醇、丁二醇、异丙醇、丙二醇、木糖醇、醋酸、乳酸（α-羟基丙酸）、柠檬酸（羟基羧基戊二酸）、葡萄糖酸、己二酸、癸二酸、丙酮、甘油、丙烯酰胺、环氧丙烷等。微生物还能合成许多高分子化合物，如多糖、葡聚糖等。国外已用微生物合成了聚羟基丁酸，它是一种可降解塑料，不会带来污染环境的后果。

在冶金工业中，可采用细菌浸出法萃取金属，特别是铜、金和一些稀有元素。

1.1.9　催化剂在环境化工中的应用

20 世纪，催化剂的应用对发展工业和农业，提高人民生活水平，甚至决定战争胜负，都起过巨大的作用。21 世纪，催化剂将在解决当前国际上普遍关注的地球环境问题方面，或将起到同等甚至是更大的作用。催化研究的重点，将逐渐由过去以获取有用物质为目的的"石油化工催化"，逐渐转向以消灭有害物质为目的的新的"环保催化"。

早在产业革命期间，人们就已经注意到，人类的生产实践会给环境带来污染和破坏。进入 1970 年后，由于世界人口的迅速增长和人民生活水平的不断提高，在大大强化了人类生产活动的同时，也使地球环境的污染和破坏达到了足以威胁人类自身生存的程度。产生这类问题的原因，无疑与人类活动向地球排放的各种污染物有着直接的关系。据统计，在工业污染物中，与石油化工有关的占到 70%。但另一方面，化工和催化方法在解决环境保护问题上，也发挥着越来越大的作用（见表 1-8）。

表 1-8 环境保护中的多相催化剂[T7]

过　程	催　化　剂	反 应 条 件
汽车尾气控制 (C_nH_m, CO, NO_x)	Pt、Pd、Rh 涂层陶瓷整体 Al_2O_3，稀土氧化物助剂	400～500℃ 短期 1000℃
燃料气净化（SCR）	Ti、W、V 混合氧化物	热脱硝（400℃）
用 NH_3 脱除 NO_x	作蜂窝形整体催化剂，Ti、W、V 氧化物负载于惰性蜂窝形载体上	冷脱硝（300℃）
硫-硝联脱 （DESONOX 过程）	SCR 催化剂＋V_2O_5 蜂窝形催化剂，催化床	最高至 450℃
催化"后燃烧"	Pt/Pd，$LaCeCoO_3$/钙钛矿	150～400℃
（废气净化）	V、W、Cu、Mn、Fe 氧化物 V、W、Cu、Mn、Fe 氧化物负载催化剂（蜂窝形整体催化剂或催化床）或整体催化剂	200～700℃

目前，治理环境污染的紧迫性已成为人们的共识，也由于催化方法对环境保护的有效性，所以在近年来发展很快的环境保护工程中，催化脱硫催化剂、烃类氧化催化剂、氮氧化物净化催化剂、汽车尾气净化三效催化剂以及用于净化污水的酶催化剂等，应用也日益广泛。目前这种保护环境、防止公害的催化剂，产量增长最快。1990 年，西欧汽车年产量一千余万辆，其尾气净化器所需催化剂价值估计达 3 亿美元。那时，全世界按用途分配的催化剂销售额如图 1-5 所示。在 20 世纪 60 年代及 70 年代初期，环保催化剂市场微不足道，汽车尾气污染尚未引起人们注意。而美国从 20 世纪 80 年代初起，已开始形成炼油、化工、环保三类催化剂三足鼎立之势。之后，环保催化剂所占比例不断上升（见表 1-9），从前 10 年的数据（见图 1-5 和表 1-10）也可看到各发达国家环保催化剂所占的重要比例。这正是前述的"石油化工催化"向"环保催化"转变的标志之一。目前，世界每年产蜂窝状汽车尾气催化剂 5000 多万个，每个用铂族金属 1.2g，1993 年仅此一项就耗用铂族金属 86t，占当年铂、钯工业用量的 50%，铑用量的 90%。近年更加严格的尾气排放标准，更提升了铂族金属的消耗。全球汽车制造商 2005 年的铂金购置量增加 8%，创记录的 1.09×10^5 kg，我国达 8.5×10^3 kg。

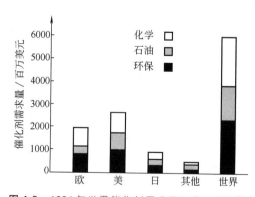

图 1-5　1994 年世界催化剂需求量及作用分配[T7]

表 1-9 世界催化剂市场用途分布[T5]

年份	销售额/亿美元			构 成 比 例		
	炼油	化工	环保	炼油	化工	环保
1982	7.909	11.933	3.557	33.8%	51.0%	15.2%
1984	9.504	13.230	4.266	35.2%	49.0%	15.8%
1985	8.00	9.00	8.00	32.0%	36.0%	32.0%
1990	9.50	11.00	15.50	26.4%	30.6%	43.0%

表 1-10 用作催化剂的重要贵金属的消费比例[T7]

金 属	世界产量/t	用作催化剂的比例	
Pt	约 100	汽车尾气	35%
		化工	6%
		炼油	2%
Pd	约 100	汽车尾气	6%
Rh	约 10	汽车尾气	73%
		化工	7%

从以上化工过程与催化剂关系的简明叙述中，我们对于两者间关系的现状已有了大致了解。在数以万计的无机化工产品及数以十万计的有机化工产品的生产中，类似的实例不可胜数。在表 1-4～表 1-8 中，我们综合整理了近百年来开发的若干工业催化剂实例。由此可见催化剂推动化工进展的概略情况。我们还综合整理了涉及 20 世纪工业催化剂的重大发明，见表 1-11。

表 1-11 20 世纪工业催化剂重大发明[T1,T5～T7]

首次工业化年份	过程或催化剂	产品或用途	催化剂主要成分
约 1900	SO_2 空气氧化	H_2SO_4	V_2O_5
1913	由 N_2+H_2 合成氨	NH_3	Fe 等
1915	氨氧化	HNO_3	Pt
约 1920	水煤气变换	合成气(CO+H_2)	Cu 等
1923	由 CO+H_2 制甲醇	CH_3OH	CuO-Cr_2O_3
1936	石油催化裂化	汽油等	SiO_2-Al_2O_3
1937	乙烯聚合	低密度聚乙烯	CrO_2
1938	Ficher-Tropsch 合成	合成烃燃料	Fe,Co,Ni
1942	烷烃烷基化	汽油	酸
1949	石脑油重整	高辛烷值汽油	Pt/Al_2O_3
1951	石油加氢裂解	燃料	Pt
1953	乙烯聚合	高密度聚乙烯	$TiCl_4$-$Al(C_2H_5)_3$
1954	丙烯聚合	等规聚丙烯	$TiCl_3$-$Al(C_2H_5)_3$
1957	丙烯氨氧化	丙烯腈	Bi_2O_3-MoO_3/SiO_2
1960	乙烯氧化	乙醛	均相,Pd/Cu
1962	分子筛催化裂化	汽油	沸石
	甲烷水蒸气转化	合成气(CO+H_2)	Ni
1963	低压合成氨	NH_3	Fe 等
1964	烃类加氢	脱硫净化	CoO-MoO_3/Al_2O_3
	乙烯氧氯化	氯乙烯	$CuCl_2/Al_2O_3$
1967	石脑油双金属催化重整	燃料	Pt-Re/Al_2O_3
1970	甲醇低压合成	CH_3OH	Cu-ZnO/Al_2O_3
1976	NO_x 加氢还原	环境保护	贵金属
1978	甲醇制汽油	合成燃料	ZSM-5 分子筛
	甲醇羰基化	醋酸	均相,$RhI_2(CO)_2$

首次工业化年份	过程或催化剂	产品或用途	催化剂主要成分
1980	甲醇芳构化	芳烃	ZSM-5 分子筛
1982	结晶硫酸铝分子筛	多种石油化工产品	
约 1986	特种立构合成	多种药物	
	NO_x 加氨还原	环境保护	V_2O_5-TiO_2
1990	催化燃烧	环境保护	Pd,Pt,Rh/SiO_2
约 1990	茂金属催化聚合	新型聚烯烃	均相,茂-$ZrCl_2$-甲基铝氧烷等
1990 至今	纳米催化剂,有序介孔新型分子筛		

1.2 催化术语和基本概念

1.2.1 催化剂和催化作用

早在 20 世纪初,催化现象的客观存在,启示人们产生了催化剂与催化作用的概念。1902 年,W. Ostwald 曾将催化作用定义为"加速反应而不影响化学平衡的作用"。

近百年来,相关定义有种种不同的文字表述。例如,长时间以来,文献中多使用如下定义:"催化剂是一种能够改变化学反应的速率,而本身又不参与最终产物的物质。催化剂的这种作用,叫做催化作用。"这个定义,把催化剂对化学反应速率的影响,扩大到正、负两个方面。

1976 年,IUPAC(国际纯粹及应用化学协会)公布的催化作用的定义是:"催化作用是一种化学作用,是靠用量极少而本身不被消耗的一种叫做催化剂的外加物质来加速化学反应的现象"。并解释说,催化剂能使反应按新的途径、通过一系列基元步骤进行,催化剂是其中第一步的反应物、最后一步的产物,亦即催化剂参与了反应,但经过一次化学循环后又恢复到原来的组成。这就极为全面地表述了催化作用是一种化学作用,且催化剂参与了中间反应这一认识。

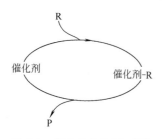

图 1-6 催化反应循环图[T7]

催化反应可用最简单的"假设循环"(见图 1-6)表示出来。图中 R、P、催化剂分别代表反应物、产物和催化剂,而催化剂-R 则代表由反应物和催化剂反应合成的中间物种。在暂存的中间物种解体后,又重新得到催化剂以及产物。这个简单的示意图,可以帮助人们理解哪怕是最复杂的催化反应过程的本质。

新近在国内文献中,又出现如下定义:"催化是加速反应速率、控制反应方向或产物构成,而不影响化学平衡的一类作用。起这种作用的物质称为催化剂,它不在主反应的化学计量式中反映出来,即在反应中不被消耗"[T13]。这里不再强调催化剂必定是"少量的"。

事实上,目前的工业催化剂是指一种化学品、生物物质或多种这些物质组成的复杂体系,例如酶、配合物,一种气体分子、金属、氧化物、硫化物、复合氧化物等固体表面上的若干分子、原子、原子簇等。它们所起的作用是化学方面的。因此,光、电子、热以及磁场等物理因素,虽然有时也能引发并加速化学反应,但其所起的作用一般不能称为催化作用,而特殊的可称为电催化或光催化作用等,专门另作研究。自由基型聚合反应用的引发剂与催化剂也有区别,它虽可以引发和加速高分子的链反应,但是在聚合反应中本身也被消耗,并最终进入了聚合产物的组成之内。阻抑链反应的添加物可称阻聚剂，而不适于叫做负催化剂。水和其他溶剂可使两种反应物溶解，进而加速两者间的反应，但这仅仅是一种溶剂效应的物理作用，而并不能等同于化学催化作用。

1.2.2 催化剂的基本特性

由各种有关催化作用和催化剂概念的表述加以引申，并总结前人的研究，可概括出以下几条催化剂的基本特性。

① 催化剂能够加快化学反应速率，但本身并不进入化学反应的计量。这里指的是一切催化剂的共性——活性，即加快反应速率的关键特性。由于催化剂在参与化学反应的中间过程后，又恢复到原来的化学状态而循环起作用，所以一定量的催化剂理论上可以促进大量反应物起反应，生成大量的产物。例如氨合成用熔铁催化剂，1t 催化剂能生产出约 2.0×10^4 t 氨。其废催化剂还可以回收再利用。

② 催化剂对反应具有选择性，即催化剂对反应类型、反应方向和产物的结构具有选择性。例如，SiO_2-Al_2O_3 催化剂对酸碱催化反应是有效的，但对氨合成反应无效，这就是催化剂对反应类型的选择性。

从同一反应物出发，在热力学上可能有不同的反应方向，生成不同的产物。利用不同的催化剂，可以使反应有选择性地朝某一个人们所需要的方向进行，生产所需产品。例如乙醇可以进行二三十个工业反应，生成用途不同的产物。它既可以脱水生成乙烯，又可以脱氢生成乙醛，还可以同时脱氢脱水生成丁二烯。使用不同选择性的催化剂，在不同条件下，可以让反应有选择地按某一反应类型或方向进行。

$$CH_3CH_2OH \begin{cases} \xrightarrow{Al_2O_3} C_2H_4 + H_2O \\ \xrightarrow{ZnO} CH_3CHO + H_2 \\ \xrightarrow{Al_2O_3\text{-}ZnO} \frac{1}{2}CH_2{=}CH{-}CH{=}CH_2 + H_2O + \frac{1}{2}H_2 \end{cases} \qquad (1\text{-}4)$$

又如，甲酸也可用不同催化剂，使之发生不同的反应。

$$脱水反应 \quad HCOOH \xrightarrow{Al_2O_3} H_2O + CO \qquad (1\text{-}5)$$

$$脱氢反应 \quad HCOOH \xrightarrow{金属} H_2 + CO_2 \qquad (1\text{-}6)$$

更重要的工业实例还有很多。例如，通过改变催化剂以及催化过程的条件，可以有选择性地将（H_2+CO）混合物（合成气）转化成甲烷（Ni/Al_2O_3）、烷烃（Fe/硅藻土）、醇、醛和酸（Co/ThO_2）、或者甲醇（Cu/ZnO）。这里的催化剂，于是变成了调控反应选择性的有效工具。此外，对于某些串联反应，利用催化剂可以使反应停留在主要生成某一中间产物的阶段上，其意义也与此相近。如乙炔选择加氢，只停留在乙烯上，而不进一步生成乙烷。再如利用不同催化剂也可使烃类部分氧化为醇、醛或酮等不同产物，然而并不完全氧化为 CO_2 和水。

从同一反应物乙烯出发，使用不同的催化剂，所得到的都是聚乙烯，但其立体规则性不同，性能也不同，这是催化剂对立体规则性选择的一个实例。

$$C_2H_4 \xrightarrow{聚合} \begin{cases} \xrightarrow[200MPa]{过氧化物} 聚乙烯（立体规则性低，熔点低） \\ \xrightarrow[150\sim180℃，3MPa]{Cr\text{-}Si\text{-}Al\ 的氧化物} 聚乙烯（立体规则性中等，熔点中等） \\ \xrightarrow[60\sim80℃]{Ziegler\text{-}Natta\ 催化剂} 聚乙烯（立体规则性较高，熔点较高） \end{cases} \qquad (1\text{-}7)$$

又如，用不同的催化剂可以生产等规、间规、无规等多种不同空间结构因而性能迥异的聚丙烯等高聚物，以及手性化合物等空间立构化合物。

总之，选择性强调的是催化剂的特殊性和专用性，与活性的那种共性截然不同。

③ 催化剂只能加速热力学上可能进行的化学反应，而不能加速热力学上无法进行的反应。例如，在常温、常压、无其他外加功的情况下，水不能变成氢和氧，因而也不存在任何能加快这一反应的催化剂。

④ 催化剂只能改变化学反应的速率，而不能改变化学平衡的位置。

在一定外界条件下某化学反应产物的最高平衡浓度，受热力学条件的限制。换言之，催化剂只能改变达到（或接近）这一极限值所需要的时间，而不能改变这一极限值的大小。

若理解了上述四条中的前两条，即可知道催化剂在本质上"可以做什么"；若理解了上述后两条，也就知道催化剂本质上"不可以做什么"。

⑤ 催化剂不改变化学平衡，意味着对正方向有效的催化剂，对反方向的反应也有效。

对于任一可逆反应，催化剂既能加速正反应，也能同样程度地加速逆反应，这样才能使其化学平衡常数保持不变，因此某催化剂如果是某可逆反应的正反应的催化剂，必然也是其逆反应的催化剂。这是一条非常有趣而且有用的推论。

设某可逆反应的化学平衡常数为 K_r，其正、逆反应的化学反应速率常数分别为 $\vec{k}$ 和 $\overleftarrow{k}$，由物理化学可知 $K_r = \vec{k}/\overleftarrow{k}$，又因为催化剂不能改变 K_r，故它使 $\vec{k}$ 增大的同时，必然使 $\overleftarrow{k}$ 成比例地增大[T6]。

例如合成氨反应

$$N_2 + 3H_2 \rightleftharpoons 2NH_3 \qquad (1\text{-}8)$$

其化学平衡含量与温度和压力的关系如图 1-7 所示。由图 1-7 可见，高压下平衡趋向于正反应氨的合成，低压下平衡趋向于逆反应氨的分解。如果要寻找氨合成的催化剂，就需要在高压下进行实验。由于催化剂不改变化学平衡，于是，正反应的催化剂也是逆反应的催化剂，就可以从氨分解的逆反应催化剂的研究来寻找氨合成正反应的催化剂。这样就可以首先在低压下方便地进行实验。在氨合成的早期研究中，就是用这样的方法来寻找好催化剂的。

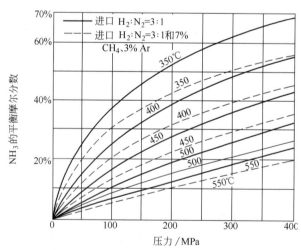

图 1-7 氨合成反应的平衡含量与反应温度和压力的关系[T6]

镍、铂等金属是脱氢的催化剂，同时也是加氢的催化剂。于是，在高温下平衡趋向于脱氢方向，就成为脱氢催化剂；而稍低的温度下平衡趋向于加氢方向，就成为加氢催化剂。当然也有例外，例如铜催化剂是很好的加氢催化剂，但是因为铜熔点比镍、铂低，在高温下易于烧结导致物理结构改变，所以不宜在高温下使用，因此不宜作为高温下脱氢反应的催化剂。当然这只是物理上的原因。

同理，对甲醇合成有效的催化剂，对甲醇分解亦有利。因此，当研究甲醇合成催化剂缺乏必要且方便的条件时，不妨反过来先研究甲醇分解的催化剂。

当然，要实现方向不同的反应，应选用不同的热力学条件和不同的催化剂配方。

1.2.3 催化剂的分类

目前工业上应用的各种催化剂，已达约2000种之多，品种牌号还在不断地增加。为了研究、生产和使用上的方便，常常从不同角度对催化剂及与其相关的催化反应过程加以分类。

1.2.3.1 根据聚集状态分类

催化剂自身以及被催化的反应物，都可以分别是气体、液体或固体这三种不同的聚集态，在理论上可以有多种催化剂与反应物的相间组合方式，如表1-12所示。

表 1-12　多相催化的相间组合方式

催 化 剂	反 应 物	例 子
液体	气体	被磷酸催化的烯烃聚合反应
固体	液体	被金催化的过氧化氢分解
固体	气体	被铁催化的合成氨反应
固体	液体＋气体	钯催化的硝基苯加氢生成苯胺
固体	固体＋气体	二氧化锰催化氯酸钾分解为氯化钾与氧气
气体	气体	被 NO_2 催化的 SO_2 氧化为 SO_3

当催化剂和反应物形成均一相时，这种催化反应称为均相反应。催化剂和反应物均为气体时称为气相均相催化反应，如由 I_2、NO 等气体分子催化的一些热分解反应。催化剂和反应物均为液体时则称为液相均相反应，如由酸碱催化的水解反应。当催化剂和反应物处于不同相时，反应称为多相催化反应。在多相催化反应中，催化剂多数为固体。气体反应物和固体催化剂组成的反应体系称为气-固多相催化反应。气-固相是最常见的并且也是最重要的一类反应，如氨和甲醇的合成、乙烯氧化合成环氧乙烷、丙烷或丙烯氨氧化制丙烯腈等。反应物是液体、催化剂是固体的反应称为液-固多相催化反应，如在 Ziegler-Natta 催化剂作用下的烯烃本体聚合反应，油脂的加氢反应等。

当然，上述的分类并不是绝对的。例如，乙烯和氧在处于液相催化剂（$PdCl_2$＋$CuCl_2$）中合成乙醛时，由于反应物是气体，在反应器中形成了气、液两相，但是反应却是在反应物溶剂水中才进行的，所以本反应仍属于均相反应。

又如，高压聚乙烯是在超高压（＞200MPa）无溶剂的情况下合成的，反应开始时属于超临界状态下的气相均相反应，但当聚合物一旦生成，反应就变成在液体聚合物中进行的无催化剂的液相均相反应了。对二甲苯氧化制对苯二甲酸的反应，催化剂醋酸盐和溴化物溶于溶剂冰醋酸中，和压力下溶于二甲苯与醋酸的溶解氧发生反应，初期应视为液相均相反应。然而反应后不久很快有不溶性的产物对苯二甲酸等过饱和结晶析出，于是又可视为液-固相、甚至气-液-固（包括超饱和析出的氧）三相反应。酶的催化反应更具有特点：酶本身呈液体状均匀分散在水溶液中（均相），但反应却从反应物在其表面上的积聚开始（多相），因此同时具有均相和多相的性质。此外，固体负载化的金属有机配合物催化剂或固定化酶催化剂，也具有类似的"均相和多相"的双重性质。

近年来，考虑到根据聚集态分类，往往不能客观地反映出催化剂的作用本质和内在联系，于是又有学者提出了以下一些新的分类方法。了解这些分类方法，对新型催化剂的设计有一定参考作用。

1.2.3.2 根据化学键分类

无论催化反应和非催化的普通化学反应，都应按一定的化学反应机理进行。而化学反应，可以视为以化学键为动因和结果的分子内原子或原子团的改组重排。所有形式的化学键及化学反应，都可能在催化反应中出现。表1-13列出了根据化学键的类型对催化反应和催化剂的分类。从这里可以看到，所谓催化剂的多功能性，实质上反映出在反应中可以同时形成多种化学键。这种观点对催化剂设计很有参考价值。例如，在乙烯直接氧化制乙醛的Wacker法中，催化剂 $PdCl_2$ 在反应时除了和 C_2H_4 形成 π 配合物外，还被氧化还原作用还原成了金属。

表1-13 根据化学键类型，催化反应和催化剂的分类[T1]

化学键类型	催化剂举例	反应类型
金属键	过渡金属，活性炭	自由基反应
等极键	燃烧过程中形成的自由基	氧化还原反应
离子键	MnO_2，醋酸锰，尖晶石	酸碱反应(配合物
配位键	BF_3，$AlCl_3$，H_2SO_4，H_3PO_4	形成反应)
金属键	Ziegler-Natta，Wacker法	金属键反应
	Ni，Pt，活性炭	

1.2.3.3 按元素周期律分类

元素周期律将元素分为主族元素和过渡元素。主族元素的单质由于只具有不大的电负性，反应性较大，故本身很少被用作催化剂，它们的化合物几乎不具备氧化还原的催化性质，相反却具有酸-碱催化作用。过渡元素具有易转移的电子（d或f电子），很容易发生电子的传递过程，所以这类元素的单质（金属）以及离子（氧化物、硫化物、卤化物及其配合物）都具有较好的氧化还原的催化性能，同时，它们的离子有时还具有酸-碱催化性能。根据这些基本性能，不管反应是均相的还是多相的，都可以把具有催化性能的物质进行分类（如表1-14所示）。当然，这种分类也不是绝对的。

表1-14 催化剂按元素周期律分类[T1]

元素类别	存在状态	催化剂举例	反应类型
主族元素	单质	强阳性，Na 强阴性，I_2，Cl_2 中性，活性炭	供电子体(D) 受电子体(A) 电子供受体(D-A)
	化合物	Al_2O_3，$AlCl_3$，BF_3	酸碱反应
	含氧酸	H_2SO_4，H_3PO_4	酸碱反应
过渡元素	单质	Ni，Pt 等	氧化还原反应
	离子	V^{5+} 等	氧化还原反应 酸碱反应

1.2.3.4 按催化剂组成及其使用功能分类

这种分类是根据实验事实的归纳整理结果，其中也许并无内在联系或理论依据。但这种以大量的事实为基础的信息，可作为催化剂设计的专家系统参考。因为这种专家系统的本质，正是以事实为基础的。这种分类法的最简单实例如表1-15所示。更复杂的例子，在各种催化剂设计的专家系统及其配套数据库中可以找到。

表 1-15　多相催化剂分类（括号内为次要的功能）

类　别	功　能	例　子
金属	加氢 脱氢 加氢裂解 （氧化）	Fe,Ni,Pd,Pt,Ag
半导体氧化物和硫化物	氧化 脱氢 脱硫 （加氧）	NiO,ZnO,MnO_2, $Cr_2O_3,Bi_2O_3-MoO_3$ WS_2
绝缘性氧化物	脱水	Al_2O_3,SiO_2,MgO
酸	聚合 异构化 裂化 烷基化	H_3PO_4,H_2SO_4 $SiO_2 \cdot Al_2O_3$

1.2.3.5　按工艺与工程特点分类

这种分类方法是把现在应用最广泛的催化剂，以其组成结构、性能差异和工艺工程特点为根据，分为多相固体催化剂、均相催化剂和酶催化剂三大类，以便于进行"催化剂工程"的研究。

1.2.4　催化剂的化学组成和物理结构

1.2.4.1　多相固体催化剂

多相固体催化剂是目前石油化学等工业中使用比例最高的催化剂，其中包括气-固相（多数）催化剂和液-固相（少数）催化剂，前者应用更广。从化学成分上看，这类工业催化剂主要含有金属、金属氧化物或硫化物、复合氧化物、固体酸、碱、盐等，以无机物构建其基本材质。

除了早期用于加氢反应的雷尼 Ni 等极少数单组分催化剂外，大部分催化剂都是由多种单质或化合物组成的混合体——多组分催化剂。这些组分，可根据其各自在催化剂中的作用，分别定义并说明如下。

（1）主催化剂　主催化剂是起催化作用的根本性物质。没有它，就不存在催化作用。例如，在合成氨催化剂中，无论有无 K_2O 和 Al_2O_3，金属铁总是有催化活性的，只是活性稍低、寿命稍短而已。相反，如果催化剂中没有铁，催化剂就一点活性也没有。因此，铁在合成氨催化剂中是主催化剂。

（2）共催化剂　共催化剂是能和主催化剂同时起作用的组分。例如，脱氢催化剂 $Cr_2O_3-Al_2O_3$ 中，单独的 Cr_2O_3 就有较好的活性，而单独的 Al_2O_3 活性则很小，因此，Cr_2O_3 是主催化剂，Al_2O_3 是共催化剂；但在 $MoO_3-Al_2O_3$ 型脱氢催化剂中，单独的 MoO_3 和 γ-Al_2O_3 都只有很小的活性，但把两者组合起来，却可制成活性很高的催化剂，所以 MoO_3 和 γ-Al_2O_3 互为共催化剂；石油裂解用 $SiO_2-Al_2O_3$ 固体酸催化剂具有与此相类

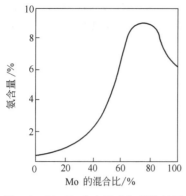

图 1-8 Mo-Fe 合金组成与活性关系

似的性质，单独使用 SiO_2 或 γ-Al_2O_3 时，它们的活性都很小；合成氨铁系催化剂，单独使用主催化剂，已成功工业化数十年，近年的研究证明，使用 Mo-Fe 合金或许更好（见图 1-8），合金中 Mo 含量在 80% 时其活性比单纯 Fe 或 Mo 都高，这里 Mo 就是主催化剂，而 Fe 反倒成了共催化剂。

（3）助催化剂　助催化剂是催化剂中具有提高主催化剂活性、选择性，改善催化剂的耐热性、抗毒性、机械强度和寿命等性能的组分。虽然助催化剂本身并无活性，但只要在催化剂中添加少量助催化剂，即可明显达到改进催化剂性能的目的。助催化剂通常又可细分为以下几种。

① 结构助催化剂。能使催化活性物质粒度变小、表面积增大，防止或延缓因烧结而降低活性等。

② 电子助催化剂。由于合金化使空 d 轨道发生变化，通过改变主催化剂的电子结构提高活性和选择性。

③ 晶格缺陷助催化剂。使活性物质晶面的原子排列无序化，通过增大晶格缺陷浓度提高活性。

②、③ 两类有时又合称调变性助催化剂，因为其"助催"的本质近于化学方面；而结构性助催化剂的"助催"本质，更偏于物理方面。

若以氨合成催化剂为例，假如没有 Al_2O_3、K_2O 而只有 Fe，则催化剂寿命短，容易中毒，活性也低。但在铁中有了少量 Al_2O_3 或 K_2O 后，催化剂的性能就大大提高了（见表 1-16）。应该指出，在一个工业催化剂中，往往不仅含有一种助催化剂，而可能同时含有数种。如 Fe-Al_2O_3-K_2O 催化剂中，就同时含有两种助催化剂 Al_2O_3 和 K_2O。

表 1-16　助催化剂对氨分解铁催化剂活性的影响

助 催 化 剂	浓度 $\left(\dfrac{助催化剂金属原子}{助催化剂金属原子+Fe 原子}\right)$/%	比活性/[mL(N_2)/(h·m^2)]
无	—	1.7
Na_2O	约 0.03	7.6
K_2O	约 0.03	5.6
MgO	4	9.5
MnO	4	7.1
Al_2O_3	4	4.3
Sc_2O_3	4	4.3
Cr_2O_3	4	3.1
TiO_2	4	3.2

从表 1-16 和表 1-17 中还可以看出，助催化剂是多种多样的，同一种物质（如 Al_2O_3 或 K_2O）在不同催化剂中所起的作用不一定相同，而同一种反应也可以用不同的助催化剂来促进。

某些重要的工业催化剂中助催化剂及其作用见表 1-17。

（4）载体　载体是固体催化剂所特有的组分，起增大表面积、提高耐热性和机械强度的作用，有时还能担当共催化剂或助催化剂的角色。它与助催化剂的不同之处在于，载体在催化剂中的含量远大于助催化剂。

表 1-17　助催化剂及其作用类型

反 应 过 程	催化剂（制法）	助催化剂	作 用 类 型
氨合成 $N_2 + 3H_2 \rightleftharpoons 2NH_3$	Fe_3O_4，Al_2O_3，K_2O （热熔融法）	Al_2O_3 K_2O	Al_2O_3 结构性助催化剂 K_2O 电子助催化剂，降低电子逸出功，使 NH_3 易解吸
CO 中温交换 $CO + H_2O \rightleftharpoons CO_2 + H_2$	Fe_3O_4，Cr_2O_3 （沉淀法）	Cr_2O_3	结构性助催化剂，与 Fe_3O_4 形成固溶体，增大比表面积，防止烧结
萘氧化 萘＋氧 $\longrightarrow$ 邻苯二甲酸酐	V_2O_5，K_2SO_4 （浸渍法）	K_2SO_4	与 V_2O_5 生成共熔物，增加 V_2O_5 的活性和生成邻苯二甲酸酐的选择性、结构性
合成甲醇 $CO + 2H_2 \rightleftharpoons CH_3OH$	CuO，ZnO，Al_2O_3 （共沉淀法）	ZnO	结构性助催化剂，把还原后的细小 Cu 晶粒隔开，保持大的 Cu 表面
轻油水蒸气转化 $C_nH_m + nH_2O \rightleftharpoons nCO + \left(\dfrac{m}{2}+n\right)H_2$	NiO，K_2O，Al_2O_3 （浸渍法）	K_2O	中和载体 Al_2O_3 表面酸性，防止结炭，增加低温活性、电子性

　　载体是活性组分的分散剂、胶黏剂或支载物。多数情况下，载体本身是没有活性的惰性固体物质，它在催化剂中含量较高。

　　把主催化剂、助催化剂附载在载体上所制成的催化剂称为负载型催化剂（见图 1-9）。负载型催化剂的载体，其物理结构和物理性质，往往对催化剂有决定性的影响。

　　常见载体的两次最主要物理性质列于表 1-18。

　　载体的种类很多，可以是天然的，也可以是人工合成的。载体的存在，往往对催化剂的宏观物理结构起着决定性的影响。据此，为使用方便，可将载体分为低比表面积、高比表面积和中等比表面积三类。

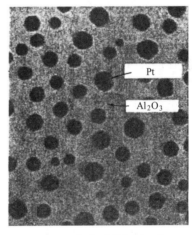

图 1-9　负载型催化剂示意
（活性组分 Pt 负载于载体 Al_2O_3 上）

表 1-18　各种载体的比表面积和比孔容积[T2]

载 体		比表面积/(m^2/g)	比孔容积/(cm^3/g)
高比表面积	活性炭	900～1100	0.3～2.0
	硅胶	400～800	0.4～4.0
	$Al_2O_3 \cdot SiO_2$	350～600	0.5～0.9
	Al_2O_3	100～200	0.2～0.3
	黏土、膨润土	150～280	0.3～0.5
	矾土	150	约 0.25
中等比表面积	氧化镁	30～50	0.3
	硅藻土	2～30	0.5～6.1
	石棉	1～16	—
低比表面积	钢铝石	0.1～1	0.33～0.45
	刚玉	0.07～0.34	0.08
	碳化硅	<1	0.40
	浮石	约 0.04	—
	耐火砖	<1	—

用不同方法制备或由不同产地获得的载体，物理结构往往有很大差异。如氧化镁是一种常被选用的催化剂载体，由碱式碳酸镁 $MgCO_3 \cdot Mg(OH)_2$ 煅烧制得的为轻质氧化镁，堆积密度为 $0.2 \sim 0.3 g/cm^3$，而用天然菱镁矿 $MgCO_3$ 煅烧制得的为重质氧化镁，堆积密度为 $1.0 \sim 1.5 g/cm^3$。

人们最初使用载体的目的，只是为了增加催化活性物质的比表面积。除此而外，它似乎是一种惰性物质。但是后来发现载体的作用有时还是复杂的。它常常与催化活性物质发生某种化学作用，改变了活性物质的化学组成和结构，因而改变了催化剂的活性、选择性等性能。因此，载体的选择和制备也不应忽视。

很多物质虽然具有满意的催化活性，但是难以制成高分散的状态，或者即使能制成细分散的微粒，但是在高温条件下也难以保持这样大的比表面积，所以还是不能满足工业催化剂的基本要求。在这种情况下，将活性物质与热稳定性高的物质共沉淀，常常可以得到寿命足够长的催化剂；有一些作为催化剂活性组分的氧化物，很难制成细分散的粒子，但是如果用适当的方法，例如用浸渍法，就能使含钼和铬等的化合物沉积在氧化铝上，也可以制得高分散度、大比表面积的催化剂，这时载体氧化铝起了分散作用；许多金属和非金属活性物质尽管熔点比较高，在高温操作的条件下，由于"半熔"和烧结现象的存在，也难以维持大的表面积。例如纯金属铜甚至在低于 200℃ 的温度下也会由于熔结而迅速降低活性，因此用氢气加热还原的方法来制备纯金属铜催化剂是难以成功的。可是如果用氧化铝为载体，用共沉淀方法制备催化剂时，铜加热到 250℃ 也不会发生明显的熔结；一些贵金属催化剂，虽然熔点很高，但在温度高于 400℃ 的情况下长期操作，却也能够观察到这些金属晶粒的较快增长，因而导致活性明显下降。但如果把这些金属载在耐火而难还原的氧化铝载体上（前者的含量比后者小得多），甚至使用数年，也不见晶粒明显长大。

显然，在上述种种条件下，载体起到抑制晶粒增长和保持长期稳定的作用。

（5）其他　例如稳定剂、抑制剂等。稳定剂的作用与载体相似，也是某些催化剂中的常见组分，但前者的含量比后者小得多。如果固体催化剂是结晶态（多数如此），从催化剂活性的要求看，活性组分应保持足够小的结晶粒度以及足够大的结晶表面积，并且使这种状况维持足够长的时间。从晶体结构的角度考虑，会导致结晶表面积减少的主要因素是由于相邻的较小结晶的扩散、聚集而引起的结晶长大。像金属或金属氧化物一类简单的固体，如果它们是以细小的结晶形式（<50nm）存在，尤其是在温度超过它们熔点一半时，特别容易烧结。图 1-10 粗略表示出熔点、烧结时间和最小结晶粒度之间的关系。此最小结晶粒度，是指能存在于烧结后单组分紧密聚集体中的结晶粒度。由图 1-10 可以看出，如果紧密聚集体是由铜形成的（熔点 1083℃），它在 200℃ 烧结 6 个月（在还原气氛中），其最小结晶粒度将超过 100nm，如果在 300℃ 烧结，最小结晶粒度超过 1μm；而氧化铝（熔点 2032℃），在 500℃ 保持 6 个月，结晶粒度增大不超过 7nm。鉴于这种理由，当催

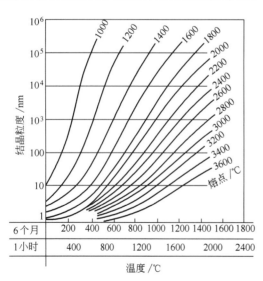

图 1-10　熔点、烧结时间和最小结晶粒度[T9]

化剂中活性组分是一种熔点较低的金属时，通常还应含有很多耐火材料的结晶，后者起着"间隔体"的作用，阻止容易烧结的金属互相接触。氧化铝、氧化镁、氧化锆等难还原的耐火氧化物，通常作为一些易烧结催化组分的细分散态的稳定剂。

如果在主催化剂中添加少量的物质，便能使前者的催化活性适当降低，甚至在必要时大幅度下降，则这种少量的物质称为抑制剂。抑制剂的作用，正好与助催化剂相反。

一些催化剂配方中添加抑制剂，是为了使工业催化剂的诸性能达到均衡匹配，整体优化。有时，过高的活性反而有害，它会影响反应器散热而导致"飞温"失控，或者导致副反应加剧，选择性下降，甚至引起催化剂因积碳而失活。

几种催化剂的抑制剂举例如表 1-19。

表 1-19 几种催化剂的抑制剂

催 化 剂	反 应	抑 制 剂	作 用 效 果
Fe	氨合成	Cu,Ni,P,S	降低活性
V_2O_5	苯氧化	氧化铁	防止深度氧化为 CO_2 等
SiO_2,Al_2O_3	柴油裂化	Na	中和酸点,降低活性

综上所述，固体催化剂在化学组成方面，大多数由主催化剂、助催化剂以及载体三大部分构成，典型实例如表 1-20。个别情况下也有多于或少于这三部分的。

表 1-20 若干典型工业固体催化剂的化学组成[T1]

催 化 剂	主(共)催化剂	助 催 化 剂	载 体
合成氨	Fe	K_2O,Al_2O_3	—
CO 低温变换	Cu	ZnO	Al_2O_3
甲烷化	Ni	MgO,稀土等	Al_2O_3
硫酸	V_2O_5	K_2SO_4	硅藻土
乙烯氧化制环氧乙烷	Ag	—	α-Al_2O_3
乙烯氧乙酰化制醋酸乙烯	Pd(Au)	K_2COOH	硅藻土或 SiO_2
脱氢	$\begin{cases} Cr_2O_3 \\ MoO_3(Al_2O_3) \end{cases}$	(Al_2O_3) —	Al_2O_3 (Al_2O_3)
加氢	Ni	—	γ-Al_2O_3
油脂加氢	Raney 镍	—	—

1.2.4.2 均相配合物催化剂

20 世纪 60 年代以前，在石油化工中采用的多为上述多相固体催化剂。后来，特别是近 20 年以来，一些可溶性的过渡金属配合物获得了大规模的工业应用，例如用于由乙烯合成乙醛的钯配合物（Wacker 法）催化剂，用于甲醇羰基化合成乙酸的铑配合物催化剂，用于烯烃二聚、低聚及聚合的可溶性 Ziegler 催化剂，以及近年发现的用于烯烃聚合的均相茂金属催化剂等。

这些均相配合物催化剂及其理论基础——配位化学的研究，已成为当前化学领域中最活跃的前沿学科之一，它联系并渗透到几乎所有的化学分支学科；而在催化学科内的作用之深、之广则远非其他学科所能比拟。同时，从工艺和工程的实用角度看，迄今为止，石油化工中已有 20 多个生产过程用到此类催化剂在进行生产，已占整个催化生产过程产量的 15% 左右。今后这个比例必定会日益增高。

均相配位催化是以配合物为催化剂。形成配合物的反应，实质上就是如下的这一类反应

$$A+B：\longrightarrow A：B$$

早在 19 世纪末至 20 世纪初，科学家已经发现，由金属卤化物和某些其他盐类，能形成中性的"化合物"，而且这样的"化合物"能够很容易地在水溶液中形成。尔后有人阐明，化学键的形成需要共享电子对。上式正是由于通过电子的给予和接受而形成了配合物。例如，像 $CoCl_3 \cdot 6NH_3$ 这样的配合物中性盐，可记作 $[Co(NH_3)_6]^{3+} Cl_3^-$，而如果围绕金属的分子或离子（配体）占据的位置分别在八面体和正方形的角上，那么还可以得到立体结构不同的配合物。

正在研究的配合物催化剂，涵盖面广，可以包括广义的酸碱催化剂、金属离子、过渡金属离子、过渡金属配合物等。而研究得较为成熟并且应用较广的，目前主要是一些均相的配合物催化剂。

均相配合物催化剂在化学组成上是由通常所称的中心金属（M）和环绕在其周围的许多其他离子或中性分子（即配位体）组成。凡是含有两个或两个以上孤对电子或 π 键的分子或离子，通称为配位体，例如 Cl^-、Br^-、CN^-、H_2O、NH_3、$(C_6H_5)_3P$、C_2H_4 等。

配合物催化剂的中心金属 M，多数采用 d 轨道未填满电子的过渡金属，如 Fe、Co、Ni、Ru，以及 Zr、Ti、V、Cr、Hf 等金属。配位体虽然不直接参与催化反应，但对金属-碳键和金属-烯烃（或 CO）键，起着很大作用，影响着催化反应的进行。

配合物催化剂中，一类是在中心金属周围没有配位体存在的原子状态催化剂，如采用裸镍或裸铝进行的丁二烯聚合催化剂；另一类则是中心金属持有若干配位体。后一类实用价值更大，它是通过对原子态金属添加对金属具有强亲和力的配位体，而使其显著提高催化活性和选择性，如 $Ti(CH_3)_3$、$Cr(CO)_6$。

若与非均相固体催化剂的化学组成加以对比，在均相配合物催化剂中，中心金属类似于主催化剂或活性组分，而配位体则类似于助催化剂；或者，主催化剂与助催化剂均是均相配合物。

均相配合物催化剂有种种缺陷，诸如催化剂分离回收困难、往往需要稀有或贵重金属、热稳定性差以及对反应器腐蚀严重等。因此近来在研究其固相化（或负载化）形成的种种非均相催化剂。所使用的载体有硅胶、氧化铝、活性炭、分子筛等传统的无机材料，也有离子交换树脂、交联聚苯乙烯、聚氯乙烯等有机高分子材料。在这里，引入载体也同样形成了负载催化剂，或称固定化催化剂、锚定配合物等。

均相配合物催化剂在化学组成方面的三大化学组分，在含义和功能方面与上述多相固体催化剂是可以类比的。助催化剂对这类催化剂的显著影响，可举例如表 1-21。

表 1-21　助催化剂对均相配合物催化剂活性的影响[T5]

助催化剂	活性/ (g 聚丙烯/g 催化剂)	（庚烷） 不溶性聚合物	助催化剂	活性/ (g 聚丙烯/g 催化剂)	（庚烷） 不溶性聚合物
Et_2AlF	251	97.7%	Et_3Al	346	70.6%
Et_2AlCl	159	96.4%	$(n\text{-}Bu)_3Al$	约 400	68.6%
Et_2AlBr	105	96.7%	$(n\text{-}Octyl)_3Al$	约 400	50.3%
Et_2AlI	42	98.1%	$(n\text{-}Decyl)_3Al$	约 400	41.1%

注：主催化剂 $TiCl_3$。聚合条件：0.24MPa；55℃；3.5h；Al：Ti＝2：8（摩尔比）；溶剂为正庚烷。Et、Bu、Octyl、Decyl 分别代表乙基、丁基、辛基和癸基。

工业用均相配合物催化剂的实例，可举例如表 1-22。

表 1-22 若干典型工业配合物催化剂的化学组成

催　化　剂	主(共)催化剂	助 催 化 剂
Ziegler-Natta	$TiCl_3$	烷基铝 AlR_3
Wacker	$PdCl_2$	$CuCl_2$
Kaminsky-Sinn	二茚基氯化锆	甲基铝氧烷 MAO
	$Et(Ind)_2ZrCl_2$	

1.2.4.3　生物催化剂（酶）

在生物体细胞中发生着无数的生物化学反应，其中同样存在着提高反应速率的催化剂。这种生物催化剂俗称酶。酶和一般化学催化剂（多相的或均相的）一样，本质上可以定义为能加速特殊反应的生物分子。现在已经知道，酶是来自生物体内的蛋白质。所有的酶都是蛋白质，然而并非所有的蛋白质都是酶，因为大多数的蛋白质并无酶那样的生物催化活性。

关于酶的化学组成，许多研究一致证明，它们都是由碳（约55%）、氢（约7%）、氧（约20%）、氮（约18%）以及少量硫（约2%）原子和金属离子组成的天然高分子化合物，和其他非酶蛋白质的化学组成接近。

从酶分子的物理结构和聚集态看，酶都是胶体状的，不能透析的、在水和缓冲溶液中有不同溶解度的两性电解质。酶有大体相同于普通非酶蛋白质的物理化学特性，如在略高于常温的温度下固化变性、在浓溶液中比在稀溶液中稳定、可用盐类溶液等沉淀剂将其沉淀（或盐析）出来等。

酶的微观物理结构，一般较前述常见的两类化学催化剂复杂，其大分子链往往由四种层次不同的结构组成。一级结构为肽键，它是由许多 α-氨基酸的氨基和羧基脱水缩合，通过形成肽键（CO—NH）联结而成的一条长键——肽链或多肽链。二级结构为 α-螺旋、β-褶片和氢键，二级结构是用来描述柔韧性的肽链，当其骨架上的羰基氧和酰氨基氮之间形成氢键时发生的折叠。上述线状的、螺旋状的以及褶片状的一、二级结构，由于邻近残基间的相互作用，还能进一步卷曲、折叠成为三维空间结构，即所谓三级结构。四级结构才是酶分子。酶分子是指由几个到十几个相同或不同的单体堆积而成的低聚体或生物大分子。图1-11是蛋白质一、二、三、四级结构的示意。

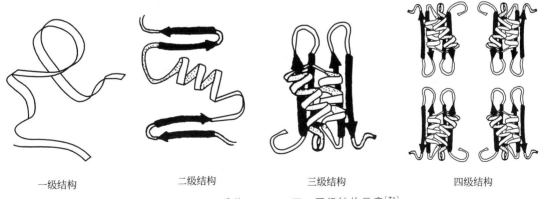

| 一级结构 | 二级结构 | 三级结构 | 四级结构 |

图 1-11　蛋白质的一、二、三、四级结构示意[T1]

在生物体内，酶的四级结构还能进一步集聚成分子量高达十万至数百万的超结构高聚物。这种超结构高聚物的集聚体形状结构，目前已经可以从高倍电子显微镜中直接观察到。

当酶分子从四级结构解离成单体时，酶分子就会改变性质，例如失去对反应的专一性、最佳工作条件发生变化等。在极限情况下，甚至可以完全失去催化活性。但是一般地说，将单体重新组合并恢复原来的四级结构时，酶便有可能再恢复原来的活性。

与均相配合物催化剂相似，目前的酶和底物（反应物）多是溶于溶剂（通常是水）而形成均相的，也同样存在固定化或负载化问题。固定化酶常用的载体有活性炭、高岭土、白土、硅胶、氧化铝、多孔玻璃、纤维素、葡萄糖、聚丙烯酰胺等，以之进行负载、锚定，以便固定化。

1.2.5 多相、均相和酶催化剂的功能特点

固体非均相催化剂是目前应用最广的。其气液相产物易与固相催化剂相分离；满足其催化过程，仅需要简单的设备条件和有限的操作，催化剂耐热性好，因而过程易于控制，产品质量高；但多相催化机理复杂，相间现象的影响更显得重要，扩散和吸收、吸附等所有因素，对反应速率起着更重要的作用；表面反应机理的分析变得非常困难，难以在实验室研究清楚。所以许多重要的非均相催化剂，包括第一个工业化后应用了 100 年的氨合成催化剂，其催化表面反应的本质，现在仍然是说法不一的。另一个加氢脱硫催化剂，20 世纪 50 年代工业化以来，大量的研究文献也表明，其反应机理至今仍争论甚大。

均相催化的机理，则易于在实验室研究清楚，易于表征。由于均相配合物可溶于反应介质，分子扩散于溶液中，不受相间扩散的影响，因而它的活性往往比多相催化剂高。可是正由于这种可溶性，就需要增加许多复杂的工艺操作，来解决反应完成后催化剂的分离、回收及再生问题。例如，羰基合成法生产高级醇尽管已有几十年的历史，但其催化剂的分离回收仍是目前的研究重点和难点；均相配合物催化剂所用的中心金属多为一些贵金属，如铑等，国内资源缺乏；均相配合物催化剂的热稳定性往往较差，限制了反应温度的提高，以致反应转化率低，催化剂耗损大。解决这些问题的根本办法，在于使均相催化剂负载化；许多配合物催化剂还对金属反应器腐蚀严重。

与上述均相和多相的两类化学催化剂相比，酶催化剂有更大的特殊性。酶是胶体尺寸的蛋白质大分子，其大小介于均相中的分子和宏观的多相催化剂基本微粒之间，这就决定了它具有高活性及高选择性的优点。

如 1g 结晶的 α-淀粉酶，在 65℃条件下，15min 可使 2t 淀粉水解为糊精。这个例子反映了一种普遍规律。其他实例可见表 1-23。

表 1-23 酶和非酶催化反应速率的比较[T4]

酶	非酶催化的同类型反应	酶催化 $v_酶/s^{-1}$	非酶催化 v_0/s^{-1}	$v_酶/v_0$
胰凝乳蛋白酶	氨基酸水解	4×10^{-2}	1×10^{-5}	4×10^3
溶菌酶	缩醛水解	5×10^{-1}	3×10^{-9}	2×10^8
β-淀粉酶	缩醛水解	1×10^3	3×10^{-9}	3×10^{11}
富马酸酶	烯烃加水	5×10^2	3×10^{-9}	2×10^{11}
尿素酶	尿素水解	3×10^4	3×10^{-10}	1×10^{14}

酶的高催化效率也表现为在非常温和的条件（如常温、常压、接近中性 pH 的生理条件）下，大大加速反应。

酶的选择性高。每一种酶都有两种选择性，一种称为底物（反应物）专一性，即只能催化一种或一族特定底物。这种专一性，在某种情况下，甚至可以把两种主体异构（如 D,L-乳酸光学对映体）区别开；另一种称为作用专一性，即只能催化某种特定的反应。

酶催化反应条件温和。酶是来源于生物体的蛋白质，只能在常温、常压、接近中性的 pH 条件下发挥作用。高温、高压、强酸、强碱、有机溶剂、重金属盐及紫外光等因素，都能使酶变性失活。因此酶催化反应一般都是在比较温和的条件下进行的。

酶还有可自动调节活性的特点。酶的活力在生物体内受到多方面因素的调节和控制。生物体内的酶和酶之间，酶和其他蛋白质之间，都存在着相互作用。生物机体通过自动调节酶的活性和酶量，以满足生命过程的各种需要和适应环境的变化。调控的方式很多，包括用抑制剂调节等。

1.2.6 多相、均相和酶催化剂的同一性

以上这三大类催化剂、尽管其功能各有这样或那样的特殊性，然而在本章 1.2 节中所述的催化剂的若干基本特性，却是这三类催化剂共同具有的，就连极为特殊的酶催化剂也不能例外。

1.2.6.1 催化机理

虽然三类催化剂的催化机理本质和复杂性相差甚远，然而三者同作为催化剂，在不参与最终产物但参与中间过程的循环而起作用这一点上，三类催化剂都是共通的。从以下对比中可以看出。

(1) SO_2 均相氧化制 SO_3，以 NO_2 为催化剂

$$机理式 \quad 2SO_2 + 2NO_2 \longrightarrow 2SO_3 + 2NO$$
$$O_2 + 2NO \longrightarrow 2NO_2$$

$$总反应式 \quad 2SO_2 + O_2 \xrightarrow{NO_2} 2SO_3 \tag{1-9}$$

(2) 在钯-铜系多相催化剂上，乙烯氧化合成乙醛

$$机理式 \quad C_2H_4 + Pd^{2+} + H_2O \longrightarrow CH_3CHO + Pd^0 + 2H^+$$
$$Pd^0 + 2Cu^{2+} \longrightarrow Pd^{2+} + 2Cu^+$$
$$2Cu^+ + \frac{1}{2}O_2 \longrightarrow 2Cu^{2+} + O^{2-}$$

$$总反应式 \quad C_2H_4 + \frac{1}{2}O_2 \xrightarrow{Pd/Cu} CH_3CHO \tag{1-10}$$

(3) 甲醇在可溶性铑配合物催化体系作用下进行羰基化反应生成醋酸

目前，工业上最佳的催化体系是将催化剂 $RhCl_3 \cdot 3H_2O$ 和助催化剂 HI 的水溶液溶于醋酸水溶液配制而成。

$$总反应式 \quad CH_3OH + CO \xrightarrow{催化剂} CH_3COOH \tag{1-11}$$

本反应的总反应式相当简单，但反应机理甚为复杂，共分 5 步。

① CH_3I 在 $[RhI_2(CO)_2]^-$ 上进行氧化加成，生成甲基铑中间物种

$$[RhI_2(CO)_2]^- + CH_3I \longrightarrow [CH_3RhI_3(CO)_2]^-$$

② CO 插入甲基-铑键之间

$$[CH_3Rh_3(CO)_2]^- + CO \longrightarrow [CH_3CORhI_3(CO)_2]_n^{n-} \quad (n=1或2)$$

③ H_2O 使甲酰基-铑键断开，生成铑的氢化物和乙酸

$$[CH_3CORhI_3(CO)_2]_n^{n-} + H_2O \longrightarrow [HRhI_3(CO)_2]^- + CH_3COOH$$

④ 从铑的氢化物还原消除 HI，生成 $[RhI_2(CO)_2]^-$

$$[HRhI_3(CO)_2]^- \longrightarrow HI + [RhI_2(CO)_2]^-$$

⑤ 由 HI 和甲醇再合成碘甲烷

$$HI + CH_3OH \longrightarrow CH_3I + H_2O$$

由⑤生成的 CH_3I，再返回①参与反应，循环不已。而同时①的另一反应物 $[RhI_2(CO)_2]^-$ 则是④的产物，同样进行周而复始的循环。

(4) H_2O_2 与另一还原物 AH_2（例如焦性没食子酸）在过氧化物酶 E 的催化下分解

机理式

$$E + H_2O_2 \longrightarrow E\text{-}H_2O_2$$

$$\underline{E\text{-}H_2O_2 + AH_2 \longrightarrow E + A + 2H_2O}$$

总反应式 $\quad H_2O_2 + AH_2 \xrightarrow{E} A + 2H_2O$ \hfill (1-12)

式中 $E\text{-}H_2O_2$ 是氧化酶与 H_2O_2 首先生成的活性中间物种。这种中间物种在与另一底物反应时分解再生为过氧化物酶 E。$E\text{-}H_2O_2$ 的客观存在，最终经物理表征后得以证实。

1.2.6.2 催化活性与活化能

与对应的非催化反应相比，催化反应的速度加快，这是上述三类催化剂的主要共性。

由反应速率方程 Arrhenius 关系式 $k = k_0 \exp(-E/RT)$ 可知，当其他条件（频率因子 k_0，温度 T）一定时，反应速率是活化能 E 的函数。反应分子在反应过程中克服各种障碍，变成一种活化体，进而转化为产物分子所需的能量，称为活化能。通常，催化反应所要求的活化能 E 愈小，则此催化剂的活性愈高，亦即其所加速的反应速率就愈快。

研究证明：催化剂之所以具有催化活性，是由于它能够降低所催化反应的活化能；而它之所以能够降低活化能，则又是由于在催化剂的存在下，改变了非催化反应的历程。在这一点上，多相、均相和酶催化剂这三者同样地都是一致的。

以重要的工业合成氨反应式 (1-8) 为例，氮和氢分子在均相要按上式化合，如无催化剂存在时，反应速率极慢，若使其原料分子内的化学键断裂而生成反应性的碎片，需要大量能量，其对应的活化能经测定为 238.5kJ/mol。对这两种碎片，经计算求得，其相结合的概率甚小，因而，在较温和的条件之下，自发地生成氨是不可能的。然而，当催化剂存在时，通过它们与催化剂表面间的反应，促进反应物分子裂解等一系列反应[T6]。

$$H_2 \longrightarrow 2H_a \hfill (1\text{-}8a)$$

$$N_2 \longrightarrow 2N_a \hfill (1\text{-}8b)$$

$$N_a + H_a \longrightarrow NH_a \hfill (1\text{-}8c)$$

$$NH_a + H_a \longrightarrow (NH_2)_a \hfill (1\text{-}8d)$$

$$(NH_2)_a + H_a \longrightarrow (NH_3)_a \hfill (1\text{-}8e)$$

$$(NH_3)_a \longrightarrow NH_3 \hfill (1\text{-}8f)$$

在上述各步中，速控步骤是式 (1-8b)，即氮的吸附，它仅需 52kJ/mol 的活化能。由此带来的反应速率增加极为巨大。在 500℃ 时，将多相催化与均相催化合成氨反应速率相比，前者为后者的 3×10^{13} 倍（见图 1-12）。

这个实例中显示出的，是一种普遍的规律（见表 1-23）。特别值得注意的是，酶作为一种高效催化剂，与一般均相或多相化学催化剂相比较，它可以使反应活化能降低更大的幅度（见图 1-13）。由于反应速率与活化能为指数函数关系，所以活化能的降低对反应速率的增加影响很大，故酶的催化效率比一般催化剂高得多，同时还能够在温和的条件下充分地发挥其催化功能。

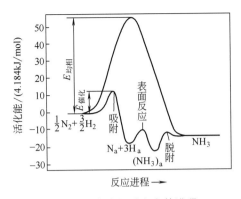

图 1-12 合成氨反应中的进程
和能量变化[T6]

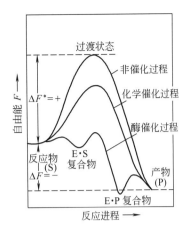

图 1-13 不同催化剂上反应进
程中能量的变化[T1]

表 1-24 某些反应在不同催化剂上的活化能[T4]

反 应	催 化 剂	活化能/(kJ/mol)
H_2O_2 分解	无	75.1
	Fe^{2+}	41
	过氧化氢酶	<8.4
尿素水解	H^+	103
	脲酶	28
乙酸丁酯水解	H^+	66.9
	OH^-	42.6
	胰脂酶	18.8

1.2.7 新型催化剂展望

在分别了解多相、均相化学催化剂与生物酶催化剂的特性和同一性之后，不难理解，三者各有所长。因此，若能将多相催化剂在工艺、工程上的可行性和经济性与均相催化剂（尤其是酶催化剂）的惊人效率结合起来，使三者互相渗透、互为补充，则必将产生出比任何传统催化剂都更为优越的工业催化剂新品种来。可以说，这正是 21 世纪催化剂创新的主攻方向，目前已有许多研究工作从以下两个方向同时平行展开。

（1）酶的模拟和人工合成 酶的完整模拟，由于涉及复杂的反应机理，是一件非常艰巨困难的工作。为了以很低的能耗获取氮肥，人类对生物固氮酶的模拟和人工合成已进行了数十年的工作而未果。尽管如此，酶的模拟和人工合成近年来还是有所进展的。预计在今后，随着仿生学的不断发展，酶的人工合成和其他天然蛋白质的合成一样，也将逐步得到解决。但在化学催化剂对酶结构和功能的局部模拟方面，由于难度相对较小，目前已取得更明显的进展。例如相转移催化剂的问世，它代表着多相化学催化剂向均相酶催化剂的某种程度的渗透与融合。

（2）均相催化剂的负载化 均相催化剂的负载化代表着均相催化剂反过来向多相催化剂的渗透与融合。这方面目前进展较快，在生化反应工程、聚合反应工程中，都已经有了实质性的进展和初步的工业化成果。各种固定化酶以及负载化的金属有机配合物聚合催化剂，无论是 Ziegler-Natta 型，或是 Kaminsky-Sinn 型，都已进入了起步阶段，前景良好。其他均相催化剂的负载化研究，也在加紧进行。表 1-25 是一个固定化均相催化剂的典型实验结果。从中可以看出，在固定化前后，在实验室里已经可以做到，原均相配合物催化剂的活性保持不变。当然这类催化剂若要工业化，还有许多后续工作要做。

表 1-25　在乙烯氧化成乙醛中，可溶性及锚定钯配合物活性的比较[T1]

配　合　物	活　性[①]
可溶性 (C₆H₄CN)Pd(OAc)₂	2.78
可溶性 $CH_2(CN)_2Pd(OAc)_2$	2.90
锚定 (Si)—CH₂—C₆H₄—CN·Pd(OAc)₂	2.93
锚定 (Si)—CH(CN)₂Pd(OAc)₂	2.80

① 溶剂：二噁烷∶水＝1∶1（体积分数）；温度 25℃；pH＝3；再氧化剂：$K_2Cr_2O_7$ 浓度 0.2mol/L；活性：mol（乙烯）/[g(Pd)·min]。

参　考　文　献 ❶

T1　吴越. 催化化学. 北京：科学出版社，1998

T2　王文兴. 工业催化. 北京：化学工业出版社，1978

T3　向德辉等. 固体催化剂. 北京：化学工业出版社，1985

T4　李再资. 生化工程与酶催化. 广州：华南理工大学出版社，1995

T5　朱洪法. 石油化工催化剂基础知识. 北京：中国石化出版社，1995

T6　J. T. Richardson. Principles of Catalysis Development Plenum 出版公司，1989

T7　Jens Hagen. Industrial Catalysis—A Practical Approach Wiley-VCH 出版社，1999

T8　吉林大学化学系编. 催化作用基础. 北京：科学出版社，1980

T9　南京化工研究院译. 合成氨催化剂手册. 北京：燃料化学工业出版社，1974

T10　J. R. Rostrup-Nielsen. Catalytic Steam Reforming. Springer-Verlag 出版社，1984

T11　向德辉等. 化肥催化剂实用手册. 北京：化学工业出版社，1992

T12　顾伯锷等. 工业催化过程导论. 北京：高等教育出版社，1986

T13　国家自然科学基金委员会. 自然科学学科发展调研报告. 物理化学. 北京：科学出版社，1994

T14　蔡启瑞等. 碳一化学中的催化作用. 北京：化学工业出版社，1995

T15　黄葆同，沈之荃. 烯烃双烯烃配位聚合进展. 北京：科学出版社，1998

T16　林尚安，于同隐，杨士林，焦书科等. 配位聚合. 上海：上海科技出版社，1988

T17　王西昌，王庆元，刘廷栋等. 定向聚合. 北京：化学工业出版社，1991

T18　［美］小约翰·布尔著. 齐格勒-纳塔催化剂和聚合. 孙伯庆等译. 北京：化学工业出版社，1986

T19　G. Fink，R. Mülhaupt，H. H. Brintzinger. Ziegler Catalysts. Springer-Verlag，1995

T20　J. L. Willams. Potential Medical Applications for Metallocene-based polymers. Metcon，94，Houston，TX U. S. A.，1994

T21　K. Yokota，T. Inoue，M. Kuramoto. Syndiospecific Polymerization of Styrene with Metallocene Catalysts，Metcon，97，Houston，TX U. S. A.，1997

T22　W. Kaminsky. Metalorganic Catalysts for Synthesis and Polymerization. Springer Verlag，1999

T23　M. Brokhart，C. M. Killian，L. K. Johnson. Ni（Ⅱ）-Based Catalysts for the Polymerization and Copolymerization of Olefins. Metcon，97，Houston，TX U. S. A.，1997

T24　黄仲涛，戴维明等. 工业催化剂设计与开发. 广州：华南理工大学出版社，1991

---

❶ 本章带"T"编号的文献为全书各章共用文献。

T25 David L. Trimm 著. 工业催化剂的设计. 金性勇等译. 北京：化学工业出版社，1984

T26 Kirk-Othmer. Encyclopedia of Chemical Technology, 1996

T27 G. Ertl，H. Közinger，J. Weitakmp. Handbook of Heterogeneous Catalysis. Vol. 1，Wiley-VCH 出版社，1999

T28 刘祖武. 现代无机合成. 北京：化学工业出版社，1999

T29 世界化学工业年鉴. 北京：化学工业出版社，1998

T30 Richard Masel. Chemical Kinetics and Catalysis Wiley-Interscience 出版社，2003

T31 Robert A. Copeland. Enzymes—A Practical Introduction to Structure，Mechanism，and Data Analysis 2nd ed. Wiley-VCH 出版社，2003

T32 黄仲涛主编. 工业催化剂手册. 北京：化学工业出版社，2004

T33 化工百科全书

T34 Jacob A Moulijn，Michiel Makkee，Annelies E. Van Diepen. Chemical Process Technology，2nd. Wiley-VCH 出版社，2013

T35 国家统计局编. 中国统计年鉴 2014. 北京：中国统计出版社，2014

T36 中国石油化工集团公司年鉴，2013

T37 Jacob A. Moulijn，Michiel Makkee，and Annelies E Van Diepen. Chemical Process Technology，Second Edition，John Wiley & Sons，Ltd. Published，2013

T38 中国石化催化剂有限公司译. 固体催化剂合成. 北京：中国石化出版社，2014

T39 刘志武等. 中国石化合成树脂技术进展. 合成树脂及塑料，2014，6：1-6

T40 2013 年全球 PVC 市场回顾及 2014 年展望. 聚氯乙烯，2014，6：1-6

T41 Chemical Process Technology，Second Edition. Jacob A. Moulijn，Michie，Makkee，and Annelies E. van Diepen. © 2013 John Wiley & Sons，Ltd. Published 2013 by John Wiley & Sons，Ltd.

T42 中国石油和化学工业联合会中国化工信息中心. 中国化学工业年鉴 2013. 北京：中国石化出版社，2014

第2章

工业催化剂的制造方法

　　研究催化剂的制造方法，具有极为重要的意义。一方面，与所有化工产品一样，需要从制备、性质和应用这三个基本方面来对催化剂加以研究；另一方面，工业催化剂又不同于绝大多数以纯化学品为主要形态的其他化工产品。催化剂（尤其是固体催化剂）多数有较复杂的化学组成和物理结构，并因此而形成千差万别的品种系列、纷繁用途以及专利特色。因此研究催化剂的制备技术，便会有更大的价值及更多的特色，而不可简单混同于通用化学品。

　　工业催化剂性能主要取决于其化学组成和物理结构。由于制备方法的不同，尽管原料成分及其用量完全相同，所制出的催化剂的性能仍可能有很大的差异。在科学技术发达的今天，厂家要对其工业催化剂的化学组成保守商业秘密已是相当困难的事。只要获得少量的工业催化剂样品，用不太长的时间，就能比较容易地弄清其主要化学成分和基本物理结构，然而却往往并不能据此轻易仿造出该种催化剂。因为，其制造技术的许多 know-how（诀窍），并不是通过组成化验就可以"一目了然"的。这正是一切催化剂发明的关键和困难所在。如果说，今日化工产品的发明和创新大多数要取决于其相关催化剂的发明和创新，那么，也就可以说，催化剂的发明和创新，首要和核心的便是催化剂制造技术的发明和创新了。

　　在化学工业中，可以用作催化剂的材料很多。以无机材质为主的固体非均相催化剂，包括金属、金属氧化物、硫化物、酸、碱、盐以及某些天然原料；以分子筛等复盐为代表的无机离子交换剂和离子交换树脂等有机离子交换剂，也是这类催化剂的常用材料；以金属有机化合物为代表的均相配合物催化剂，是目前新型的另一大类工业催化剂；以酶为代表的生物催化剂在化工领域的研究和应用中，近年来也有了长足的进展。不同形态的催化剂，需要不同的制备方法。

　　在催化剂生产和科学研究实践中，通常要用到一系列化学的、物理的和机械的专门操作方法来制备催化剂。换言之，催化剂制备的各种方法，都是某些单元操作的组合。例如，归纳起来，固体催化剂的制备大致采用如下某些单元操作：溶解、熔融、沉淀（胶凝）、浸渍、离子交换、洗涤、过滤、干燥、混合、成型、焙烧和活化等。

　　针对固体多相催化剂的各种不同制造方法，人们习惯上把其中关键而有特色的操作单元的名称，定为各种工业催化剂制备方法的名称。据此分类，目前工业固体催化剂的几种主要传统制造方法包括：沉淀法、浸渍法、混合法、离子交换法以及热熔融法等。

　　本章简介工业催化剂的若干基本制造方法，以目前应用最广的固体多相催化剂的经典传统制法为主，而在以后章节中，将还会兼及其它各种催化剂制造方法的若干新发展。

2.1 沉淀法

沉淀法是以沉淀操作作为其关键和特殊步骤的制造方法，是制备固体催化剂最常用的方法之一，广泛用于制备高含量的非贵金属、金属氧化物、金属盐催化剂或催化剂载体。

沉淀法的一般操作是在搅拌的情况下把碱性物质（沉淀剂）加入金属盐类的水溶液中，再将生成的沉淀物洗涤、过滤、干燥和焙烧，制造出所需要的催化剂粉末状前驱物。在大规模的生产中，金属盐制成水溶液，是出于经济上的考虑，在某些特殊情况下，也可以用非水溶液，例如酸、碱或有机溶剂的溶液。

沉淀法的关键设备一般是沉淀槽，其结构如一般的带搅拌的釜式反应器。以沉淀一步为核心，沉淀法的生产流程如图 2-1 所示。

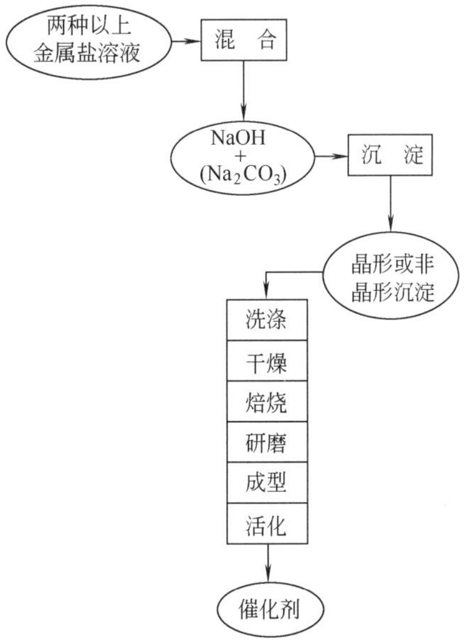

图 2-1 沉淀法的生产流程[T7]

2.1.1 沉淀法的分类

沉淀法可分为多类。随着工业催化实践的进展，沉淀的方法已由单组分沉淀法发展到共沉淀法、均匀沉淀法、浸渍沉淀法和导晶沉淀法等。

2.1.1.1 单组分沉淀法

单组分沉淀法即通过沉淀剂与一种待沉淀溶液作用以制备单一组分沉淀物的方法。这是催化剂制备中最常用的方法之一。由于沉淀物只含一个组分，操作不太困难。它可以用来制备非贵金属的单组分催化剂或载体。如与机械混合和其他操作单元组合使用，又可用来制备多组分催化剂。

氧化铝是最常见的催化剂载体。氧化铝晶体可以形成 8 种变体，如 γ-Al_2O_3、η-Al_2O_3、α-Al_2O_3 等。为了适应催化剂或载体的特殊要求，各类氧化铝变体通常由相应的水合氧化铝加热失水而得。文献报道的水合氧化铝制备实例甚多，但其中属单组分沉淀法的占绝大多数，并被分为酸法与碱法两大类。

酸法以碱性物质为沉淀剂，从酸化铝盐溶液中沉淀水合氧化铝。

$$Al^{3+} + OH^- \longrightarrow Al_2O_3 \cdot nH_2O \downarrow$$

碱法则以酸性物质为沉淀剂，从偏碱性的铝酸盐溶液中沉淀水合物，所用的酸性物质包括 HNO_3、HCl、CO_2 等。

$$AlO_2^- + H_3O^+ \longrightarrow Al_2O_3 \cdot nH_2O \downarrow$$

2.1.1.2 共沉淀法（多组分共沉淀法）

共沉淀法是将催化剂所需的两个或两个以上组分同时沉淀的一种方法。本法常用来制备高含量的多组分催化剂或催化剂载体。其特点是一次可以同时获得多个催化剂组分的混合物，而且各个组分之间的比例较为恒定，分布也比较均匀。如果组分之间能够形成固溶体，那么分散度和均匀性则更为理想。共沉淀法的分散性和均匀性好，是它较之于混合法等的最大优势。

典型的共沉淀法，可以举低压合成甲醇用的 $CuO\text{-}ZnO\text{-}Al_2O_3$ 三组分催化剂为例。将给定比例的 $Cu(NO_3)_2$、$Zn(NO_3)_2$ 和 $Al(NO_3)_3$ 混合盐溶液与 Na_2CO_3 并流加入沉淀槽，在强烈搅拌下，于恒定的温度与近中性的 pH 值下，形成三组分沉淀。沉淀经洗涤、干燥与焙烧后，即为该催化剂的先驱物。

2.1.1.3 均匀沉淀法

以上两种沉淀法，在操作过程中，难免会出现沉淀剂与待沉淀组分的混合不均匀、沉淀颗粒粗细不等、杂质带入较多等现象。均匀沉淀法则能克服此类缺点。均匀沉淀法不是把沉淀剂直接加入到待沉淀溶液中，也不是加沉淀剂后立即产生沉淀，而是首先使待沉淀金属盐溶液与沉淀剂母体充分混合，预先造成一种十分均匀的体系，然后调节温度和时间，逐渐提高 pH 值（见图 2-2），或者在体系中逐渐生成沉淀剂等方式，创造形成沉淀的条件，使沉淀缓慢进行，以制得颗粒十分均匀而且比较纯净的沉淀物。例如，为了制取氢氧化铝沉淀，可在铝盐溶液中加入尿素溶化其中，混合均匀后，加热升温至 $90\sim100℃$，此时溶液中各处的尿素同时水解，释放出 OH^-

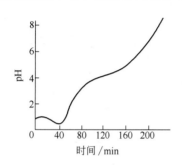

图 2-2　尿素水解过程中 pH 值随时间的变化

$$(NH_2)_2CO+3H_2O \xrightarrow{90\sim100℃} 2NH_4^+ +2OH^- +CO_2$$

于是氢氧化铝沉淀即在整个体系内均匀而同步地形成。尿素的水解速度随温度的改变而改变，调节温度可以控制沉淀反应在所需要的 OH^- 浓度下进行。

均匀沉淀法不限于利用中和反应，还可以利用酯类或其他有机物的水解、配合物的分解或氧化还原等方式来进行。除尿素外，均匀沉淀法常用的类似沉淀剂母体列于表 2-1 中。

表 2-1　均匀沉淀法常用的部分沉淀剂母体

沉淀剂	母　　体	化学反应
OH^-	尿素	$(NH_2)_2CO+3H_2O \longrightarrow 2NH_4^+ +2OH^- +CO_2$
PO_4^{3-}	磷酸三甲酯	$(CH_3)_3PO_4+3H_2O \longrightarrow 3CH_3OH+H_3PO_4$
$C_2O_4^{2-}$	尿素与草酸二甲酯或草酸	$(NH_2)_2CO+2HC_2O_4^- +H_2O \longrightarrow 2NH_4^+ +2C_2O_4^{2-} +CO_2$
SO_4^{2-}	硫酸二甲酯	$(CH_3)_2SO_4+2H_2O \longrightarrow 2CH_3OH+2H^+ +SO_4^{2-}$
	磺酰胺	$NH_2SO_3H+H_2O \longrightarrow NH_4^+ +H^+ +SO_4^{2-}$
S^{2-}	硫代乙酰胺	$CH_3CSNH_2+H_2O \longrightarrow CH_3CONH_2+H_2S$
	硫脲	$(NH_2)_2CS+4H_2O \longrightarrow 2NH_4^+ +2OH^- +CO_2+H_2S$
CrO_4^{2-}	尿素与 $HCrO_4^-$	$(NH_2)_2CO+2HCrO_4^- +H_2O \longrightarrow 2NH_4^+ +CO_2+2CrO_4^{2-}$

在溶液中使用过量氢氧化铵作用于镍、铜或钴等离子时，在室温下会发生沉淀重新溶解形成可溶性金属配合物的现象。而配合物离子溶液加热或 pH 降低时，又会产生沉淀。这种借助配合物先溶解而后沉淀的方法，也可归于均匀沉淀一类，使用也较广泛。

2.1.1.4 浸渍沉淀法

浸渍沉淀法是在普通浸渍法的基础上辅以沉淀法发展起来的一种新方法，即待盐溶液浸渍操作完成之后，再加沉淀剂，而使待沉淀组分沉积在载体上。这将在以后介绍。

2.1.1.5 导晶沉淀法

导晶沉淀法是借助晶化导向剂（晶种）引导非晶型沉淀转化为晶型沉淀的快速而有效的

方法。近年来，这种方法普遍用来制备以廉价易得的水玻璃为原料的高硅钠型分子筛，包括丝光沸石、Y 型与 X 型合成分子筛。分子筛催化剂的晶形和结晶度至关重要，而利用结晶学中预加少量晶种引导结晶快速完整形成的本法，可简便有效地解决这一难题。本法实例，容后叙述。

2.1.2 沉淀操作的原理和技术要点

一般而言，沉淀法的生产流程较长，包括溶解、沉淀、洗涤、干燥、焙烧等各步，存在操作步骤较多、消耗的酸和碱较多等不足，然而这却是为制得性能较好的催化剂付出的必不可少的代价。操作步骤多，影响因素复杂，常使沉淀法的制备重复性欠佳，这又是问题的另一方面。

与沉淀操作各步骤有关的操作原理和技术要点，扼要讨论如下。其中若干原理，原则上也适用于沉淀法以外的其他方法中的相同或近似的操作。

2.1.2.1 金属盐类和沉淀剂的选择

一般首选硝酸盐来提供无机催化剂材料所需要的阳离子，因为绝大多数硝酸盐都可溶于水，并可方便地由硝酸与对应的金属或其氧化物、氢氧化物、碳酸盐等反应制得。两性金属铝和锌等，除可由硝酸等溶解而外，还可由氢氧化钠等强碱溶解其氧化物而阳离子化。

金、铂、钯、铱等贵金属不溶于硝酸，但可溶于王水（确定比例的浓硝酸与盐酸混合物）。溶于王水的这些贵金属，在加热驱赶硝酸后，得相应氯化物。这些氯化物的浓盐酸溶液即为对应的氯金酸、氯铂酸、氯钯酸、氯铱酸等，并以这种特殊的形态，提供对应的阳离子。氯钯酸等稀贵金属溶液，常用于浸渍沉淀法制备负载催化剂。这些溶液先浸入载体，而后加碱沉淀。在浸渍-沉淀反应完成后，这些贵金属阳离子转化为氢氧化物而被沉淀，而氯离子则可被水洗去。金属铼的阳离子溶液来自高铼酸。

最常用的沉淀剂是 NH_3、NH_4OH 以及 $(NH_4)_2CO_3$ 等铵盐，因为它们在沉淀后的洗涤和热处理时易于除去而不残留。而若用 KOH 或 NaOH 时，要考虑到某些催化剂不希望有 K^+ 或 Na^+ 存留其中，且 KOH 价格较贵。但若允许，使用 NaOH 或 Na_2CO_3 来提供 OH^-、CO_3^{2-}，一般也是较好的选择。特别是后者，不但价廉易得，而且常常形成晶体沉淀，易于洗净。

此外，下列的若干原则亦可供选择沉淀剂时参考。

(1) 使用易分解挥发的沉淀剂　前述常用的沉淀剂如氨气、氨水和铵盐（如碳酸铵、醋酸铵、草酸铵）、二氧化碳和碳酸盐（如碳酸钠、碳酸氢铵）、碱类（如氢氧化钠、氢氧化钾）以及尿素等，在沉淀反应完成之后，经洗涤、干燥和焙烧，有的可以被洗涤除去（如 Na^+ 离子、SO_4^{2-} 离子），有的能转化为挥发性气体逸出（如 CO_2、NH_3、H_2O），一般不会遗留在催化剂中，这为制备纯度高的催化剂创造了有利条件。

(2) 沉淀物必须便于过滤和洗涤　沉淀可以分为晶形沉淀和非晶形沉淀，晶形沉淀又分为粗晶和细晶两种。晶形沉淀带入的杂质少，也便于过滤和洗涤，特别是那些粗晶粒。可见，应尽量选用能形成晶形沉淀的沉淀剂。上述那些盐类沉淀剂原则上易于形成晶形沉淀。而碱类特别是强碱类沉淀剂，一般都易于形成非晶形沉淀。非晶形沉淀难以洗涤过滤，但可以得到较细的沉淀粒子。

(3) 沉淀剂的溶解度要大　溶解度大的沉淀剂，可能被沉淀物吸附的量较少，洗涤脱除残余沉淀剂等也较快。这种沉淀剂可以制成较浓溶液，沉淀设备利用率高。

（4）沉淀物的溶解度应很小　这是制备沉淀物最基本的要求。沉淀物溶解度愈小，沉淀反应愈完全，原料消耗量愈少。这对于铂、镍、银等贵重或比较贵重的金属特别重要。

（5）沉淀剂必须无毒，不应造成环境污染。

2.1.2.2　沉淀形成的影响因素

（1）浓度　在溶液中生成沉淀的过程是固体（即沉淀物）溶解的逆过程，当溶解和生成沉淀的速度达到动态平衡时，溶液达到饱和状态。溶液中开始生成沉淀的首要条件之一，是其浓度超过饱和浓度。溶液浓度超过饱和浓度的程度，称为溶液的过饱和度。形成沉淀时所需要达到的过饱和度，目前只能根据大量实验来估计。

对于晶形沉淀，应当在适当稀的溶液中进行沉淀反应。这样，沉淀开始时，溶液的过饱和度不至于太大，可以使晶核生成的速度降低，有利于晶体长大。

对于非晶形沉淀，宜在含有适当电解质的较浓的热溶液中进行沉淀。由于电解质的存在，能使胶体颗粒胶凝而沉淀，又由于溶液较浓，离子的水合程度较小，这样就可以获得比较紧密的沉淀，而不至于成为胶体溶液。胶体溶液的过滤和洗涤都相当困难。

（2）温度　溶液的过饱和度与晶核的生成和长大有直接的关系，而溶液的过饱和度又与温度有关。一般来说，晶核生长速度随温度的升高而出现极大值。

晶核生长速度最快时的温度，比晶核长大时达到最大速度所需温度低得多。即在低温时有利于晶核的形成，而不利于晶核的长大。所以在低温条件下一般得到更细小的颗粒。

对于晶形沉淀，沉淀应在较热的溶液中进行，这样可使沉淀的溶解度略有增大，过饱和度相对降低，有利于晶体生成长大。同时，温度越高，吸附的杂质越少。但为了防止温度高溶解度增大而造成的损失，沉淀完毕，应待熟化、冷却后过滤和洗涤。

对于非晶形沉淀，在较热的溶液中沉淀也可以使离子的水合程度较小，获得比较紧密凝聚的沉淀，防止胶体溶液形成。

此外，较高温度操作对缩短沉淀时间提高生产效率有利，对降低料液黏度亦有利。但显然温度受介质水沸点的限制，因此多数沉淀操作均在 $70 \sim 80 ℃$ 之间进行。

（3）pH值　既然沉淀法常用碱性物质作沉淀剂，因此沉淀物的生成在相当程度上必然受溶液 pH 值的影响，特别是制备活性高的混合物催化剂时更是如此。

由盐溶液用共沉淀法制备氢氧化物时，各种氢氧化物一般并不能同时沉淀下来，而是在不同的 pH 值下（见表 2-2）先后沉淀出来。即使发生共沉淀，也仅限于形成沉淀所需 pH 值相近的氢氧化物。

表 2-2　形成氢氧化物沉淀所需的 pH 值[T2]

氢 氧 化 物	形成沉淀物所需的 pH 值	氢 氧 化 物	形成沉淀物所需的 pH 值
$Mg(OH)_2$	10.5	$Be(OH)_2$	5.7
$AgOH$	9.5	$Fe(OH)_2$	5.5
$Mn(OH)_2$	$8.5 \sim 8.8$	$Cu(OH)_2$	5.3
$La(OH)_3$	8.4	$Cr(OH)_3$	5.3
$Ce(OH)_3$	7.4	$Zn(OH)_2$	5.2
$Hg(OH)_2$	7.3	$U(OH)_4$	4.2
$Pr(OH)_3$	7.1	$Al(OH)_3$	4.1
$Nd(OH)_3$	7.0	$Th(OH)_4$	3.5
$Co(OH)_2$	6.8	$Sn(OH)_2$	2.0
$U(OH)_3$	6.8	$Zr(OH)_4$	2.0
$Ni(OH)_2$	6.7	$Fe(OH)_3$	2.0
$Pd(OH)_2$	6.0		

这即是说，由于各组分的溶度积不同，如果不考虑形成氢氧化物沉淀所需 pH 值相近这一点，那么很可能制得的是不均匀的产物。例如，当把氨水溶液加到含两种金属硝酸盐的溶液中时，氨将首先沉淀一种氢氧化物，然后再沉淀另一种氢氧化物。在这种情况下，欲使所得的共沉淀物更均匀些，可以采用如下两种方法：第一是把两种硝酸盐溶液同时加到氨水溶液中，这时两种氢氧化物就会同时沉淀；第二是把一种原料溶解在酸性溶液中，而把另一种原料溶解在碱性溶液中。例如氧化硅-氧化铝的共沉淀可以由硫酸铝与硅酸钠（水玻璃）的稀溶液混合制得。

氢氧化物共沉淀时有混合晶体形成，这是由于量较少的一种氢氧化物进入另一种氢氧化物的晶格中，或者生成的沉淀以其表面吸附另一种沉淀所致。

（4）加料方式和搅拌强度　沉淀剂和待沉淀组分两者进行沉淀反应时，有一个加料顺序问题。以硝酸盐加碱沉淀为例，是先预热盐至沉淀温度后逐渐加入碱中，或是将碱预热后逐渐加入盐中，抑或是两者分别先预热后，同时并流加入沉淀反应器中，这其中至少可以有三种可能的加料方式——正加、反加和并流加料。有时甚至可以是这三种方式的分阶段复杂组合。经验证明，在溶液浓度、温度、加料速度等其他条件完全相同的条件下，由于加料方式的不同，所得沉淀的性质也可能有很大的差异，并进而使最终催化剂或载体的性质出现差异。

搅拌强度对沉淀的影响也是不可忽视的。不管形成何种形态的沉淀，搅拌都是必要的。但对于晶形沉淀，开始沉淀时，沉淀剂应在不断搅拌下均匀而缓慢地加入，以免发生局部过浓现象，同时也能维持一定的过饱和度。而对非晶形沉淀，宜在不断搅拌下，迅速加入沉淀剂，使之尽快分散到全部溶液中，以便迅速析出沉淀。

综上所述，影响沉淀形成的因素是复杂的。在实际工作中，应根据催化剂性能对结构的不同要求，选择适当的沉淀条件，注意控制沉淀的类型和晶粒大小，以便得到预定结构和组成的沉淀物。

对于可能形成晶体的沉淀，应尽量创造条件，使之形成颗粒大小适当、粗细均匀、具有适宜的比表面积和孔径、杂质含量较少、容易过滤和洗涤的晶形沉淀。即使不易获得晶形沉淀，也要注意控制条件，使之形成比较紧密、杂质较少、容易过滤和洗涤的沉淀，而尽量避免胶体溶液形成。一些胶体沉淀，在实验室中常见到几昼夜无法洗净的困难情况。然而在其他特殊的制备方法中，又有希望形成胶体沉淀物的情况。这将在以后介绍。

2.1.2.3　沉淀的陈化和洗涤

（1）陈化　在催化剂制备中，在沉淀形成以后往往有所谓陈化（或熟化）的工序。对于晶形沉淀尤其如此。

沉淀在其形成之后发生的一切不可逆变化称为沉淀的陈化。最简单的陈化操作是沉淀形成后并不立即过滤，而是将沉淀物与其母液一起放置一段时间。这样，陈化的时间、温度及母液的 pH 值等便会成为陈化所应考虑的几项影响因素。

在晶形催化剂制备过程中，沉淀的陈化对催化剂性能的影响往往是显著的。因为在陈化过程中，沉淀物与母液一起放置一段时间（必要时保持一定温度）时，由于细小晶体比粗大晶体溶解度大，溶液对于大晶体而言已达到饱和状态，而对于细晶体尚未饱和，于是细晶体逐渐溶解，并沉积于粗晶体上。如此反复溶解、沉积的结果，基本上消除了细晶体，获得了颗粒大小较为均匀的粗晶体。此外，孔隙结构和表面积也发生了相应的变化。而且，由于粗晶体总面积较小，吸附杂质较小，在细晶体中的杂质也随溶解过程转入溶液。某些新鲜的无定形或胶体沉淀，在陈化过程中逐步转化而结晶也是可能的，例如分子筛、水合氧化铝等的陈化，即是这种转化最典型的实例。

多数非晶形沉淀，在沉淀形成后不采取陈化操作，宜待沉淀析出后，加入较大量热水稀释，以减少杂质在溶液中的浓度，同时使一部分被吸附的杂质转入溶液。加入热水后，一般不宜放置，而应立即过滤，以防沉淀进一步凝聚，并避免表面吸附的杂质包裹在沉淀内部不易洗净。某些场合下，也可以加热水放置陈化，以制备特殊结构的沉淀。例如，在活性氧化铝的生产过程中，常常采用这种办法，即先制出无定形的沉淀，再根据需要采用不同的陈化条件，生成不同类型的水合氧化铝（α-Al_2O_3·H_2O 或 α-Al_2O_3·$3H_2O$ 等），再经焙烧转化为 γ-Al_2O_3 或 η-Al_2O_3。

沉淀过程固然是沉淀法的关键步骤，然而沉淀的各项后续操作，例如过滤、洗涤、干燥、焙烧、成型等，同样会程度不同地影响催化剂的质量。

（2）洗涤　洗涤操作的主要目的是除去沉淀中的杂质。用沉淀法制备催化剂时，沉淀终点在控制和防止杂质混入上是很重要的。一方面要检验沉淀是否完全，另一方面要防止沉淀剂过量，以免在沉淀中带入外来离子和其他杂质。杂质混入催化剂主要发生在沉淀物生成过程中。沉淀带入杂质的原因是表面吸附、形成混晶（固溶体）、机械包藏等。其中，表面吸附是具有大表面非晶形沉淀玷污的主要原因。通常，沉淀物的表面积相当大，大小 0.1mm 左右的 0.1g 结晶物质（相对密度 1）共有 10 万个晶粒，总表面积为 $60cm^2$ 左右；如果颗粒尺寸减至 0.01mm（微晶沉淀），颗粒的数目就增加到 1 亿个，表面积达到 $600cm^2$；考虑到结晶表面不整齐等因素，它的表面积显然还要大得多。有这样大的表面积，对杂质的吸附就不可避免。

所谓形成混晶，指的是溶液中存在的杂质如果与沉淀物的电子层结构类型相似，离子半径相近，或电荷/半径比值相同，在沉淀晶体长大过程中，首先被吸附，然后参加到晶格排列中形成混晶（同形混晶或异形混晶），例如 $MgNH_4PO_4$·$6H_2O$ 与 $MgNH_4AsO_4$·$6H_2O$ 可组成同形混晶，$NaCl$（立方体晶格）和 Ag_2CrO_4（四面体晶格）能形成异形混晶。混晶的生成与溶液中杂质的性质、浓度和沉淀剂加入速度有关。沉淀剂加入太快，结晶成长迅速，容易形成混晶。异形混晶晶格通常完整，当沉淀与溶液一起放置陈化后，可以除去。

机械包藏，指被吸附的杂质机械地嵌入沉淀中。这种现象的发生也是由于沉淀剂加入太快的缘故。陈化后，这种包藏的杂质也可能除去。

此外，在沉淀形成后陈化时间过长，母液中其他的可溶或微溶物可能沉积在原沉淀物上，这种现象称为后沉淀。显然，在陈化过程中发生后沉淀而带入杂质是我们所不希望的。

根据以上分析，为了尽可能减少或避免杂质的引入，应当采取以下几点措施：

① 针对不同类型的沉淀，选用适当的沉淀和陈化条件；

② 在沉淀分离后，用适当的洗涤液洗涤；

③ 必要时进行再沉淀，即将沉淀过滤、洗涤、溶解后，再进行一次沉淀。再沉淀时由于杂质浓度大为降低，吸附现象可以减轻或避免。这与一般晶体物质的重结晶有相近的纯化效果。

以洗涤液除去固态物料中杂质的操作称为洗涤。最常用的洗涤液是纯水，包括去离子水和蒸馏水，其纯度可用电导仪方便地检测。纯度越高，电导越小。有时在纯水中加入适当洗涤剂配成洗涤液。当然洗涤剂应是可分解和易挥发的，例如用 $(NH_4)_2C_2O_4$ 稀溶液洗涤 CaC_2O_4 沉淀。溶解度较小的非晶形沉淀，应该选择易挥发的电解质稀溶液洗涤，以减弱形成胶体的倾向，例如水合氧化铝沉淀宜用硝酸铵溶液洗涤。

选择洗涤液温度时，一般来说，温热的洗涤液容易将沉淀洗净。因为杂质的吸附量随温度的提高而减少，通过过滤层也较快，还能防止胶体溶液的形成。但是，在热溶液中沉淀损失也较大。所以，溶解度很小的非晶形沉淀，宜用热的溶液洗涤，而溶解度很大的晶形沉淀，以冷的洗涤液洗涤为好。

实际操作中，洗涤常用倾析法和过滤法。洗涤的开始阶段，多用倾析洗涤，即操作时先将洗涤槽中的母液放尽，加入适当洗涤液，充分搅拌并静置澄清后，将上层澄清液尽量倾出弃去，再加入洗涤液洗涤。重复洗涤数次后，将沉淀物移入过滤器过滤，必要时可以在过滤器中继续冲洗。为了提高洗涤效率、节省洗涤液并减少沉淀的溶解损失，宜用尽量少的洗涤液，分多次洗涤，并尽量将前次的洗涤液沥干。洗涤必须连续进行，不得中途停顿，更不能干涸放置太久，尤其是一些非晶形沉淀，放置凝聚后，就更难洗净。沉淀洗净与否，应进行检查，一般是定性检查最后洗出液中是否还显示某种离子效应。通常以洗涤水不呈 OH^-（用酚酞）或 NO_3^-（用二苯胺浓硫酸溶液）的反应时为止。对某些类型的催化剂，洗涤不净在催化剂中残余的碱性物，将影响催化剂的性能。

2.1.2.4 干燥、焙烧和活化

（1）干燥 干燥是用加热的方法脱除已洗净湿沉淀中的洗涤液。干燥后的产物，通常还是以氢氧化物、氧化物或硝酸盐、碳酸盐、草酸盐、铵盐和醋酸盐的形式存在。一般来说，这些化合物既不是催化剂所需要的化学状态，也尚未具备较为合适的物理结构，对反应不能起催化作用，故称催化剂的钝态。把钝态催化剂经过一定方法处理后变为活泼催化剂的过程，叫做催化剂的活化（不包括再生）。活化过程，大多在使用厂的反应器中进行，有时在催化剂制造厂进行，后者称预活化或预还原等。

（2）焙烧 焙烧是继干燥之后的又一热处理过程。但这两种热处理的温度范围和处理后的热失重是不同的，其区别如表2-3所示。干燥对催化剂性能影响较小，而焙烧的影响则往往较大。

表 2-3　干燥与焙烧的区别

单元操作	温度范围/℃	烧失重(1000℃)/%
干燥	80～300	10～50
中等温度焙烧	到 600	2～8
高温焙烧	＞600	＜2

被焙烧的物料可以是催化剂的半成品（如洗净的沉淀或先驱物），但有时可能是催化剂成品或催化剂载体。

焙烧的目的是：①通过物料的热分解，除去化学结合水和挥发性物质（如 CO_2、NO_2、NH_3），使之转化为所需要的化学成分，其中可能包括化学价态的变化；②借助固态反应、互溶、再结晶，获得一定的晶型、微粒粒度、孔径和比表面积等；③让微晶适度地烧结，提高产品的机械强度。可见，焙烧过程伴随有多种化学变化和物理变化发生，其中包括热分解过程、互溶与固态反应、再结晶过程、烧结过程等。这些复杂的过程对成品性能的影响也是多方面的。如许多无机化合物在低温下就能发生固态反应，而催化剂（或其半成品）的焙烧温度常常近于500℃左右，所以活性组分与载体间发生固态相互反应是可能的。再如，烧结一般使微晶长大，孔径增大，比表面积、比孔容积减小，强度提高等，对于一个给定的焙烧过程，上述的几个作用过程往往同时或先后发生。当然也必定以一个或几个过程为主，而另一些过程处于次要的地位。显然，焙烧温度的下限取决于干燥后物料中氢氧化物、硝酸盐、

碳酸盐、草酸盐、铵盐之类易分解化合物的分解温度。这个温度，可以通过查阅物性数据和一般的热分解失重曲线的测定来确定。焙烧温度的上限要结合焙烧时间一并考虑。当焙烧温度低于烧结温度时，时间愈长，分解愈完全；若焙烧温度高于烧结温度，则时间愈长，烧结愈严重。为了使物料分解完全，并稳定产物结构，焙烧至少要在不低于分解温度和最终催化剂成品使用温度的条件下进行。温度较低时，分解过程或再结晶过程占优势；温度较高时，烧结过程可能较突出。

　　焙烧设备很多，有高温电阻炉、旋转窑、隧道窑（见图 2-3）、流化床等。选用何种设备要根据焙烧温度、气氛、生产能力和设备材质的要求来决定。

图 2-3　在隧道窑中焙烧的催化剂载体[T10]

　　任何给定的焙烧条件都只能满足某些主要性能的要求。例如，为了得到较大的比表面积，在不低于分解温度和不高于使用温度的前提下，焙烧温度应尽量选低，并且最好抽真空焙烧；为了保证足够的机械强度，则可以在空气中焙烧，而且焙烧时间可长一些；为了制备某种晶形的产品（如 γ-Al_2O_3 或 α-Al_2O_3），必须在特定的相变温度范围内焙烧；为了减轻内扩散的影响，有时还要采取特殊的造孔技术，如预先在物料中加入造孔剂，然后在不低于造孔剂分解温度的条件下焙烧，等等。

　　（3）还原　经过焙烧后的催化剂（或半成品），多数尚未具备催化活性，必须用氢气或其他还原性气体，还原成为活泼的金属或低价氧化物，这步操作称为还原，也称为活化。当然，还原只是催化剂最常见的活化形式之一，因为许多固体催化剂的活化状态都是金属形态。然而，还原并非活化的唯一形式，因为某些固体催化剂的活化状态是氧化物、硫化物或其他非金属态。例如，烃类加氢脱硫用的钴-钼催化剂，其活性状态为硫化物。因此这种催化剂的活化是预硫化，而不是还原。

　　气-固相催化反应中，固体催化剂的还原多用气体还原剂进行。影响还原的因素大体是还原温度、压力、还原气组成和空速等。

　　若催化剂的还原是一个吸热反应，提高温度有利于催化剂的彻底还原；反之，若还原是放热反应，提高温度就不利于彻底还原。提高温度可以加大催化剂的还原速度，缩短还原时间。但温度过高，催化剂微晶尺寸增大，比表面积下降；温度过低，还原速度太慢，影响反应器的生产周期，而且也可能延长已还原催化剂暴露在水汽中的时间（还原伴有水分产生），增加氧化-还原的反复机会，也使催化剂质量下降。每一种催化剂都有一个特定的起始还原温度，最快还原温度、最高允许的还原温度。因此，还原时应根据催化剂的性质选择并控制升温速度和还原温度。

　　还原性气体有氢气、一氧化碳、烃类等含氢化合物（甲烷、乙烯）等，用于工业催化剂还原的还有 N_2-H_2（氨裂解气）、H_2-CO（甲醇合成气）等，有时还原性气体还含有适量水蒸气，配成湿气。不同还原性介质的还原效果不同，同一种还原气，因组成含量或分压不同，还原后催化剂的性能也不同。一般说来，还原气中水分和氧含量越高，还原后的金属晶体越粗。还原气体的空速和压力也能影响还原质量。高的空速有利于还原的平衡和速度。如果还原是分子数变少的反应，压力的变化将会影响还原反应平衡的移动，这时提高压力可以提高催化剂还原度。

在还原的操作条件（如温度、压力、时间及还原气组成与空速等）一定时，还原效果的好坏取决于催化剂的组成、制备工艺及颗粒大小。例如，加进载体的氧化物比纯粹的氧化物所需的还原温度往往要高些；相反，加入某些物质，有时可以提高催化剂的还原性，例如在难还原的铝酸镍中加入少量铜化合物，可以加速铝酸镍的还原。通常，还原反应有水分产生，在催化剂床层压力降许可的情况下，使用颗粒较细的催化剂，可以减轻水分对催化剂的反复氧化-还原作用，从而减轻水分的毒化作用。

有时某些催化剂的预还原还在液相中进行，详见以后的实例。

催化剂的还原往往是催化剂正式投用前的最后一步，而且这一步的多种操作参数对催化剂的质量影响很大。故近年来对催化剂还原的研究工作也很活跃[10,11]，还成功开发出多种工业催化剂的新型预还原品种。早期催化剂的还原通常是由使用厂家在反应器内进行的，即器内还原。然而，有的催化剂，或者由于还原过程很长，占用反应器的宝贵生产时间；或者由于在特殊的条件下还原，方可以获得很好的还原质量；或者由于还原与使用条件悬殊，器内还原无法满足最优的还原条件，要求在专用设备中进行器外的预先还原（必要时还原后略加钝化）。提供预还原催化剂，由催化剂生产厂在专用的预还原炉中完成还原操作，这就从根本上解决了上述各种问题。

2.1.3　沉淀法催化剂制备实例

以下所举的几个最简单示例，仅仅是为便于初步理解前述沉淀法的基本原理和操作要点而选取的。

2.1.3.1　银催化剂的制法（单组分沉淀法）

单质银对某些反应的催化活性极高。例如对于乙烯氧化制环氧乙烷，工业上多用银催化剂。以下是一个实验室银催化剂的制法提要。

将 100g 硝酸银溶于 800mL 蒸馏水中，在充分搅拌下徐徐加入 10% 的苛性钠溶液，至溶液中残留少量的硝酸银时为止。再加入 30% 的过氧化氢 20mL，即可按下式将生成的氧化银还原成单质银。在这里，由于 H_2O_2 急剧分解成氢和氧，而氢使氧化银中的银游离出来。

$$Ag_2O + H_2O_2 \longrightarrow 2Ag + H_2O + O_2 \uparrow$$

用倾析法滤出上部澄清溶液，再将 30% 过氧化氢溶液 4mL 以蒸馏水稀释到 100mL，用这种水洗涤沉淀，直至滤液中不含银离子为止。将沉淀移入瓷碟中，加入 14～25 目的氧化铝 400g，再加入过氧化钡 14g，所得催化剂混合物在水浴上蒸除水分，在 115℃ 干燥 20h。

这种催化剂需在 250℃ 用 10% 乙烯和 90% 氮组成的混合物处理 3h，在 290℃ 处理 8h 后，方能投入使用。

本例中，载体氧化铝和助催化剂过氧化钡是在活性组分银沉淀后湿混加入的。氧化银的还原，使用了液体 H_2O_2，在常温下进行，并在使用时的高温下再用含氢化合物乙烯进行了补充活化。

2.1.3.2　活性氧化铝制备（单组分沉淀法）

现举一个以碱为沉淀剂的沉淀法制取活性氧化铝的实例。

在 20～30℃ 下将 4mol 的氨水缓慢加入 10% 的 $Al(NO_3)_3$ 水溶液中，使之达到规定的 pH 值，放置一昼夜后，过滤，清洗，即可得到氢氧化铝凝胶。将这种凝胶浸于与沉淀时相同 pH 值的氨水溶液中，在搅拌下，于 20～25℃ 放置 30d 进行陈化。其结果，当 pH 值为

10时，不管是否陈化，生成物以拜耳石为主，焙烧后主要得到 η-Al_2O_3；但 pH 小于 8 时，生成物则以水铝氧为主，焙烧后形成 χ-Al_2O_3。由此可见，在 pH 值高时形成的沉淀容易得到三水铝石。鉴于此，如把前述操作颠倒过来，即向搅拌的氨水中加 $Al(NO_3)_3$ 水溶液，可使 pH 值始终保持在 9 以上。缓慢加入 $Al(NO_3)_3$，勿使溶液 pH 值出现局部过低，按原有状态放置 4h，过滤，将沉淀在水中陈化 12h，再过滤，于 120℃ 下干燥 72h，即可得到充分结晶的三水铝石。将它在 250℃ 下加热 16h，再在 500℃ 下加热 24h，则脱水为 η-Al_2O_3。工业上也用大体相同的方法制造 η-Al_2O_3。

从本例中可以看出，沉淀法反应的条件变化可以是灵活多样的，而它们对产物氧化铝形态的影响，则又可能是非常广泛而深刻的。

2.1.3.3 分子筛的合成（导晶沉淀法）

通常所指的分子筛（合成沸石）是一大类微晶中孔隙规整并且比表面积大的硅酸盐，具有筛分分子的特性。

由于分子筛晶体结构和化学组成的特殊性，使它具有优良的离子交换、吸附和催化性能，日益广泛地用作高选择性、高稳定性和高效的吸附分离剂、优良的催化剂和载体。

近年来，国内外采用了晶体接种技术，即导晶法，以水玻璃为原料成功地合成出高硅 NaY 分子筛、NaM 丝光沸石等，证明引进晶化导向剂，能以简单的工艺流程，由价格低廉、丰富易得的水玻璃合成优质的高硅分子筛，其生产稳定，重复性良好。

所谓晶化导向剂，就是化学组成、结构类型与分子筛相类似的、具有一定粒度的半晶化分子筛。这种外加晶种引导结晶的方法称为导晶法。

导晶沉淀法制备分子筛以水玻璃、硫酸铝、氢氧化钠（或偏铝酸钠）为原料，在反应釜中进行合成。如图 2-4 所示，按一定原料配比，在强烈搅拌下将水玻璃、硫酸铝、导向剂、偏铝酸钠投入反应釜混合均匀，加料完毕后继续搅拌 30min，令其成胶，然后加热升温至 95～100℃，停止搅拌，让其晶化（以上对于 NaY 分子筛），或按选定的配比，先加入硫酸铝和部分水，在搅拌下再加入水玻璃，加热升温到 80℃±2℃，停止搅拌，使其晶化（以上对于 Na 型丝光沸石）。晶化结束后，过滤洗涤，洗至 pH=8～9（或 9～10），最后在 110℃ 下烘干，即得高硅钠型分子筛原粉。

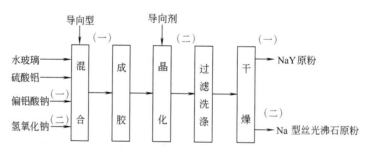

图 2-4 高硅钠型分子筛合成工艺流程

2.2 浸渍法

浸渍法以浸渍为关键和特殊的一步，是制造催化剂广泛采用的另一种方法。按通常的做法，本法是将载体放进含有活性物质（或连同助催化剂）的液体（或气体）中浸渍（即浸泡），达到浸渍平衡后，将剩余的液体除去，再进行干燥、焙烧、活化等与沉淀法相近的后处理，示意如图2-5。

浸渍法具有下列优点。第一，可以用既成外形与尺寸的载体，省去催化剂成型的步骤。目前国内外均有市售的各种催化剂载体供应。第二，可选择合适的载体，提供催化剂所需物理结构特性，如比表面积、孔半径、机械强度、热导率等。第三，附载组分多数情况下仅仅分布在载体表面上，利用率高，用量少，成本低，这对铂、钯、铱等贵金属催化剂特别重要。正因为如此，浸渍法可以说是一种简单易行而且经济的方法，广泛用于制备附载型催

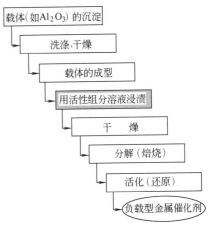

图 2-5　浸渍法制负载催化剂生产流程

化剂，尤其是低含量的贵金属附载型催化剂。其缺点是其焙烧分解工序常产生废气污染。

常用的多孔载体有氧化铝、氧化硅、活性炭、硅酸铝、硅藻土、浮石、石棉、陶土、氧化镁、活性白土等。根据催化剂用途可以用粉状的载体，也可以用成型后的颗粒状载体。

活性物质在溶液里应具有溶解度大、结构稳定且在焙烧时可分解为稳定活性化合物的特性。一般采用硝酸盐、氯化物、醋酸盐或铵盐制备浸渍液。也可以用熔盐，例如处于加热熔融状态的硝酸盐等，作浸渍液。

浸渍法的基本原理，一方面是因为固体的孔隙与液体接触时，由于表面张力的作用而产生毛细管压力，使液体渗透到毛细管内部；另一方面是活性组分在载体表面上的吸附。为了增加浸渍量或浸渍深度，有时可预先抽空载体内空气，而使用真空浸渍法；提高浸渍液温度（降低其黏度）和增加搅拌，效果相近。

浸渍法虽然操作很简单，但是在制备过程中也常遇到许多复杂的问题。如在催化剂干燥时，有时因催化活性物质向外表面的迁移而使部分内表面活性物质的浓度降低，甚至载体未被覆盖。

活性物质在载体横断面的均匀或不均匀分布，也是值得深入探讨的问题。对于某些反应，有时并不需要催化剂活性物质均匀地分散在全部内表面上，而只需要表层和近表层有较多的活性物质。活性组分在载体断面上的分布可以有图2-6所示的几种类型。

制备各种类型断面分布催化剂的方法是竞争吸附法。按照这种方法，在浸渍溶液中除活性组分外，还要再加以适量的第二种称为竞争吸附剂的组分。浸渍时，载体在吸附活性组分的同时，也吸附第二组分。由于两种组分在载体表面上被吸附的概率和深度不同，发生竞争吸附现象。选择不同的竞争吸附剂，再对浸渍工艺和条件进行适当调节，就可以对活性组分在载体上的分布类型及浸渍深度加以调控，如使用乳酸、盐酸或一氯乙酸为竞争吸附剂时，则可得到加厚的蛋壳型分布。同时，采用不同用量和浓度的竞争吸附剂，可以控制活性组分的浸渍深度。

2.2.1　各类浸渍法的原理及操作

2.2.1.1　过量浸渍法

本法系将载体浸入过量的浸渍溶液中（浸渍液体积超过载体可吸收体积），待吸附平衡

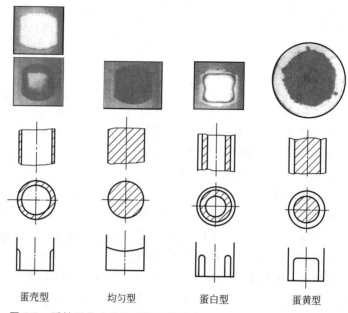

蛋壳型　　　　均匀型　　　　蛋白型　　　　蛋黄型

图 2-6　活性组分在载体断面上的分布 (示意图和实物照片) [T2,T7]

后，沥去过剩溶液，干燥、活化后得催化剂成品。

过量浸渍法的实际操作步骤比较简单。例如，先将干燥后的载体放入不锈钢或搪瓷的容器中，加入调好酸碱度的活性物质水溶液中浸渍。这时载体细孔内的空气，依靠液体的毛细管压力而被逐出，一般不必预先抽空。过量的水溶液用过滤、沥析或离心分离的方法除去。浸渍后，一般还有与沉淀法相近的干燥焙烧等工序。多余的浸渍液一般不加处理或略加处理后，还可以再次回收利用。

2.2.1.2　等体积浸渍法

本法系将载体与其正好可吸附体积的浸渍溶液相混合，由于浸渍溶液的体积与载体的微孔体积相当，只要充分混合，浸渍溶液恰好浸没载体颗粒而无过剩，可省去废浸渍液的过滤与回收操作。但是必须注意，浸入液体积是浸渍化合物性质和浸渍溶液黏度的函数。确定浸渍溶液体积，应预先进行试验测定。等体积浸渍可以连续或间歇进行，设备投资少，生产能力大，能精确调节附载量，所以被工业上广泛采用。

实际操作时，该法是将需要量的活性物质配成水溶液，然后将一定量的载体浸渍其中。这个过程通常采用喷雾法，即把含活性物质的溶液喷到装于转动容器中的载体上。本法适用于载体对活性物质吸附能力很强的情况。就活性物质在载体上的均匀分布而言，此法不如过量浸渍法。

对于多种活性物质的浸渍，还要考虑到，由于有两种以上溶质的共存，可能改变原来某一活性物质在载体上的分布。这时往往要加入某种特定物质，以寻找催化活性的极大值。例如制备铂重整催化剂时，在溶液中加入若干竞争吸附剂醋酸，可以改变铂在载体上的分布。而醋酸含量达到一定比例时，催化活性就出现极大值。在另外的情况下，也可采用分步浸渍，即先将一种活性物质浸渍后，经干燥焙烧，然后再用另一种活性物质浸渍。有时可将多种活性物质制成混合溶液，而后浸渍。

当需要活性物质在载体的全部内表面上均匀分布时，载体在浸渍前要进行真空处理，抽出载体内的气体，或同时提高浸渍液温度，以增加浸渍深度。

载体的浸渍时间取决于载体的结构、溶液的浓度和温度等条件，通常为30～90min。

2.2.1.3 多次浸渍法

为了制得活性物质含量较高的催化剂，可以进行重复多次的浸渍、干燥和焙烧，即所谓多次浸渍法。

采用多次浸渍法的原因有两点：第一，浸渍化合物的溶解度小，一次浸渍的附载量少，需要重复浸渍多次；第二，为避免多组分浸渍化合物各组分的竞争吸附，应将各个组分按次序先后浸渍。每次浸渍后，必须进行干燥和焙烧，使之转化成为不可溶性的物质，这样可以防止上次浸渍在载体上的化合物在下一次浸渍时又重新溶解到溶液中，也可以提高下一次的浸渍载体的吸收量。例如，加氢脱硫用 $CoO-MoO_3/Al_2O_3$ 催化剂的制备，可将氧化铝用钴盐溶液浸渍、干燥、焙烧后，再用钼盐溶液按上述步骤反复处理。必须注意每次浸渍时附载量的提高情况。随着浸渍次数的增加，每次的附载量将会递减。

多次浸渍法工艺过程复杂，劳动效率低，生产成本高，除非上述必要的特殊情况，应尽量避免采用。

2.2.1.4 浸渍沉淀法

即先浸渍而后沉淀的制备方法。本法是某些贵金属浸渍型催化剂常用的方法。这时由于浸渍液多用氯铂酸、氯钯酸、氯铱酸或氯金酸等氯化物的盐酸溶液，这些浸渍液在被载体吸收吸附达到饱和后，往往紧接着再加入 $NaOH$ 溶液等，使氯铂酸中的盐酸得以中和，并进而使金属氯化物转化为氢氧化物，而沉淀于载体的内孔和表面。这种先浸渍而后再沉淀的方法，有利于 Cl^- 的洗净脱除，并可使生成的贵金属化合物在较低温度下用肼、甲醛、H_2O_2 等含氢化合物的水溶液进行预还原。在这种条件下所制得的活性组分贵金属，不仅易于还原，而且粒子较细，并且还不产生高温焙烧分解氯化物时造成的废气污染。

2.2.1.5 流化喷洒浸渍法

对于流化床反应器所使用的细粉状催化剂，可应用本法，即浸渍溶液直接喷洒到反应器中处于流化状态的载体上，完成浸渍后，接着进行干燥和焙烧。

2.2.1.6 蒸气相浸渍法

可借助浸渍化合物的挥发性，以蒸气的形态将其附载到载体上去。这种方法首先应用在正丁烷异构化过程中。催化剂成分为 $AlCl_3/$铁钒土。在反应器内，先装入铁钒土载体，然后以热的正丁烷气流将活性组分 $AlCl_3$ 升华并带入反应器，当附载量足够时，便转入异构化反应。用此法制备的催化剂，在使用过程中活性组分也容易流失，必须随反应气流连续外补浸渍组分。近年，用固体 $SiO_2 \cdot Al_2O_3$ 作载体，负载加入 SbF_5 蒸气，合成 $SbF_5/SiO_2 \cdot Al_2O_3$ 固体超强酸。这也应属本法的范围。

2.2.2 浸渍法催化剂制备实例

以下简单实例，也仅供帮助初步理解本法的基本原理和操作要点。

2.2.2.1 由乙炔制醋酸乙烯的醋酸锌/活性炭催化剂的制备（等体积浸渍法）

醋酸乙烯（醋酸乙烯酯的简称）是一种重要的基本有机原料，用途广泛，主要应用于制造醋酸乙烯聚合物和共聚物。本催化剂通常采用浸渍法，在粒状活性炭载体上浸渍加入

20%～30%活性组分醋酸锌即得。以下是用等体积浸渍法制备这种催化剂的过程提要。

实验室的制备方法是将市售醋酸锌溶于含有少量醋酸的水溶液中（质量浓度约为350 g/L）。粒状活性炭载体预先干燥一昼夜后冷却备用。将上述方法制备的醋酸锌的饱和水溶液洒在活性炭上。所用的醋酸锌溶液的量与活性炭的表观体积大约相当。待活性炭将醋酸锌完全吸收后，再将其蒸发干燥，便成为催化剂成品。

注意本例中的活性组分为盐类的醋酸锌，故并不需要再转化为氧化锌或金属锌的还原活化过程。

2.2.2.2 铂/氧化铝重整催化剂的制备（过量浸渍法）

重整是炼油工业中一个重要的加工过程，用于粗汽油的加工。目的是通过重整，使汽油中的直链烃芳构化，成为苯类化合物，以提高汽油的辛烷值，或为石油化工生产更多的苯类原料。

铂催化剂用于重整反应极为有效。多数催化剂含有卤素，少数催化剂加金属镍或铼，成为铂-镍或铂-铼双金属重整催化剂。目前工业用铂重整催化剂多为载体浸渍法制备的。无载体时，催化剂在高温下活性变弱，而且价格昂贵。

以下是一种重整催化剂的实验室制法。以市售高纯度的 $\gamma\text{-}Al_2O_3$ 为载体原料。其中 Al_2O_3 含量大于99.9%，预压成为 $\phi4.233mm\times4.233mm$（$\phi1/6in\times1/6in$）的圆柱体。载体比表面积 $250m^2/g$，吸水率 $0.56mL/g$。将载体加热至539℃，冷却后，在室温下使足量的氯铂酸溶液浸入其中，使成品催化剂中含铂 $0.1\%\sim0.8\%$。浸渍后沥出，120℃干燥过夜，在 $205\sim593$℃ 范围内加热4h，再于593℃下加热1h。制成后密封贮存。该催化剂投用前必须在反应器中于高温下用氢气还原。

2.2.2.3 浸渍型镍系水蒸气转化催化剂的制备（多次浸渍法）

浸渍型镍系催化剂是合成氨及炼油工艺中应用最广的催化剂之一，用于由气态（甲烷）或液态（石脑油）的催化水蒸气转化反应，以制取合成气（$CO+H_2$）或氢气。这类催化剂多用预烧结的氧化铝或氧化铝-水泥载体，多次浸渍硝酸镍水溶液或其熔盐制备，是典型的多次浸渍工艺（见图2-7）。

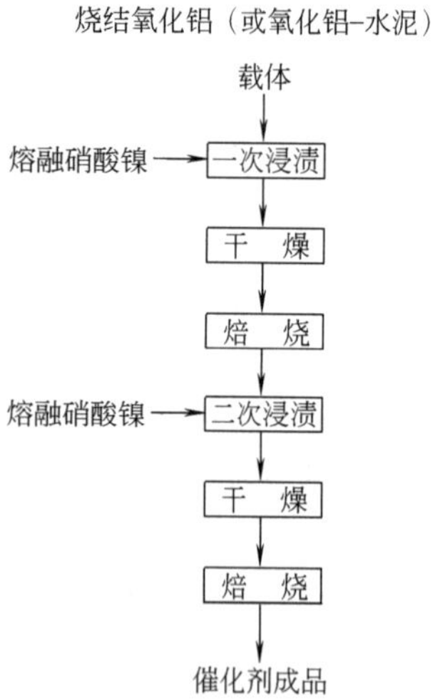

本例中注意焙烧是在 $400\sim600$℃ 的较高温度下完成镍盐的分解反应，因而有氮氧化物产生的环境污染问题。

$$Ni(NO_3)_2 \longrightarrow NiO+2NO_x\uparrow$$

NiO 可在反应器中用氢气还原为活性的金属镍。

预烧结型载体的制备方法，可举一种国产轻油水蒸气一段转化炉中的下段催化剂的典型实例[12]加以说明。用铝酸钙水泥（主要成分为 $2Al_2O_3\cdot CaO$）65份，$\alpha\text{-}Al_2O_3$ 35份，石墨2份，木质素0.5份，经球磨混合2h，加水15份，造粒，压制成 $\phi16mm\times16mm\times6mm$（外径×高×内径）的拉西环状，用饱和水蒸气加热养护12h，100℃烘干2h，再在1400℃温度下焙烧2h，即制成载体。

载体

熔融硝酸镍 → 一次浸渍

↓

干 燥

↓

焙 烧

↓

熔融硝酸镍 → 二次浸渍

↓

干 燥

↓

焙 烧

↓

催化剂成品

图2-7 浸渍型水蒸气转化镍系催化剂生产流程

2.2.2.4 钯/炭粉状催化剂的制备（浸渍沉淀法）

一般贵金属浸渍型催化剂的附载量不超过0.5%（以铂、钯、金等质量计），但用于某些精细化学品的加氢反应时，由于反应温度较低（过高引起产物分解），因而活性要求高，例外地使用负载量 5% 甚至 10% 的粉状催化剂。

实验室中，用 10% HNO_3 与活性炭粉末混匀，在蒸汽浴上煮 2～3h，以净化并活化载体。用蒸馏水充分洗净 HNO_3，在 100～110℃ 烘干。

取 93g 上述活性炭，悬浮在 1.21L 水中，加热至 80℃，加入溶有 8.2g $PdCl_2$ 的 20mL 浓盐酸与 50mL 水的混合液。在搅拌下，滴加 30% NaOH 水溶液直到石蕊试纸呈碱性。继续搅拌 5min，用 250mL 水洗 10 次，真空干燥。使用前可用水合肼（联氨 NH_2—NH_2）室温下浸泡后还原，再用甲醇洗三次，晾干备用。

2.3 混合法

不难想象，两种或两种以上物质机械混合，可算是制备催化剂的一种最简单、最原始的方法。多组分催化剂在压片、挤条或滚球之前，一般都要经历这一操作。混合前的一部分催化剂半成品，或许要用沉淀法制备。有时还用混合法制备各种催化剂载体，而后烧结、浸渍。

混合法设备简单，操作方便，产品化学组成稳定，可用于制备高含量的多组分催化剂，尤其是混合氧化物催化剂。此法分散性和均匀性显然较低，因而近年已淘汰限用或加以改良。

根据被混合物料的物相不同，混合法可以分为干混与湿混两种类型。两者虽同属于多组分的机械混合，但设备有所区别。

2.3.1 固体磷酸催化剂的制备（湿混法）

磷酸和磷酸盐属于强酸型催化剂，它们一般是通过与反应成分间进行质子交换而促进化学反应的。这一类强酸型催化剂，往往具有促进链烯烃的聚合、异构化、水合、烯烃烷基化及醇类的脱水等各种反应的功能。

以下是以湿混法制备固体磷酸催化剂的实例要点。

在 100 份硅藻土中，加入 300～400 份 90% 的正磷酸和 30 份石墨。石墨使催化剂易于成型，且由于它传热快，能有效地防止反应中因部分蓄热而引起的催化剂损坏。充分搅拌上述三种物料，使之均匀。然后放置在平瓷盘中，在 110℃ 的烘箱中使之干燥到适于成型的湿度。用成型机将干燥后的催化剂粉末制成规定大小的片剂，再进行热处理，例如在马弗炉或回转炉中通热风进行活化。这样制得的固体磷酸催化剂，其活性由于载体的形态、磷酸含量、热处理方法、热处理温度及时间等条件的不同而有显著差异。

2.3.2 转化吸收型锌锰系脱硫剂的制备（干混法）

本催化剂可以直接采用市售的活性氧化锌（或碳酸锌）、二氧化锰、氧化镁为原料制备。碳酸锌也可以由锌锭、硫酸、碳酸钠通过沉淀反应自行制备。按规定配比将碳酸锌、二氧化锰、氧化镁依次倒进混合机混合 10～15min，然后恒速送入一次焙烧炉，在 350℃ 左右进行第一次焙烧，使大部分碳酸锌分解为活性氧化锌。将初次焙烧过的混合物慢慢地加到回转造球机中，喷水滚制成小圆球。小圆球进入二次焙烧炉，在 350℃ 左右第二次焙烧、过筛、冷却、气密包装，即得产品。这种典型干混法制备的催化剂，由于分散性差，脱硫效果不甚理想。

2.4 热熔融法

热熔融法是制备某些催化剂较特殊的方法。它适用于少数不得不经熔炼过程的催化剂，为的是要借助高温条件将各个组分熔炼成为均匀分布的混合物，甚至形成氧化物固溶体或合金固溶体。配合必要的后续加工，可制得性能优异的催化剂。固溶体是指几种固体成分相互扩散所得到的极其均匀的混合体，也称固体溶液。固溶体中的各个组分，其分散度远远超过一般混合物。由于在远高于使用温度的条件下熔炼制备，这类催化剂常有高的强度、活性、热稳定性和很长的使用寿命。

本法的特征操作工序为熔炼，这是一个类似于平炉炼钢的较复杂和高能耗工序。熔炼常在电阻炉、电弧炉、感应炉或其他熔炉中进行。显然，除催化剂原料的性质和助剂配方外，熔炼温度、熔炼次数、环境气氛、熔浆冷却速度等因素，对催化剂的性能都会有一定影响，操作时应予以充分注意。可以想象，提高熔炼温度，一方面可以降低熔浆的黏度，另一方面可以增加各个组分质点的能量，从而加快组分之间的扩散，弥补缺乏搅拌的不足。增加熔炼次数，采用高频感应电炉，都能促进组分的均匀分布。有些催化剂熔炼时应尽量避免接触空气，或采用低氧分压的熔炼和冷却。有时在熔炼后采用快速冷却工艺，让熔浆在短时间内淬冷，以产生一定内应力，可以得到晶粒细小、晶格缺陷较多的晶体，也可以防止不同熔点组分的分步结晶，以制得分布尽可能均匀的混合体。有理论认为，晶格缺陷与催化活性中心有关，缺陷多往往活性高。

用于氨合成（或氨分解）的熔铁催化剂、烃类加氢及费-托合成烃催化剂或雷尼（Raney）型骨架镍催化剂等的制备是本法的典型例子。

2.4.1 用于合成氨的熔铁催化剂

合成氨是众所周知的重要化学反应。该反应的催化剂，以四氧化三铁为活性组分，成品催化剂组成例如为：Fe_2O_3 66%、FeO 31%、K_2O 1%，Al_2O_3 1.8%。

向粉碎过的电解铁中加入作为促进剂的氧化铝、石灰、氧化镁等氧化物的粉末，充分混合，然后装入细长的耐火瓷舟中，在 $900\sim950℃$ 温度下置于氢或氮的气流中烧结。再向这种烧结试样中，按需要量均匀注入浓度为 20% 的硝酸钾溶液，吹氧燃烧熔融。这种制法在实验室比较容易进行。熔融时，上述原料必须逐步少量加入，操作反复进行。

2.4.2 骨架镍催化剂

1925 年，M. Raney 提出的骨架镍催化剂制备方法，通过熔炼 Ni-Si 合金，并以 NaOH 溶液沥滤出 Si 组分，首次制得了分散状态独具一格的骨架镍加氢催化剂。1927 年，改用 Ni-Al 合金又使骨架催化剂的活性更加提高。这种金属镍骨架催化剂，具有多孔骨架结构，类似海绵，呈现出很高的加氢脱氢活性。此后，这类催化剂都以发明者命名，称雷尼镍。相似的催化剂还有铁、铜、钴、银、铬、锰等的单组分或双组分骨架雷尼催化剂。目前工业上雷尼镍应用最广，主要用于食品（油脂硬化）和医药等精细化学品中间体的加氢。其主要优点是活性高、稳定，且不污染其加工制品，特别重要的是不污染食品。如氢化植物油，此油多为制作糕点用的"氢化油"，或"人造奶油"。

图 2-8 是加氢用镍催化剂的工业制备流程。其流程包括了 Ni-Al 合金的炼制和 Ni-Al 合金的沥滤两个部分，少数用于固定床连续反应的催化剂还要经过成型工序。按照给定的 Ni-Al 合金配比（一般 Ni 含量为 $42\% \sim 50\%$，Al 含量为 $50\% \sim 58\%$），首先将金属 Al（熔点 658℃）加进电熔炉，升温加热到 1000℃ 左右，然后投入小片金属 Ni（熔点 1452℃）混熔，充分搅拌之。由于反应放出较多的热量（Ni 的熔解热），炉温容易上升到 1500℃。熔炼后将熔浆倾入浅盘冷却固化，并粉碎为 200 网目的粉末。如要成型，可用 SiO_2 或 Al_2O_3 水凝胶为胶黏剂，混合合金粉，成型，干燥，并在 $700 \sim 1000℃$ 下焙烧，得丸粒状合金。称取合金质量 $1.3 \sim 1.5$ 倍的苛性钠，配制 20% 的 NaOH 溶液，温度维持在 $50 \sim 60℃$，充分搅拌 $30 \sim 100min$，使 Al 溶出完全，最后洗至洗液水遇酚酞无色（pH≈7），包装备用。长期贮存时，适于浸入无水乙醇等惰性熔剂中，隔氧保存。

为了适于固定床操作，还可加工成夹层型与薄板型的雷尼镍催化剂。

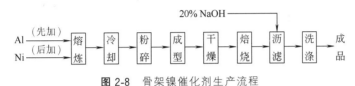

图 2-8 骨架镍催化剂生产流程

2.4.3　粉体骨架钴催化剂

用与制备骨架镍催化剂相近的方法，还可以制备骨架铜、骨架钴等以及多种金属的合金。这些催化剂可为块状、片状，亦可为粉末状。

粉体骨架钴催化剂制法要点如下：将 Co-Al 合金（47∶53）制成粉末，逐次少量地加入用冰冷却的、过量的 30% NaOH 水溶液中，可见到 Al 溶于 NaOH 生成偏铝酸钠时逸出的氢气。全部加完后，在 60℃ 以下温热 12h，直到氢气的发生停止。除去上部澄清液，重新加入 30% NaOH 溶液并加热。该操作需重复 2 次，待观测不出再有 H_2 发生后，用倾泻法水洗，直到呈中性为止。再用乙醇洗涤后，密封保存于无水乙醇中。这种催化剂可在 $175 \sim 200℃$ 时进行苯环的加氢，若换用作脱氢催化剂时，活性也相当高。

2.4.4　骨架铜催化剂

将颗粒大小为 $0.5 \sim 0.63cm$ 的 Al-Cu 合金悬浮在 50% 的 NaOH 中，反应 380min，每 0.454kg 合金用 1.3kgNaOH（以 50% 水溶液计）在约 40℃ 处理，然后继续加入 NaOH，以除去合金中 $80\% \sim 90\%$ 的 Al，即可得骨架铜催化剂。

该催化剂可用于丙烯腈水解制丙烯酰胺。丙烯酰胺是一种高聚物单体，用于制备絮凝剂、胶黏剂、增稠剂等。

所有的骨架金属催化剂，化学性质活泼，易与氧或水等反应而氧化，因此在制备、洗涤或在空气中贮存时，要注意防止其氧化失活。一旦失活，在使用前应重新还原。

2.5　离子交换法

某些催化剂利用离子交换反应作为其主要制备工序的化学基础。制备这类催化剂的方法，称为离子交换法。

这种情况下发生的离子交换反应，发生在交换剂表面固定而有限的交换基团上，是化学计量的、可逆的（个别交换反应不可逆）、温和的过程。离子交换法，系借用离子交换剂作为载体，以阳离子的形式引入活性组分，制备高分散、大比表面积、均匀分布的附载型金属或金属离子催化剂。与浸渍法相比，此法所负载的活性组分分散度高，故尤其适用于低含量、高利用率的贵金属催化剂的制备。它能将小至 0.3～4.0nm 直径的微晶的贵金属粒子附载在载体上，而且分布均匀。在活性组分含量相同时，催化剂的活性和选择性一般比用浸渍法制备的催化剂要高。

20 世纪 60 年代初期以来，沸石分子筛作为无机交换物质，在催化反应中得到越来越多的应用。从 20 世纪 30 年代中期发现有机强酸性阳离子交换树脂及其后发现强碱性阴离子交换树脂后，近三四十年来，有机离子交换树脂就渐渐应用于有机催化反应中。

2.5.1 由无机离子交换剂制备催化剂

2.5.1.1 概念和分类

目前所指的无机离子交换剂，其原料单体主要是各种人工合成的沸石，而天然沸石已应用较少。

沸石是由 SiO_2、Al_2O_3 和碱金属或碱土金属组成的硅酸盐矿物，特别是指 Na_2O、Al_2O_3、SiO_2 三者组成的复合结晶氧化物（也称复盐）。

这些合成沸石结晶的孔道，通常被吸附水和结晶水所占据。加热失水后，可以用作吸附剂。在沸石晶体内部，有许多大小相同的微细孔穴，孔穴之间又有许多直径相同的孔（或称窗口）相通。由于它具有强的吸附能力，可以将比其孔径小的物质排斥在外，从而把分子大小不同的混合物分开，好像筛子一样。因此，人们习惯上把这种沸石材料称为分子筛。

分子筛若用作催化反应的载体或催化剂后，这种物理的分离功能和化学的选择性结合起来，衍生出许多种无机催化材料。特别是 20 世纪 70 年代以后，形状选择催化剂 ZSM-5 的合成，具有重大的科学和工业价值。

主要由于分子筛中 Na_2O、Al_2O_3、SiO_2 三者的数量比例不同，而形成了不同类型的分子筛。根据晶型和组成中硅铝比的不同，把分子筛分为 A、X、Y、L、ZSM 等各种类型；而又根据孔径大小的不同，再可分为 3A（0.3nm 左右）、4A（比 0.4nm 略大）、5A（比 0.5nm 略大）等型号。几种常见分子筛的化学组成经验式及孔径大小如表 2-4 所示。

表 2-4 分子筛的化学组成经验式及孔径

名　　称	经验化学式	孔径/nm
天然方沸石	$Na_2O \cdot Al_2O_3 \cdot 4SiO_2 \cdot 2H_2O$	0.28
3A 分子筛	$K_2O \cdot Al_2O_3 \cdot 2SiO_2 \cdot 4.5H_2O$	0.30
4A 分子筛	$Na_2O \cdot Al_2O_3 \cdot 2SiO_2 \cdot 4.5H_2O$	0.40
5A 分子筛	$0.66CaO \cdot 0.33Na_2O \cdot Al_2O_3 \cdot 2SiO_2 \cdot 6H_2O$	0.50
X 型分子筛	$Na_2O \cdot Al_2O_3 \cdot 2.8SiO_2 \cdot 6H_2O$	0.80
Y 型分子筛	$Na_2O \cdot Al_2O_3 \cdot 5SiO_2 \cdot 7H_2O$	0.80
丝光沸石	$Na_2O \cdot Al_2O_3 \cdot 10SiO_2$（失水物）	—
ZSM-5	$Na_2O \cdot Al_2O_3 \cdot (5～50)SiO_2$（失水物）	—

注：ZSM-5 的硅铝比甚至可大于 3000。

为了适应分子筛的各种不同用途，特别是用作催化剂，需要把表 2-4 中常见的 Na 型分子筛中 Na^+ 用离子交换的方法交换 H^+、Ca^{2+}、Zn^{2+} 等成其他阳离子，于是制得 Ca-X、

HZSM-5 等不同的衍生物,则相应地称为 Ca-X 分子筛、HZSM-5 分子筛等。

当分子筛中的硅铝比(SiO_2/Al_2O_3 摩尔比)不同时,分子筛的耐酸性、热稳定性等各不相同。一般硅铝比越大,耐酸性和热稳定性越强。高硅沸石,如丝光沸石和 ZSM-5 分子筛,若欲将 Na^+ 型转化为 H^+ 型分子筛,可直接用盐酸交换处理,而低硅的 X、Y、A 型分子筛则不能。13X 分子筛在 500℃蒸汽中处理 24h,其晶体结构可能遭到破坏,而 Y 型和丝光沸石,则不受影响。

各种分子筛的区别,更明显的是表现在晶体结构上的不同上面。由于晶体结构的不同(见图 2-9),各种分子筛表现出自身独有的吸附和催化性质。加上用离子交换方法转化而成的各种金属离子的分子筛衍生物,于是便构成了日益增多的分子筛催化剂新品种,其系列至今仍在不断扩大中。

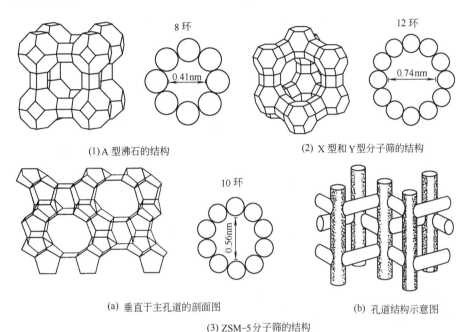

(1) A 型沸石的结构

(2) X 型和 Y 型分子筛的结构

(a) 垂直于主孔道的剖面图

(b) 孔道结构示意图

(3) ZSM-5 分子筛的结构

图 2-9 某些分子筛的晶体结构[T7]

2.5.1.2 钠型分子筛的一般制法

天然矿物的沸石分子筛种类较少,而且结构成分不纯,因此用途受限。

早期的合成沸石,是采用模拟天然沸石矿物的组成和生成条件,用碱处理的办法来制备的。以后发展成用水热合成方法系统地合成多种沸石分子筛。

沸石的合成方法按原料不同大致可以分为水热合成法及碱处理法两大类。

水热合成法是在适当的温度下进行的。反应温度在 20~150℃之间,称为低温水热合成反应;反应温度在 150℃以上,称为高温水热合成反应。所用原料主要是含硅化合物、含铝化合物、碱和水。常用的碱性物质有 Na_2O、K_2O、Li_2O、CaO、SrO 等,也可以用这些碱性物质的混合物。

两种方法的主要操作工序都基本相同,主要差别仅在原料及其配比和晶化条件的不同。现主要以 Y 型及 ZSM-5 分子筛为例简述其一般制法。

(1) Y 型分子筛 通常生产 Y 型分子筛所用的硅酸钠是模数(即 SiO_2/Na_2O 摩尔比)

3.0～3.3的浓度较高的工业水玻璃,用时稀释。

偏铝酸钠溶液由固体氢氧化铝在加热搅拌下与NaOH碱液反应制得。为防止偏铝酸钠水解,溶液应使用新配制的,且Na_2O/Al_2O_3之比应控制在1.5以上。

碱度指晶化阶段反应物中碱的浓度,习惯上是以Na_2O的摩尔分数及过量碱的摩尔分数(或质量分数)来表示。在制备Y型分子筛时,要求碱度控制在Na_2O为0.75～1.5,过量碱为800%～1400%,Na_2O/SiO_2质量比为0.33～0.34。

成胶后的产物要进行晶化。偏铝酸钠、NaOH与水玻璃反应生成硅铝酸钠,称为成胶。温度、配料的硅铝化、钠硅比及原料碱度,是影响成胶及晶化的重要因素。

成胶后的硅铝酸钠凝胶经一定温度和时间晶化成晶体,这相当于前述沉淀法中的陈化工序。晶化温度和晶化时间应严格加以控制,且不宜搅拌过于剧烈。通常采用反应液沸点左右为晶化温度。Y型分子筛一般控制温度97～100℃。结晶时可加入导晶剂,以提高结晶度。这就是前述的导晶沉淀法。

洗涤的目的是冲洗分子筛上附着的大量氢氧化物。洗涤终点控制在pH=9左右。

(2)ZSM-5分子筛　由美国Mobil公司首创的ZSM-5分子筛,文献报道的制备方法,已不可胜数,其结构用途各异。

主要原料除Na_2SO_4、NaCl、$Al_2(SO_4)_3$以及硅酸钠等通用原料外,还要加入有机铵盐等,作为控制晶体结构的"模板剂"。有些配方,除使用水和硫酸等无机溶液外,还使用有机溶液。

这些原料,按一定配比和加料方式,加入热压釜中。反应保持一定的时间和温度。凝胶、结晶、洗涤、焙烧后,得钠型的NaZSM-5分子筛。

NaZSM-5分子筛,可以交换为氢型和其他金属离子取代的分子筛。其中氢型分子筛HZSM-5最为常用,是一种工业固体酸催化剂。

以下是一种用作甲苯歧化的氢型HZSM-5分子筛制备方法的要点。①将碱性的硅酸钠溶液和含有四丙基铵溴盐的酸性溶液缓慢搅拌(20min)混合,可以得到无定形的ZSM-5胶状物。而后,再将此无定形物结晶化。在温度100℃下保持8d,等待ZSM-5结晶。干燥后得到白色粉状催化剂,晶体含量可达80%;②将硅酸钠水溶液和酸性硫酸铝(含氯化钠)的水溶液混合,再加入三正丙基胺、正丙基溴和甲乙酮(还有氯化钠悬浮)的有机溶液反应。所得胶状物料加热至165℃,保温5h,再在100℃保持60h。得到每$6.45cm^2$大于5目(即5目/in^2)筛网粒度的无定形固体,约占40%,其余为细粉。细粉经筛分后,得通过100目的微晶体ZSM-5。以上两种方法制备的催化剂物理性质相似,晶状ZSM-5含量为80%～85%。

ZSM-5分子筛再经酸处理,用离子交换法制成氢型分子筛HZSM-5。可用1.0mol/L的NH_4NO_3交换3～5次,使分子筛中的Na^+交换为NH_4^+。干燥后,在540℃焙烧,脱除NH_3,而余下骨架上的H^+,经6h转化成HZSM-5。也可在85℃将ZSM-5与10%NH_4Cl溶液搅拌接触3次,每次1h,随后在538℃焙烧3h将其转化成HZSM-5。催化剂经压制成为$\phi0.64cm \times 0.4cm$的圆柱体。这种催化剂可用于评价试验。若催化剂结焦,用空气在540℃下烧碳6h,可再生得白色催化剂,具有和新鲜催化剂相同的活性。本评价实验证明,ZSM-5晶体有较其他分子筛更好的热稳定性,这是其最可宝贵的性质。

2.5.1.3 分子筛上的离子交换

通常用下列通式来表示包括上述各种常见分子筛在内的一切分子筛的化学组成。

$$M^{n+} \cdot \left[(Al_2O_3)_p \cdot (SiO_2)_q \right] \cdot wH_2O$$

式中，M 是 n 价的阳离子，最常见的是碱金属、碱土金属，特别是钠离子；p、q、w 分别代表 Al_2O_3、SiO_2、H_2O 的分子数。由于 n、p、q、w 数量的改变和分子筛晶胞内四面体排列组合的不同（链状、层状、多面体等），衍生出各种类型的分子筛。

大量实验证明，上列通式中由 Al_2O_3 和 SiO_2 构成的"硅铝核"，在通常的温度和酸度下相对稳定。而硅铝核以外，水较易析出，不太稳定；阳离子 M^{n+}，也不如硅铝核稳定，特别是在水溶液中，它们即成为可以发生离子交换反应的阳离子。

利用分子筛上可交换阳离子的上述特性，可用离子交换的方法，即用其他的阳离子，来交换替代钠离子。一般使用相应阳离子的水溶液，一次或数次地常温浸渍，或者动态地淋洗，必要时搅拌或加温，以强化传质。用离子交换法制备催化剂的工艺，在化学上类似于两种无机盐间的或者一种金属（如铁）和另一种金属盐（如硫酸铜）间进行的离子交换反应，而在催化剂制备工艺上，与浸渍法较为接近。不过，本法涉及的溶液浓度，一般比浸渍法低得多。不同分子筛上进行的离子交换反应，有各种由实验测得的离子交换顺序表，可供参考（见表 2-5）。

表 2-5 分子筛的离子交换顺序[2]（置换能力由大到小）

4A: Ag^+, Cu^{2+}, Tn^{4+}, Al^{3+}, Zn^{2+}, Sr^{2+}, Ba^{2+}, Ca^{2+}, Co^{2+}, Au^{3+}, K^+, $\boxed{Na^+}$[①], Ni^{2+}, NH_4^+, Cd^{2+}, Hg^{2+}, Li^+, Mg^{2+}
13X: Ag^+, Cu^{2+}, H^+, Ba^{2+}, Al^{3+}, Tn^{4+}, Sr^{2+}, Hg^{2+}, Cd^{2+}, Zn^{2+}, Ni^{2+}, Ca^{2+}, Co^{2+}, NH_4^+, K^+, Au^{3+}, $\boxed{Na^+}$[①], Mg^{2+}, Li^+

① 表示常见的 Na 型分子筛形态。

利用离子交换顺序表，并考虑到各种分子筛对酸和热的结构稳定性，即可用常见的钠型分子筛原粉商品为骨架载体，用离子交换法引进 H^+ 和其他各种活性阳离子，以制备对应的催化剂。这时的操作也称分子筛催化剂的活化预处理。

最常用的离子交换法，是常压水溶液交换法。特殊情况下也可用热压水溶液或气相交换。

交换液的酸性应以不破坏分子筛的晶体结构为前提。例如，通过离子交换，可将质子 H^+ 引入沸石结构，得氢型分子筛。低硅沸石（如 X 型或 Y 型分子筛）一般用铵盐溶液交换，形成铵型沸石，再分解脱除 NH_3 后间接氢化。而高硅沸石（如丝光沸石和 ZSM-5 分子筛）由于耐酸，可直接用酸处理，得氢型沸石。

用水溶液交换，通常的交换条件是：温度为室温至 100℃；时间 10min 至数小时；溶液浓度 $0.1 \sim 1mol/L$。

有实验证明，在 NaY 分子筛上，用酸交换，室温下的最高交换量不超过 68%，用 7mol/L 的 $LaCl_3$ 溶液，100℃ 下 47d 交换量达 92%。对某些离子，宜进行多次交换，并在各次交换操作之间增加焙烧，这有助于提高交换量。水溶液中的离子交换反应有可逆性，故提高其浓度也有利于交换的平衡和速度。

以下是丙烷芳构化的 Zn/ZSM-5 催化剂的制备实例。以市售的 Na 型 ZSM-5 小晶粒（有机胺法合成）为起始原料，先将样品于 550℃ 下焙烧 4h，以脱除残存的有机胺。然后用浓度为 1mol/L 的盐酸于 90℃ 下反复交换 3 次。每次每克样品加入盐酸 10mL，交换 1h。离心分离后，用蒸馏水洗涤至无氯离子。将样品置于烘箱中，在 90℃ 下烘干，再转移至马弗炉中，于 550℃ 焙烧 4h，即得 HZSM-5。再用适当浓度的 $Zn(NO_3)_2$ 水溶液室温浸渍交换数次，即可制成 Zn/ZSM-5 催化剂[13]。

2.5.2　由离子交换树脂制备催化剂

有机离子交换剂，即离子交换树脂。它与上述无机离子交换剂一样，亦可在阳离子水溶液中进行离子交换。

离子交换树脂作为净水剂用于制"去离子水"，或用于稀贵金属提纯的"湿法冶金"，已为人们熟知。离子交换树脂本身还可以用作催化剂，或者经过进一步加工后而成为催化剂，如果树脂可耐受该有机反应温度的话。

离子交换树脂可视为是不溶于水和有机溶剂的固体酸或固体碱。因此凡是原本用酸或碱作催化剂的有机化学反应，原则上都有可能改用离子交换树脂作催化剂。

例如，用两步法由异丁烯和甲醛制异戊二烯的反应过程，其第一步是异丁烯和甲醛的缩合反应。

$$CH_3—C=CH_2 + 2HCHO \longrightarrow \begin{array}{c} H_3C \quad CH_2—CH_2 \\ | \\ CH_3 \end{array} \quad \begin{array}{c} C \quad O \\ H_3C \quad O—CH_2 \end{array}$$

（异丁烯）　　（甲醛）　　［4,4-二甲基二氧杂环己烷（DMD）］

该反应以往一般用硫酸作催化剂。1962 年，法国有人提出改用强酸型阳离子交换树脂作催化剂，立即引起各国关注。采用这种新的催化工艺有三个主要优点：①避免了原来采用硫酸作催化剂时，稀酸浓缩、回收及处理废酸的问题。因为硫酸作为催化剂并不消耗，于是废酸处理便成为一大难题；②简化了 DMD 的分离过程；③避免了硫酸腐蚀等问题。

从上例中可以看出离子交换树脂催化剂的优越性。但与无机离子交换剂分子筛相比，有机离子交换树脂有机械强度低、耐磨性差、耐热性往往不高、再生时较分子筛催化剂困难等不足。

离子交换树脂在催化剂方面的最初应用始于第二次世界大战期间。在德国，有人把离子交换树脂用于酯化反应中。之后，又相继用于缩醛醇解、醚化、烷基化等许多反应。近年国内用离子交换树脂作催化剂生产甲基叔丁基醚取得工业化成功。随着离子交换树脂本身制造方法和性能的改进，这方面的研究也从酯化、水解等简单反应而发展到环化、转化重排等复杂反应。

离子交换树脂大致可以分为阳离子交换树脂和阴离子交换树脂两大类。

典型的阳离子交换树脂，是在树脂的骨架中含有作为阳离子交换基团的磺酸基（—SO₃H）或羧基（—COOH）等，前者称为强酸性阳离子交换树脂，后者称为弱酸性阳离子交换树脂。

典型的阴离子交换树脂，是在树脂的骨架中含有作为阴离子交换的季铵基的强碱性阴离子交换树脂，和以伯胺至叔胺基作为交换基团的弱碱性阴离子交换树脂。

阴、阳离子交换树脂均以苯乙烯、丙烯酸等的共聚高聚物作为其骨架。我国已可以生产各种牌号的阴阳离子交换树脂出售，一般少有在催化实验室自行制备的，除非是一些新型号的特殊品种。

离子交换树脂的商品形态通常为 10～50 目的小球状颗粒。由于市售的酸性阳离子交换树脂为 R—SO₃Na 等型号，碱性阴离子交换树脂为 R—N⁺（CH₃）₃Cl⁻ 等型号，而它们都是离子交换树脂的钝化形态，便于稳定地贮存。所以这些阴、阳离子交换树脂在使用前必须用酸或碱分别进行处理转化成 R—SO$_3$H 型或 R—N$^+$(CH$_3$)$_3$OH$^-$ 型等活化形态，以便使用。

在必要时，活化后的酸性或碱性离子交换树脂还可以用无机盐水溶液进行交换，处理成对应的盐类形式，如—SO$_3$Hg 等，再进行使用。对市售树脂的上述处理过程称为活化。使用后的树脂失活后，还要再次以至多次进行活化。

树脂的活化方法举例如下。将树脂装入离子交换柱中，对阳离子交换树脂，可注入比树脂交换容量大为过量的 5%盐酸；对阴离子交换树脂，则注入大为过量的 5%苛性钠。酸碱处理后，再用蒸馏水进行水洗。根据情况，最后可再用乙醇洗净。这样所得的树脂催化剂，既可直接用于反应，也可风干或在室温下减压干燥后再用于反应。制取盐类形式的树脂催化剂时，可在上述的［H$^+$］型或［OH$^-$］型树脂中注入适当的盐类水溶液即可制得，原理与分子筛上的阳离子交换处理相近。活化时，不管用盐酸、苛性钠或其他盐处理，均可使用静态的或者动态的（小流量置换）浸渍方法。

2.6 催化剂的成型

2.6.1 成型与成型工艺概述

固体催化剂，不管以任何方法制备，最终总是要以不同形状和尺寸的颗粒装入催化反应器中方可使用，因而成型一般是催化剂制造中最后的一步重要工序。

早期的催化剂成型方法，是将块状物质破碎，然后筛分出适当粒度不规则形状的颗粒使用。这样制得的催化剂，因其形状不定，在使用时易产生气流分布的不均匀现象。同时大量被筛下的小颗粒甚至粉末不能回用，也造成浪费。随着成型技术的发展，许多催化剂大都改用其他成型方法。但也有个别催化剂因成型困难目前仍沿用这种方法，如合成氨用熔铁催化剂、加氢用的骨架金属催化剂等，因为这类催化剂不便采用其他方法成型。

催化剂的形状，必须服从使用性能的要求；而催化剂的形状和成型工艺，又反过来影响着催化剂的性能。

市售的固体催化剂必须是颗粒状或微球状，以便均匀地填充到工业反应器中，工业上常用的催化剂，除上述的无定形粒状外，还有圆柱形（包括拉西环形及多孔环形）、球形、条形、蜂窝形、内外齿轮形、三叶草形、小球及微球形、梅花形等。

沸腾床等使用的小粒或微粒催化剂，欲调节催化剂形状而缺乏手段，故一般只能关心催化剂的粒径和粒径分布问题，而很少论及催化剂的形状。然而粒径大于 4～5mm 的固定床催化剂，这方面的研究、讨论和成果很多[15~18]。由于各种成型工艺与设备从其他工业的移植和改造，使固定床等使用的工业催化剂的形状变得丰富多样。早期那种催化剂以无定形和球形为主的时代，已成过去。

形状、尺寸不同，甚至催化剂的表面粗糙程度不同，都会影响到催化剂的活性、选择性、强度、阻力等性能。一般而言，这里最核心的影响是对活性、床层压力降和传热这三方面的影响。改变各种催化剂形状的关键问题，是在保证催化剂机械强度以及压降允许的前提下，尽可能地提高催化剂的表面利用率，因为许多工业催化反应是内扩散控制过程，单位体积反应器内所容纳的催化剂外表面积越大，则活性越高。最典型的例子是烃类水蒸气转化催化剂的异形化，即由多年沿用的传统拉西环状，改为七孔形、车轮形等"异形转化催化剂"[18]。异形化的结果：催化剂的化学性质、物理结构即使不加改动，也可以使活性提高，压降减小，而且传热改善。这不失为一条优化催化剂性能的捷径。典型实测数据见表2-6。

表2-6　车轮状与拉西环状转化催化剂性能的比较

形　　状	尺寸/mm	相 对 热 传 递	相 对 活 性	相 对 压 力 降
传统拉西环	$\phi 16 \times 6.4 \times 16$	100	100	100
车轮状	$\phi 17 \times 17$	126	130	83

除转化催化剂外，还有甲烷化催化剂及硫酸生产用催化剂的异形化、氨合成催化剂的球形化等，都有许多新进展（见图2-10）。新近公开的我国炼油加氢用四叶蝶形催化剂，具有粒度小、强度高和压力降低等优点，特别适于扩散控制的催化过程。但目前在固定床催化剂中，圆柱形及其变体、球形催化剂仍使用最广。

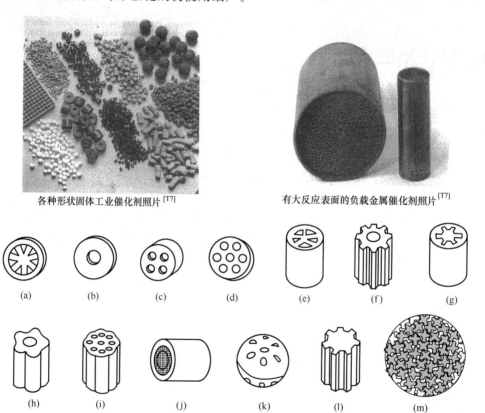

各种形状固体工业催化剂照片 [T7]　　　　　　　有大反应表面的负载金属催化剂照片 [T7]

(a)　　　(b)　　　(c)　　　(d)　　　(e)　　　(f)　　　(g)

(h)　　　(i)　　　(j)　　　(k)　　　(l)　　　(m)

图2-10　若干固定床催化剂的形状

（a）七筋车轮形；（b）拉西环形；（c）四孔形；（d）七孔形；（e）五筋车轮形；（f）外齿轮形；（g）内齿轮形；（h）梅花型；（i）多孔梅花型；（j）蜂窝形；（k）七孔球形；（l）无孔外齿轮形；（m）四叶蝶形

圆柱形有规则的、光滑的表面，易于滚动，充填均匀，空心圆柱形则有表观密度小，单位体积内催化剂表面积大的优点。

为了提高反应器的生产能力，一定容积的反应器内希望装填尽量多的催化剂。因此，球形是最为适宜的形状。球形颗粒更易滚动和充填均匀，耐磨性也高，因而表面成分被气流冲刷造成的损失小，这对稀贵金属催化剂尤为重要。

催化剂颗粒的形状、尺寸和机械强度，要能与相应的催化反应过程和催化反应器相匹配。

（1）固定床用催化剂　其强度、粒度允许范围较大，可以在比较广的条件范围内操作。过去曾经使用过形状不一的粒状催化剂，易造成气流分布不均匀。后改用形状尺寸相同的成型催化剂，并经历过催化剂尺寸由大变小的发展过程。但催化剂颗粒尺寸过小，会加大气流阻力，影响正常运转，同时催化剂成型方面也会遇到困难。

（2）移动床用催化剂　由于催化剂需要不断移动，机械强度要求更高，形状通常为无角的小球。常用直径 3～4mm 或更大的球形颗粒。

（3）流化床用催化剂　为了保持稳定的流化状态，催化剂必须具有良好的流动性能，所以，流化床常用直径 20～150μm 或更大直径的微粉或微球颗粒。

（4）悬浮床用催化剂　为了在反应时使催化剂颗粒在液体中易悬浮循环流动，通常用微米级至毫米级的球形颗粒。

为加工不同形状的催化剂，便有不同的成型设备和成型方法。有时同一形状也可选用不同的成型方法。从不同的角度出发，可以对成型方法进行不同的分类。例如，从成型的形式和机理出发，可以把成型方法分为自给造粒成型（如滚动成球等）和强制造粒成型（如压片与压环、挤条、喷雾等）。

成型方法的选择主要考虑两方面因素：①成型前物料的物理性质；②成型后催化剂的物理、化学性质。无疑，后者是重要的。当两者有矛盾时，大多数情况下，宁可去改变前者，而尽可能迁就后者。

从催化剂使用性能的角度，应考虑到下列一些因素的影响：催化剂颗粒的外形尺寸影响到气体通过催化剂填充床层的压力降 Δp，Δp 随颗粒当量直径的减少而增大；颗粒的外形尺寸和形状影响到催化剂的孔径结构（孔隙率、孔径结构、比表面积），从而对催化剂的容积活性和选择性有影响；某些强制造粒成型方法，如压片或挤条，有时能使物料晶体结构或表面结构发生变化，从而影响到催化剂物料的本征活性和本征选择性。这种情况下，成型对催化剂性能的影响，常常是机械力和温度的综合作用，因为成型时摩擦力极大，被成型物料往往瞬间有剧烈的温升。

催化剂需要适当的机械强度，以适应诸如包装、运输、贮存、装填等操作的需要，以及在使用中的一些特殊要求，如操作中改变反应气体流量时的突然压降变化和气流冲击等。

催化剂的机械强度与起始原料性能有关，也与成型方法有关。当催化剂在使用条件下的机械强度是薄弱环节，而改变起始原料性质又有损于催化剂的活性或选择性时，压片成型常是较可靠的增强机械强度的方法。必要时，在催化剂（或载体）配方中增加胶黏剂，或在催化剂（或载体）的制备工艺中增加烧结工艺，也是提高催化剂强度的常用方法。

为了提高催化剂强度和降低成型时物料内部或物料与模具间的摩擦力，有时配方中要加入某种胶黏剂和润滑剂。胶黏剂的作用主要是增加催化剂的强度，一般可以分为三类，如表2-7所示。基本胶黏剂主要用于压片成型过程，有时也用于某些物料的挤条过程；薄膜胶黏剂一般用溶剂，其中最常用的是水。薄膜胶黏剂的用量主要取决于物料性质。对大多数物料来说，0.5%～2%的用量就足以使物料达到满意的表面润湿度。化学胶黏剂的作用是通过胶黏剂组分之间发生化学反应或胶黏剂与物料之间发生化学反应，使成型产品有很好的强度。不论选用哪种胶黏剂，都必须能润滑物料颗粒表面并具备足够的湿强度。湿强度欠佳的催化剂半成品，甚至在生产线上转移搬动时，即会破损，显然这是不允许的。催化剂成型后，都不希望产品被胶黏剂所污染，所以应当选用干燥或焙烧过程中可以挥发或分解的物质。

表 2-7　胶黏剂的分类与举例

基本胶黏剂	薄膜胶黏剂	化学胶黏剂
沥青	水	$Ca(OH)_2 + CO_2$
水泥	水玻璃	$Ca(OH)_2 + 糖蜜$
棕榈蜡	合成树脂、动物胶	$MgO + MgCl_2$
石蜡	硝酸、醋酸、柠檬酸	水玻璃$+CaCl_2$
黏土	淀粉	水玻璃$+CO_2$
干淀粉	皂土	铝溶胶
树脂	糊精	硅溶胶
聚乙烯醇	糖蜜	

常用固体、液体润滑剂举例如表 2-8，其用量一般为 $0.5\% \sim 2\%$。固体润滑剂一般用于较高压力成型的场合。这些润滑剂中，多数为可燃或可挥发性物质，能在焙烧中分解，故可以同时起造孔作用。石墨和硬脂酸镁就是典型的例子。

表 2-8　常用成型润滑剂

液体润滑剂	固体润滑剂	液体润滑剂	固体润滑剂
水	滑石粉	可溶性油和水	硬脂酸镁或其他硬脂酸盐
润滑油	石墨	硅树脂	二硫化钼
甘油	硬脂酸	聚丙烯酰胺	石蜡

2.6.2　几种重要的成型方法

各种固体工业催化剂或载体成品的外观见图 2-11，它们主要由以下各种设备和工艺加工而成。

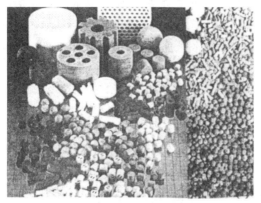

图 2-11　各种固体工业催化剂或载体实物照片[T30]

2.6.2.1　压片成型

（1）压片工艺与旋转压片机　压片成型是广泛采用的成型方法，和西药片剂的成型工艺相接近。它应用于由沉淀法得到的粉末中间体的成型、粉末催化剂或粉末催化剂与水泥等胶黏剂的混合物的成型，也适于浸渍法用载体的预成型。

压片成型法制得的产品，具有颗粒形状一致、大小均匀、表面光滑、机械强度高等特点。其产品适用于高压高流速的固定床反应器。其主要缺点是生产能力较低，设备较复杂，直径 3mm 以下的片剂（特别是拉西环）不易制造，成品率低，冲头、冲模磨损大因而成型费用较高等。

本法一般压制圆柱形、拉西环形的常规形状催化剂片剂，也有用于齿轮状等异形片剂成型的。其常用成型设备是压片（打片）机或压环机。压片机的主要部件是若干对上下冲头、冲模，以及供料装置、液压传输系统等。待压粉料由供料装置预先送入冲模，经冲压成型后，被上升的下冲头排出。先进的压环机，在旋转的转盘上，装有数十套模具，能连续地进料出环，物料的进出量、进出速度及片剂的成型压力（压缩比），可在很大的范围内调节。压片机的成型原理及旋转压片机的动作示意如图 2-12，压片机结构如图 2-13。

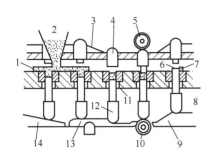

图 2-12　旋转压片机动作展开图

1—加料器；2—料斗；3—上冲导轨；4—上冲头；
5—上压缩轮；6—压片；7—刮板；8—工作台；
9—推出轨道；10—下压缩轮；11—冲模；12—下
冲头；13—重量调节轨道；14—强制下降轨道

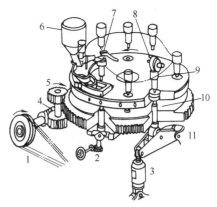

图 2-13　旋转压片机

1—传动皮带；2—重量调节轨道；3—缓冲装
置；4—蜗轮蜗杆；5—小齿轮；6—料斗；
7—刮刀；8—上压轮；9—上冲头；
10—下冲头；11—下压轮

（2）滚动压制机　压片成型法除使用压片机、压环机外，还有一种成型机如图 2-14 所示，称滚动压制机。它是利用两个相对旋转的滚筒，滚筒表面有许多相对扣合的、不同形状（如半球状）的凹模，将粉料和胶黏剂通过供料装置送入筒中间，滚筒径向之间通过油压机或弹簧施加压力，将物料压缩成相应的球形或卵形颗粒。成型颗粒的强度与凹模形状、供料速度、胶黏剂种类等因素有关。这种生产方法的生产能力比压片机高。这种设备有时也可用于压片前的预压，通过一次或多次的预压，可以大大提高粉料的表观密度，进而提高成品环状催化剂的强度。

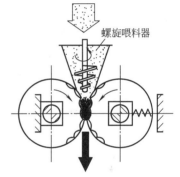

图 2-14　滚动压制机

2.6.2.2　挤条成型

挤条成型也是一种最常用的催化剂成型方法。其工艺和设备与塑料管材的生产相似，它主要用于塑性好的泥状物料如铝胶、硅藻土、盐类和氢氧化物的成型。当成型原料为粉状时，需在原料中加入适当的胶黏剂，并碾压捏合，制成塑性良好的泥料。为了获得满意的黏着性能和润湿性能，混合常在轮碾机中进行。

胶黏剂一般是水。此外，可根据物料的性质选用表面张力适当的乙醇、磷酸溶液、稀硝酸、聚乙烯醇，也可加入其他胶黏剂（如水泥、硅溶胶等）。

挤条成型是利用活塞或螺旋杆迫使泥状物料从具有一定直径的塑模（孔板）挤出，并切割成几乎等长等径的条形圆柱体（或环柱体、蜂窝形断面柱体等），其强度决定于物料的可塑性和胶黏剂的种类及加入量。本法产品与压片成型品相比，其强度一般较低。必要时，成型后可辅以烧结补强。挤条成型的优点是成型机能力大，设备费用低，对于可塑性很强的物料来说，这是一种较为方便的成型方法。对于不适于压制成型的 1～2mm 的小颗粒，采用挤条成型更为有利。尤其在生产低压、低流速工艺条件下所用催化剂时较适用。

挤条成型的工艺过程，一般是在卧式圆筒形容器中进行，大致可以分成原料的输送、压缩、挤出、切条四个步骤。首先，料斗把物料送入圆筒；在压缩阶段，物料受到活塞推进或

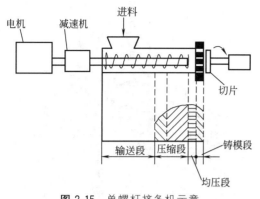

图 2-15 单螺杆挤条机示意

螺旋挤压的力量而受到压缩，并向塑模推进；之后，物料经多孔板挤出而成条状，再切成等长的条形粒。

比较简单的挤条装置是活塞式（注射式）挤条机。这种装置能使物料在压力的作用下，强制穿过一个或数个孔板。

最常见的挤条成型装置是螺旋（单螺杆）挤条机，其结构如图 2-15 所示。

这种设备广泛用于陶瓷、电瓷厂的练泥工序，以及催化剂的挤条成型工序。

2.6.2.3 油中成型

油中成型（见图 2-16）常用于生产高纯度氧化铝球、微球硅胶和硅酸铝球等。

例如，先将一定 pH 值及浓度的硅溶胶或铝溶胶，喷滴入加热了的矿物油柱中，由于表面张力的作用，溶胶滴迅速收缩成珠，形成球状的凝胶。得到的球形凝胶经油冷硬化，再水洗干燥，最后制得球状硅胶或铝胶。微球的粒度为 $50\sim500\mu m$，小球的粒度为 $2\sim5mm$，表面光滑，有良好的机械强度。

2.6.2.4 喷雾成型

喷雾成型（见图 2-17）利用类似奶粉生产的干燥设备，将悬浮液或膏糊状物料制成微球形催化剂。通常采用雾化器将溶液分散为雾状液滴，在热风中干燥而获得粉状成品。目前，很多流化床用催化剂大多利用这种方法制备。喷雾法的主要优点是：①物料进行干燥的时间短，一般只需要几秒到几十秒。由于雾化成几十微米大小的雾滴，单位质量的表面积很大，因此水分蒸发极快；②改变操作条件，选用适当的雾化器，容易调节或控制产品的质量指标，如颗粒直径、粒度分布等；③根据要求可以将产品制成粉末状产品，干燥后不需要进行粉碎，从而缩短了工艺流程，容易实现自动化和改善操作条件。

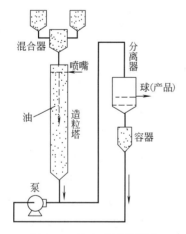

图 2-16 油中成型的原理

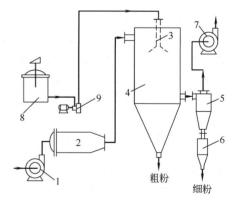

图 2-17 喷雾成型工艺过程

1—送风机；2—热风炉；3—雾化器；4—喷雾成型塔；5—旋风分离器；6—集料斗；7—抽风机；8—浆液罐；9—送料泵

2.6.2.5 转动成型

转动成型（见图 2-18）适用于球型催化剂的成型。本法将干燥的粉末放在回转着的倾斜 30°~60°的转盘里，慢慢喷入胶黏剂，例如喷水。由于毛细管吸力的作用，润湿了的局部粉末先黏结为粒度很小的颗粒，称为核。随着转盘的继续运动，核逐渐滚动长大，成为圆球。

转动成型法所得产品，粒度比较均匀，形状规整，也是一种比较经济的成型方法，适合于大规模生产。但本法产品的机械强度不高，表面比较粗糙。必要时，可增加烧结补强及球粒抛光工序。

影响转动成型催化剂质量的因素很多，主要有原料、胶黏剂、转盘转数和倾斜度等。

粉末颗粒愈细，成型物机械强度愈高。但粉末太细，成球困难，且粉尘大。

球的粒度与转盘的转数、深度、倾斜度有关。加大转数和倾斜度，粒度下降，转盘愈深，粒度愈大。

为了使造球顺利进行，最好加入少量预先制备的核。在造球过程中也可以用制备好的核来调节成型操作，成品中夹杂的少量碎料及不符合要求的大、小球，经粉碎后，也可以作为核，送回转盘而回收再用。

用于转动成型的设备，结构基本相同。典型的设备有转盘式造粒机，其结构示意如图 2-18 所示。它有一个倾斜的转盘，其上放置粉状原料。成型时，转盘旋转，同时在盘的上方通过喷嘴喷入适量水分，或者放入含适量水分的物料"核"。在转盘中的粉料由于摩擦力及离心力的作用，时而被升举到转盘上方，又借重力作用而滚落到转盘下方。这样通过不断转动，粉料之间互相黏附起来，产生一种类似滚雪球的效应，最后成为球形颗粒。较大的圆球粒子，摩擦系数小，浮在表面滚动。当球长大到一定尺寸，就从盘边溢出，变为成品。

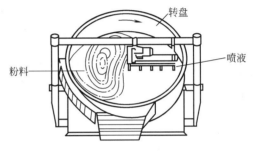

图 2-18　转盘式造粒机

至此，在本章前 6 节中已经讨论过多种工业催化剂的基本制备工艺和生产方法。还有其他一些方法并未详细提及，例如某些金属催化剂制成丝状或网状（如氨氧化制硝酸的铂网），某些金属或合金制成细粉状（如钯粉和铁粉），这时所用的方法与一般金属的抽丝织网方法或粉末冶金方法等是相近的。有时作为基础研究，采用专门的真空镀膜技术制成金属箔催化剂。有的书籍中将胶凝法（或凝胶法）单列一种，而本书将其作为一种特例，包括在沉淀法之中。有的文献中所述载体上的表面"涂层法"或"喷涂法"，本书中视为浸渍法的一种特例。还应当指出，本章涉及的基本制备方法多以固体无机材质的工业催化剂为主，是比较定型和传统的方法。至于一些新发展的方法，例如涉及均相配位聚合催化剂、纳米催化材料的，则在本书以后的有关章节中再结合其应用深入展开讨论。

2.7　典型工业催化剂制备方法实例

在前述几种传统催化剂制造方法的叙述中，已经有各种方法的典型实例穿插其中。为了理解和讨论的方便，最初不得不举一些有代表性然而却又是极为简单的例子，其中有些例子甚至仅仅是实验室制法而已。

然而大型工业催化剂生产厂中的制造方法复杂得多，有些专门设备也是实验室所没有的，其工艺又往往是多种基本制备方法的综合应用。随着工艺的进步，催化剂生产专利还处在层出不穷的变化中。现选择 6 个工业催化剂制造实例加以简要说明和评论。

例 2-1　工业合成氨铁系催化剂的制备

虽然工业上曾经使用过沉淀法制备这类催化剂，也曾研究用浸渍法等其他方法，但人们公认，根据现有催化剂的技术经济指标，能够符合工业要求的唯一催化剂是热熔融法制造的熔铁催化剂。以这种方法制备的催化剂，其活性、耐热稳定性、抗毒稳定性、机械强度以及生产费用等各项指标都比较理想。80 余年来，热熔融法一直为世界各国所采用，而成为一种经典的制法。我国这类催化剂有数十年的研究基础和大规模生产经验，加之资源条件优越，目前产量自给有余，催化剂已有出口，质量也已居世界前列。

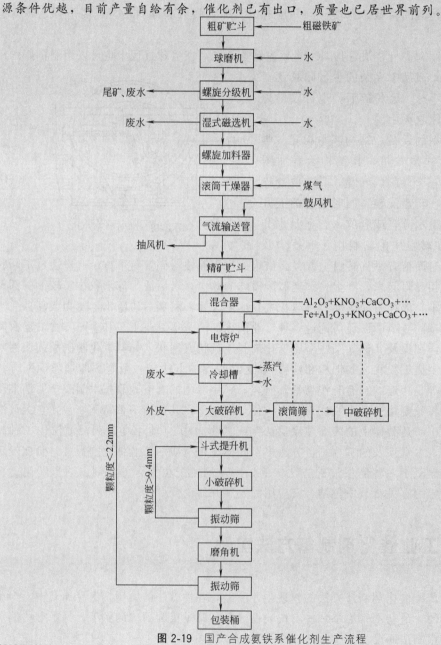

图 2-19　国产合成氨铁系催化剂生产流程

制备熔铁催化剂的基本原料有天然磁铁矿或合成磁铁矿，或者两者混用。前者杂质含量较多，使用前要经风选或磁选精制；后者例如用铸铁棒在氧气流中燃烧制成，成本较高。实验证明，不同原料制得的催化剂在性能上并无重大差异。由于天然磁铁矿成本低，混合磁铁矿次之，合成磁铁矿最高，故以天然磁铁矿为基本原料最可取。我国拥有质量很高的天然磁铁矿，为催化剂的生产提供了有利的条件。

现以国产 A 系催化剂为例，说明氨合成铁系催化剂的生产工艺（见图 2-19）。从图中可以看出，虽然是典型的热熔融法，但在加入助催化剂时，也使用了混合法。特别是由于使用天然磁铁矿为主要原料，其提纯过程，即由粗矿变精矿，俨然就是一个完整的选矿车间，比实验室复杂了不知多少倍。

将天然磁铁矿吊到粗矿贮斗，烘烤过筛，除去块状杂质后，输进球磨机滚磨，在螺旋分级机中分级，其中颗粒度大于 150 目的返回球磨机再次滚磨，小于 150 网目的送入磁选机磁选。选出的湿精矿由螺旋加料器送入滚筒干燥器干燥。干燥过的干精矿通过气流输送管输进精矿贮桶。按照给定配方，将精矿与氧化铝、硝酸钾、碳酸钙或（和）其他次要成分放在混合器内混合均匀，送入电熔炉熔炼。如采用电阻炉，熔炼温度为 $1550\sim1600℃$，电弧炉弧焰温度高达 $4000\sim5000℃$，熔炼时间较短。在熔炼的过程中，视 Fe^{2+}/Fe^{3+} 比值变化情况加入适量的纯铁条以及相应的氧化铝、硝酸钾、碳酸钙或（和）其他次要成分。熔炼好的熔浆倒进冷却槽快速冷却。熔块吊到大小破碎机破碎，再经磨角机磨角、振动筛筛分，合格的产品装入铁桶气密包装。颗粒大于 9.4mm 的熔块经斗式提升机回到小破碎机重新破碎；小于 2.2mm 的碎料回电熔炉再炼；电熔炉内已经烧结而未熔化的料块（外皮），经大中破碎机破碎，送去回炉。

热熔融这种特殊的制备方法，通过本例和前述的镍、钴、铜三种骨架催化剂实例，基本都介绍到了。近年也无更多的发展，大体已经定型。不过前 20 年，还看到过一种氢能汽车的储氢材料镧镍5，是 5 个镍原子和一个镧原子的含金。估计可以用于催化。它提示我们，骨架镍等，也是可以杂化的。

例 2-2 新型合成甲醇铜系催化剂及其制备方法[19]

这是一项较新的中国专利，要点如下。

目前，工业生产甲醇主要方法以合成气（H_2、CO、CO_2）为原料，在铜系催化剂作用下反应。目前使用的工业催化剂主要成分为：CuO 20%～50%，ZnO 15%～60%，Al_2O_3 5%～35%，MnO 0.2%～7%。这种催化剂的使用温度为 230～270℃和压力为 5～10MPa，均偏高，难以达到节能降耗的目的。另外，该催化剂耐热性能较差，故使用寿命较短，一般为半年至一年。它的传统制备方法是一步共沉淀法。

本专利在铜系催化剂原有组分基础上，增加了 MgO、Cr_2O_3 和稀土氧化物，改变了催化剂的组成及内部结构，提高了催化剂的活性和耐热性；在制备过程中，注意了沉淀剂中的钾、钠原子的含量对催化剂性能的影响，并采用了分步共沉淀法，结果是明显地改善了催化剂的活性和耐热性。

专利实施 制取 10g 催化剂样品。称 2.45g 的 Al(OH)$_3$ 粉末，加 100mL 蒸馏水，一并加入釜中，搅拌升温至 70℃且恒温，称 Na_2CO_3 15g 和 K_2CO_3 5g 用蒸馏水溶解后加入釜中，恒温70℃搅拌。称取 $Zn(NO_3)_2 \cdot 6H_2O$ 4.6g，用 40mL 蒸馏水溶解后滴加入釜中，滴加 5min，70℃ 恒温搅拌 5min。称取 $Cu(NO_3)_2 \cdot 3H_2O$ 17.2g、$Mn(NO_3)_3 \cdot 9H_2O$ 1.0g、$Ce(NO_3)_2 \cdot 6H_2O$ 1g，用 200mL 蒸馏水溶解后，滴加入釜中，时间 30min。用 Na_2CO_3 和 K_2CO_3 混合溶液调节反应液 pH＝7～8，在 70℃下搅拌、老化 30min，然后抽滤，用蒸馏水洗涤，滤液用二苯胺的硫酸溶液进行检测，直到无蓝色为止。滤饼在 120℃ 干燥。干燥后的催化剂母体在 320℃ 煅烧 2h，加 1％～2％ 石墨进行打片待用。

用本专利的铜系催化剂，与我国目前生产的最好的铜系催化剂，及从英国进口的新型催化剂，在同样条件下进行对比实验。后两者的空时收率均小于 1.0mL（甲醇）/[g（催化剂）·h]，而本专利的空时收率为 1.1mL（甲醇）/[g（催化剂）·h]。本专利催化剂的最佳工作温度为 200～250℃，而后两者的工作温度为 230～270℃。

从以上的专利思路和催化剂制备方法可以初步分析本专利的新颖性：它摒弃了沿袭多年的 $CuO\text{-}ZnO\text{-}Al_2O_3$ 甲醇催化剂的三组分一步共沉淀法，而换用分步沉淀法。先把作为载体的 $Al(OH)_3$ 粉末分散，加热搅拌，使之吸附上沉淀剂碳酸盐，而后首先沉淀 Zn^{2+} 离子于 $Al(OH)_3$ 颗粒的外层。前两步相当于先把载体 Al_2O_3 和助催化剂 ZnO 预制好，最后（第三步）再沉淀 Cu^{2+} 及 Mn、Ce 等其他微量助催化剂。这些操作使活性组分的分布在晶体微粒的级别上层次分明，故有利于提高其分散性和热稳定性。

例 2-3 一种作催化剂载体用氧化铝的制备方法[20]

这是一项中国专利，涉及一种作催化剂载体用的 $\gamma\text{-}Al_2O_3$ 的制备方法。

美国专利 4、562、059 等公开过一种制备 Al_2O_3 的"pH 摆动法"。本专利是该法的一种新发展，其制备特点可从其制备实例中看出。

专利实施 在 20L 搅拌釜中加入底水 5L，加热至 70℃ 后向内加入硫酸铝溶液（7.2g/100mL），调节 pH 至 9.0，停止加料，搅拌 10min，再慢慢加入硫酸铝溶液调 pH。如此重复上述操作，即 pH "摆动" 3 次后，浆液 pH 值为 9.0 时，停止加料。搅拌老化 1h。过滤除去母液，并用稀氨水洗涤沉淀 5～6 次，检查滤液中 SO_4^{2+} 含量小于 1.5％（对 Al_2O_3 计）为止。滤饼 120℃ 干燥，得氢氧化铝干胶 395g。将其破碎过 200 目筛，用 4％ HNO_3 溶液黏合，并挤成 ϕ1.2mm 三叶草或四叶草条型。干燥后 540℃ 焙烧 4h，即为 $\gamma\text{-}Al_2O_3$ 载体 A。

可以看出，以上 pH 摆动法与沉淀 Al_2O_3 的其他传统加料方法（正加法、反加法、并流加料法等）均不相同，为了对比，本专利制备传统并流法的对比样如下：将硫酸铝溶液与氨水溶液分别以一定速度同时加入装有 3L 底水的成胶釜中，温度 70℃，控制操作 pH 值稳定于 8，停止加料后老化 1h，过滤去除母液，用稀氨水洗涤 5～6 次，120℃ 干燥后制备成载体 G，破碎过 200 目筛，加入 4％ HNO_3 挤条，难以成型。

两种样品物性测定数据对比见表 2-9。

表 2-9 专利实例载体的物性

载体	比表面积 /(m²/g)	孔体积 /(mL/g)	平均孔径 /nm	孔径分布		
				<4nm	4～10nm	>10nm
A	271.7	0.65	6.232	8.85％	79.26％	11.95％
G	283.2	1.04	5.16	4.2％	68.69％	7.1％

由表可见，本发明可提供一种易成型、孔径大、中孔含量高的载体，这种特性的载体，恰好适用于重油加氢脱氮及加氢脱硫催化剂的制备。

例 2-4　丙烯氨氧化生产丙烯腈流化床催化剂[21]

这份中国专利，其发明涉及丙烯氨氧化生产丙烯腈的流化床催化剂，特别是关于钼-铋-铁-钠体系流化床催化剂。本发明催化剂除了生产成本低之外，对生产丙烯腈有较高的活性和选择性，从而使反应器生产能力大幅度增加。

丙烯腈是重要的有机化工原料，它目前主要是通过丙烯氨氧化反应生产的。美国专利 US 5235088 介绍的钼-铋-铁-钴-镍-铬催化剂，因含钴而昂贵，且单程收率不高，仅 79% 左右；美国专利 US 5212137 所述催化剂，含镁，钴元素属任选元素，丙烯腈单程收率为 80% 左右。

基础研究表明，钴、镍、锰、镁的钼酸盐中，钼酸钴的活性较高，但生成 CO_2 的量也较大。为此，本专利中用其他二价金属代替钴，提高了选择性，同时也降低了催化剂的成本。

专利实施　将 11.1g 质量分数为 20% 的硝酸钾溶液、10.50g 质量分数为 20% 的硝酸铷溶液、8.80g 质量分数为 20% 的硝酸铯溶液和 23.0g 质量分数为 20% 的硝酸钠溶液混合为物料（Ⅰ）。

将 39.3g 钨酸铵溶于 100mL 质量分数为 5% 的氨水，再与 359.9g 钼酸铵和 300mL 50%～95% 热水组成的溶液相混合得物料（Ⅱ）。

将 88.3g 硝酸铋、129.0g 硝酸锰、126.3g 硝酸铁、283.4g 硝酸镍和 7.4g 硝酸铬混合，加水 70mL，加热后溶解，得物料（Ⅲ）。

将物料（Ⅰ）与 1250g 质量分数为 40% 的氨稳定的无钠硅溶胶混合，在搅拌下加入 3.1g 质量分数为 85% 的磷酸和物料（Ⅱ）和（Ⅲ），充分搅拌得浆料。按常法将制成的浆料在喷雾干燥器中成型为微球状，最后在旋转焙烧炉中于 670℃ 焙烧 1h。

制成的催化剂组成为

$$Mo_{11.2}W_{0.8}Bi_{1.0}Fe_{1.7}Ni_{5.3}Mn_{2.0}Cr_{0.4}P_{0.15}Na_{0.3}K_{0.1}Rb_{0.1}Cs_{0.05}+50\% \ SiO_2$$

在流化床反应器中按标准条件进行评价，该催化剂的丙烯腈单程收率为 81.2%。

本例与典型的沉淀法相近，但原料的配制和加料的程序又不尽相同。作为载体的硅胶，实际上是以混沉法加入的。由于是流化床使用的催化剂，喷雾干燥的同时，即已成型为微球，从旋风分离器沉降即得成品。

例 2-5　铂铼重整催化剂的制备方法[23]

由直链烃、支链烃或环烷烃等非芳烃制取苯类芳烃，是炼油工业中一个极重要的工艺过程。该芳构化（或重整）过程，因过去多用铂催化剂，故常称铂重整过程。该类催化剂后由单一金属发展到多金属，特别是铂铼双金属。

目前，铂铼重整催化剂以其良好稳定性而成为工业装置中应用最为广泛的催化剂之一。但是铂铼重整催化剂尚有不足，因此人们主要从以下两方面对催化剂进行改进。一是改善铂铼催化剂的配方，如提高铼铂比，加入其他金属助剂等；另一主要手段是改善催化剂载体的性能。除了氧化铝的制备方法对载体性能有较大影响外，成型方法也对其性能产生影响。

本发明的目的在于提供一种条形催化剂的制备方法，制得的催化剂具有较高的强度，并且有较好的活性、稳定性及选择性。

条形催化剂的制备方法：在氢氧化铝粉中加入占其质量0.1%～4.0%的田菁粉搅匀，再用占氢氧化铝粉质量0.1%～5.0%（最佳量0.5%～1.5%）的硝酸、1.0%～10.0%（最佳量2.0%～4.0%）的乙酸、2.0%～10.0%（最佳量3.0%～6.0%）的柠檬酸组成的混合液配成胶溶剂。将该胶溶剂倒入氢氧化铝粉中，揉捏至呈可塑体状，然后挤条成型，60～80℃干燥4～10h，100～130℃干燥6～24h，再负载占干基氧化铝质量0.10%～0.8%（最佳量0.2%～0.4%）的Pt、0.10%～1.50%（最佳量0.2%～0.8%）的Re和0.5%～2.0%（最佳量0.8%～1.5%）的Cl制得催化剂。催化剂中的Re/Pt质量比为0.5～4.0（最佳量1.0～3.0）。

所用氢氧化铝为烷基铝水解而得的高纯氢氧化铝。载体的形状包括圆柱体、三叶形、四叶形等异形。

催化剂采用常规的共浸方法制备：用预订量的铂化合物（如氯铂酸或氯铂酸铵）、铼化合物（如高铼酸或高铼酸铵）、盐酸和去离子水混合制成浸渍液，浸渍液与载体的体积比为1.0～2.5。在室温下浸渍条形γ-Al$_2$O$_3$载体12～24h，过滤，浸后条在60～80℃干燥6～10h，100～130℃干燥12～24h，干空气中450～550℃、气剂体积比为500～1200时活化2～12h，之后在氢气中400～500℃、气剂体积比为500～1200条件下还原2～12h。该催化剂在使用前需经过预硫化。硫化后催化剂中的硫含量为0.01%～1.00%（最佳量0.04%～1.0%，相对于催化剂量）。

简要评述 一切工业催化剂生产专利的特色中，首要的在于其新颖性。特别是铂重整或铂铼重整这样工业化多年、国内外专利繁多的催化剂，如果申报专利的新颖性不够突出，稍有不慎，便会与其他现成催化剂专利雷同，便难以争得创新的专利权。同时也可看到，作为一种浸渍型的催化剂，其专利特色不外两个方面——载体制备以及浸渍及后处理（含活化）工艺。在浸渍工艺上，本专利的做法与其他专利大同小异，并不能从本质上绕开现有专利，然而在载体制备上，它却在胶溶剂选用和匹配上形成了鲜明的特色。正是这一特色，影响到载体乃至催化剂的性能。同时，本专利的载体具有很大的通用性，可供除重整以外的许多其他催化剂参考。

在现有技术中，以硝酸作胶溶剂，挤出的条形载体韧性差、易断、发脆；而用乙酸和柠檬酸，则条软、易粘连、切割困难。且上述方法制备的条形载体强度欠佳。

本发明由于采用硝酸、乙酸和柠檬酸为胶溶剂制备条形γ-Al$_2$O$_3$载体，再负载Pt、Re金属活性组分制成催化剂。具有以下优点：挤条成型性好，制备的载体压碎强度高，5cm长度直条催化剂的压碎强度高达130～140N/cm（而著名的美国Engelhard催化剂为60N/cm），具有高的活性和芳烃选择性，积炭量低，稳定性好。如在中型装置上，以相同条件进行评价，本发明催化剂，与Engelhard公司的E-803相比，芳烃产量高2.3%（以质量计），转化率高5.5%（以质量计）。

以下是体现本发明特色的载体和两个催化剂制备实例。

专利实施1 条形催化剂载体制备方法。取SB氢氧化铝干胶粉（德国Condea公司）100g、田菁粉2g混合后搅匀。取65%硝酸1.4g、36%乙酸7.3g、柠檬酸4g、去阳离子水 70g，混合后配成胶溶剂，将该胶溶剂倒入混匀的干胶粉中，揉捏至呈可塑体状，在挤条机上挤成圆柱状直条，挤出条在 60℃ 干燥 6h，120℃ 干燥 12h，650℃ 空气中焙烧 8h，得到条形 γ-Al$_2$O$_3$ 载体 a-1。

专利实施 2 催化剂制备。取 60g 上述载体 a-1，用预订量的氯铂酸、高铼酸和盐酸配成浸渍液，该浸渍液中含 Pt 0.24%、Re 0.26%、Cl 1.49%（以质量计，相对于干基氧化铝），浸渍液与载体体积比为 1.2。室温下浸渍 24h 过滤，60℃ 干燥 6h，120℃ 干燥 12h，干空气中 500℃、气剂体积比为 700 的条件下活化 4h，H$_2$ 中 480℃ 还原 4h 制得催化剂 C-1。然后进行预硫化处理，即在 H$_2$ 气流中加入硫化氢至催化剂床层穿透为止。

例 2-6 高活性钯/碳催化剂的制备布法[24]

（中国专利 ZL 2008 10041145.0，2008 年）

[本专利已被授权，与本章引用的其他专利公开版（CN 字头）均不同]

技术领域 本发明涉及一种高活性钯/碳催化剂的制备方法，特别是关于一种用于通过选择性加氢反应来精制粗对苯二甲酸的高活性钯/碳催化剂的制备方法。

背景技术 负载型钯/碳催化剂主要用于不饱和有机物的选择性加氢，尤其适用于粗对苯二甲酸的精制，粗对苯二甲酸中的对羧基苯甲醛（简称 4-CBA）等杂质通过加氢后转变为其他的化合物，随后就可用结晶的方法来分离提纯。由于钯/碳催化剂通常采用单一的活性组分，已有技术中对它的改进研究一直集中在载体的结构以及金属 Pd 在载体上的分布状况，而这确实对催化剂的性能会产生很大的影响。

发明内容 本发明所要解决的技术问题是现有技术中制得的 Pd/C 催化剂，Pd 分散度低，微晶含量低，热稳定性差，原料对羧基苯甲醛（4-CBA）转化率低的问题，提供了一种新的用于加氢高活性钯/碳催化剂的制备方法。用该方法制得的催化剂中金属 Pd 具有较高的分散度和高微晶含量及较好热稳定性，同时用于粗对苯二甲酸的精制过程具有对羧基苯甲醛转化率高的优点。

为了解决上述技术问题，本发明采用的技术方案如下：一种高活性钯/碳催化剂的制备方法，包括以下步骤：

a）首先将活性炭用 0.01～5mol/L 浓度的无机酸酸洗 0.5～8h，然后用水洗涤至中性后，在 80～150℃ 条件下干燥 0.5～10h，得活性炭载体；

b）用含 Pd 化合物和添加剂的溶液浸渍或喷洒活性炭载体，使含 Pd 化合物负载于活性炭上，得到催化剂前体。其中溶液中添加剂与 Pd 化合物中 Pd 的摩尔比为 0.01～2∶1，添加剂选自如下通式的化合物：

$$R_1-(CH_2)_n-CHCOOH$$
$$R_2-(CH_2)_m-\underset{\underset{R_3}{|}}{C}-COOH$$

R$_3$ 式中 n 或 m 均选自 0～5 的整数；

R$_1$ 或 R$_2$ 均选自 H、CH$_3$、NH$_2$、OH 或 COOH 中的一种；

R$_3$ 选自 H 或 R$_4$—(CH$_2$)$_1$—CHCOOH，其中 1 选自 0～5 的整数，R$_4$ 选自 H、CH$_3$、NH$_2$、OH 或 COOH 中的一种；

c) 将催化剂前体用还原剂进行还原处理，得含金属 Pd 的催化剂。

上述技术方案中，无机酸优选方案选自盐酸、硝酸或磷酸中的至少一种；酸洗时间优选范围为 0.5～4h；无机酸的浓度优选范围为 0.1～3.0mol/L；干燥时间优选范围为 0.5～6h。Pd 化合物优选方案选自 Pd 的卤化物、Pd 的乙酸盐、Pd 的硝酸盐、氯钯酸、氯钯酸的碱式盐或钯氨的配合物中的至少一种；含 Pd 化合物和添加剂溶液的 pH 值优选范围为 1～9，溶液中 Pd 的质量浓度优选范围为 0.01%～20%，溶液中添加剂与 Pd 化合物中 Pd 的摩尔比优选范围为 (0.05～1.0)：1。Pd 化合物更优选的方案选自氯钯酸或醋钯酸；含 Pd 化合物和添加剂的溶液的 pH 值更优选范围为 3～7，溶液中 Pd 的重量百分比浓度更优选范围为 0.2%～3.6%。催化剂优选方案为催化剂前体在还原处理前先老化 1～50h；还原剂优选方案选自甲酸、甲酸钠、甲醛、水合肼、葡萄糖或氢气中的至少一种；还原处理的条件如下：还原处理温度为 0～200℃，还原处理时间为 0.5～24h。催化剂前体在还原处理前先老化的时间优选范围为 1～24h；还原剂更优选方案选自甲酸钠或水合肼。还原处理的条件如优选方案下：还原处理温度为 50～120℃，还原处理时间为 1～10h。催化剂中金属 Pd 的重量含量优选范围为 0.05%～5%，更优选范围为 0.2%～3.5%。

在上述方法中，除 Pd 溶液的配制时加入配合剂外，其它部分则与现有一般的钯/碳催化剂制备方法基本相同，而且这些制备过程是本技术领域的普通技术人员所熟知的。

以下具体制备过程仅仅是本发明所推荐的。

选用合适的活性炭，除去炭表面吸附的粉尘及表面疏松部分后，在洗涤釜中进行酸洗。酸洗后用去离子水洗涤至中性。

取含 Pd 化合物和所需的配合剂用水配制成 Pd 溶液，然后采用浸渍或喷洒等方法使含 Pd 化合物负载于载体上制得催化剂前体，然后将催化剂前体在空气中老化 1～24h。

老化后的催化剂前体用还原剂还原处理，还原温度为 0～200℃，最佳为 50～120℃。还原剂的用量取决于活性组分 Pd 的剂量，一般为还原反应当量的 1～10 倍，最好为 2～5 倍，还原时间为 1～10h，最佳为 1～4h。

参 考 文 献 ❶

1 刘祖武. 现代无机合成. 北京：化学工业出版社，1999.

2 赵九生等. 催化剂生产原理. 北京：科学出版社，1986.

3 Stiles A B. Catalyst Manufacture：Laboratory and Commercial Preparations. Marcel Dekker Co. 1983.

4 梁娟等. 催化剂新材料. 北京：化学工业出版社，1990.

5 朱洪法. 催化剂载体. 北京：化学工业出版社，1990.

6 朱洪法. 催化剂成型. 北京：化学工业出版社，1984.

7 ［日］白琦高保等. 催化剂制造. 王家寰等译. 北京：石油工业出版社，1981.

8 ［日］尾琦萃. 催化剂手册——按元素分类. 催化手册翻译小组译. 北京：化学工业出版社，1982.

9 Yao H C, et al, J. Catal. 1979，59：365.

10 李启源，宋彩琴，万寿香. 蒸汽转化镍催化剂的 TPR 表征. 齐鲁石油化工，1983，(3).

11 肖葆娴，李英. 热重法研究不同助剂对催化剂还原性能的影响. 齐鲁石油化工，1985，(4).

12 石方柱，车东晖，李振华. 烃类水蒸气转化下段催化剂及制法，中国专利 CN 1079981A. 1993.

13 张建群，关乃佳，李伟等. Zn/ZSM-5 分子筛晶粒大小和预处理条件对丙烷芳构化性能的影响. 石油化工，2000，(1).

❶ 本章中带"T"编号文献请查阅第 1 章参考文献。

14 陈群，王平，尹芳华等. C102 大孔强酸性阳离子交换树脂催化剂的制备与应用. 石油化工，1999，(12).

15 徐卡秋，王建华，江礼科等. 车轮形催化剂上甲烷-蒸汽转化反应宏观动力学的研究. 化工学报，1988，(1).

16 赵庆国，廖晖，李绍芬. 气体的温度和压力及颗粒形状对固定床压降的影响. 化学反应工程与工艺，2000，(1).

17 赵振兴，王尚弟，陈甘棠. 乙烯氧乙酰化催化剂颗粒异形化的研究. 石油化工，1995，23（12）.

18 王尚弟. 异形催化剂在烃类蒸汽转化中的应用. 化学反应工程与工艺，1991，7（4）.

19 雷翠月，陈霄榕，康慧敏等. 新型合成甲醇铜系催化剂及其制备方法. 中国专利 CN 1219445A. 1999.

20 程昌端，谭长瑜，翟效珍. 一种作催化剂载体用氧化铝的制备方法. 中国专利 CN 1164563A. 1997.

21 吴粮华，陈欣. 丙烯氨氧化生产丙烯腈流化床催化剂. 中国专利 CN 1172690A. 1998.

22 杨小明，舒兴田，何鸣元. 一种 ZSM-5 分子筛的合成方法. 中国专利 CN 1187462A. 1998.

23 孙作霖等. 一种铂铼重整催化剂的制备方法. 中国专利 CN 1160747A. 1996.

24 高活性钯/碳催化剂的制备方法. 中国专利 ZL 2008 10041145.0（2008 年）.

第3章

催化剂性能的评价、测试和表征

3.1 概述

工业催化剂设计和开发的最终任务，是发明或更新各种能催化特定反应并能进行工业规模生产的催化剂，其大部分基础工作是在实验室和中型试验装置中进行的。实验室工作的第一步重点在制备，即根据所研究的反应的性质，用本书第 2 章所叙述的适当方法，设计并制备出多种催化剂。紧接着的第二步工作，就是要对催化剂的性能进行各种评价和测试，以便进行比较和筛选。筛选是比制备更为繁杂艰巨的工作，技术性也更强。

用何种设备和方法、用何种性能指标来衡量一个催化剂的质量优劣，目前是难于统一定义和实行方法标准化的。至今，催化剂活性的标准评价方法，大概也就只有催化裂化等少数几个催化剂才有。评价方法要随催化剂的品种而异，也要随研究者的经验而异。有时评价测试方法的某些细节，本身就是专利技术的一个组成部分，像配方和制备工艺是催化剂专利技术的组成部分一样，往往同样也是研究者无法轻易公开的秘密。

尽管如此，有关催化剂性能评价测试的一些基本的概念和方法，仍然是能够而且也值得加以介绍的，这就是本章的内容。

一般而言，衡量一个工业催化剂的质量与效率，集中起来是活性、选择性和使用寿命这三项综合指标。与这三项指标相关，还要从催化剂的机械强度、抗毒性、几何物理性质、宏观和微观的物理结构、经济性能等各方面来综合地衡量。表 3-1 是一种比较全面的性能概括。

表 3-1 工业催化剂的性能要求及其物理化学性质[T2]

性 能 要 求	物 化 性 质
(1)活性 (2)选择性 (3)寿命 稳定性、强度、耐热性、抗毒性、耐污染性 (4)物理性质 形状、颗粒大小、粒度分布、密度、热容、传热性能 成型性能、机械强度、耐磨性、粉化性能、煅烧性能、吸湿性能、流动性能等 (5)制造方法 制造设备、条件、制备难易、活化条件、贮藏和保管条件等 (6)使用方法 反应装置类型、充填性能、反应操作条件、安全和耐腐蚀情况、活化再生条件、回收方法 (7)无毒 (8)价格便宜	(1)化学 主要活性组分、助催化剂、载体、成型添加剂等 (2)电子状态 结合状态、原子价状态 (3)结晶状态 晶形、结构缺陷 (4)表面状态 比表面积、活性组分的有效表面积等 (5)孔结构 孔容积、孔径、孔径分布 (6)吸附特性 吸附性能、脱附性能、吸附湿、湿润热 (7)密度、比热容、导热性 (8)酸性 种类、强度、强度分布 (9)电学和磁学性质 (10)形状 (11)强度

活性指催化剂的效能（改变化学反应速度能力）的高低，是任何催化剂最重要的性能指标。

选择性用来衡量催化剂抑制副反应能力的大小。这是有机催化反应中一个尤其值得注意的性能指标。

机械强度即催化剂抗拒外力作用而不致发生破坏的能力。强度是任何固体催化剂的一项主要性能指标，它也是催化剂其他性能赖以发挥的基础。

寿命指催化剂在使用条件下，维持一定活性水平的时间（单程寿命），或者每次活性下降后经再生而又恢复到许可活性水平的累计时间（总寿命）。寿命是对催化剂稳定性的总括描述。

几何物理性质包括催化剂与其形状尺寸有关的性质，如堆积密度、孔隙率、单位体积的机械外表面积以及形状选择催化剂的孔形状和立体结构等。

宏观的物理结构主要指与催化剂孔结构及表面结构有关的物理性质，如孔容、孔径分布、比表面积等。

微观的物理结构主要指催化剂的晶相结构、结构缺陷以及某些功能组分微粒的粒径尺寸等。

此外，还有一些性质涉及催化剂表面的化合价及电子状态、电学和磁学性质等。

为了适应催化剂开发和工业生产的需要，在现代科学技术成就的基础上，许多新的催化剂性能的评价方法和测试装置相继发展起来。可以说，近 30 年来，在开发工业催化剂的过程中，评价和测试方法的进展，远比制造工艺本身的进展要大得多。要无遗漏地历数这些方法和手段是困难的。事实上，直到今天这些方法还在继续增加和发展着。我们不妨列举一些最为常用的手段或方法：用于测定催化剂活性和研究动力学的微分反应器、积分反应器、无梯度反应器；用于测定催化剂强度的各种方法；用于测定比表面积和多孔结构的各种气体吸附法和气相色谱法；用于催化剂体相结构研究的 X 射线衍射法和热谱法；用于研究表面结构和表面化合物的红外光谱法；用于"直接观察"的电子显微镜法；以及催化剂电学和磁学性质的各种测定方法等。与这些常用的手段或方法有关的实验仪器包括：比表面积和孔径分布测定仪、色谱仪和质谱仪、色-质联用仪、X 射线衍射（荧光）分析仪、差热或（和）热重分析仪、电子显微镜、红外光谱仪、色-红联用仪、核磁共振谱仪、电子能谱仪等。这些手段、方法和现代化仪器的综合运用，对于缩短催化剂的开发周期，节约开发的人力物力以及认识催化现象的本质等，都具有重要意义和日益深远的影响。

本章简述有关工业催化剂评价、测试和表征的主要方法，以及相关的设备和仪器。评价（evaluation）是指对催化剂化学性质的考察和定量描述；测试（test）则一般侧重于对工业催化剂物理性质（宏观、微观）的测定；而表征（characterization）常着眼于从综合的角度研讨工业催化剂各种物理的、化学的以及物理化学的诸性能间的内在联系和规律性，尤其是着眼于催化剂的活性、选择性、稳定性等与其物理和物理化学性质间本质上的内在联系和规律性。

3.2　活性评价和动力学研究

3.2.1　活性的测定与表示方法

如前所述，活性是催化剂最重要的性质。评价催化剂活性的方法很多。根据新催化剂的研制、现有催化剂的改进、催化剂生产控制和动力学数据的测定以及催化剂基础研究等目的的不同，可以采用不同的活性测定方法；也可因反应及所要求的条件的不同（强烈的放热和吸热反应、高温和低温、高压和低压），采用不同的活性测定方法。

催化剂活性的测定方法可分为两大类，即流动法和静态法。流动法的反应系统是开放的，供料连续或半连续；静态法的反应系统是封闭的，供料不连续。半连续法，如某些气-液-固三相反应所用的，原料气体连续进出，而原料液体和催化剂固体则相对封闭。流动法中，用于固定床催化剂测定的有一般流动法、流动循环法（无梯度法）、催化色谱法等。催化剂评价方法本质上是对工业催化反应的模拟。而由于工业生产中的催化反应多为连续流动系统，所以一般流动法应用最广。流动循环法、催化色谱法和静态法主要用于研究反应动力学和反应机理。

催化剂的活性，是对催化剂加快化学反应速率程度的一种量度。

由于反应速率还与催化剂的体积、质量或表面积有关，所以必需引进比速率的概念。

体积比速率（volumic rate）$= \dfrac{1}{V} \cdot \dfrac{\mathrm{d}\xi}{\mathrm{d}t}$，单位为 $mol/(cm^3 \cdot s)$

质量比速率（specific rate）$= \dfrac{1}{m} \cdot \dfrac{\mathrm{d}\xi}{\mathrm{d}t}$，单位为 $mol/(g \cdot s)$

面积比速率（areal rate）$= \dfrac{1}{S} \cdot \dfrac{\mathrm{d}\xi}{\mathrm{d}t}$，单位为 $mol/(cm^2 \cdot s)$

式中，V、m、S 分别为固体催化剂的体积、质量和表面积；ξ 为反应速率；t 为反应时间。

在工业生产中，催化剂的生产能力大多数是以催化剂单位体积为标准，并且催化剂的用量通常都比较大，所以这时反应速率应当以单位容积表示。

在某些情况下，用催化剂单位质量作为标准表示催化剂的活性比较方便。譬如说，一种聚乙烯催化剂的活性为"十万倍"，意思即为每克催化剂（或每克金属 Ti）可以生产 1.0×10^5 聚乙烯。

当比较固体物质的固有催化剂性质时，应当以催化剂单位面积上的反应速率作为标准。因为催化反应有时仅在固体的表面（当然包括内表面）上发生。

对于活性的表达方式，还有一种更直观的指标，即转化率。工业上常用这一参数来衡量催化剂性能。转化率的定义为

$$X_A = \frac{\text{反应物 A 已转化的物质的量(mol)}}{\text{反应物 A 起始的物质的量(mol)}} \times 100\%$$

采用这种参数时，必须注明反应物料与催化剂的接触时间，否则就无速率的概念了。为此工业实践中还引入下列相关参数。

（1）空速（space velocity）　在流动体系中，物料的流速（单位时间的体积或质量）除以催化剂的体积就是体积空速或质量空速，单位为 s^{-1}。空速的倒数为反应物料与催化剂接触的平均时间，以 τ 表示，单位为秒（s）。τ 有时也称空时（space time）

$$\tau = \frac{V}{F}$$

式中，V 为催化剂体积；F 为物料流速。

（2）时空得率（space time yield）　即常用指标 STY。时空得率为每小时、每升催化

所得产物的量。该量虽然直观，但因与操作条件有关，因此不十分确切。

上述一些量都与反应条件有关，所以必须同时加以注明。

（3）选择性

$$S = \frac{所得目的产物的物质的量}{已转化的某一关键反应物的物质的量} \times 100\%$$

从某种意义上讲，选择性比活性更为重要。在活性和选择性之间权衡和取舍时，往往决定于原料的价格、产物分离的难易等。

（4）收率

$$R = \frac{产物中某一类指定的物质总量}{原料中对应于该类物质的总量} \times 100\%$$

例如，甲苯歧化反应，计算芳烃收率就可估计出催化剂的选择性，因原料和产物均为芳烃，且无物质的量的变化。

（5）单程收率

$$Y = \frac{生成目的产物的物质的量}{起始反应物的物质的量} \times 100\%$$

单程收率有时也称得率，它与转化率和选择性有如下关系

$$Y = XS$$

3.2.2 动力学研究的意义和作用

催化在科学史上曾经是动力学的一个分支学科，然而现在催化作用的学科范畴已经远远超越了动力学。而今，催化动力学的研究，已经成为催化科学与催化剂工程的最重要的组成部分之一。

在催化剂工程的研究中，催化动力学的一个重要研究目标，就是为所研究的催化反应提供数学模型，并且帮助弄清催化反应的机理。

通过动力学研究，可以提供数学模型。模型已经可以在较大范围内更准确地反映出温度、空速、压力等参数对反应速率、合成率（转化率）和选择性的影响规律，为催化剂设计以及催化反应器的设计提供科学依据。

通过动力学研究，了解到在一种工业化催化剂上所发生的一些关键的主反应和副反应的动力学特征，对于现有催化剂的改进和发挥潜力是很必要的信息。有时反应条件选择不当，或者有时催化剂与反应器匹配不当，往往都会埋没一些筛选出的好催化剂；而一个性能不够完善的新催化剂，如果知道了作用物在其上反应的机理，就知道了它的薄弱环节，也就容易找到局部改进甚至换代开发的方向。

Philips 公司的丁烯氧化脱氢装置，从实验室一跃而达年产千吨级示范装置，又一跃而达 $1.2 \times 10^5 \text{t/a}$ 的大型工业装置，就是一个很好的例证。正确的六至八碳烃芳构化动力学模型，启示了串联铂重整反应器中金属与酸性成分的适当搭配，可以大幅度增加芳烃单程收率。这一预测，已为实验所证实。这是动力学研究在催化床层组分配置设计中的贡献；有了正确的 CO 氧化的物理传输与催化反应的模型，在汽车尾气净化催化剂制备中，把贵金属铂有选择地负载在中间、壳体或核心部分，以期提高 CO 转化率及抗毒能力。这是动力学研究

对活性组分在载体断面非均匀分布优化的贡献。基于动力学研究的重要性，国外已规定，在新过程专利许可合同中，应当包含有动力学数学模型条款。

当然，实际的多相催化反应是相当复杂的。在大多数工业多相催化剂上进行的，常常并不是简单的基元反应，而是复杂反应，有时还伴随有催化剂的失活变化。因此往往不能只用一个简单的动力学方程来反映其一切性能。有时甚至一个工业催化剂的关键性能，并不是由它的本征活性所决定的，而是决定于其传热和扩散的性能。因此，要正确地、如实地得出催化性能的定量表征，需对动力学的原理和概念有基本的了解，对动力学实验方法有正确的运用，同时对所研究的反应有贴切的了解和分析。

化学动力学是研究一个化学物种转化为另一个化学物种的速率和机理的分支学科。而机理则意味着，达成所论反应中各基元步骤发生的序列。机理甚至涉及到其中每一步化学键的质变或量变的动力。对于多相催化反应，一化学物种从与催化剂接近开始，需经历一系列物理和化学基元步骤。不妨把化学物种所经历的化学变化基元步骤序列称作"历程"；而把包括吸附、脱附、物理传输和化学变化步骤在内的序列关系称作"机理"。

多相催化过程的解析比均相过程要多考虑一个物理传输和吸附-脱附问题。上述气-固相催化反应历程和机理，可大致如图 3-1 所示[T7]。

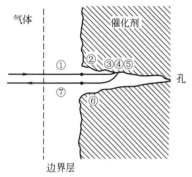

① 起始原料通过边界层向催化剂表面的扩散
② 起始原料向孔的扩散（孔扩散）
③ 孔内表面反应物的吸附
④ 催化剂表面上的化学反应
⑤ 催化剂表面产物的脱附
⑥ 离开孔产物的扩散
⑦ 脱离催化剂通过边界层向气相的产物扩散

图 3-1　多相催化反应机理

3.2.3　实验室反应器

一切催化反应都必须在一定的反应器中实施。同样，要在实验室研究催化剂的评价和动力学，也必须在各种实验室的反应器中进行。实验室反应器是大型工业催化反应器的模拟和微型化。由于实验室反应器的目的在于研究而不是生产，因此在观察和量度催化反应时，比工业反应器有更高、更严的要求，因而在设计、操作和控制上有更加周密的考虑。已经开发的多种实验室反应器，正是考虑到与工业反应器不同的种种特殊要求而特别设计的。

在普通的工业多相催化反应器中，所得的数据都程度不同地存在着化学反应和物理传输（传热、传质）的耦合。若从这种耦合的数据中比较评价催化剂性能的优劣，甚至探求提高催化剂性能的途径，显然会较为困难。这就需要通过适当的研究工具和条件，对化学反应和物理传递进行解耦，从而分别得出正确的催化反应本征的动力学参数和物理传递参数。在这里，关键是把化学过程和物理过程相隔离，即解耦。

在各种设计的实验室反应器中，有的适于求取动力学数据，有的则否。这要根据下述三项要求而定：第一，由于温度对反应速率的影响是指数性的，因此动力学反应器的一个最主要的条件是恒温，对于复杂反应尤其如此；第二，停留时间的确切性或均一性；第三，产物取样和分析是否容易。这三点决定了反应器的质量，进而也决定了由它获得的动力学模型的精度。

实验室反应器是催化剂评价和动力学测定装置的核心。国内外现已开发出各种用途和特色的实验室反应器。

3.2.3.1 积分反应器

积分反应器（见图3-2）即一般实验室常见的微型管式固定床反应器。在其中装填足量（数十至数百毫升）的催化剂，以达到较高的转化率。由于在这类反应器中进口和出口物料在组成上有显著的差异，不可能用一个数学上的平均值代表整个反应器中物料的组成及其空间分布。这类实验室反应器，催化剂床层首尾两端的反应速率变化较大，沿催化剂床层有较大的温度梯度和浓度梯度。利用这种反应器获取的反应速率数据，只能代表转化率（或生成率）对时空的积分结果，因此定名为积分反应器。

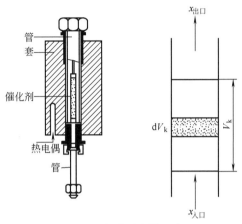

图3-2 积分反应器示意

积分反应器的优点：它与工业反应器的构造甚相接近，且常常是后者的按比例缩小；对某些反应可以较方便地得到催化剂评价数据的直观结果；而且由于床层一般较长，转化率较高，在分析上可以不要求特别高的精度。但正由于转化率高引起热效应较大，因而难以维持反应床层轴向和径向温度的均一和恒定，对于强放热反应更是如此。对于所评价催化剂的热导率相差太大时，床层内的温度梯度更难确切设定，因而，所得反应速率数据的可比性较差。

在动力学研究中，积分反应器又可分为恒温和绝热两种。

恒温积分反应器由于其简单价廉，对分析精度要求不高，故只要有可能，一般总是优先选择它。为克服其难于保持恒温的缺点，曾设计了很多办法，以期保证动力学数据在整个床层均一测得的温度下取得：一是减小管径，使径向温度尽可能均匀；二是用各种恒温导热介质；三是用惰性物质稀释催化剂。

管径减小对相间传热和粒间传热影响颇大，是较关键的调控措施。管径过小会加剧沟流所致的边壁效应，而使转化率偏低。但据许多研究者的实际经验估计，在管径为催化剂粒径4～6倍以上时，减小管径对恒温性的改善仍是主要倾向。

对于导热介质，可用熔融金属（如铂-铅-镉合金）、熔盐、整块铝-铜合金或高温的流沙浴。熔融金属和熔盐在导热性方面是很好的，但可能存在安全问题。通过整块金属或流沙浴间接供热，是目前多用的方法。

对于强的放热反应，有时需用惰性、大比热容的固体粒子（如刚玉、石英砂）稀释催化剂，以免出现热点，并保持各部分恒温。有人提出沿管长用非等比例稀释的方法，即在入口处加大稀释比，入口再往下，随转化加深，线性地递减稀释比。据说，这可使轴向温度梯度接近于零，而径向温度梯度亦近于可忽略。

作为评价装置，积分反应器有时也使用变温固定床，如烃类水蒸气转化催化剂，测定500℃（入口）至800℃（出口）的累积转化率，这是它对工业一段转化炉变温固定床的模拟。

绝热积分反应器为直径均一、催化剂装填均匀、绝热良好的圆管反应器。向此反应器通入预热至一定温度的反应物料，并在轴向测出与反应热量和动力学规律相应的温度分布。但这种反应器数据采集和数学解析均比较困难。

3.2.3.2　微分反应器

微分反应器与积分反应器的结构形状相仿，只是催化剂床层往往更短更细，催化剂装填量更少，而且有较积分反应器低得多的转化率。

如通过催化剂床层的转化率很低，床层进口和出口物料的组成差别少得足以用其平均值来代表全床层的组成，然而又大到足够用某种分析方法确定进出口的浓度差时，即 $\Delta c / \Delta t$ 近似为 $\mathrm{d}c / \mathrm{d}t$，并等于反应速率 r，则可以用这种反应器求得 r 对分压、温度的微分数据。一般在这种单程流通的管式微分反应器中，转化率应在 5% 以下，个别允许达 10%，催化剂装量数十毫克至数百毫克。

微分反应器的优点：第一，因转化率低、热效应小，易达到恒温要求，反应器中组成的浓度沿催化床的变化很小，一般可以看做近似于恒定，故在整个催化剂床层内反应温度可以视为近似恒定，并且可以从实验上直接测到与确定温度相对应的反应速率；第二，反应器的构造也相对简单。

微分反应器也存在两个严重的问题。第一是所得数据常是初速，而又难以配出与该反应在高转化条件下生成物组成相同的物料作为微分反应器的进料。对此，有人在微分反应器前串联一个积分反应器，目的是专门供给高转化率的进料。第二是分析要求精度高。由于转化率低，需用准确而灵敏的方法分析，而若用较为粗陋的分析方法，就很难保证实验数据的重复性和准确性。这后一困难，常常限制人们对微分反应器的选用。新近，德国的研究者，成功使用了各种超微型的实验室微分反应器，其前提是有高精度的色-质联用分析仪与之配套。如国内的实验室热压釜式反应器，容积约数百毫升，而德国用 5mL 釜[T7]。德国的管式气-固相反应器，也较国内同类反应器的容积大为缩小。

总之，不管是积分反应器或微分反应器，其优点是装置比较简单，特别是积分反应器，可以得到较多的反应产物，便于分析，并可直接对比催化剂的活性，适合于测定大批工业催化剂试样的活性，尤其适用于快速便捷的现场控制分析。然而，积分和微分反应器均不能完全避免在催化剂床层中存在的气流速度、温度和浓度的梯度，致使所测数据的可靠性下降。因此，在测取较准确的活性评价数据，尤其是在研究催化反应动力学时，以采用下述较为先进的无梯度反应器更为适宜。

3.2.3.3　微反应器

微反应器（microreactor），也称为"微通道"反应器，是微反应器、微混合器、微换热器、微控制器等微通道化工设备的通称。相对于传统的批次反应工艺，微反应器具有高速混合、高效传热、窄的停留时间分布、重复性好、系统响应迅速、便于自动化控制、几乎无放大效应以及安全性能高等优势。微反应器不仅是化工领域技术和设备的一次革新，使得单元操作的基础研究和应用更加丰富，而且为催化领域提供了非常高效的研究开发平台，其快速放大的特点对于工业应用更有现实意义。

3.2.3.4　无梯度反应器[2~6]

无梯度反应器从第一台问世到现在，已有 40 多年。这期间，由于化学动力学研究和化学反应工程学发展的需要，出现了许多这类反应器，形式繁多，名称不一。但从其本质上看，都是为了达到反应器流动相内的等温和理想混合，以及消除相间的传质阻力。同时，在消除了温度、浓度梯度的前提下，无论从循环流动系统还是理想混合系统出发，导出的反应速率方程式都应是一样的。因此，可以把它们归成一类，冠以同一名称。

无梯度反应器的优点：可以直接而又准确地求出反应速率数据，这无论对于催化剂评价或对于其动力学研究，都是最有价值的。从某种意义上讲，无梯度反应器是集中了积分反应器和微分反应器的优点，而又摒弃其各自的缺点而发展起来的。此外，由于反应器内流动相接近理想混合，催化剂颗粒和反应器之间的直径比，就不必像管式反应器那样严格限制。因此，它可以装填工业用的原粒度催化剂（不必破碎筛分），甚至可以只装一粒（即单锭）工业催化剂，即可测定工业反应条件（即存在内扩散阻力）下的表观活性，研究宏观动力学，进而可以求出催化剂的表面利用系数。这就为工业催化剂的开发和工业反应器的数学模拟放大，提供了可靠的依据。这一点是其他任何实验室反应器所望尘莫及的。由此可见，它是一类比较理想的实验室反应器。也可以说，它是微型实验室反应器的发展方向。

各种无梯度反应器，按气体的流动方式，大体可以分为外循环式、连续搅拌釜式、内循环式三类。

（1）外循环式无梯度反应器　外循环式无梯度反应器亦称塞状反应器或流动循环装置。其特点是反应后的气体绝大部分通过反应器体外回路进行循环。推动气流循环的动力，一种是采用循环泵（如金属风箱式泵或玻璃电磁泵）；另一种是在循环回路上造成温差，靠气流的密度差推动循环。后一种又称热虹吸式无

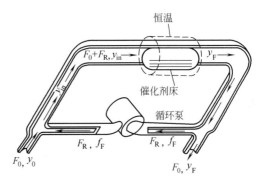

图 3-3　外循环式无梯度反应系统示意

梯度反应器，是比较简陋的一种，已近于淘汰。外循环式无梯度反应系统如图 3-3[2] 所示。

在这种外循环反应器系统中，连续引入一小股新鲜物料 F_0，并同时从反应器出口放出一股流出物，使系统维持恒压。如循环量为 F_R，F_0 中反应组分 B 的摩尔分数为 y_0，入催化床前（$F_0 + F_R$）中 B 的摩尔分数为 y_{in}，出口物中为 y_F，按物料衡算，可得

$$x = y_F - y_{in} = \frac{y_F - y_0}{1 + (F_R/F_0)}$$

当 $F_R \gg F_0$ 时，$y_{in} \to y_F$，$y_F - y_{in} \to 0$。

设反应器中催化剂的量为 m，反应速率为 r，进料速度为 F，r 在进入催化反应区内反应速率有 dx 的变化，可推得 $r\,dm = F\,dx$。

$$r = \frac{dx}{dm(F_0 + F_R)} \approx \frac{y_F - y_0}{(1 + F_R/F_0)m/(F_0 + F_R)} = \frac{y_F - y_0}{m/F_0}$$

将 F_R/F_0 定义为循环比。一般循环比约 20～40，远大于 1。这就相当于把 $y_F - y_{in}$ 这一微差值放大成较大的差值 $y_F - y_0$，从而易于分析准确。

由于通过床层的转化率很低，床层温度变化很小。又由于通过催化床层的循环流体量相当大，线速大，外扩散影响可以消除。这就是外循环反应器可使其中温度和浓度达到无梯度的原因。

外循环反应器比之于单程流通的管式微分反应器，是个很大的进步。由于多次等温反应

的循环叠加，解决了在温度不变条件下获得较高转化率的问题，克服了分析上的困难，这是一切循环反应器的关键设计思路。

但外循环反应器还有一些不足之处。这种装置免除了分析精度方面的麻烦，代之而来的却是循环泵制作方面的麻烦。它对泵的要求很高：不能沾污反应混合物；滞留量要小；循环量要大（一般在 4L/min 以上）。要全面满足这三项要求，无论用热虹吸泵、磁铁驱动的金属或玻璃活塞泵、鼓膜泵等，都会存在一些制作上的困难，或者性能上的缺陷。例如，循环气需冷却到泵体所能忍受的温度后再返回，可是出泵后，在与新鲜进料混合进入催化床以前，却又需再预热到反应温度。冷却较易完成，而大量循环气预热往往给加热设备带来新问题。这又使得"自由体积/催化剂体积"的比值变得相当大，10～100 倍，即死空间太大。再者，若由一个操作条件变换到另一条件，需较长时间方能达到稳态，而这期间却可能又有利于副反应进行。

（2）连续搅拌釜式反应器　连续搅拌釜式反应器是 1964 年以后发展起来的一类反应器。其特点是通过搅拌作用，使气流在反应器内达到理想混合。按搅拌器结构的不同，这类反应器又可分为旋转催化剂筐篮、旋转挡板等多种结构。其中以旋转催化剂筐篮的反应器应用较广。

内循环反应器当其循环比足够高时，实际上是一种连续进料搅拌釜式反应器。在高速搅拌下，固体催化剂与反应物的充分接触及混合，有力地消除了反应体系内的温度和浓度梯度，同时又不存在外循环反应器中的巨大死空间，以及时间上的滞后。

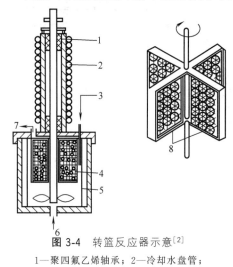

图 3-4　转篮反应器示意[2]

1—聚四氟乙烯轴承；2—冷却水盘管；
3—玻璃热偶导管；4—不锈钢筐篮；
5—挡板；6—气体进口；7—气
体出口；8—催化剂小球

例如转篮反应器基本结构如图 3-4[2]。催化剂颗粒装在金属网编织的筐篮中（一般是整齐排列的）。筐篮有不同形状，常见的为十字交叉放置的扁矩形筐箱或圆柱筒体，它连于转轴上，在反应容器中高速旋转。这样，流入反应器中的反应流体，在瞬时内与容器内原有流体完全均匀混合后再到出口时，在组成上便可和流出物达到完全相同。

以后，在这种基本结构基础上，又有种种局部改进的设计。例如，提高转速；改用磁驱动搅拌，以防止普通机械搅拌的沾污和泄漏；加挡板，固定筐篮，并使容器高速旋转的办法，改进测温和加大流体穿透催化剂的相对速度；使容器内的气体产生往复振荡，以进一步改进气体搅拌效果等。

（3）内循环式无梯度反应器　内循环式无梯度反应器是继连续搅拌釜式反应器之后发展起来的最新的一类，目前国内外都应用较多。其特点是借助搅拌叶轮的转动，推动气流在反应器内部作高速循环流动，达到反应器内的理想混合以消除其中的温度梯度和浓度梯度。搅拌器一般都用磁驱动，把动密封变为静密封。而在进料大部循环这一点上，与前述两种无梯度反应器是一致的。图 3-5 是国外较新的内循环式无梯度反应器的示意图[T7]。

（4）其他实验室反应器　以下的各种实验室微型反应器，较前述各类，运用相对较少，或者尚有待发展。

① 沸腾床催化剂活性评价装置。图 3-6 是实验室用沸腾床玻璃制反应器。国外已有小

型的不锈钢小沸腾床面市。

流化床反应器一般不宜作动力学研究之用，因为其中气泡相与粒子相之间的传质问题相当复杂，至今难以解析。有人提出在流化床中加一搅拌浆，或施加脉动，以改善气-固相间传质，但还很少有所应用。目前的做法是用其他类型的反应器求取催化剂本征动力学；而传质情况，则借助于单独的冷模试验，另行模拟。这里又是一种工程上的"解耦"处理办法。

② 色谱-微型反应器。把微型反应器与色谱仪联用，组成一个统一体，用于进行催化剂活性评价，这种方法称为"微型色谱技术"。近年来，这种微型色谱技术，又进一步发展到与热天平、差热、X射线衍射、红外吸收光谱等联合使用以及与还原和脱附装置的联用等。

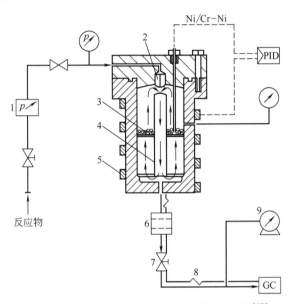

图 3-5 高压内循环式无梯度反应器系统示意[T7]

1—质量流量计；2—内部可调的喷嘴；3—金属网上的催化剂粒子；4—中心管；
5—500W加热带；6—微型过滤器；7—精密进料阀；8—补充加热器；9—气体流量表

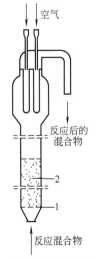

图 3-6 玻璃材质的沸腾床反应器

1—催化剂；2—网

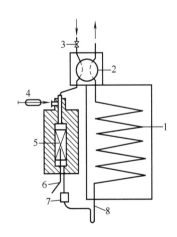

图 3-7 脉冲微型催化反应装置

1—气体色谱柱；2—热导池或其他检测器；
3—针形阀或气体调节器；4—加样用注射器；
5—微型反应器；6—热电偶；7—干燥器；8—冷阱

由于色谱法灵敏度高，可以采用极少用量的微分反应器，催化剂的用量可以从几毫克到几十毫克不等。极小的反应器，可以与色谱仪相串联或并联，甚至置于色谱仪的恒温样品预热池内（见图 3-7）。有时，观察催化剂评价结果，可以直接对比色谱图中生成气的峰面积或峰高。这种方法直观、快速，对于催化剂筛选有一定参考价值。

近年还使用非定温操作的色谱，如程序升温的色谱。用程序升温脱附和程序升温还原的方法研究催化剂特性，甚至研究动力学，已有越来越多的应用。如程序升温脱附（temperature programmed desorption，TPD）技术是把预先吸附了某种气体分子的催化剂，在程序加热升温下，通入稳定流速的惰性气体（如 He），使被吸附分子脱附。温度升高脱附速度增大。用色谱技术检测出脱附气体浓度随温度的变化，得 TPD 曲线。TPD 曲线的形状、峰的大小及温度的峰值等，与催化剂表面性质和反应性能有关。通过对 TPD 曲线的分析及其数据处理，可以获得许多反映催化剂表面性质的信息，如表面吸附中心的性质、浓度、脱附反应级数、脱附活化能等。TPD 技术已成为表征催化剂特性的一种重要手段，典型的如用 NH_3 或吡啶在催化剂上的 TPD 处理，可以断定催化剂中的酸性中心的性质、强度以及它们的分布，并可与催化剂的活性相关联进行分析。

相似的有程序升温还原（temperature programmed reduction，TPR）技术，使催化剂在还原性气氛（如 H_2）中程序升温，同样相似地得出 TPR 曲线。分析这些曲线的特征，可以研究催化剂的还原特性和动力学，以及催化剂中活性组分间或活性组分与载体间的相互作用。例如催化剂中两种氧化物混合在一起，如果在 TPR 过程中，彼此不发生作用，则它们将各自保持自身还原温度不变，否则，原来的还原温度将发生变化，引起 TPR 曲线变形，于是可帮助推断两者间确已发生了某种相互作用。

以上简介的实验室用反应器，已较为全面地代表了迄今为止这方面的开发、设计和应用情况。表 3-2 是几种主要实验室反应器性能的比较，可供比较选择时参考[2]。

表 3-2　几种实验室反应器性能的比较[2]

反 应 器	温度均一、明确程度	接触时间均一、明确程度	取样、分析难易	数字解析难易	制作与成本
内循环反应器	优良	优良	优良	优良	难，贵
外循环反应器	优良	优良	优良	优良	中等
转篮反应器	优良	良好	优良	良好	难，贵
微分管式反应器	良好	良好	不佳	良好	易，廉
绝热反应器	良好	中等	优良	不佳	中等
积分反应器	不佳	中等	优良	不佳	易，廉

3.2.4　评价与动力学试验的流程和方法

3.2.4.1　流程和方法

催化剂活性评价装置的心脏是内装固体催化剂的反应器，以反应器为中心组织起实验的流程。反应器前部有原料的分析计量、预热或（和）增压装置，以造成评价所需的外部条件；反应器后部有必要的分离、计量和分析手段，以测取计算活性和选择性所必需的反应混合气的流量和浓度数据。目前工业催化剂评价中使用最普遍的是管式反应器。

实验室里使用的管式反应器，通常随温度和压力条件的不同可采用硬质玻璃、石英或金属材料。将催化剂样品装入反应管中。催化剂层中的温度，用安装的热电偶测量。为了保持反应所需的温度，反应管装在各式各样的恒温装置中，如水浴、油浴、熔盐浴或电炉等。

原料加入的方式根据原料性状和实验目的而有所不同，当原料为常用的气体，如氢气、空气、氧气、氮气时，可直接用钢瓶供气，通过减压阀送入反应系统。对于某些不常用的气体，需要增加气体发生装置，或取对应的工业装置原料气作气源。若反应组分中有的在常温下为液体，可用鼓泡法、蒸发法或微量泵进料装置进料。鼓泡法使用气体原料或者对反应呈惰性的其他气体鼓泡，使液体原料气化而被排带。在水蒸气为原料之一的反应中，可用其他原料通过恒温饱和水蒸发器而携带水蒸气。烃类水蒸气转化反应中就常用这种方法。这时，变动干气进料量和蒸发器的温度，就可以调节原料的配比和总进料量。

根据分析产物的组成，可算出表征催化剂活性的转化率。在许多情况下，只需要分析反应后的混合物中一种未反应组分或一种产物的浓度。混合物的分析可采用各种化学或物理方法。

为了使测定的数据准确可靠，测量工具和仪器，如流量计、热电偶和加料装置等都要严格校准，并且密切注意反应器前后的物料平衡。每次反应前，反应系统必须试密。

催化剂评价试验与动力学试验的目的虽然有所不同，但两者的试验设备、装置和流程一般是基本相同的，只是操作条件略有差异而已。催化剂评价，一般是在完全相同的操作条件（温度、压力、空速、原料配比等）下，比较不同催化剂的性能（活性、选择性等）的差异，或者是比较催化剂性能与其质量标准间的差异；而动力学实验中，是对确定的催化剂（一般是筛选出的最优催化剂）在不同的操作条件下，测定其操作条件变化时对同一催化剂性能影响的定量关系。简言之，做评价试验时，是改变催化剂而不改变条件；而做动力学研究，则是改变条件而不改变催化剂。

近年，国外各种催化剂评价装置方面又进行了不少工作，有多家公司的不同新设备推出，例如用于开发催化剂的反应器系统，包括管式或（和）釜式反应器、质量流量计、微处理机、程序定时器等多种配套装置。评价过程的操作用微机控制，全盘自动化，可以无人值守，直至数据打印结果为止。这些进展，体现出自控技术在化学化工领域的具体运用。

国外还有一个新的动向，是将评价装置与物化测试手段联合应用。近年来，微型色谱技术又与热天平、差热、X射线衍射、红外吸收光谱等联合使用，现已成为发展新的催化剂试验方法的热点，这将在以后介绍。

3.2.4.2 预实验

用流动法测定催化剂的活性，或者研究催化反应的动力学，首先必须考虑到气体在反应器中的流动状况和扩散效应，才能得到活性和动力学数据的正确数值。换言之，只有在排除了内、外扩散因素影响的前提下，才能评价催化剂的本征活性和研究催化剂的本征动力学。否则，不同的评价数据便难于有较好的可比性。在这里，关键问题在于确定最适宜的催化剂粒径和最适宜的气体流速这两项基本数据。

现在已经拟出了应用流动法测定催化剂活性的原则和方法。利用这些原则和方法，可将宏观因素对测定活性和研究动力学的影响减小到最低限度。其中为了消除气流的管壁效应和床层的过热，反应管直径 d_r 和催化剂颗粒直径 d_g 之比应为 $6 < \dfrac{d_r}{d_g} < 12$。当 $\dfrac{d_r}{d_g} > 12$ 时，可以消除管壁效应。但也有人指出，甚至当 $d_r/d_g > 30$ 时，流体靠近管壁的流速已经超过床层轴心方向流速的 $10\% \sim 20\%$。这显然与反应热效应有关。

另一方面，对热效应不很小的反应，当 $\dfrac{d_r}{d_g} > 12$ 时，给床层的散热带来困难。因为催化

剂床层横截面中心与其径向之间的温度差由下式决定[T2]

$$\Delta t_0 = \frac{\xi Q d_r^2}{16\lambda^*}$$

式中，ξ 为催化剂的反应速率，$mol/(cm^3 \cdot h)$；Q 为反应的热效应，kJ/mol；d_r 为反应管的直径，cm；λ^* 为催化剂床层的有效传热系数，$kJ/(cm \cdot h, ℃)$。

由上式可见，该温度差与反应速率、热效应和反应器直径的平方成正比，而与有效热导率成反比。由于有效传热系数 λ^* 随催化剂颗粒减小而下降，所以温度差随颗粒直径减小而增加。当为了消除内扩散对反应的影响而降低粒径时，则又增强了温差升高的因素。另一方面，温差随反应器直径的增加而迅速升高。因此，要权衡这几方面的利弊，以确定最适宜的催化剂粒径和反应管的直径。反应管直径、催化剂颗粒大小和层高应有适宜的比例。根据大量实践经验，一般要求沿反应管横截面能并排安放 6～12 粒催化剂微粒，催化剂层高度应超过直径 2.5～3 倍。例如，当反应管直径为 8mm 时，催化剂颗粒直径为 1mm，层高为 30mm。为了测量催化剂层的温度，一般应在反应管中心安装热电偶套管。

排除内扩散影响的最好办法是通过不太复杂的试验来确定。对于一个选定的反应器，改变待评价催化剂的颗粒大小，测定其反应速率。如果不存在内扩散控制，其反应速率将保持不变。例如，我国有人在固定催化剂用量 3.75g、反应温度为 400℃、原料摩尔比为 $C_4H_8 : O_2 : H_2O = 1 : 1.0 : 8.6$ 的条件下，考察了催化剂颗粒平均直径（d_p）由 0.35mm 变到 0.85mm 时，催化剂颗粒大小对 2-丁烯转化率的影响，其结果见表 3-3。从该表中的结果可看出，在 20～60 目范围内催化剂粒度减小，而反应速率不变，证明内扩散的影响已经消除。否则，还需要继续减小粒度，直至基本消除内扩散的影响。

表 3-3　考察内扩散效应的实验结果[T8]

催化剂粒度	目	24～32	32～40	32～40	40～60
	平均粒径/mm	0.43	0.34	0.25	0.18
2-丁烯转化率		57.6%	53.9%	56.9%	56.6%
丁二烯收率		53.7%	51.8%	54.2%	54.1%
选择性		93.2%	96.1%	95.2%	95.5%

反应是否存在外扩散的影响，也可由下述简单试验查明。安排两个试验，在两个反应器中催化剂的装填量不等，其他条件相同，用不同的气流速度进行反应，测定随气流速度变化的转化率。

若以 V 表示催化剂的装填量，F 表示气流速度，试验 Ⅱ 中催化剂的装填量是试验 Ⅰ 的两倍，则可能出现三种情况，如图 3-8 所示。只有出现（b）的情况时，才说明实验中不存在外扩散影响[T2]。

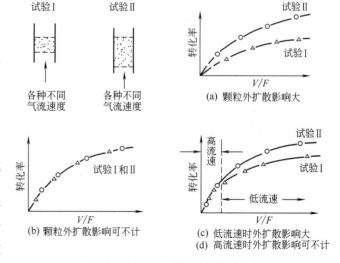

图 3-8　有无外扩散影响的试验方法

此外，必要时应进行空白试验，即不装催化剂而只用空反应器（及惰性填料）进行仿真的评价试验，以排除反应器材质对试验的干扰。

3.2.5 催化剂评价和动力学研究典型实例

例 3-1　净化汽车尾气用蜂窝状催化剂活性评价[7]

装置及流程如图 3-9。空气由压缩机送入，经转子流量计计量。由于苯在恒温的饱和器中与定量空气接触，达到饱和，然后在混合器中与空气及定量的 CO 和 C_4H_8 气体混合，达到所需浓度，再经预热器达到所需的进口温度。这里预热前相当于预先配制了组成恒定的"模拟的"汽车尾气。反应管为 48mm×48mm 方形钢管，沿轴向放置三块蜂窝状催化剂（4.7m 的立方体，蜂窝孔径 2.5mm），每块隔以不锈钢丝网，以便气体畅通。有效床高 0.141m。反应器为绝热式，在绝热层外分段加热，并通过常规控制仪表保持各轴间位置反应器内外温度一致。可测定反应器内温度分布和进出口气样，尾气经冷凝后放空。

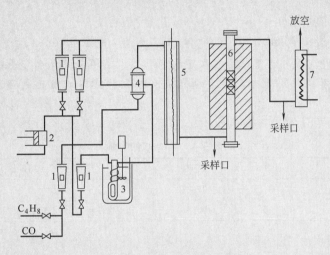

图 3-9　汽车尾气净化催化剂活性评价装置及流程

1—转子流量计；2—空气压缩机；3—苯饱和器；4—混合器；

5—预热器；6—反应器；7—冷凝器

例 3-2　在 Pt-Sn/Al₂O₃ 催化剂上丙烷脱氢反应动力学[8,9]

目前，我国丙烷大多用作燃料，而丙烯化工原料却严重不足。若能有效地将丙烷直接转化成丙烯，不仅解决了丙烯原料的来源不足问题，而且也提高了丙烷的利用价值。

下文对 Pt-Sn/Al₂O₃ 催化剂丙烷脱氢过程的反应动力学进行了研究。

1. 装置流程

实验装置流程如图 3-10 所示。反应器为自制的固定床微分反应器，由 ϕ10mm× 1.5mm 的不锈钢管与电热炉组成。反应管分三段，即预热段、反应段（催化剂床层段）和支撑段，反应床层段温度由 DWT-720 型精密温控仪控制，温度偏差为 ±1℃。

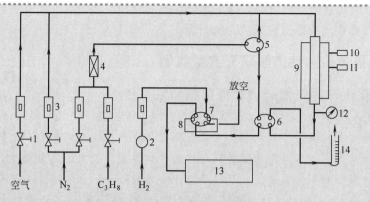

图 3-10 装置流程示意

1—针形阀；2—氢气稳压阀；3—气体转子流量计；4—气体混合器；5—三通阀；
6—四通阀；7—六通阀；8—定量管；9—反应器；10—温度控制仪；
11—温度显示仪；12—压力表；13—102G 色谱仪；14—皂沫流量计

催化剂由国内某单位提供，该催化剂用于高碳链烷烃催化脱氢，其成分为 Pt-Sn/Al$_2$O$_3$（非晶形），其质量组成为 0.15：0.15：99.7。

空白试验在氮烃摩尔比 1.0、温度 640℃下考查，结果见表 3-4。该结果表明，实验中丙烯选择性接近 0，材质对所研究反应无催化作用。在高温 640℃下，丙烷仅微量裂解，并且，在实验条件范围内，丙烯的选择性均高于 90%，因此本动力学研究仅考虑主反应。

$$C_3H_8 \longrightarrow H_2 + C_3H_6 \tag{3-1}$$

表 3-4 空白试验结果

组 分	N$_2$	C$_3$H$_8$	C$_3$H$_6$	C$_2$H$_4$	C$_2$H$_6$
原料气的摩尔分数	49.83%	49.99%	0.18%	0	0
尾气的摩尔分数	49.75%	49.75%	0.22%	0.25%	0.03%

2. 内外扩散影响的排除

由图 3-11、图 3-12 可见，当催化剂粒径为 0.45mm 以下、$W/F_0(C_3H_8) < 20$g·h/mol 的高流速区时，内外扩散影响均已排除。因此，动力学实验条件选择在此范围内。

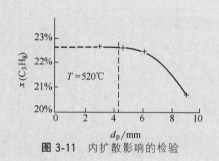

图 3-11 内扩散影响的检验

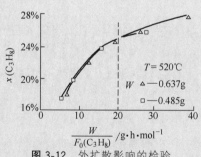

图 3-12 外扩散影响的检验

3. 实验结果处理

（1）本征动力学模型的建立

前人在研究 Pt 及其合金脱氢反应催化剂时，认为脱氢反应可能包含 3 个主要步骤[9]。并认为其中 C—H 键断裂为控制步骤。考虑到脱氢过程的复杂性，本文将丙烷的脱氢过程简化为吸附、脱氢与解吸等步骤，并虚拟如下反应机理，作为建立机理模型的依据。

$$C_3H_8 + * \Longrightarrow C_3H_8* \tag{3-2}$$

$$C_3H_8* + * \Longrightarrow C_3H_6* + H_2* \tag{3-3}$$

$$C_3H_6* \Longrightarrow C_3H_6 + * \tag{3-4}$$

$$H_2* \Longrightarrow H_2 + * \tag{3-5}$$

式 (3-4) 为控制步骤。从表面反应控制机理出发，可得该反应速率表达式

$$r = \frac{k_+[K(C_3H_8)p(C_3H_8) - K(C_3H_6)K(H_2)p(C_3H_6)p(H_2)/K_p]}{[1 + K(C_3H_8)p(C_3H_8) + K(C_3H_6) + K(H_2)p(H_2)]^2}$$

$$K_p = k_+/k_- \quad \text{化学平衡常数}$$

(2) 转化率、选择性和反应速率的确定

反应在常压下进行。丙烷转化率

$$X(C_3H_8) = [1 - p(C_3H_8)/p_0(C_3H_8)]/[1 + \varepsilon(C_3H_8)p(C_3H_8)/p_0(C_3H_8)]$$

丙烯选择性

$$S(C_3H_6) = p(C_3H_6)[1 + \varepsilon(C_3H_8)X(C_3H_8)]/[p_0(C_3H_8)X(C_3H_8)]$$

式中，$\varepsilon(C_3H_8)$ 为膨胀率；$p_0(C_3H_8)$ 为丙烯转化后及其初始分压。

由平推流反应器理论得 $(-r) = dX(C_3H_8)/d[W/F_0(C_3H_8)]$，表明反应速率 $(-r)$ 即为 $X(C_3H_8)$-$W/F_0(C_3H_8)$ 所示的等温线上的斜率。根据上述计算方法，对实验数据进行处理得到反应速率值，结果见表 3-5（表中产物分布经换算即得各产物分压）。

(3) 模型参数的优化及检验

所建立的动力学方程为非线性方程，决定采用 PoweⅡ法来优化以上各参数，为此建立其相应的目标函数。设

$$f[k_+, K(C_3H_8), K(C_3H_6), K(H_2)](j) = r(j) -$$

$$\frac{k_+[K(C_3H_8)p(C_3H_8)(j) - K(C_3H_6)p(C_3H_6)(j) \times K(H_2)p(H_2)(j)/K_p]}{[1 + K(C_3H_8)p(C_3H_6)(j) + K(C_3H_6)p(C_3H_6)(j) + K(H_2)p(H_2)(j)]^2}$$

那么其相应的目标函数为

$$FUNC[k_+, K(C_3H_8), K(C_3H_6), K(H_2)] =$$

$$\sum_{i=1}^{m} [f[k_+, K(C_3H_8), K(C_3H_6), K(H_2)](j)]^2$$

$$k_+, K(C_3H_8), K(C_3H_6), K(H_2), K_p > 0$$

在利用 Powell 法计算时，为了使模型参数的计算更加准确可靠，K_p 采用文献值[9]代入计算，得

$$K_p = 1.05 \times 10^7 e^{-30.1/RT}$$

计算结果见表 3-6。

表 3-5　产物分布、丙烷转化率、丙烷选择性以及反应速率典型数据

温度 /℃	$W/F_0(C_3H_8)$ /(g·h·mol⁻¹)	产物分布/%						$X(C_3H_8)$ /%	$S(C_3H_6)$ /%	r	r_1
		C_3H_8	C_3H_6	H_2	CH_4	C_2H_6	C_2H_4			/10⁻³mol·g⁻¹·h⁻¹	
460	5.85	42.50	5.25	5.25	0.09	0.02	0.07	10.7	98.5	4.84	4.80
	3.85	43.20	4.35	4.35	0.06	0.01	0.05	9.5	96.5	6.31	5.98
	2.83	44.16	3.66	3.66	0.06	0.01	0.05	8.1	95.2	7.05	6.82
	1.95	45.79	2.60	2.60	0.05	0.01	0.04	5.8	93.1	8.17	7.91
480	7.69	39.96	6.90	6.90	0.14	0.05	0.09	14.5	98.1	7.5	8.50
	5.85	40.24	6.70	6.70	0.10	0.03	0.07	14.1	98.5	9.5	8.94
	3.85	41.30	5.56	5.56	0.08	0.02	0.06	12.3	96.5	12.3	11.1
	2.83	42.53	4.54	4.54	0.07	0.02	0.05	10.1	93.8	13.5	12.9
	2.40	43.51	3.89	3.89	0.06	0.02	0.05	9.1	91.7	14.5	13.9
	1.95	44.51	3.29	3.29	0.06	0.01	0.05	7.6	90.5	15.6	14.8
500	7.69	37.96	8.10	8.10	0.23	0.06	0.17	18.3	97.2	13.5	16.5
	4.44	39.18	6.89	6.89	0.11	0.02	0.08	15.5	95.8	20.4	19.5
	3.34	40.51	5.94	5.94	0.09	0.01	0.08	13.5	94.2	22.6	22.0
	2.40	42.41	4.62	4.62	0.07	0.01	0.06	10.7	93.1	24.0	25.2
	1.95	43.47	4.00	4.00	0.06	0.01	0.05	9.1	92.5	25.5	26.6

表 3-6　各温度下的动力学参数

温度/℃	k/mol·g⁻¹·h⁻¹·MPa⁻¹	$K(C_3H_8)$	$K(C_3H_6)$	$K(H_2)$	相关系数
		/10MPa⁻¹			
460	0.447	0.886	0.738	0.836	0.991
480	0.910	0.787	0.676	0.767	0.993
500	1.891	0.582	0.571	0.639	0.985

再根据 Arrhenius 及 Van't Hoff 方程，可得到

$$k_+ = k_{+,0}e^{-E/RT}$$

$$K_i = K_{i,0}e^{-Q_i/RT}$$

$$\ln k_+ = \ln k_{+,0} + (-E/RT)$$

$$\ln K_i = \ln K_{i,0} + Q_i/RT$$

式中，i 分别为 C_3H_8、C_3H_6 和 H_2。

以 $\ln k_+$、$\ln K_i$ 对 $1/T$ 作图，可以得到相应的活化能（吸附能）以及各指前因子参数，见表 3-7。

表 3-7　活化能（吸附能）、指前因子的参数估计

k_+,K_i	k_+	$K(C_3H_8)$	$K(C_3H_6)$	$K(H_2)$
活化能（吸附能）	40.6	11.5	7.66	7.34
指前因子	$5.58×10^{10}$	$3.34×10^{-4}$	$3.97×10^{-3}$	$4.18×10^{-3}$
相关系数	0.999	0.962	0.984	0.98

（4）动力学方程的求取

$$r = \frac{5.58×10^{10}e^{-40.6/RT}[3.44×10^{-4}e^{11.5/RT}p(C_3H_8)-1.82×10^{-12}e^{45.1/RT}p(C_3H_6)p(H_2)]}{[1.0+3.44×10^{-4}e^{11.5/RT}p(C_3H_8)+3.97×10^{-3}e^{7.66/RT}p(C_3H_6)+4.81×10^{-3}e^{7.34/RT}p(H_2)]^2}$$

活化能 $E = 169.9$kJ·mol⁻¹（40.6kcal/mol）

经检验，动力学方程的速率计算值与实验值的平均总偏差为 5.8%，表明所求模型可取。本动力学结果对催化剂工程设计与反应器设计均有指导作用。

3.3 催化剂的宏观物理性质测定

工业催化剂或载体是具有发达孔系和一定内外表面的颗粒集合体。若干晶粒聚集为大小不一的微米级颗粒（particle）。实际成型催化剂的颗粒或二次粒子间，堆积形成的孔隙与晶粒内和晶粒间微孔，构成该粒团的孔系结构（见图3-13）。若干颗粒又可堆积成球、条、锭片、微球粉体等不同几何外形的颗粒集合体，即粒团（Pellet）。晶粒和颗粒间连接方式、接触点键合力以及接触配位数等则决定了粒团的抗破碎和磨损性能。

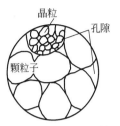

图 3-13 催化剂颗粒结合体示意

工业催化剂的性质包括化学性质及物理性质。在催化剂化学组成与结构确定的情况下，催化剂的性能与寿命决定于构成催化剂的颗粒-孔系的"宏观物理性质"，因此对其进行测定与表征，对开发催化剂的意义是不言而喻的。

3.3.1 颗粒直径及粒径分布

狭义的催化剂颗粒直径是指成型粒团的尺寸。单颗粒的催化剂粒度用粒径表示，又称颗粒直径。负载型催化剂所负载的金属或化合物粒子是晶粒或两次粒子，它们的尺寸符合颗粒度的正常定义。均匀球形颗粒的粒径就是球直径，非球形不规则颗粒粒径用各种测量技术测得的"等效球直径"表示，成型后粒团的非球不规则粒径用"当量直径"表示。

催化剂原料粉体、实际的微球状催化剂及其组成的二次粒子、流化床用微粉催化剂等，都是不同粒径的多分散颗粒体系，测量单颗粒粒径没有意义，而用统计的方法得到的粒径和粒径分布是表征这类颗粒体系的必要数据。

表示粒径分布的最简单方法是直方图，即测量颗粒体系最小至最大粒径范围，划分为若干逐渐增大的粒径分级（粒级），由它们与对应尺寸颗粒出现的频率作图而得（见图3-14），频率的内容可表示为颗粒数目、质量、面积或体积等。当测量的颗粒数足够多（如500粒或更多）时，可以用统计的数学方程表达粒径分布。

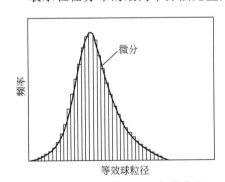

图 3-14 粒径分布直方图与微分图

为取得颗粒尺寸及粒径分布的数据，现已形成许多相关的分析技术和方法。因为这些数据不仅催化剂行业需要，如测定沸腾床聚乙烯催化剂及其聚合物成品、丙烯氨氧化制丙烯腈催化剂、粉状活性炭负载贵金属催化剂表征等，而且其他许多行业，如水泥、冶金、颜料、涂料、胶片以及纳米（nm）级无机粉体材料等行业，均需要获得这些基本数据。

测量粒径1nm以上的粒度分析技术，最简单、最原始的是用标准筛进行的筛分法。除筛分法外，还有光学显微镜法、重力沉降-扬析法、沉降光透法及光衍射法等。粒径10nm以下的颗粒，受测量下限的限制，往往误差偏大，故上述各种技术或方法不适用，应当采用电子显微镜和动态光散射技术等新方法。

现扼要介绍数种较新方法[10]。

3.3.1.1　沉降 X 射线光透法

该法的原理是利用 X 射线检测颗粒系统沉降过程中悬浮物透射率的变化。颗粒通过黏滞流，在重力场作用下的平衡沉降速度与颗粒尺寸有关，由下列 Stokes 定律描述

$$d = Ku^{1/2}$$

$$K = \left[\frac{18\eta}{(\rho - \rho_0)g} \right]^{1/2}$$

式中，d 为球形颗粒直径；K 为常数；u 为平衡沉降速度；g 为重力加速度；ρ 为球形颗粒的密度；ρ_0 为介质密度；η 为介质黏度。

对于非球形颗粒，仅当 d 与 u 满足 $du\eta_0/\eta < 0.3$（雷诺数值）时，其等效粒径的表达方可适用 Stokes 定律。

在此情况下，经 t 时间间隔，沉降距离为 h，则等效粒径与其沉降距离间的关系为

$$d = k(h/t)^{1/2}$$

在给定时间 t_i 后，颗粒系统中所有大于 d_i 的颗粒都从初始均匀悬浮颗粒表面沉降距离 h，如果该颗粒初始均匀质量浓度是 ρ_s(g/mL)，t_i 后在距离 h 内的质量浓度是 ρ_i(g/mL)，则小于 d_i 的颗粒的质量分数 w_i 为

$$w_i = \rho_i / \rho_s \times 100\%$$

于是根据不同时间后所得的 ρ_i 值和相应的 w_i 值，以及可算出的 d_i 值，对（w_i，d_i）数据对的集作图，即得等效粒径分布的积分图或累加图。

通过测量沉降颗粒悬浮物相对其初始均匀态的光透射率变化，可以监测颗粒系统沉降过程的浓度变化。为取得光透射数据，以往用可见光作 λ 射光源，由于波长较长和强度较弱，测量下限大于 5nm。本法选用低能 X 射线束作光源，可以克服上述缺点，提供理想的检测条件。

当定义通过样品悬浮物的透射与通过纯悬浮物介质溶液之比为透射率 T 时，可以推导并最终得到

$$w_i = \frac{\ln T_i}{\ln T_s} \times 100\%$$

式中，T_s 为悬浮物的初始透射率；T_i 为时间间隔 t_i 后悬浮物的透射率；w_i 为时间 t_i 后颗粒的质量分数。

Micromerieics 公司的 Sedi Graph 5100 型粒度分析仪是这类仪器的代表。其整个仪器系统由分析器、界面控制器、多功能控制模块以及自动进料器组成。分析器包括 X 射线源、探测器组元、可垂直移动的样品分析池组元和由分析池、外混室、清洗液贮槽、废物贮罐组成的沉降悬浮物循环系统。

操作时，经过充分分散和悬浮处理的样品悬浮物，手动或自动导入样品分析池，待循环到样品池中悬浮物有代表性时进行测试。X 射线束从分析样品池底部起始扫描，分析池则步阶式下移至扫描结束，样品悬浮物被泵打到废物罐，新鲜清洗液循环全系统后，等待下一个样品的粒度分析。

3.3.1.2　电镜-小型图像仪法

用光学显微镜、电子显微镜直接观察来测定粒径是早有的方法。这种方法比较直观，而且同时可得粒径分布形貌的信息，不仅可用于粉体微粒，而且也可用于非粉体微粒，如负载

催化剂上的活性组分微粒。其原理是取代表样品，用显微镜摄取足够广阔视野之内的颗粒群体图像，而后进行图像的统计分析。图 3-15 是电镜摄取的各种微粒图像。

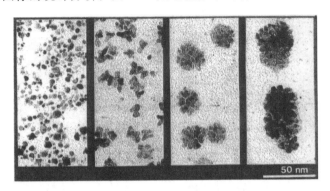

图 3-15　各种微粒的电镜图像

早期，对图像进行统计分析采用手工方法，例如用线形标尺，或者用印有一系列直径逐渐规则增大的圆圈滑动板，覆在显微镜照片上，找出与被统计粒子尺寸最相称的圆圈，就可以确定该种粒子的尺寸和数目。分级确定各段粒径的尺寸和数目，而后集总，统计粒径分布，或需要时求取平均粒径。

这种方法新近的进展，一个是增加电镜的暗场成像技术，这比过去惯用的明场成像技术进了一步，可分辨 5nm 及更小颗粒，适用于测定细晶粒；另一个是小型图像仪的应用。

小型图像仪包括图像采集与数据处理两个系统。采集系统由体视显微镜（电子显微镜和光学显微镜）、摄像机、显示器和采集卡组成。数据处理系统，为带专用软件的计算机系统。应用小型图像仪，可以自动完成粒度统计和形状分析。

我国钢铁研究总院已研制出 CSR98 型小型图像仪。它具有灵巧和功能全等优点，适于纳米材料颗粒分析。

3.3.1.3　颗粒图像处理仪

原理：颗粒图像处理仪是用显微镜放大颗粒，然后通过数字摄像机和计算机数字图像处理技术分析颗粒大小和形貌的仪器。

特点：给出不同等效原理（如等面积圆、等效短径等）的粒度分布。能观察颗粒形貌；能直接观察颗粒分散状况、分体样品的大致粒度范围、是否存在低含量的大颗粒或小颗粒情况等等。是其它粒度测试方法的非常有用的辅助工具，是我国现行金刚石微粉粒度测量标准的推荐仪器。图 3-16 是珠海欧美克仪器有限公司提供的颗粒图像处理仪照片。

3.3.1.4　激光粒度仪

所谓激光粒度仪是专指通过颗粒的衍射或散射光的空间分布（散射谱）来分析颗粒大小的仪器，其原理结构见图 3-17。根据能谱稳定与否分为静态光散射粒度仪和动态光散射激光粒度仪。

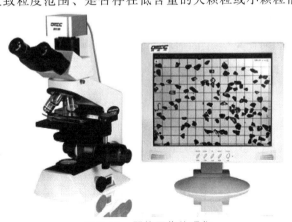

图 3-16　颗粒图像处理仪

激光粒度仪是根据颗粒能使激光产生散射这一物理现象测试粒度分布的。由于激光具有很好的单色性和极强的方向性，所以一束平行的激光在没有阻碍的无限空间中将会照射到无限远的地方，并且在传播过程中很少有发散的现象。当光束遇到颗粒阻挡时，一部分光将发生散射现象。散射光的传播方向将与主光束的传播方向形成一个夹角 θ。散射理论和实验结果都告诉我们，散射角 θ 的大小与颗粒的大小有关，颗粒越大，产生的散射光的 θ 角就越小；颗粒越小，产生的散射光的 θ 角就越大。进一步研究表明，散射光的强度代表该粒径颗粒的数量。这样，在不同的角度上测量散射光的强度，就可以得到样品的粒度分布了。

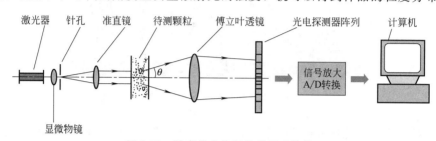

图 3-17 激光粒度分析仪的原理结构

英国马尔文仪器有限公司是激光粒度分析仪的发明人，世界最著名的激光粒度仪专业生产厂家。该公司的 Mastersizer 3000 激光衍射粒度分析仪适用于干湿样品的测定，量程宽达 $0.01 \sim 3500 \mu m$ 而无需更换投镜。其前所未有的独特光学系统，将高超的性能融入到极其小巧的体积中，并配备有同样精心设计的样品分散系统，其中全新革命化设计的 Aero 系统充分体现了干法分散技术的最高水平。强大而便捷的软件进一步简化了粒度测量分析的过程，并轻松获得可靠结果。

3.3.1.5 动态光散射法 (Dynamic Light Scattering, DLS)

由于热能，溶剂分子不断运动，和悬浮的颗粒物产生碰撞，使得分散体或溶液中的小颗粒做无规则的布朗运动。当光打到远小于其波长的小颗粒上时，光会向各方向散射（瑞利散射）。如果光源是激光，在某一方向上，我们可以观察到散射光的强度随时间而波动，这是因为溶液中的微小颗粒在做布朗运动，且每个发生散射的颗粒之间的距离一直随时间变化。来自不同颗粒的散射光因相位不同产生建设性或破坏性干涉。所得到的强度随时间波动的曲线带有引起散射的颗粒随时间移动的资讯。因此，可以通过观测散射光随时间的波动性得到颗粒布朗运动的速度，这种技术被称为光子相关光谱法（PCS）或准弹性光散射法（QELS），但现在通常称作动态光散射法（DLS）。

斯托克斯-爱因斯坦方程定义了颗粒布朗运动速度与颗粒大小之间的关系：

$$D_{AB} = \frac{kT}{3\pi \eta_B D_A} \tag{3-6}$$

式中，D_{AB} 为溶质 A 在稀溶液 B 中的扩散系数；k 为波尔兹曼常数；T 为绝对温度；η_B 为溶液 B 的黏度；D_A 为溶质 A 的流体力学直径。

式（3-6）清楚地表示了在样品温度和连续相黏度已知的情况下，如何根据扩散速率测定粒径。尽管必须是控制检测温度，但很多商用仪器还是会对温度进行测量；而对于许多分散剂，尤其是水而言，黏度是已知的。在很多情况下，DLS 实验所需的补充信息也仅仅是黏度测量。

DLS 技术测量粒子粒径，具有准确、快速、可重复性好等优点，已经成为纳米科技中比较常规的一种表征方法。随着仪器的更新和数据处理技术的发展，目前的动态光散射仪器不仅具备测量粒径的功能，还具有测量 Zeta 电位、大分子的分子量等能力。

实际上，DLS 法在测量 $0.1\text{nm}\sim10\mu\text{m}$ 范围的粒径时十分出色。它在测量小颗粒方面的能力尤为突出，对于绝大多数待测体系提供 2nm 及以上的准确、可重复的数据。从理论上讲，检测低密度分子的粒径仅仅受到仪器灵敏度的限制，但对致密颗粒而言，沉降是可能导致分析不准确的一个潜在问题。例如，对于密度为 10g/ml 的颗粒，最大检测粒径通常会限制在大约 100nm 以内。

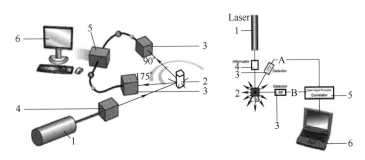

图 3-18 DLS 系统的关键组件

1—激光器；2—测量单元；3—检测器；4—衰减器；5—相关器；6—数据处理 PC

检测器可置于 90° 或更大的角度，例如这里所显示的 NIBS 检测器设置在 175°。

马尔文公司的 Zetasizer 系列产品使用动态光散射技术测量纳米级以下至几微米的颗粒粒度及分子尺寸，使用电泳光散射技术测量 Zeta 电位及电泳淌度，使用静态光散射技术测量分子量。除此之外，该系统还可与 GPC/SEC 系统连接，作为色谱检测器使用。该系统具有多种型号，可根据应用及预算选择最佳系统，在不影响性能的前提下确保使用的便利性以及结果的可靠性是其设计宗旨。

3.3.2　机械强度测定

机械强度是任何工程材料的最基础性质。由于催化剂形状各异，使用条件不同，难于以一种通用指标表征催化剂普遍适用的机械性能，这是固体催化剂材料与金属或高分子材料等不同之处。

一种成功的工业催化剂，除具有足够的活性、选择性和耐热性外，还必须具有足够的与寿命有密切关系的强度，以便抵抗在使用过程中的各种应力而不致破碎甚至粉化。从工业实践经验看，用催化剂成品常态下的机械强度数据来评价强度是远远不够的，因为催化剂在工作状况下受到机械破坏的情况是复杂多样的。首先，催化剂要能经受住搬运时的磨损；第二，要能经受住向反应器里装填时自由落下的冲击，或在沸腾床中催化剂颗粒间的相互撞击；第三，催化剂必须具有足够的内聚力，不至于使用时由于反应介质的作用，发生化学变化而破碎；第四，催化剂还必须承受气流在床层的压力降、催化剂床层的重量，以及因床层和反应管的热胀冷缩所引起的相对位移等的作用等。

由于催化剂在固定床和沸腾床中受到的作用力不完全相同，所以测定强度的方法也不一样。此外，催化剂在介质和高温的作用下，其强度常常降低。

根据实践经验可认为，催化剂的工业应用，至少需要从抗压碎和抗磨损性能这两方面作出相对的评价。

3.3.2.1　压碎强度测定

均匀施加压力到成型催化剂颗粒压裂为止所承受的最大负荷称催化剂压碎强度。大粒径催化剂或载体，如拉西环，直径大于1cm的锭片，可以使用单粒测试方法，以平均值表示。小粒径催化剂，最好使用堆积强度仪，测定堆积一定体积的催化剂样品在顶部受压下碎裂的比例及程度。因为对于细颗粒催化剂，若干单粒催化剂的平均抗压碎强度并不重要，因为有时可能百分之几的破碎就会造成催化剂床层压力降猛增而被迫停车。

（1）单粒抗压碎强度测定　美国材料标准试验学会ASTM已经颁布了一个催化剂单粒抗压碎强度测定标准试验方法，规定试验设备由两个工具钢平台及指示施压读数的压力表组成，施压方式可以是机械、液压或气动等系统，并保证在额定压力范围内均匀施压。国外通用试验机，按此原理要求由可垂直移动的平面顶板与液压机组合而成。我国催化剂抗压碎强度设备普遍使用1983年原化工部颁布的化肥催化剂抗压碎强度测定方法使用的强度仪，原则上符合上述ASTM抗压碎强度设备的原理要求。

单粒抗压碎强度测定结果，一般要求以正（轴向）、侧（径向）压强度表示，即条状、锭片、拉西环等形状催化剂，应测量其轴向（即正压）抗压碎强度和径向（即侧压）抗压碎强度，分别以 ρ（轴）/(N·cm²) 和 ρ（径）/(N·cm) 表示；球形催化剂以点抗压碎强度 ρ（点）/N 表示。

单粒抗压碎强度测量要求：①取样有代表性，测量数不少于50粒，一般为80粒，条状催化剂应切为长度3～5mm，以保证平均值重现性≥95％；②本标准已考虑到温度对强度的影响，样品须在400℃下预处理3h以上，沸石催化剂则需经450～500℃处理（特别样品另定），放入干燥器冷却至环境温度后立即测定；③匀速施压。

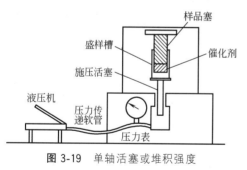

图3-19　单轴活塞或堆积强度试验计组合示意

（2）堆积抗压碎强度测定[11,12]　堆积抗压碎强度的评价可提供运转过程中催化剂床层的机械性质变化。测定方法可以通过活塞向堆积催化剂施压，也可以恒压载荷。方法已建立多种，下面介绍一例。

美国"ASTM D32委员会"正在试验一种单轴活塞向催化剂床层一端施压（见图3-19）的方法。样品经400℃焙烧3h后，活塞以34.5kPa/s负荷施压到试验样品上，恒定60s。数据以固定压强下样品细粉量或生成一定细粉量需要的压强给出。

3.3.2.2　磨损性能试验[12]

流动床催化剂与固定床催化剂有别，其强度主要应考虑磨损强度（表面强度）。至于沸腾床用催化剂，则应同时考虑这两者。

催化剂磨损性能的测试，要求模拟其由摩擦造成的磨损。相关的方法也已发展多种，如用旋转磨损筒、用空气喷射粉体催化剂使颗粒间及器壁间摩擦产生细粉等方法。

近年我国在化肥催化剂方面，参照国外的方法，采用转筒式磨耗（磨损率）仪的较多。以后本法为其他类型的工业催化剂所借鉴。最初它所针对的并不是沸腾床催化剂，而是固定床催化剂，不过这些催化剂的表面强度也很重要，如氧化锌脱硫剂。转筒式磨耗仪是将一定量的待测催化剂放入圆筒形转动容器中，然后以筛出的粉末百分含量定为磨耗。这种磨耗仪的容器材质、尺寸、转速是规格化的，转速分几挡，转数自动计量和报停，而转筒的固定部分在其中部。

3.3.3 催化剂的抗毒稳定性及其测定

有关催化剂应用性能的最重要的三大指标是活性、选择性和寿命。许多经验证明，工业催化剂寿命终结的最直接原因，除上述的机械强度之外，还有其抗毒性。

由于有害杂质（毒物）对催化剂的毒化作用，使活性、选择性或寿命降低的现象，称为催化剂中毒。一般而言毒物泛指：含硫化合物，如 H_2S、COS、CS_2、RSH、R_1SR_2、噻吩、RSO_3H、H_2SO_4 等；

含氧化合物，如 O_2、CO、CO_2、H_2O 等；含 P、As、卤素化合物，重金属化合物，金属有机化合物等。

催化剂中毒现象可粗略地解释为，表面活性中心吸附了毒物，或进一步转化为较稳定的表面化合物，因而活性位被钝化或被永久占据。

评价和比较催化剂抗毒稳定性的方法如下。

① 在反应气中加入一定浓度的有关毒物，使催化剂中毒，而后换用纯净原料进行试验，视其活性和选择性能否恢复。若为可逆性中毒，可观察到一定程度的恢复。

② 在反应气中逐量加入有关毒物至活性和选择性维持在给定的水准上，视能加入毒物的最高浓度。

③ 将中毒后的催化剂通过再生处理，视其活性和选择性恢复的程度。永久性（不可逆）中毒无法再生。

催化剂失活，除中毒外，往往还由于积碳和结焦而引起。

3.3.4 比表面积测定与孔结构表征

固体催化剂的比表面积和孔结构，属于其最基本的宏观物理性质。孔和表面是多相催化反应发生的空间。对于大多数工业催化剂而言，由于其多孔结构而且具有一定的颗粒大小，在生产条件下，催化反应常常受到扩散的影响。这时，催化剂的活性、选择性和寿命等几乎所有的性能都与催化剂的这两大宏观性质相关。图 3-20 表示提供5000m²（与一个足球场面积相当）表面积的三种不同载体。可以看出，三者的体积有较大差别，但所提供的比表面积，与人们直观的印象相比，都大得惊人。

图 3-20　提供 5000m² 表面积的三种
载体的不同体积量[T30]

因此不难理解，关于比表面积的测定和孔结构的表征，一直是催化研究中一个久远而持续的大课题。特别是近来催化剂的表征，已深入到纳米级微粒、分子筛通道和孔笼中，其研究工作也进入了更新的发展阶段。

但对于普通工业催化剂，其比表面积和孔结构，主导的测定方法，至今一直是由蒸汽的物理吸附和压汞法两大技术主宰，这就是下面将要略加说明的一些基本实验方法。

3.3.4.1　催化剂比表面积的测定

催化剂比表面积指单位质量多孔物质内外表面积的总和，单位为 m^2/g，有时也简称比表面。

对于多孔的催化剂或载体，通常需要测定比表面积的两种数值。一种是总的比表面积，另一种是活性比表面积。

常用的测定总比表面积的方法有 BET 法和色谱法，测定活性比表面积的方法有化学吸附法和色谱法等。

3.3.4.1.1　BET 法测单一比表面积[T8,13]

经典的 BET 法，基于理想吸附（或称兰格缪吸附）的物理模型，假定固体表面上各个吸附位置从能量角度而言都是等同的，吸附时放出的吸附热相同；并假定每个吸附位只能吸附一个质点，而已吸附质点之间的作用力则认为可以忽略。

把兰格缪吸附等温式的物理模型和推导方法应用于多分子层吸附，并假定自第二层开始至第 n 层（$n \rightarrow \infty$）的吸附热都等于吸附质的液化热，则可推导出以下两常数的 BET 公式。BET 公式表示当气体靠近其沸点并在固体上吸附达到平衡时，气体的吸附量 V 与平衡压力 p 间的关系

$$V = \frac{V_m p C}{(p_s - p)[1 - (p/p_s) + C(p/p_s)]}$$

式中，V 为平衡压力为 p 时吸附气体的总体积；V_m 为催化剂表面覆盖单分子层气体时所需气体的体积；p 为被吸附气体在吸附温度下平衡时的压力；p_s 为被吸附气体在吸附温度下的饱和蒸汽压；C 为与被吸附气体种类有关的常数。

为便于实验上的运算，可将上式改写成如下形式

$$\frac{p}{V(p_s - p)} = \frac{1}{V_m C} + \frac{C-1}{V_m C} \times \frac{p}{p_s}$$

可以看出，以 $p/[V(p_s - p)]$ 对 p/p_s 作图，可得一直线，直线在纵轴上的截距等于 $1/(V_m C)$，直线的斜率等于 $(C-1)/(V_m C)$。

若令 $A = 1/(V_m C)$，$B = (C-1)/(V_m C)$，则

$$V_m = \frac{1}{A+B}$$

实验时，每给定一个 p 值，可测定一个对应的 V 值，这样可在一系列 p 值下测定 V 值，即可求得 V_m 值。

按上述方法测定实验数据后标绘 BET 图（如图 3-21 所示）。

通过实验测得一系列对应的 p 和 V 值，然后将 $\frac{p}{V(p_s - p)}$ 对 p/p_s 作图，如图 3-21，可得一条直线，直线在纵轴上的截距是 $1/(V_m C)$，斜率为 $(C-1)/(V_m C)$，可以求得

$$V_m = \frac{1}{截距 + 斜率}$$

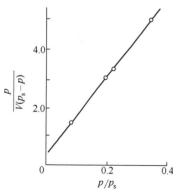

图 3-21　氧在硅胶上吸附的 BET 图

有了 V_m 值后，换算为被吸附气体的分子数。将此分子数乘以 1 个分子所占的面积，即得被测样品的总表面积 S

$$S = \frac{V_m}{V} N A_m$$

式中，V 为吸附气体的摩尔体积，在标准状况下等于 22400mL；N 为阿伏伽德罗常数，6.023×10^{23}；A_m 为分子的横截面积，nm^2。

现在最常用的气体是 N_2，一个氮分子的横截面积一般采用 $0.162nm^2$。

为了计算方便，令 $K = \frac{N A_m}{V}$，则上式可以写成

$$S = K V_m$$

式中，K 为常数。对于氮气（N_2），当采用 $A_m = 0.162nm^2$ 时，$K = 4.35$；对于氪气（Kr），当 $A_m = 0.185nm^2$ 时，$K = 4.98$。

常见测定气体吸附量的方法有三种，即容量法、重量法和色谱法。

（1）容量法　容量法测定比表面积是测量已知量的气体在吸附前后体积之差，由此即可算出被吸附的气体量。

在进行吸附操作前，要对催化剂样品进行脱气处理，然后进行吸附操作。

如果用氮为吸附质时（更精确的测定可用氪，它可测 $1m^2/g$ 以下比表面积），吸附操作在液氮的沸点温度 $-195℃$ 下进行。为此将样品管放在装有液氮的冷阱（杜瓦瓶）内（见图 3-22）。气体量管要保持恒温。系统的压力用 U 形压力计测定。吸附时氮气的相对压力（p/p_s）通常在 $0.05 \sim 0.35$ 之间。每给定一个 p/p_s 和 V 值，即可按 BET 方程式给出一直线，从而求得氮的单分子层吸附量 V_m。

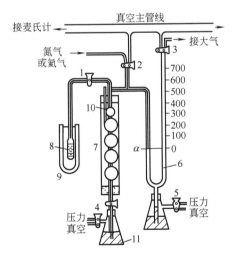

图 3-22　经典容量吸附装置

1～5—真空旋塞；6—U 形管压差计；7—量气管；
8—样品球；9—冷阱；10—温度计；11—汞封液

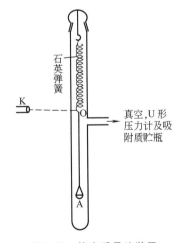

图 3-23　静态重量法装置

容量法具有很高的精确度，可以测定比表面积大于 $0.1m^2$ 的样品。

（2）重量法　重量法的原理是用特别设计的方法称取被催化剂样品吸附的气体重量。本法采用灵敏度高的石英弹簧秤，由样品吸附微量气体后的伸长直接测量出气体吸附量。石英弹簧秤要预先校正。除测定吸附量外，其他操作与容量法一致。

重量法能同时测量若干个样品（由样品管的套管数而定），所以具有较高的工作效率。但限于石英弹簧的灵敏度和强度，测量的准确度比容量法低得多，所以通常用于比表面积大于 $50m^2$ 样品的测定（见图 3-23）。

（3）气相色谱法　上述 BET 容量法和重量法，都需要高真空装置，而且在测量样品的吸附量之前，要进行长时间的脱气处理。不久前发展的气相色谱法测量催化剂的比表面积，不需要高真空装置，而且测定的速度快，灵敏度也较高，更适于工厂使用。

色谱法测比表面积时，固定相就是被测固体本身（即吸附剂就是被测催化剂），载气可选用 N_2、H_2 等，吸附质可选用易挥发并与被测固体间无化学反应的物质，如 C_6H_6、CCl_4、CH_3OH 等。实验流程如图 3-24 所示。

实验时，首先称取一定量处理过的待测样品，装入色谱柱中，然后调节载气以一定流速 V_1（预先用皂沫流量计校正过，下述 V_2、V_3 也同样校正过）通过苯饱和器，再使带有足够量苯蒸气（吸附质）的混合气体以流速为 V_2 的载气稀释，经过四通旋塞（图中实线）通路，进入吸附柱和热导池鉴定器，在电子电位差计上画出流出曲线，进而根据曲线和 BET 公式求比表面积。

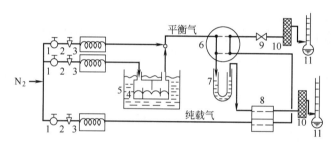

图 3-24　色谱法测比表面积流程

1—三通放空阀；2—流量调节阀；3—预热器；4—苯饱和器；
5—恒温水浴；6—四通阀；7—样品管；8—热导池；
9—阻力阀；10—干燥器；11—皂沫流量计

3.3.4.1.2　复杂催化剂不同比表面积的分别测定[T2]

工业催化剂大多数由两种以上的物质组成。每种物质在催化反应中的作用通常是不相同的。人们常常希望知道每种物质在催化剂中分别占有的表面积，以便改善催化剂的性能和工厂操作条件，以及降低催化剂的成本。

用上述基于物理吸附原理测定比表面积的方法，只能测定催化剂的总表面积，而不能测定不同组分（如活性金属）的比表面积。因此，常常利用有选择性的化学吸附，来测定不同组分所占的表面积。气体在催化剂表面上的化学吸附与物理吸附不同，它具有类似或接近于化学反应的性质，因而能对催化剂的某种表面有选择的能力。没有一个适于测定各种不同催化剂成分表面积的通用方法，而是必须用实验来寻找在相同条件下只对某种组分发生化学吸附而对其他组分呈现惰性的气体，或者同一气体在这些组分上都能发生化学吸附，然而吸附的程度有所不同，也可以用于求得不同组分的表面积。

但是，由于化学吸附的复杂性，目前只有为数不多的几类催化剂，可以进行成功的测定。

（1）载在 Al_2O_3 或 SiO_2-Al_2O_3 上的 Pt 表面积的测定　在许多有载体的金属铂催化剂中，催化剂的表面通常并不是全部为 Pt 所覆盖。对于 Pt/Al_2O_3 和 Pt/SiO_2-Al_2O_3 催化剂，要想知道 Pt 在载体上暴露的表面积，可用 H_2、O_2 或 CO 气体在铂上的化学吸附法来测定。在化学吸附的温度下，这些气体实际上不与 Al_2O_3 或 SiO_2-Al_2O_3 载体发生化学作用。

在进行化学吸附之前，催化剂样品要经过升温脱气处理。处理的目的是获得清洁的铂表面。脱气处理在加热和抽真空的条件下进行。温度和真空度愈高，脱气愈完全。但温度不能过高，以免铂晶粒被烧结。

① 氢的化学吸附。实验证明，在适当条件下氢在催化剂 Pt/Al_2O_3 上化学吸附达到饱和时，表面上每个铂原子吸附一个氢原子，即 H/Pt 之比等于 1。因此，只要选择适宜的化学吸附条件，测定氢在一定量的已知比表面积催化剂中的饱和吸附量，就能算出暴露在表面上的铂原子数。铂原子数乘其原子截面积即得铂的表面积。

② 氢氧滴定法。氢氧滴定法是将 Pt/Al_2O_3 催化剂在温室下先吸附氧，然后再吸附氢。氢和吸附的氧化合生成水，生成的水被吸收。由消耗的氢量，进而依 O/Pt＝1 算出铂的表面积。有人认为此法得到结果的精度比 H_2 或 O_2 的化学吸附法都高。

（2）氧化铜和氧化亚铜表面积的测定　测定组成复杂的催化剂的不同表面，需要根据催化剂的性质选择特殊的方法。在用于氧化反应的铜催化剂中，氧化铜和氧化亚铜处于随外部条件而变化的动态平衡。测定 CuO-Cu_2O 体系的基础，是根据这两个组分对氧和一氧化碳具有的不同的化学吸附能力。即 CuO 与 CO、Cu_2O 与 O_2 发生化学吸附。

在测定铜催化剂样品之前，要预先分别测定在 CuO 和 Cu_2O 的 $1m^2$ 表面上的吸附量，作为对比标准。在 20℃ 和 $0.533\sim0.80kPa$ 时，实验测得在 CuO 上化学吸附的氧量为 $0.030cm^3/m^2$，吸附的 CO 量为 $0.060cm^3/m^2$。

在测定铜催化剂中 CuO 和 Cu_2O 的表面时，需要分别进行 O_2 和 CO 的化学吸附实验，根据 O_2 和 CO 在同质量催化剂上的总吸附量，如以 S_1 和 S_2 分别表示 CuO 和 Cu_2O 的表面积，则可建立下列二元联立方程式

$$V(O_2)=0.030S_1+0.114S_2$$

$$V(CO)=0.014S_1+0.060S_2$$

式中，$V(O_2)$、$V(CO)$ 分别是在同质量催化剂上吸附的 O_2 和 CO 的体积，cm^3/g。

解方程式得

$$S_1=\frac{1.190V(CO)-V(O_2)}{0.167}$$

$$S_2=\frac{3.47V(O_2)-V(CO)}{0.331}$$

由此即可求得在复杂的铜催化剂中 CuO 和 Cu_2O 分别占有的表面积。

（3）镍表面积的测定　近年利用硫化氢的化学吸附，催化剂中镍表面积的测定获得较准确的结果，原理如下

$$Ni+H_2S \Longleftrightarrow Ni-S+H_2$$

此"硫容法"已成功用于测定某些烃类蒸气转化催化剂镍的比表面积。

3.3.4.2　催化剂孔结构的测定

工业固体催化剂常为多孔性的。由于催化剂的孔结构是其化学组成、晶体组成的综合反映，而实际的孔结构又相当复杂，所以有关的计算十分困难。用以描述催化剂孔结构的特性指标有许多项目，其中最常用的有密度、比孔容积、孔隙率、平均孔半径和孔径分布等。

孔结构对催化剂性质的影响很大，例如流化床用催化裂化微球催化剂，其密度的大小对反应操作条件有直接影响。

3.3.4.2.1　密度及其测定

一般而言，催化剂的孔容越大，则密度越小，催化剂组分中重金属含量越高，则密度越大。载体的晶相组成不同，密度也不相同。例如 $\gamma\text{-}Al_2O_3$、$\eta\text{-}Al_2O_3$、$\theta\text{-}Al_2O_3$ 和 $\alpha\text{-}Al_2O_3$ 的密度就各不相同。

单位体积内所含催化剂的质量就是催化剂的密度。但是，因为催化剂是多孔性物质，构成成型催化剂的颗粒体积中包含固体骨架部分的体积 V_{sk} 和催化剂内孔体积 V_{po}；此外，在一群堆积的催化剂颗粒之间，还存在空隙体积 V_{sp}，所以，堆积催化剂的体积 V_C 应当是

$$V_C = V_{sk} + V_{po} + V_{sp}$$

因此，在实际的密度测试中，由于所用或实测的体积不同，就会得到不同涵义的密度。催化剂的密度通常分为三种，即堆密度、颗粒密度和真密度。

用量筒或类似容器测量催化剂的体积时所得的密度称**堆密度**。显然，这时的密度所对应的体积包括三部分：颗粒间的空隙、颗粒内孔的空间及催化剂骨架所占的体积。即

$$V_C = V_{sp} + V_{po} + V_{sk}$$

若体积所对应的催化剂质量为 m，则有

$$\rho_C = \frac{m}{V_{sp} + V_{po} + V_{sk}}$$

测定堆密度 ρ_C 时，通常是将催化剂放入量筒中拍打震实后测定。在测量时，扣除催化剂颗粒与颗粒之间的体积 V_{sp} 求得的密度称**颗粒密度**，即

$$\rho_{sp} = \frac{m}{V_{po} + V_{sk}}$$

测定时，可以先从实验中测出 V_{sp}，再从 V_C 中扣去 V_{sp} 得 $V_{po} + V_{sk}$。测定 V_{sp} 用汞置换法，因为常压下汞只能充满颗粒之间的空隙和进入颗粒孔半径大于 500nm 的大孔中。

当所测的体积仅是催化剂骨架的体积时，即 V_C 中扣除（$V_{sp} + V_{po}$）之后，求得的密度称为**真密度**，即

$$\rho_{sk} = \frac{W}{V_{sk}}$$

测定时，用氦和苯来置换，可求得（$V_{sp} + V_{po}$），因为氦可以进入并充满颗粒之间的空隙，并且同时也可以进入并充满颗粒内部的孔。

显然，三种密度间有下列关系

$$\rho_C < \rho_{sp} < \rho_{sk}$$

3.3.4.2.2　比孔容积、孔隙率及平均孔半径及其测定

1g 催化剂颗粒内所有孔的容积总和称为比孔容积（或称比孔容）。比孔容积 V_g 常常由测得的颗粒密度与真密度按下式计算。

$$V_g = \frac{1}{\rho_{sp}} - \frac{1}{\rho_{sk}}$$

催化剂的孔容积也常用四氯化碳法测定。该法的原理是在一定的四氯化碳蒸气压下，四氯化碳能将孔充满并在孔中凝聚，凝聚了的四氯化碳的体积就等于催化剂内孔的体积。

催化剂颗粒中孔的体积占催化剂颗粒体积（不包括颗粒之间的空隙）的分数称做孔隙率

θ，孔隙率由下式计算

$$\theta = \frac{\left(\dfrac{1}{\rho_{sp}} - \dfrac{1}{\rho_{sk}}\right)}{\dfrac{1}{\rho_{sp}}}$$

上式又可以写成

$$\theta = V_g \rho_{sp}$$

实际催化剂颗粒中孔的结构是复杂和无序的。孔具有各种不同的形状、半径和长度。为了计算方便，将其结构简化，以求平均孔半径。

设每个颗粒的外表面积为 S_x，每单位外表面积上的孔口数为 n_p，则每个颗粒外表面上总孔口数为 $n_p S_x$。又设孔径和孔长都一样，以 $\overline{r}$ 表示平均孔半径，$\overline{l}$ 表示平均孔长，则一个孔壁的面积为 $2\pi \overline{r}\overline{l}$。另一方面，从实验测量的比表面积 S_g，每个颗粒的体积 V_p 和颗粒密度 ρ_{sp}，可得一个颗粒的表面积为 $V_p \rho_{sp} S_g$。若不计颗粒的外表面积，则得

$$n_p S_x 2\pi \overline{r}\overline{l} = V_p \rho_{sp} S_g$$

用相似方法，可得一个颗粒的孔体积的计算值与测量值的等式

$$n_p S_x \pi r^2 l = V_p \rho_{sp} V_g$$

式中，V_g 为比孔容积。上两式相除得平均孔半径的计算公式

$$\overline{r} = \frac{2V_g}{S_g}$$

实际工作中常用测得的比孔容积 V_g 和比表面积 S_g 值计算催化剂的平均孔半径 $\overline{r}$。

前述的与孔有关的物性指标，一般是一个综合的或统计的概念。很多情况下仅了解这些性质是远不够精细和确切的，而测定催化剂的孔径分布（或空隙分布）便显得更加重要。

3.3.4.2.3　孔径分布的测定

孔径分布是催化剂的孔容积随孔径的变化。孔径分布也和催化剂其他宏观物理性质一样，决定于组成催化剂物质的固有性质和催化剂的制备方法。当组成催化剂的物质种类和含量已经确定之后，制备方法及制备条件就是决定因素。

通常将催化剂颗粒中的孔按孔径大小分为三部分，孔半径小于 10nm 为细孔（或微孔），10～200nm 为粗孔，大于 200nm 为大孔。这样的分法，完全是人为的。也有人分为两部分，小于 10nm 为细孔，大于 10nm 为粗孔。

测定孔隙分布的方法很多，孔径范围不同，可以选用不同的测定方法。大孔可用光学显微镜直接观察和用压汞法测定；细孔可用气体吸附法。这里仅介绍气体吸附法和压汞法。

（1）气体吸附法　气体吸附法测定孔隙分布是基于毛细管凝聚现象。根据毛细管凝聚理论，气体可以在甚小于其饱和蒸气压的压力下于毛细管中凝聚。若以 p 表示气体在半径为 r 的圆柱形孔中发生凝聚的压力，p_s 表示气体在凝聚温度 T 时的饱和蒸气压力，则可推得描述毛细管凝聚现象的开尔文公式

$$\ln \frac{p}{p_s} = -\frac{2\sigma \overline{V}}{RT}\cos\varphi$$

式中，σ 为用作吸附质的液体的表面张力；φ 为接触角；$\overline{V}$ 为在温度 T 下吸附质的摩尔体积；p_s 为在温度 T 下吸附质的正常的饱和蒸气压；p 为在温度 T 下吸附平衡时的蒸气压。

由上式可见，孔半径越小，气体发生凝聚所需的压力 p 也越低。当蒸气压力由小增大时，则由于凝聚被液体充填的孔径也由小增大，这样一直到蒸气压力达到在该温度下的饱和蒸气压力时，蒸气可以在孔外，即颗粒外表面上凝聚，这时颗粒中所有的孔已被吸附质充满。

为了得到孔隙分布，只需实验测定在不同相对压力（p/p_s）下的吸附量，即吸附等温线，即可算出孔隙分布。

（2）压汞法　汞不能使大多数固体物质湿润，因此如果要使汞进入固体的孔中，必须施加外压。孔径越小，所需施加的外压也越大。压汞法就是基于这个原理。

它是大孔分析的首选经典方法，根据测量外力作用下进入脱气处理后固体孔空间的进汞量，再换算为不同尺寸的孔体积。

以 σ 表示汞的表面张力，汞与固体的接触角为 φ，汞进入半径为 r 的孔需要的压力为 p，则孔截面上受到的压力为 $r^2\pi p$，而由表面张力产生的反方向张力为 $2\pi r\sigma\cos\varphi$，当平衡时，二力相等，则

$$r^2\pi p = 2\pi r\cos\varphi$$

$$r = \frac{2\sigma\cos\varphi}{p}$$

上式表示压力为 p 时，汞能进入孔内的最小半径。此式是压汞法原理的基础。

在常温下汞的表面张力 σ 为 $0.48\mathrm{N/m}$。接触角 φ 随固体有变化，但变化不大，对各种氧化物来说约为 $140°$。若压力 p 的单位为 MPa，孔半径 r 的单位为 nm，则上式可改写成

$$r = 764.5/p$$

由上式可以算得相对于 p 的孔径 r 的数值（见表 3-8）。

表 3-8　在各种压力下被汞充满的孔径

压力/MPa	孔半径/nm	压力/MPa	孔半径/nm
0.102	7500	101.9	7.5
1.02	750	1019.4	0.75
10.2	75		

由此可见，要测量半径 0.75nm 的孔隙，需要的压力为 1019.4MPa。现在已有定型的自动记录压汞仪，可测量半径大于 1nm 的孔隙。

用压汞仪，可实测随压力增加 $\mathrm{d}p$ 后而"浸润"进入催化剂的微分体积 $\mathrm{d}V$，由 $\dfrac{\mathrm{d}V}{\mathrm{d}p}$ 可得汞压入量曲线，进而用图解积分法标绘出所测催化剂的孔径分布曲线，如图 3-25 所示。孔径分布曲线比较直观地反映出该催化剂不同大小的孔径的分配比例。研究工业催化剂在制备及运转过程中孔径分布曲线的规律性，并将这些规律性与催化剂的使用性能关联起来，经验证明这是一件十分有价值的工作。

现代压汞仪（如 Micrimeritics 公司 Auto Pore Ⅲ/9400 系列）具有高达 400MPa 的高压发生系统，测量下限 3nm，可以程序加压、自动平衡、停时控制、自动程序连续进-退汞循环[10]。试验数据收集后，由专用计算机软件处理孔结构数据，常规报告为 $\mathrm{d}V/\mathrm{d}r$ 的对数分布曲线或积分图（见图 3-25）[T10]。

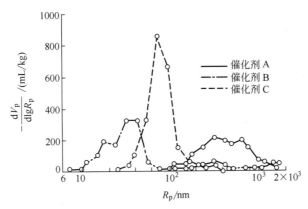

图 3-25　典型水蒸气转化催化剂的孔径分布曲线[T10]

催化剂 A　　(Ni/MgAl$_2$O$_4$)　$S_{BET} \sim 1 m^2 \cdot g^{-1}$;

催化剂 B　　(Ni/MgAl$_2$O$_4$)　$S_{BET} \sim 13 m^2 \cdot g^{-1}$;

催化剂 C　　(Ni/MgO)　$S_{BET} \sim 17 m^2 \cdot g^{-1}$

3.4　催化剂微观(本体)性质的测定和表征

　　工业催化剂除与孔和表面积有关的宏观物理性质而外,其微观（或本体）性质还很多,如其表面活性、金属粒子大小及其分布、晶体物相（晶相）、晶胞参数、结构缺陷等。此外,还有一些性质涉及催化剂表面的化合价态及电子状态、电学和磁学性质等。这些微观性质,对催化剂使用性能的影响常常比宏观性质更为直接和复杂,也需要更多的仪器和方法进行表征。往往一种性质还要借助多种工具测定表征。

3.4.1　电子显微镜在催化剂研究中的应用

　　在研究催化剂的宏观物理结构时,可用光学显微镜和电子显微镜。普通光学显微镜的分辨本领低,一般只能观察 $1 \mu m$ 以上的微粒（$1 \mu m = 1000 nm$）,而对性质活泼的金属催化剂,微晶大小通常在 $1 \sim 10 nm$ 之间,因此它是无能为力的。在电子显微镜里,则用高压下（通常 $70 \sim 110 kV$）由电子枪射出的高速电子流作为光源,波长短,分辨本领高达 $0.5 nm$。因此,原则上任何催化剂微晶的大小分布,都可以用电子显微镜观察。所以,近年来电子显微镜在催化剂研究中的应用日益广泛。

　　电子显微镜有多种,应用最广的是 TEM（透射电镜）和 SEM（扫描电镜）。TEM 样品要足够薄（100nm）,才可得到十分清晰的照片。SEM 可从固体试样表面获得图像,甚至直接以块状的试样测试,但放大倍数较 TEM 小。

　　用电子显微镜可观察催化剂外观形貌,进行颗粒度的测定（已如前述）和晶体结构分析,同时还可研究高聚物的结构、催化剂的组成与形态以及高聚物的生长过程、齐格勒-纳塔体系的催化剂晶粒大小、晶体缺陷等。

3.4.1.1　催化剂微晶大小分布的测定和表征

　　有许多研究工作表明:细分散的金属微晶与金属体相的催化性质有重大差异。粒径越小，越倾向于无定型结构，这时它的催化性质变化越大。

下面以 2,3-二甲基丁烷在 Pt/C 催化剂上的脱氢反应为例，说明铂微晶大小分布情况以及对活性和选择性的影响。

催化剂用浸渍法制备，将含量为 0.12%～0.933% 铂载于无活性的炭上，以制备各种含铂量的催化剂。

铂的晶粒直径，以 n 个粒子体积对表面积的比 d_{vs} 来表示，粒子单位质量表面积以 S_w 来表示。

根据该催化剂电子显微镜照片，用此前粒径分析所用的相似方法（见 3.3 节），统计标绘出不同样品的粒径分布曲线和平均粒径，再经计算，列于表 3-9。

表 3-9　新鲜铂粒的平均直径和比表面积

催 化 剂	Pt 质量分数/%	$\overline{d}_{vs}$/nm	S_w/(m²/g 铂)
A₁	0.12	2	140
A₂	0.50	2	140
A₃	0.90	2.6	108
A₄	2.79	4.5	63
A₅	9.33	4.8	58

由表 3-9 可知，随铂浓度的降低，单位质量铂的比表面积增加，当达到极大值 140m²/g 后就不再随铂浓度降低而增加了。此时，铂质量分数约为 0.5%。由此可以得出如下结论，即用浸渍法制备 Pt 催化剂时，当 Pt 质量分数大于 0.5% 时，随铂晶粒增大，单位质量 Pt 暴露的表面反而相对减小。值得注意的是工业铂重整催化剂的铂含量通常在 0.5% 左右。

为了验证热烧结对 Pt 晶粒大小的影响，用含 0.5%Pt 的 A₂ 样品在 650℃不同热处理时间下煅烧。然后摄取电子显微镜照片，测量 Pt 粒径大小，数据列入表 3-10。

表 3-10　烧结后 Pt 粒子的直径和比表面积

催 化 剂	烧结时间/h	$\overline{d}_{vs}$/nm	S_w/(m²/g 铂)
A₂	0	2.0	140
B₁	2	3.2	87
B₂	14	3.5	79
B₃	24	4.1	69
B₄	72	4.8	58

由表 3-10 可见，Pt 晶粒随烧结时间延长粒径迅速增大，比表面积则有规律地减小。

用上述一系列新鲜的 A₁～A₅ 和烧结的 B₁～B₄ 催化剂，对 2,3-二甲基丁烷脱氢反应进行试验。此外，为了比较微晶粒与金属体相的不同催化性能，用一个直径为 0.22mm、长 200cm 的铂丝进行实验。与微晶相比，0.22mm 的铂丝可视为直径无穷大的微晶粒。催化剂的初活性用最初反应速率表示。选择性是指生成 2,3-二甲基丁烯-1 而言。

铂晶粒大小对最初反应速率的影响绘于图 3-26。铂晶粒大小对脱氢生成 2,3-甲基丁烯-1 的选择性绘于图 3-27。由这些图可见，初活性随铂晶粒的增加按指数下降，而生成 2,3-二甲基-1-丁烯的选择性则随粒径增加而增加。

3.4.1.2　催化剂微粒形态的观察

用电子显微镜可观察微粒大小的形态，以及微粒对烧结过程的稳定性。例如用电子显微镜观察氧化锌在不同温度下加热的变化，在其电子显微镜照片上可以直观地看到，800℃加热后氧化锌形成块状结晶；多孔的银，未经热处理前为花边状态的结构，而在800℃加热处理后，转变为密实的粗结晶。

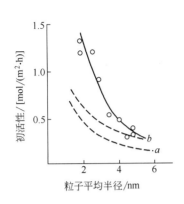

图3-26 粒径大小对反应速率的影响

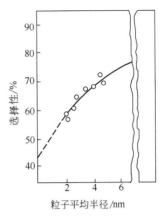

图3-27 粒径大小对选择性的影响

此外，还可以利用电子显微镜研究在催化剂上进行的反应过程。例如有人观察了在580～900℃范围内苯在铜镍合金上生成炭的过程。在实验条件下观察到有两种炭生成。A型是在高温下形成的薄膜，另一种B型为在较低温度形成的炭。A型炭的生成速度相当大。合金中含有40%～80%Ni，它比纯镍对生成B型炭具有更强的催化活性。

3.4.2　X射线结构分析在催化剂研究中的应用

X射线波长介于紫外线和γ-射线之间，它和光同属横向电磁辐射波。由于X射线波长短，所以它有较高的贯穿能力和较小的干涉尺度。这些特性使得它在物质结构研究中有特殊的应用。

X射线发生装置的工作原理如图3-28所示。当阴极热电子在10^4V以上的高压下加速时，它可以得到相当高的动能。高速电子与阳极物质相碰时可以产生X射线。这种X射线一般是由连续光谱和特征光谱两部分组成的。连续光谱是由碰撞时电子减速产生的，而特征光谱则是由阳极材料的原子受激发后它的电子从较高能级跃迁到较低能级时产生的。

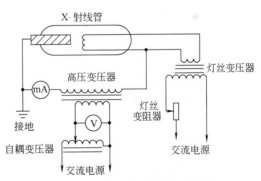

图3-28 X射线发生装置工作原理

X射线结构分析是揭示晶体内部原子排列状况最有力的工具。应用X射线衍射方法研究催化剂，可以获得许多有用的结构信息。在催化剂研究中主要用于测定晶体物质的物相组成、晶胞常数和微晶大小，也有用于比表面积和平均孔径及粒子大小分布的辅助测定的。X射线荧光分析还用于元素的定性或半定量分析。

由于X射线是波长很短的电磁波，其波长（约0.1nm）与原子半径在同一个数量级上。当X射线射到晶态物质上时，即产生衍射。在空间某些方向出现衍射强度极大值。根据衍射线在空间的方向、强度和宽度，可进行催化剂的物相组成、晶胞常数和微晶大小的测定。

3.4.2.1 物相组成的测定

X射线分析的基础是布拉格-马尔夫公式

$$n\lambda = 2d\sin\theta$$

式中，n为任意整数；λ为入射的X射线波长；θ为衍射角；d为平行晶面间的距离。

如果用波长一定的X射线射到结晶态的催化剂样品上，用照相机或其他记录装置测量衍射角的大小和衍射强度，根据上面的公式，就能鉴定出催化剂中的晶相结构。

原来每种晶态物质都有自己的衍射图谱，这和每个人的指纹都有自己个性化的特征一样。现在已积累了大量的结晶物质的特征数据，并整理为标准结构衍射数据（ASTM卡片）。因此，只要将被测物质的衍射特征数据与标准卡片相比对即可。如果结构数据一致，则卡片上所载物质的结构，即为被测物质的结构。

此外，物质的X射线衍射图谱还有一个重要的特征，即一种物质的衍射图谱与其他物质的同时存在无关，这也正像人的指纹叠印在一起仍可分别鉴定一样。

物相鉴定在催化剂结构测定方面最典型的例子之一是氧化铝的测定。晶体氧化铝广泛地被用作催化剂、吸附剂和催化剂的载体。它的晶相结构决定了它的催化性质，因而也决定了它的用途。例如活性的γ-Al_2O_3和η-Al_2O_3常用作催化剂、吸附剂或载体，而无活性的α-Al_2O_3则仅用作载体。

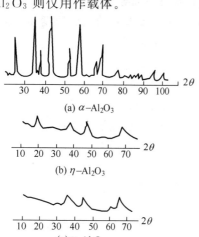

图3-29 几种氧化铝的
X射线衍射图谱

现在已知氧化铝有8种不同的结构。在实验室，各种不同的氧化铝是由其水合物制取的。一些氧化铝的X射线衍射图谱见图3-29[T2]。

从氧化铝的例子可见，X射线结构分析用于催化剂的晶相鉴定的重要作用。物相分析还可帮助了解催化剂选择性变化及失活的原因。稀土Y型分子筛催化剂运转中活性逐渐下降，原因之一是其晶体结构的逐渐破坏，故测定工业失活催化剂结晶破坏程度，就能从结晶稳定性的角度，分析该催化剂的运转潜力。

3.4.2.2 晶胞常数的测定

晶体中对整个晶体具有代表性的最小的平行六面体称为晶胞。一种纯的晶态物质在正常条件下晶胞常数是一定的，即平行六面体的边长都是一定的。但当有其他物质存在，并能生成固溶体，同晶取代或缺陷时，晶胞常数可能发生变化。因而可能改变催化剂的活性和选择性。

晶胞常数可用X射线衍射仪测得的衍射方向算出。目前测定晶胞常数的精确度可达到0.1%。

有人已用实验证明，晶胞常数的改变能显著地影响催化剂的活性和选择性。例如对环己烷脱氢反应来说，晶胞缩小了的氧化铬，其活性降低，但晶胞常数缩小的镍，则活性升高。

图3-30表示镍晶胞常数变化对环己烷脱氢活性的影响。活性以折射率表示。镍的活性随晶胞常数的增大而

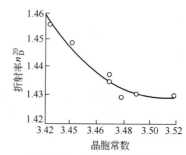

图3-30 镍晶胞常数变化
对环己烷脱氢活性的影响

降低。

3.4.2.3 线宽法测平均晶粒大小

大多数固体催化剂是由微小晶粒组成的多孔固体。单位质量的活性物质提供的表面积与微晶大小有关。特别是对有载体的 Pt、Pd 等贵金属催化剂的制备和使用，测定微晶大小有重大的实际意义。

由于物质种类、制法、煅烧和使用中的操作条件不同，催化剂中微晶大小分布可以在很大的范围内变化。粒径从 1nm 到几十纳米，甚至到几百纳米。但一般说来，活泼的催化剂的微晶在 1～10nm 之间。

晶粒小于 200nm 以下，能够引起衍射峰的加宽。晶粒越细峰越宽，故此法也称线宽法。此法按下式计算

$$D = \frac{0.89\lambda}{B\cos\theta}$$

式中，θ 为衍射角；λ 为波长，nm；B 为衍射峰极大值一半处的宽度，rad；D 为平均晶粒大小，nm。

金属负载型催化剂的金属分散度，是影响催化剂活性的重要因素之一。金属高度分散时，可以提供较多的活性表面，因此常常可以具有较高的催化活性。在催化剂使用中，金属的凝聚和烧结可导致活性下降。长期以来，如何得到高的分散度并防止金属粒子长大，一直是人们努力探讨的问题。平均晶粒大小能够反应活性金属分散的好坏，为这些研究提供了有用的信息。合成氨的铁催化剂，其衍射峰越宽（晶粒越细）催化活性越高。Ni/Al$_2$O$_3$ 催化剂的醇脱氢活性研究表明，Ni 晶粒的最适宜大小应为 6～8nm。

3.4.2.4 广延 X 射线吸收精密结构（EXAFS） 分析[2]

X 射线穿过物质时产生吸收，吸收系数随 X 光子能量变化。当光子能量大到足以激发原子内层电子时，产生吸收突变。精密测定吸收边附近的吸收系数变化，可以计算吸收原子周围的配位情况。该方法可以测晶体，也可以测无定形物质。由于不同原子的吸收边相隔足够远，它们的 EXAFS 谱互不反叠，原则上可以通过一次实验测出样品中各原子的配位结构。EXAFS 方法要求高强度的 X 射线源，一般采用同步辐射产生的高强度、宽频率范围的连续谱 X 射线。如果要求不高，可以采用旋转靶 X 射线源。

用表面 EXAFS 方法可以取得催化剂表面结构的许多信息。从以下实例可看出，这里表征的结构信息，往往涉及分子、原子内部更精细尺度上的特征。

例如应用 EXAFS 方法研究过分散在氧化铝和氧化铝上的锇、铱、铂金属簇团，将这些还原后的簇团与相应的金属块这两种 EXAFS 的结果相比较，得到以下结论：①原子到第一近邻的键长比金属块中的键长小 0.002nm；②金属簇原子第一近邻配位数是 7～10，而相应的金属块配位数是 12。这样低的配位数，证明催化剂上金属的高分散态的存在；③金属簇中的原子比金属块中原子的热骚动大 1～1.4 倍，反映出金属簇具有较多的表面原子。

还有人应用 EXAFS 方法研究钌（锇）-铜-氧化硅载体双金属催化剂的金属结构，分析各种金属的配位数，证明了这种双金属催化剂的结构特点是 Cu 覆盖 Ru（Os）簇团，这种结构特点与其化学吸附及催化性质有关联。

3.4.2.5 多晶结构测定[2]

应用精密的 X 射线衍射仪，由于它具有阶梯扫描装置和功率较高的 X 射线管，可以研

究多晶结构，并提供催化剂其他一些信息。

应用这种高档的 X 射线衍射仪，记录粉末样品的 X 射线衍射图谱，计算衍射的积分强度，根据设计的结构模型，经过最小二乘法修正，可计算原子的坐标位置和占有率等结构参数，计算键长、键角。

在催化剂研究中，该方法主要用来测定分子筛骨架原子坐标、骨架外阳离子位置及占有率，计算分子筛孔道形状及大小。

多晶 X 射线衍射结构测定方法应用于催化剂研究，近 30 年来最突出的成就是分子筛的结构研究。由于反应物分子是在分子筛晶体内部的孔道中发生催化反应的，因而晶体内部的原子排列、孔道形状、活性中心位置等是影响分子筛活性的决定性因素。在过去 30 年里，几乎所有分子筛的结构都被测定和描绘出来，并且根据晶体几何学原理，预言了可能出现的新型的分子筛结构。学者们还细微地研究了不同制备工艺、处理条件对阳离子位置、孔道形状的影响，以及由此而产生的结构稳定性、活性、选择性的变化。例如国外有人测定了稀土 Y 型分子筛不同焙烧条件下阳离子位置的变化发现，稀土离子在交换时，主要交换到大笼中的位置，较难进入到小笼中去；然而焙烧后稀土离子能进入小笼中，并将小笼中的钠离子置换到大笼内。这就从理论上解释了两次交换一次焙烧工艺的必要性。

我国有人测定过 5A 分子筛 380℃ 水蒸气处理前后的结构参数，发现高温水蒸气处理后，骨架外阳离子 Ca^{2+}（Na^+）沿晶胞对角线方向朝着 α-笼内移动 0.02nm。根据氧原子的坐标和原子半径，计算出处理前后分子筛孔的有效球形体积为 $0.691nm^3$ 和 $0.641nm^3$，八元环有效直径为 0.434nm 和 0.382nm。这些数据表明，高温水蒸气处理使 CaA 型分子筛的 α-笼有效体积及八元环孔径减小，影响了其吸附扩散性能，这就从结构上解释了 5A 分子筛之所以不耐水的原因。

3.4.3　热分析技术在催化剂研究中的应用[2,13]

热分析是根据物质在受热或冷却过程中其性质和状态的变化，将此变化作为温度或时间的函数，来研究其规律的一种技术。由于它是一种以动态测量为主的方法，所以和静态法相比，有快速、简便和连续等优点，因而是研究物质性质和状态变化的有力工具，已广泛应用于各个学科领域。

由于可以跟踪催化剂制备过程和催化反应过程的热变化、质量变化及状态变化，所以热分析在催化剂研究中得到愈来愈多的应用，不仅在催化剂原料分析，而且在制备过程分析和使用过程分析上，皆能提供有价值的信息。

热分析有近 20 种不同的技术。目前催化研究中应用最多的主要有差热分析和热重分析，有时还用差示扫描量热法（DSC）。

3.4.3.1　差热（DTA）分析及其应用

差热分析的基本原理如图 3-31 所示。它是把试样和参比物置于相同的加热和冷却条件下，记录两者随温度变化所产生的温差（ΔT）。为便于参比，要求参比物的热性质为已知，而且要求参比物在加热和冷却过程中较为稳定。差示热电偶的两个工作端，分

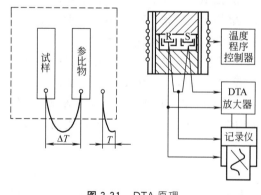

图 3-31　DTA 原理

别插入试样和参比物中。在以一定程序加热或冷却过程中，当试样在特定温度有热变化时，则它与参比物温度不等，便有温差信号输出，于是二者 $\Delta T \neq 0$。假若为放热反应，则 ΔT 为正，曲线偏离基线移动直到反应终了，再经历一个试样与参比物的热平衡过程而逐步恢复到 $\Delta T = 0$，从而形成一个放热峰。反之，若为吸热反应，则 ΔT 为负值，形成一个反向的吸热峰。连续记录温差 ΔT 随温度变化的曲线即为差热曲线（或 DTA 曲线），如图 3-32 所示。

选择催化剂的最佳制备条件，对获得一个性能理想的催化剂是很重要的。在制备过程中焙烧、活化等步骤是确定催化剂结构的关键。借助差热分析技术，可以直接由其曲线确定各步处理的具体条件。

例如，在制备 Ir/Al_2O_3 催化剂时，载体氧化铝浸渍氯铱酸，晾干后，在氮气下焙烧，以进一步脱水，同时使载体上的氯铱酸分解为氯化铱。图 3-33 是 H_2IrCl_6/Al_2O_3 于氮气中焙烧的 DTA 曲线，由其分解峰的起始和终结温度，可确定该催化剂的适宜焙烧温度。

1974 年，国外有人在评选汽车尾气净化用催化剂时，采用 DSC-MS（差示扫描量热-质谱）技术。实验是在 Du Pont900 型热分析仪上进行的。进料气为：C_3H_6 0.025%、CO 1.0%、

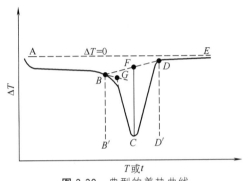

图 3-32 典型的差热曲线

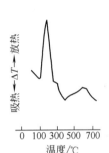

图 3-33 H_2IrCl_6/Al_2O_3 焙烧的 DTA 曲线

O_2 1.25%、水蒸气 10%，其余为氮气。以 20℃/min 升温速度对一系列 CuO/Cr_2O_3 催化剂进行 DSC 测量。在其曲线上发现一个与 CO 转化为 CO_2 相对应的放热峰。质谱分析表明，放热峰高与产生的二氧化碳量成正比关系。因此不用产物分析，以 DSC 曲线上 CO 转化为 CO_2 的峰高，就可以便捷地实现对这一系列待评催化剂的初步筛选。

积碳失活后催化剂的再生，已用差热分析法进行过成功的研究。在有机化学反应中，催化剂常常由于表面上的积碳而失活，因此须用烧碳的方法再生。这时，再生温度和持续时间的选择是很重要的。再生温度过低，烧碳不彻底，或所费时间太长；反之，烧碳过快，温升太高，催化剂又有被烧结的危险。图 3-34 是铬催化剂在异丙醇分解前后的差热曲线。由图可知，反应后的催化剂在 260℃ 开始了放热过程（曲线2）；而新鲜催化剂的差热曲线（曲线1），却无此放热峰。曲线 2 的放热峰，正是由于炭的燃烧引起的。于是据此就不难确定该催化剂的适宜烧碳条件。

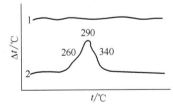

图 3-34 铬催化剂的差热曲线
1—催化反应前；2—催化剂积碳后

用类似的方法，当研究催化剂上发生的热效应时，记录由于失水，放出 CO_2、NH_3、氮的氧化物等，以及在氢、CO 中还原时所发生的热变化，都可以帮助确定这些特殊反应（分解、还原）的适宜条件。

3.4.3.2　热重（TC）分析及其应用

热重法即采用热天平进行热分析的方法。热天平与一般天平原理相同，所不同的是前者

在受热情况下连续不断地精确称量。图 3-35 是一种微量热天平的工作原理。

该热天平采用自动平衡法，用光电检测元件，有相当高的灵敏度。试样量为 1mg 时，其灵敏度为 0.01mg。在程序升温条件下，由试样质量增减引起天平倾斜，而同时光电系统反映出这种倾斜位移，即有电流信号输出。放大的电流，在磁场作用下产生反向平衡矩，而使天平矫正到处于新的平衡位置。由于输出电流与样品质量变化成正比关系，故将这电流的一部分引入记录器即可得到样品质量随温度变化的热重曲线，即 TG 曲线。

图 3-36 是前例（见图 3-33）差热分析 $IrCl_3/Al_2O_3$ 后进行的该催化剂在氢气下还原的 TG 曲线。

曲线上的失重段对应于氯化铱的还原。由其失重的始终温度即可确定还原的温度区间。还原条件应从两个方面考虑，一是活性组分应尽可能还原完全；二是避免已还原的金属粒子的烧结。二者皆与还原温度密切相关。为此用 TG 技术考虑了还原温度区间各个温度的还原度，其结果列于表 3-11。

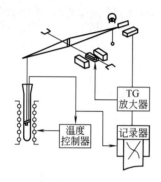

图 3-35　微量热天平工作原理

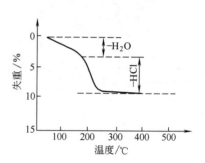

图 3-36　$IrCl_3/Al_2O_3$ 还原 TG 曲线

表 3-11　$IrCl_3/Al_2O_3$ 还原度与温度的关系

温　　度/℃	还　原　度	温　　度/℃	还　原　度
300	66.0%	500	100.0%
400	98.3%	600	100.0%

可以看出，$IrCl_3/Al_2O_3$ 于 400℃还原度已达 98.3%，500℃还原度虽略有提高，但从 X 射线分析和比表面积数据发现，已还原的铱有部分烧结现象，铱的比表面积有所减少。故还原温度应在 400℃以下较合适。

热重分析法，目前已发展成为国内催化研究中一种常用的技术手段。有些国外进口的差热分析仪，也能同步地记录下增重或失重的变化。随着研究工作的深入，方法本身也在不断改进。当把热天平和反应单元联在一起时，就组成所谓"气氛热重技术"，用于跟踪在反应过程中催化剂质量发生的动态变化。因此，可用它来研究那些随着反应的进行催化剂质量也发生变化的过程，如催化剂的氧化和还原、活化和钝化、积碳和烧碳、中毒和再生等过程。其中，尤以研究催化剂的积碳和烧碳过程为最多。近年来，国内已有不少单位应用这一技术，对催化剂的抗积碳问题进行研究，有些单位还一直把它作为一种评价催化剂抗积碳性能的常规手段。图 3-37 是此法较为典型的一种流程。图 3-38 和图 3-39 是两种积碳反应器结构。这两种反应器材质不同。前者为石英玻璃制造，适合近于常压下的操作；后者为合金钢制造，适合加压下的操作，但结构较复杂，造价较高。

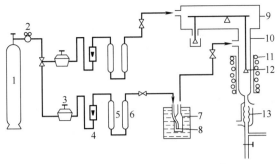

图 3-37 热重法研究积碳反应流程

1—气瓶；2—减压阀；3—稳流阀；4—转子流量计；5—干燥器；6—脱氧剂；7—水浴；
8—汽化器；9—天平盒；10—石英管；11—炉子；12—吊篮；13—冷凝器

现举用此法研究 Ni 表面积碳动力学的一个实例。

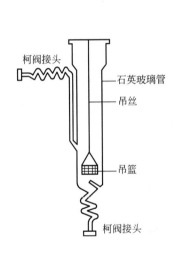

图 3-38 积碳反应器（1）

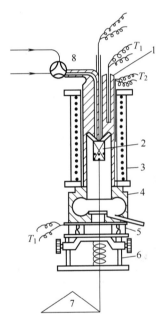

图 3-39 积碳反应器（2）

1—反应器套管；2—反应器；3—加热电炉；4—反应器底座；
5—保温电炉；6—弹簧托架；7—热天平；8—三通阀

以甲烷为原料气的主要成分。在烃类转化温度
500～800℃范围内，水碳比为 0.5～2.0 条件下，由于
低于热力学最低水碳比，催化剂上必因积碳而增重。热
天平上测定的对三种催化剂的积碳速率与温度的关系描
绘于图 3-40。从图 3-40 可以看出，在相同水碳比条件
下，三种催化剂的积碳速率皆随温度的升高而增大。但
开始积碳温度却不同，进口英国催化剂 ICI 57-1 为
650℃，国产催化剂 CN-2 为 680℃，740064 为 710℃。
同时还可以看出，在相同温度下它们三者的积碳速率也
各不相同。ICl 57-1＞CN-2＞740064。显然，积碳趋势

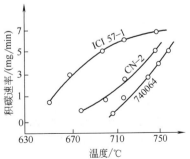

图 3-40 不同催化剂积碳速率
与反应温度的关系

大的催化剂，开始积碳的温度低，积碳速率也快。由此可见，这三种催化剂抗积碳能力的顺序为：740064＞CN-2＞ICI 57-1。这三种催化剂对天然气的水蒸气转化活性大致相近。为了比较它们的活性和抗积碳能力，还在常压装置上进行了考察，得到的结果与热重装置的结果及其排序一致。

3.4.4 催化剂表面性质和活性位性质的研究

3.4.4.1 化学吸附法和化学滴定法研究催化剂的表面性质

(1) 吸附热的测定

$$\ln V_g = -\frac{\Delta H'_a}{RT} + 常数 \tag{3-7}$$

式中，V_g 为比保留体积；$\Delta H'_a$ 为吸附过程的焓变，即吸附热；R 为气体常数；T 为绝对温度。

从式（3-7）可知，以 $\ln V_g$ 对 $1/T$ 作图，从直线斜率可以算出吸附热。采用脉冲色谱法，测定吸附质在不同温度下载催化剂上的 V_g 值。色谱法求得的是等量吸附热。采用色谱法可在接近反应温度的条件下测定催化剂的吸附热，这是该方法的优势。为了满足上式成立的前提，应在吸附质分压极低（即脉冲进样量要极少）时进行测定。

(2) 催化剂表面酸性的测定　表面酸性的含意包括酸量和酸强度。酸量又包括质子酸（简称 B 酸）和路易斯酸（简称 L 酸）的酸量，或其总酸量。至于酸强度，由于表面酸性的分布一般是不均匀的，所以存在酸强度分布的问题。下面介绍酸量和酸强度的测定方法。

① 迎头色谱法测定总酸量、B 酸量和 L 酸量。将含有一定浓度吸附质的载气恒速并连续地通过吸附剂，这时柱后便记录到台阶式的浓度分布曲线，这种方法叫做迎头色谱法。

各种有机碱（如吡啶和 2,6-二甲基吡啶）能较强地吸附在固体酸表面，而且 2,6-二甲基吡啶只能吸附在 B 酸位上。利用这种性质，采用迎头色谱法测定 2,6-二甲基吡啶在酸性催化剂上的吸附量，由此可计算出 B 酸位的量。吡啶既能吸附在 B 酸上，也能吸附在 L 酸上，因此从吡啶吸附量可算出总酸量。两者之差即为 L 酸量。

② 迎头脉冲色谱法测定酸强度分布。吡啶是一种强碱，它首先吸附在强酸部位上。苯可看作是弱碱，它不能吸附在已被吡啶中和了的强酸部位上，但却能吸附在未被吡啶中和的其他酸部位上。因此，可以用随着吡啶中和量的不同，苯在催化剂上的等量吸附热变化情况表示催化剂的酸强度。

根据色谱塔板理论和统计热力学，导出描述随着吡啶吸附量 q_B 的改变，苯的 V_g 值变化情况的公式：

$$\ln\left(\frac{-\dfrac{dV_g(\Delta H_i)}{dq_B(\Delta H_i)}}{RT}\right) = \ln\frac{f}{p_0(T)} + \frac{\Delta H_i}{RT} \tag{3-8}$$

式中，$V_g(\Delta H_i)$ 为苯在酸强度为 ΔH_i 部位上的 V_g 值；$q_B(\Delta H_i)$ 为吸附在酸强度为 ΔH_i 部位上的吡啶量；ΔH_i 为用等量吸附热表示的酸强度；$f/p_0(T)$ 为某种分配函数，在温度区间不大时，与温度无关。

测定不同温度，不同吡啶吸附量 q_B 时苯的 V_g 值，便可得到不同温度时的 $V_g \sim q_B$ 图。从该图任取一个 q_B 值，便可得到在这一 q_B 值时的一组 $(dV_g/dq_B) \sim T$ 数据，根据上式以

$\lg\left[\left(-\mathrm{d}V_g/\mathrm{d}q_B\right)/RT\right]$ 对 $1/T$ 作图，便可得到在这个 q_B 值下的 ΔH_i 值。照此，各种 q_B 值的 ΔH_i 即可求出。ΔH_i 对 q_B 作图，即得到酸强度分布图。

（3）催化剂表面金属分散度的测定　应用化学吸附和表面反应相结合的方法，可以测定各种负载型过渡金属催化剂的金属分散度。分布在载体上的表面金属原子数和载体上总的金属原子数之比就是分散度，用 D 表示。

有些气体（如 H_2、O_2、CO 和 C_2H_4 等）在适当温度下能选择性地、瞬间地和不可逆地吸附在金属上，而不吸附在载体上。如果知道气体在金属上的吸附量，即可进一步计算出 D 值。对 Pt、Pd 和 Ni 这类金属催化剂，一般认为用氢吸附法或氢氧滴定（HOT）法测定金属的分散度，可得到满意的结果。CO 吸附法也是常用的方法。

下面重点介绍氢吸附法和 HOT 法。

一般认为氧、氢的吸附以及氧和氢在金属表面相互作用，按以下机理进行：

$$\mathrm{Pt_s} + \frac{1}{2}\mathrm{O_2} \longrightarrow \mathrm{Pt_sO}$$

$$\mathrm{Pt_s} + \frac{1}{2}\mathrm{H_2} \longrightarrow \mathrm{Pt_sH}$$

$$\mathrm{Pt_sO} + \frac{3}{2}\mathrm{H_2} \longrightarrow \mathrm{Pt_sO} + \mathrm{H_2O}$$

如果用 V_a 表示氢的吸附量，ml(STP)；V_T 表示氢滴定表面氧所消耗的量，ml(STP)，则容易导出：

$$D = \frac{2V_a M_{\mathrm{Pt}} \times 10^{-3}}{22.4 W_{\mathrm{Pt}} w_{\mathrm{Pt}}}$$

或

$$D = \frac{\frac{2}{3}V_T M_{\mathrm{Pt}} \times 10^{-3}}{22.4 W_{\mathrm{Pt}} w_{\mathrm{Pt}}}$$

式中，M_{Pt} 为 Pt 的原子量（$=195$）；W_{Pt} 为催化剂中 Pt 的量，g；w_{Pt} 为催化剂中 Pt 的含量，质量分数％。如果用 Pt 的比表面 S_{Pt}（$\mathrm{m^2/g}$）表示 Pt 的分散情况，也可导出：

$$S_{\mathrm{Pt}} = \frac{2V_a N_0 \sigma_{\mathrm{Pt}}}{22.4 W_{\mathrm{Pt}} w_{\mathrm{Pt}}} = \frac{4.79 V_a}{W_{\mathrm{Pt}} w_{\mathrm{Pt}}}$$

或

$$S_{\mathrm{Pt}} = \frac{\frac{2}{3}V_T N_0 \sigma_{\mathrm{Pt}}}{22.4 W_{\mathrm{Pt}} w_{\mathrm{Pt}}} = \frac{1.60 V_T}{W_{\mathrm{Pt}} w_{\mathrm{Pt}}}$$

σ_{Pt} 为 Pt 的原子截面积，$0.089\mathrm{nm^2}/H_0$。

S_{Pt} 和 D 之间可按下式互相换算：

$$S_{\mathrm{Pt}} = 275.0D$$

S_{Pt} 和晶粒直径 d_{Pt}（$10^{-10}\mathrm{m}$）之间有以下关系：

$$d_{\mathrm{Pt}} = \frac{5 \times 10^4}{\rho_{\mathrm{Pt}} S_{\mathrm{Pt}}} = \frac{233.1}{S_{\mathrm{Pt}}}$$

ρ_{Pt} 为 Pt 的密度，等于 $21.45\mathrm{g/cm^3}$。

测定分散度装置的流程如图 3-41 所示。该图还是后面要介绍的程序升温脱附法（TPD）和程序升温还原法（TPR）的联合装置的流程图。

氢吸附法和 HOT 法的操作步骤如下：先在一定温度和一定时间内使金属催化剂还原完

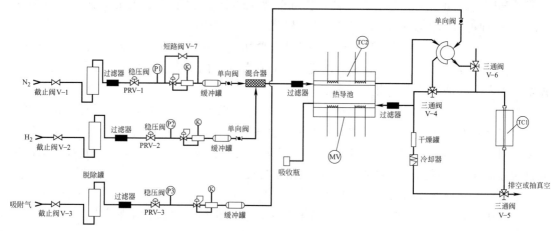

图 3-41 HOT、TPD 和 TPR 联合装置流程图

全，在此温度下停止通氢气，改通氮气，以驱赶空间及金属表面上的氢，然后降至室温（或某适宜温度），定量进氢进行化学吸附测定。第一次进氢由于大部分氢被吸附，剩余的未被吸附的氢以很小的色谱峰信号在记录器上显示。第二次、第三次或更多次进氢时，氢峰逐渐增大，一直进氢到色谱峰面积或峰高大小不变，此时化学吸附测定完成。

化学吸附测定完成后，过量进氧，使催化剂上的 Pt 表面被氧所饱和，然后按上述相同的操作步骤进行氢滴定。

取达到恒定的峰面积作为标准峰，用 A_s 表示其峰面积，它和每次进氢的体积 V_s（STP）对应，这时总的氢吸附量 V_a 或氢的总滴定量 V_T 可按下式计算：

$$V_a(\text{或 } V_T) = \frac{V_s}{A_s}\left[(A_s - A_1) + (A_s - A_2) + \cdots\right]$$

3.4.4.2　程序升温脱附法（TPD）　研究催化剂的表面性质

将预先吸附了某种吸附质的催化剂，在等速升温并通入稳定流速的载气下，催化剂表面的吸附质到了一定温度范围便脱附出来，在吸附管后面色谱检测器（热导池或质谱）记录描述吸附质脱附速率随温度而变化的 TPD 曲线。例如，图 3-42 是典型的 HZSM-5 分子筛催化剂程序升温脱附（TPD）曲线。

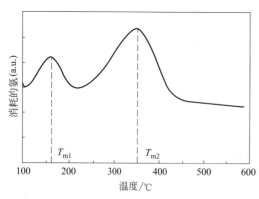

图 3-42 HZSM-5 分子筛催化剂
程序升温脱附（TPD）曲线

TPD 曲线的形状、大小及出现最高峰时的温度 T_m 值均与催化剂的表面性质有关。通过对 TPD 曲线的分析以及数据处理，可求出反映催化剂表面性质的各种参数，如脱附活化能 E_d、频率因子 ν、脱附级数 n 等。吸附活化能小时，E_d 近似等于等量吸附热，它是表征表面键能大小的参数；ν 正比于吸附熵变，是表面吸附分子可动性的参数，它可用以辨认分子在表面的吸附情况，即局部吸附还是可动吸附。而 n 反应的是吸附分子之间的相互作用程度。

TPD 法研究催化剂实例如下。

（1）分子筛催化剂的 TPD 研究

NH$_3$ 预先吸附在 HZSM-5 分子筛上,其 TPD 图一般出现两个峰(见图 3-42),$T_{m1}=$ 373～473K,$T_{m2}=623～773K$。T_{m2} 相对应的中心为强酸中心,大部分与 B 酸中心有关;T_{m1} 相对应的中心为弱酸中心。

（2）金属催化剂表面性质的研究

TPD 法能有效研究金属、合金和负载型金属催化剂的表面性质。

H$_2$ 在铂黑上的 TPD 图出现三个峰(见图 3-43),即 $T_{m1}=253K$,$T_{m2}=363K$,$T_{m3}=673K$,表明 Pt 表面是不均匀的。

TPD 法研究 CO 在 Pt-Sn 合金上的吸附性能时得到有趣的结果:第一,Sn 和 Pt 形成合金后,脱附峰向低温方向位移;第二,随着合金中 Sn 含量增加,高温峰消失;第三,Pt-Sn 合金的吸附中心密度比 Pt 小。因此,可以得出结论,Pt 和 Sn 之间既发生配位体效应(其标志是 T_m 发生位移),也发生集团效应(其标志是吸附中心密度发生变化)。

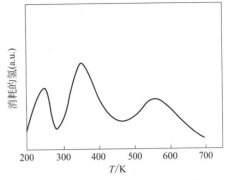

图 3-43　H$_2$ 在铂黑上的 TPD 曲线

TPD 法可用于研究负载型金属催化剂中金属和载体之间的相互作用。例如,Pt/Al$_2$O$_3$ 催化剂低温还原(还原温度低于 573K)时,催化剂只有低温吸附氢的中心;高温还原(还原温度高于 773K)时,既有低温吸附氢中心,也有高温吸附氢中心。随着还原温度的提高,低温吸附中心的密度减少,而高温吸附中心的密度增加。Pt/SiO$_2$ 催化剂只有低温吸附氢中心,Pt 和 SiO$_2$ 之间一般认为只有微弱的范德华作用力。可见低温吸附氢中心反映的是金属组分的特性,而高温吸附氢中心则是 Pt 和 Al$_2$O$_3$ 之间相互作用所表现出来的特性。Pt/TiO$_2$ 催化剂高温还原后,因为 Pt 和 TiO$_2$ 之间发生强相互作用,Pt 的低温吸附氢的能力完全消失。

（3）氧化物催化剂吸附 O$_2$ 的特性

用于烃类氧化反应的氧化物催化剂,其催化性能和表面氧的状态有关,许多研究者证明了选择氧化催化剂的活性和表面"晶格氧"有关,而完全氧化的活性和表面吸附的氧有关。

根据 TPD 法研究 O$_2$ 吸附在各类氧化物的特性的结果,可把氧化物分成以下三类:

A 类:有 V$_2$O$_5$、MoO$_3$、Bi$_2$O$_3$、WO$_3$ 和 Bi$_2$O$_3$·2MoO$_3$ 等,在这类氧化物上没有记录到脱附氧的信号;

B 类:有 Cr$_2$O$_3$、MnO$_2$、Fe$_2$O$_3$、Co$_3$O$_4$、NiO 和 CuO 等,在这类氧化物上记录到较多的脱附氧,而且观察到有几种不同的吸附氧中心;

C 类:有 TiO$_2$、ZnO 和 SnO$_2$ 等,在这些氧化物上只记录到很少量的脱附氧。

从反应性能看,A 类氧化物为选择氧化催化剂,TPD 研究证实了这类氧化物的活性中心不可能是表面吸附氧。B 类氧化物为完全氧化催化剂,可见其氧化性能和表面吸附氧有关。C 类氧化物的反应性能介于 A 和 B 类之间。

3.4.4.3　程序升温还原法（TPR）　研究金属催化剂的表面性质

一种纯的金属氧化物具有特定的还原温度,所以可用此温度表征该氧化物的特性。两种氧化物混合在一起,如果在 TPR 过程中彼此不发生作用,则每一种氧化物仍保持自身的还原温度不变;如果两种氧化物彼此发生固相反应,则原来的还原温度要发生变化。

各种金属催化剂多数是负载型的，就是说金属活性组分是负载在载体上的。制备这种催化剂常用金属的盐类浸渍于载体上，加热分解后形成负载氧化物，经在氢气流下加热还原，形成负载型金属催化剂。对双组分金属催化剂，加热分解时，如果两种氧化物相互发生作用（或部分发生作用），或氧化物和载体（此载体应是氧化物）之间发生作用（或部分发生作用），则活性组分氧化物的还原性质将发生变化。用 TPR 法可以观测到这种变化。所以 TPR 法是研究金属催化剂中金属之间或金属与载体之间相互作用的有效方法。该方法灵敏度高。

做 TPR 时常用的还原气为含 5%～15%（体积分数）H_2 的 N_2-H_2 或 Ar-H_2 混合气，升温速率为 1～20K/min，催化剂用量一般为 0.1g，载气流速为 50～100ml/min。

TPR 法研究催化剂的实例：

（1）NiO/SiO$_2$、CuO/SiO$_2$ 和 NiO-CuO/SiO$_2$ 的 TPR

NiO/SiO$_2$ 催化剂的 T_m 值比纯 NiO 的高，说明 NiO 和 SiO$_2$ 之间有化学作用发生（见图 3-44a）；CuO/SiO$_2$ 的 T_m 值比纯 CuO 低，说明 SiO$_2$ 起到了分散 CuO 的作用（见图 3-44b）。NiO-CuO/SiO$_2$ 的 TPR 图和 NiO/SiO$_2$ 及 CuO/SiO$_2$ 的 TPR 没有明显区别（见图 3-44），说明在灼烧过程中 CuO 和 NiO 没有发生作用。如果把还原后的 Cu-Ni/SiO$_2$ 在空气中 773K 下灼烧 30min 后再做 TPR，只出现一个 TPR 峰，这说明还原过程中 Cu 和 Ni 形成了合金。

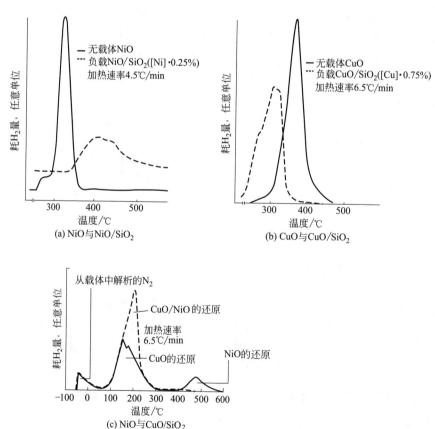

(a) NiO 与 NiO/SiO$_2$

(b) CuO 与 CuO/SiO$_2$

(c) NiO 与 CuO/SiO$_2$

(c) 实线—焙烧后第一次 TPR 曲线；虚线—还原后第二次 TPR 曲线

图 3-44　NiO/SiO$_2$、CuO/SiO$_2$ 和 NiO-CuO/SiO$_2$ 的 TPR 曲线[14]

（2）Pt/Al$_2$O$_3$ 和 Pt/SiO$_2$ 的 TPR

用 Pt 小于 1％的 Pt/Al$_2$O$_3$ 制备石油重整催化剂，因 Pt 高度分散于 Al$_2$O$_3$ 表面，电子显微镜很难观测到 Pt 的颗粒。TPR 法证明负载于 Al$_2$O$_3$ 的 PtO$_2$ 的 T_m 值比纯 PtO$_2$ 的高得多。前者 $T_m \approx 553K$，而后者在室温时就能被还原，这说明 Pt 能高度分散于 Al$_2$O$_3$ 上，是因为 Pt 和 Al$_2$O$_3$ 之间，或者在制备过程中氯铂酸与氧化铝之间有较强的相互作用。

Pt/SiO$_2$ 石油重整催化剂可用一般浸渍法（以氯铂酸为原料）和交换法［以 Pt(NH$_3$)$_4$Cl$_2$ 为原料］制备，后者可得到比前者更高的分散度。用 TPR 法可观测到两种方法制备的 Pt/SiO$_2$ 催化剂前驱体的 TPR 图不一样[15]。离子交换法制备的 Pt/SiO$_2$ 催化剂之所以具有高分散度，是因为[Pt(NH$_3$)$_4$]$^{2+}$ 能和 SiO$_2$ 中的 OH 基团发生键合作用，TPR 曲线证实了这种作用（见图 3-45）。

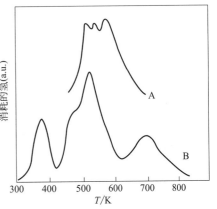

图 3-45　Pt/SiO$_2$ 的 TPR 曲线[15]
A—离子交换法制备；B—浸渍法制备

（3）Pt-Re/Al$_2$O$_3$ 和 Pt-Ir/Al$_2$O$_3$ 的 TPR

Pt-Re/Al$_2$O$_3$ 还原后再氧化，其 TPR 图既不同于 PtO$_2$/Al$_2$O$_3$ 的 TPR 图，也不同于 Re$_2$O$_7$/Al$_2$O$_3$ 的 TPR 图，这表明 Pt-Re 在催化剂中形成了合金[16]。

Pt-Ir/Al$_2$O$_3$ 和 Pt-Re/Al$_2$O$_3$ 的情况相反，表明催化剂中 Pt 和 Ir 不形成合金。

3.5　若干近代物理方法在催化剂表征中的应用 [T8, 1, 2, 4]

广泛地采用近代物理方法是今日催化科学研究的一个重要特点。近代物理方法是经典物理方法的进步与发展的产物。分析仪器是人类器官功能的延伸。有了这些工具，就可以更深入地研究催化作用，认识和总结催化作用的规律，大大加速催化剂开发的进程。这些方法各有所长，也各有所短。一种方法只能在某一方面做出贡献。为了全面地研究某一催化问题，则需要多种方法配合联用，互相补充。近年来国内催化剂研究在应用近代物理方法方面，已经取得不少成果。

固体催化剂的结构因素，如比表面积、晶体结构、孔结构、相组成和微晶大小等，是催化剂性能的一些决定因素。当对催化剂进行深入的研究时还需要一些近代的实验技术进行综合测试。近代物理方法和各种仪器的进步，为催化剂的研究提供了有利条件。

以往传统的测试技术为人们认识催化剂的本性提供了许多数据，目前一些现代化仪器和方法已经将许多催化剂制备过程和表面状态弄得一清二楚，只不过对如何将这些认识与催化剂的活性、选择性和寿命等关联起来，从而达到控制生产的目的，还未真正或完全地解决。这些测试技术在 20 世纪广泛应用的主要有电子探针、红外光谱等多种，近年则有了更多新方法出现。以下简略介绍几种常用近代物理方法的基本原理。

3.5.1　电子探针分析

由电子枪射出的电子束，经加速后聚焦到催化剂样品表面某一点时，组成催化剂的原子内层电子产生电离，发射出代表该元素性质的特征 X 射线，其强度则与元素的含量或浓度有关，其分辨能力很高。利用这种技术时，电子束在样品上除定点以外，还可以沿着线或面的方式进行移动扫描分析，其轰击深度约为200nm。进入20世纪80年代后，商品仪器已经做到除周期表中前几个元素以外，都能用这种方法进行分析。此外还发展了用剥离法测定重金属在催化剂中由表面向内部延伸的分布情况，有助于表征毒物或助催化剂的存在状态及组成的分布，例如活性组分在负载催化剂断面的分布等。

3.5.2　X射线光电子能谱（XPS）

X射线光电子能谱与电子探针相反，若样品被由X射线枪发出的单色X射线轰击，则由不同的原子层产生出光电子，最上面几个原子层和射出的电子强度高，再向下则呈指数关系地减弱，最深可以影响到10nm左右。以电子能量为横坐标，射出电子强度为纵坐标，得到能谱图。因为每一个元素都有其特征峰（与原子序数有关），则据此可以进行定性和半定量分析。若与离子溅射技术相结合，本法还可进一步分析不同深度的组成，除氢以外的其他元素均可以测出。XPS已经成为催化剂研究中的重要工具，提供表面组成、价态、结合能等，对研究催化活性中心本质以及中毒机理等颇为有效。

3.5.3　俄歇（Auger）电子能谱（AES）

由于电子束轰击而处于激发态的电离原子，当恢复到初态时，产生荧光X射线或Auger电子，用能量与计算数作图，可得到Auger电子谱峰。同样，除H、He而外，每个元素都有自己的AES特征峰及其固有的能谱图，成为其独特的识别标记。由于Auger电子的能量和催化剂样品中原子、分子及其所处的状态有关，因此可用以进行样品的物理化学分析，特别适宜于催化剂表面性质的研究。例如鉴定汽车尾气催化剂中钯的流失状况，以及鉴定催化剂中毒等。

3.5.4　穆斯堡尔（Mössbauer）谱

在γ射线的照射下，原子核由基态跃迁到激发态，然后又恢复到基态时，会再释放出相当能量的γ射线。这种射线，在其通过的路程中，会被较邻近的原子核共振吸收。如果这些原子是处于一定的晶格之中，则由于晶格的束缚，这种吸收实际上不会因原子的反冲而受到能量损失。这种无反冲的γ-射线共振吸收首先由Mössbauer发现，以后并发展成为研究物质微观结构的工具，用于研究催化活性物质的结构、助催化剂作用、晶粒大小和表面吸附态。它已用于研究非均相催化剂金属价态，活性组分与载体相互作用等方面。

3.5.5　磁性分析及顺磁共振

某些金属及金属氧化物催化剂，因其结构或d-带特征，具有特有的磁学性质。这些物质一般以其是否存在未偶电子或永久磁矩，可分为顺磁性、反磁性或铁磁性。在磁场中，物质的磁化程度M与磁场强度H的关系为

$$M = \eta H$$

式中，η为磁化率，对反磁性物质$\eta < 0$。顺磁性或铁磁性物质$\eta > 0$。利用常规磁天平测定磁化率和磁化强度，有助于了解催化物质的电子结构、价态或反应物在催化剂上的吸附态。

顺磁性物质低能级中的未成对电子在磁场中吸收能量后，跃迁到高能级，记录和研究这种吸收谱的方法称为顺磁共振。不同结构物质产生不同的光谱分裂因子（g因子），根据这种信息可以了解催化剂活性中心的性质和结构、表面酸中心和反应中间物。

3.5.6 红外光谱

每一个分子都有自己的振动频率，并伴随有二极振荡，可以吸收和释放出红外辐射波，该辐射波的特征与振频和强度以及分子的相对分子质量、几何形状、分子中化学键类型、所含有的官能团等密切相关，因此反映这种特征振动的红外吸收光谱就逐渐成为研究表面化学、鉴别固体表面吸附物质的有用技术，在催化研究领域中广泛用于研究固体酸、吸附态和表面化合物，进一步了解催化反应机理。不论是利用透射或反射光谱，都已开展了大量的工作。特别是利用特殊设计的吸收池和制样技术，可以完成原位分析，即在反应的特定温度、压力下进行上述研究，能够得到更多的有关资料。

迄今为止，不论催化剂结构的测定技术是经典方法的改进，还是新的物理技术的应用，其目的都在于更快、更精确地测定催化剂的结构特性，进而将这些结构特性与催化剂性质关联起来，以求了解催化作用的本质。现在各种方法都取得了一些成就，但无论在理论基础还是在实验技术上都有待提高，特别是在反应条件下如何应用这些方法使之能发挥更大的效力，仍是一个关键问题。今后将各种方法合理地匹配进行综合测试，并与催化动力学的研究及表面化学吸附的研究有机地结合起来，更显得重要。

3.5.7 各种近代物理手段与微型催化色（质）谱技术的联用

这个问题是近年来催化科学基础研究中的一个进展较快的新领域。前面我们已经举例说明了热重装置与微型催化色谱联用的情况。实际上，已经问世的类似装置还有许多，如 X 射线衍射-流动反应器、红外吸收光谱反应器（低能电子衍射仪＋俄歇电子能谱)-釜式反应器、X 射线电子能谱-脉冲反应器等。

这里介绍一个 X 射线衍射-流动反应器。要实现同时测定催化剂的物相和催化剂性能，若利用一般 X 射线衍射仪现成的可控温样品室，存在下列缺点：①容积太大，在给定的气体流速下，使气固相之间的传质阻力增大，同时也拖长了反应到达稳定的时间；②样品室材质中含有催化活性的元素；③从气相侧面加热，催化剂层中存在明显的温度梯度，因此不可能获得准确的数据。为了克服上述缺点，按照研究的要求，设计出一种 X 射线衍射-流动反应器，其结构如图 3-46 所示。它本身是一个反应器，但同时又是 X 射线衍射仪的特殊样品室。试验时，首先在玻璃片上压上一薄层的待测催化剂样品。然后将定组成反应混合气，通过热交换器预热到所要求的温度后，流到催化剂上进行反应。反应后的尾气，由色谱仪定期分析其组成。与此同时，从窗口透射进 X 射线束，在催化剂层中产生衍射。由衍射仪测出催化剂相应的物相组成。

诸如此类的方法还很多。这类方法的共同思路是：由于催化剂的物性结构与所处的环境和经历有密切的关系，

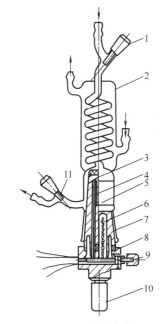

图 3-46　X 射线衍射-
流动反应器结构
1—入口阀；2—热交换器；
3—热电偶；4—催化剂；
5—X 射线透光窗口；6—电加热器；
7—奥氏钢锥形连接件；8—绝热部件；
9—细调旋细；10—测角仪轴；
11—出口阀

并且观测到的结果，最终必须与其催化性能相关联。找出两者之间的关系，才能阐明催化作用的本质所在。所以，当把物理实验方法引入催化领域时，为了更有效地发挥其作用，在实验技术上首先必须解决样品与环境的关系问题。为此，许多催化工作者做了很大的努力。他们根据不同的研究目的，在不同的测试仪器上，精心设计出各种形式的样品池（包括耐低温、高温、真空和压力）。使用这类带样品池的测试仪器，可以观测催化剂物性结构随环境和经历的不同而同步变化的规律，取得了很大的成就。近年来，这方面又有新的发展，出现了一些更为奇特的样品池。这样就要把反应系统和物性结构测试系统结合起来，组成多信号的联合测试装置，从而实现了在反应过程中测定催化剂催化性能的同时，原位跟踪催化剂物性结构相应变化这一梦寐以求的目的，使人们不仅能观察到发生在催化剂体相或表面的一些"静"的变化，而且也能同步地观察到一些在反应过程中发生的"动"的变化。

3.5.8　中试装置-表面分析系统的联用[11]

这里介绍的是一个国外用于研究合成甲醇的 $CuO/ZnO/Al_2O_3$ 催化剂的中试装置-表面分析联用系统。这个装置系统的示意流程如图 3-47 所示，原料气（CO 和 H_2 混合气）经由电子计算机控制达到指定的温度、压力及流量，而后送入中试反应器及微型反应器。中试反应器为管式，长 86cm，外径 3.2cm，内径 2.3cm。微型反应器的反应管长 11.4cm，外径 5.6cm，内径 2.24cm。原料气通过中试反应器及微型反应器反应后，一路去 ESCA/SAM 系统，一路去色谱分析。

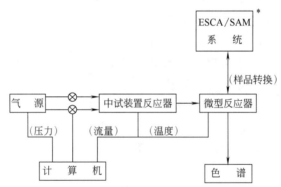

图 3-47　中试装置-表面分析联用系统

ESCA—化学分析用电子能谱；SAM—扫描俄歇能谱

从与上述装置系统类似的许多装置的发展趋向看，可以预计，随着反应研究技术和催化物性结构测试技术的发展，以及两者日趋结合成一体，催化理论和催化剂开发工作，必将更深入、更有效地展开。

参 考 文 献❶

1　Thomans J M, et al. Characterization of Catalysts. John Wiley & Sons 公司, 1980

2　尹元根. 多相催化的研究方法. 北京：化学工业出版社, 1988

3　Gasser R P H 著. 金属的化学吸附和催化作用导论. 赵璧英等译. 北京：北京大学出版社, 1991

4　Pieter L J G, et al. Surface Science Approach to Metaling Supported Catalysts. Catal. Rev. Sci. Eng, 1997, 77～168

---

❶ 本章中带"T"编号文献请查阅第 1 章参考文献。

5　陈震宇等. 无梯度催化反应器在 A201 氨合成催化剂研究中的应用. 工业催化，1993，(3)：56

6　谢雪英，庄华洁，王尚弟. 用内循环反应器快速评价乙烯氧乙酰化催化剂. 化学反应工程与工艺，1998，14 (4)：427～431

7　叶明华等. 华东化工学院学报，1986，12 (6)：67

8　陈光文，阳永荣，戊顺熙. 在 Pt-Sn/Al_2O_3 催化剂上丙烷脱氢反应动力学. 化学反应工程与工艺，1998，(2)

9　Rossini F，et al. Selected Values of Properties of hydrocarbons. American Petroleum Institute，Research Project，1947，44

10　刘希尧. 催化剂的宏观物性的测定 (上). 石油化工，1999，(12)；2000，(1)

11　Dwyer，D J J. Catal.，1978，52：291

12　刘希尧. 催化剂的宏观物性测定 (下). 石油化工，2000，(2)

13　刘维桥，孙桂大. 固体催化剂实用研究方法. 北京：中国石化出版社，2000

14　Robertson S D，McNicol B D，De Baas J H，et al. J. Catal. 1975，37：424-431

15　Hurst N W，et al. Temperature programmed reduction，Catal. Rev. 1982，24 (2)：233-309

16　Wagstaff N，Prins R，J. Catal. 1979，59：434-445

第4章
工业催化剂的开发

4.1 概述

催化剂"开发"概念在国内开始流行的时间并不很长，它比前三四十年流行的"研究"、"研制"等类似概念含义要深广得多。除含有创新、发展甚至发明这一层意思而外，"开发"几乎包罗了一个催化剂新品种从实验室研究直到其稳定地在工业上使用这个全过程的所有工作在内。在这样一个广义的概念之下，它既包括了催化剂设计、制备、测试、评价等各方面多专业的工作，也包括了实验室研究（小试）、中试及大厂生产和使用等各个工作阶段在内。显然，这是一个庞大的工作体系。因此，一般来讲，即使局部更新一个已经工业化的催化剂，也需要 3~5 年的时间，而且要耗费巨大的资金和人力。开发工作的每一步都要仔细地考虑经济因素。图 4-1 是工业催化剂开发程序的示意[T25]。

从国内外催化剂开发的历史看，工业催化剂的开发大体可以分为难易程度不等的三种情况。

第一种情况：开发一个全新的催化过程。即这一催化过程以前是没有的，必须设计一种新的催化剂，使这一催化过程能有效地进行，并具有工业使用价值。实际上，目前在工业上广泛使用的催化过程和催化剂总是从无到有，都是首先要经过这"第一种情况"。而今后，肯定还有许许多多从前没有的催化过程，等待人们去开发。开发一个新的有工业使用价值的催化过程，其关键问题，或者说中心任务，即首先是怎样去设计一种优良的催化剂。催化剂设计的有关问题，将在本书第 5 章和第 6 章详细讨论。

第二种情况：改进现有的催化过程。即这一催化过程已经实现了工业化，但催化剂的某些特性，如活性、选择性、强度、寿命（再生周期）、对毒物的敏感性等有令人不满意之处，需要设计一种新的催化剂，或改进现有催化剂的某些性能，以期取得更好的经济效益。这就是工业催化剂的换代开发与设计。实际上，对现有的工业催化过程来说，人们总是在不断地改进着催化剂。典型的例子如重整催化，开始用简单的氧化物催化剂，以后改为铂-氧化铝催化剂，进一步又改进为铂-铼双金属催化剂、铂-铱-铝多金属重整催化剂等。随着重整催化剂的改进，芳烃收率越来越高，操作温度和压力越来越低，取得了巨大的经济效益。氨合成催化剂，从起初的双助催化剂（Al_2O_3 和 K_2O）逐步发展成为三种助催化剂甚至五种助催化剂，催化剂的活性越改越高，合成塔的生产能力成倍地增加。某些改进的催化剂与原来使用的催化剂相比，其活性和其他特性有重大的改变，以致于使原有的催化反应装置不能适应，从而引起催化反应装置和流程发生重大的改变，这种情况也并不罕见。催化裂化催化剂由硅铝小球改变为分子筛，反应装置由移动床改为流化床，便是一个突出的例子。

第三种情况：主要发生在催化剂制造厂。为了经济上的理由，制造厂需要改变某种催化剂的制备工艺。例如，用高效的化工单元操作设备去代替低效设备，以提高劳动生产率；或是用价格较低的原料代替价格较高的原料，以降低成本；或是某些原料（特别是天然载体）的物理性质或化学组成有所改变，需要改变工艺生产条件以保持甚至提高其质量。

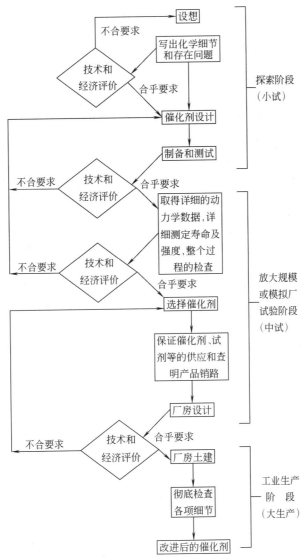

图 4-1　工业催化剂的开发程序[T25]

除了某些特殊的例子以外，总的说来，在上述三种情况中，第一种情况是最复杂也是最困难的。第二种情况和第三种情况，从设计程序看来，仅仅是第一种情况的后一部分工作，可以根据不同的要求，从设计程序中寻找不同的入口点切入，通常也就不再需要考察入口点之前的问题。

我国各种工业催化剂的开发工作，在 20 世纪 50 年代就取得了一定成绩的。近三四十年，随着石油化工的大发展，各类催化剂（如化肥工业、炼油工业、某些有机合成工业用催化剂）的开发工作取得了长足的进展和巨大的成就，其中有许多经验值得加以总结和提高。本章主要以国内工业催化剂换代开发为背景，分阶段举例介绍催化剂开发的过程和经验，以及典型开发案例的述评。至于催化剂全新的从头开发（第一种情况）将在本书第 5 章讨论。

4.2 实验室工作

4.2.1 资料准备

和其他化工课题的开发工作一样，在工业催化剂的开发中，文献查阅和资料准备总是第一步必需的案头工作。而且，随着开发工作的推进，这项工作一般还有必要拓宽和加深。目前国内一些正规的催化剂开发课题，都要求写出详尽的文献总结或开题报告。在充分占有国内外情报资料的基础上，课题的研究者必须就待开发的催化剂及其相关的工艺过程的历史和现状、课题的由来和意义、技术路线的选择、技术上的先进性和可行性、经济上的合理性等重大原则问题，进行简明的述评和尽可能充分的论证。

在开题的资料准备阶段，除了查阅一般的化学化工文献外，根据国内经验，要特别强调注意下列两项资料：①国外同类或相近催化剂专利文献的系统检索及其设备、技术和经验发展趋向分析；②国内有关工艺情况和催化剂生产条件（包括原料、设备、技术和经验）的调查。这两项资料准备，对于催化剂开发路线的先进性及工业化的可行性，有至关重要的影响。

文献资料准备充分，催化剂的开发和创新可以少走弯路，往往事半功倍。反之亦然。鉴于石油化工过程绝大多数需要特定催化剂的参与方能经济而有效地运行，因此，国外现代化工新过程的开发，绝大多数都把催化剂的创新（尤其是专利创新），放到首要的位置加以考虑。因此，在工业催化剂开发中，应特别强调专利创新。而要做好专利创新，首要的起步工作就是务必做到对有关专利的历史沿革和前沿动态了如指掌，特别是对重大专利的检索不能有所遗漏。

4.2.2 催化剂参考样品的剖析

在绝大多数情况下，人们所从事的催化剂开发课题，都不是从零开始的，都或多或少能找到一些相同或相近的样品进行剖析。国内外催化剂产品的生产技术，在专利有效期内，均属保密性质，即使已在专利文献中公开的，在关键问题上的隐瞒和失实也是屡见不鲜的，可信度不高。特别是一些关键的催化剂成分和制备工艺参数，专利中的数据，往往在相当大的幅度内变动，难以确切重复。通过参考工业样品的剖析，往往能为催化剂的设计提供更具体更直接的参考信息。特别是那些经过长期工业实践证明其优异综合性能的催化剂，更是如此。当然，剖析并不一定都是为了仿制，恰恰相反，只有独具特色的催化剂开发成果，方能形成专利技术。专利形成的前提之一，是能够"绕开"现有专利，具有新颖性、实用性以及时效性。

催化剂剖析方案的制订要视催化剂的特性而异，剖析的方法手段也可能是灵活多样的。然而其最终目的是：①通过化学分析和物理测试，推断催化剂参考样品的原料、配方、制备工艺及主要制备条件；②通过对催化活性、选择性、机械强度及其他性能的评价测试和表征，了解参考样品的基本性能特点，为待开发催化剂提供比较基准。

样品的化学全分析，是最起码的剖析。要做全做准某些催化剂的全分析，并非易事。某种催化剂的标准分析方法，本身或许就能构成一个分析化学的研究课题。除了借助经典的容量分析、重量分析而外，有时还可以借助 X 射线荧光分析及其他仪器和分析方法。有时不仅要作催化剂的体相全分析（包括烧失量及微量、稀有、痕量、贵重金属等），还要进行某些局部的化学分析，如表层和"内芯"的不同分析等。

各种物理手段的综合应用，加上对催化剂制备知识的一般了解及相近催化剂专利中制备实例的对比分析，再结合国内外该种催化剂基础研究的最新成果，就可以对参考样品的制备工艺等，有一个粗略的假设性推断。必要时，应根据初步的推断，进行验证性的制备及相应的分析测试，同时与参照样品对比。这样的验证性制备，或许要反复修改和调整多次。

以下列举催化剂剖析的典型实例。

例 4-1　ICI 46-1/46-4 催化剂的剖析[1]

英国 ICI 公司开发的 46-1 催化剂是世界上第一个用于石脑油（轻油）水蒸气转化制合成气的工业催化剂。该催化剂在 20 世纪 60 年代问世以来，至今已有近 60 余年的工业使用经验，并不断地进行过改进。目前广泛使用的一组催化剂 46-1/46-4 具有对原料石脑油、一段转化炉炉型和操作条件变动适应性强等优点，是国际公认的该类催化剂的名牌之一。在国产轻油水蒸气转化催化剂开发的 20 世纪 70 年代中期，有关部门不仅详细研究了 ICI 公司的相关专利[2~4]，而且对 ICI 46-1/46-4 进行了剖析（当时这些英国专利均早已过期失效）。

1. 剖析结果

（1）外观　用肉眼观察了催化剂的外观、外形及断面，结果见表 4-1。

表 4-1　催化剂的外观、外形及断面

观察项目 / 催化剂	46-1	46-4
外观	土黄色拉西环	浅灰绿色拉西环
外形尺寸(外径×高×内径)/mm	16.75×6.34×6.22	16.42×16.25×6.25
颗粒质量/(g/颗)	2.40	5.51
断面	破碎后断面粗糙,有白色、绿色和棕色的粒子。个别大的粒子 φ1~2mm,多数为肉眼能识别的细小粒子	破碎后断面比较粗糙,颜色不同,四周有约 0.5mm 厚的浅灰绿色区域,中央为白色,夹层为灰绿色[见图 4-2(a)]

（2）物理性质　测定了催化剂的强度、颗粒密度和比表面积等宏观物理性质，列于表 4-2。用压汞法测定的孔径分布数据见表 4-3。

表 4-2　催化剂的宏观物理性质

测定项目 / 催化剂	46-1	46-4	备　注
侧压强度/(kg/颗)	22.1	53.6	木材万能试验机测定
颗粒密度/(g/mL)	2.16	1.96	汞置换法测定
真密度/(mL/g)	3.29	3.51	水置换法测定
孔容积/(mL/g)	0.159	0.225	计算值
孔隙率	34.3%	44.2%	计算值
平均孔半径/nm	19.89	31.7	计算值
比表面积/(m²/g)	16.0	14.2	流动色谱法测定

表 4-3 催化剂的孔径分布

测定项目	催化剂		测定项目	催化剂	
	46-1	46-4		46-1	46-4
总孔容积/(mL/g)	0.161	0.226	大于 50~100nm 的孔隙率	19.4%	12.0%
大于 150nm 的孔隙率	23.4%	35.2%	大于 10~50nm 的孔隙率	30.9%	42.8%
大于 100~150nm 的孔隙率	11.6%	5.0%	大于 10nm 的孔隙率	14.7%	5.0%

（3）催化剂的元素组成分析 用发射光谱法和 X 射线荧光光谱法半定量地测定了催化剂的元素组成，列于表 4-4。

表 4-4 催化剂的元素组成

测定方法	催化剂	
	46-1	46-4
X 射线荧光光谱法 大量元素 少量元素 微量元素	Ni，Ca，Al，Mg，K，Fe，Si Ti，Zr Cr，Mn，Zn，Co，Rb，Sr，In，La，Cu，Ba，S	Ni，Ca，Al Zr，Fe Cu，Mn，Cr，Zn，In，Sr，Co，Si，S，K
发射光谱法	Ni，Al，Ca，Mg，Si，K，Fe，Cr，Ti，Na[①]，Mn[①]，Sr[①]，Ba[①]，Cu[①]	Ni，Ca，Mg，Al，Fe，Cu，Mn，Zr，Na[①]，Sn[①]，Si[①]

① 指痕量元素。

用化学分析方法和原子吸收方法测定了催化剂的元素组成，现仅将化学分析结果（以氧化物表示）列于表 4-5。

表 4-5 催化剂的组成分析结果

组 成	含量（质量分数）/%		备 注
	46-1	46-4	
NiO	20.01	10.05	EDTA 配合滴定
CaO	12.03	13.00	EDTA 配合滴定
Al_2O_3	23.41	75.00	EDTA 与硫酸铜配合滴定
MgO	12.64	—	EDTA 配合滴定
ZrO_2	—	0.30	二甲基橙比色法
Fe_2O_3	5.80	0.27	磺基水杨酸比色法
SiO_2	15.41	0.42	重量法，硅钼蓝比色法
K_2O	6.29	—	光焰光度法
Na_2O	0.35	0.40	光焰光度法
TiO_2	0.57	—	比色法
S	0.03	—	比色法
烧失	3.86	1.55	重量法
合计	100.4	100.99	

（4）催化剂中某些元素的分布 用电子探针法，对 46-4 催化剂进行了如图 4-2（a）所示的径向扫描，记录了 Al、Zr、Ca 和 Ni 四种元素 $K\alpha$ 强度沿催化剂断面的径向分布，见图 4-2（b）、（c）、（d）、（e）。

（5）催化剂物相组成的测定 使用 X 射线衍射-光谱仪定性测定了 46-1 和 46-4 的物相组成，见表 4-6 及图 4-3 和图 4-4。

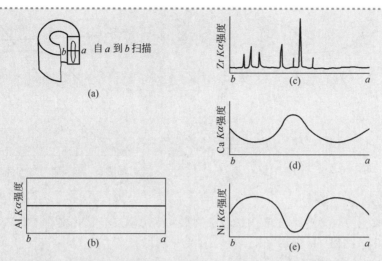

图 4-2　46-4 催化剂剖面及催化剂中某些元素沿断面径向的分布

（a）扫描位置示意图；（b）Al $K\alpha$ 强度分布示意图；（c）Zr $K\alpha$ 强度分布示意图；
（d）Ca $K\alpha$ 强度分布示意图；（e）Ni $K\alpha$ 强度分布示意图

表 4-6　催化剂的物相组成

物　相	催 化 剂	
	46-1	46-4
主相	NiO，$KAlSiO_4$，$Ca_2Al_2SiO_7$，MgO	$CaAl_2O_7$，$\alpha\text{-}Al_2O_3$，NiO
次相	$MgAl_2O_4$，$NiAl_2O_4$，Mg_2SiO_4，$Ca_{12}Al_{14}O_{33}$，$Ca_2Fe_2O_5$ 等	$Ca(AlO_2)_2$ 少量 $\delta\text{-}$、$\theta\text{-}$和 $K\text{-}Al_2O_3$

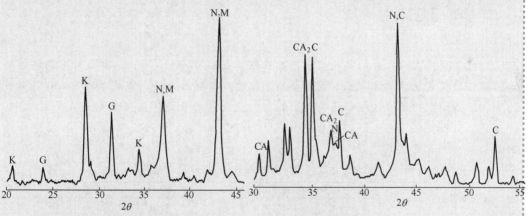

图 4-3　46-1 催化剂 X 射线衍射图

N—NiO；K—$KAlSiO_4$；M—MgO；G—$Ca_2Al_2SiO_7$

图 4-4　46-4 催化剂 X 射线衍射图

CA_2—$CaAl_4O_7$；N—NiO；C—$\alpha\text{-}Al_2O_3$；CA—$Ca(AlO_2)_2$

（6）催化剂的差热谱图　在热分析仪上测定了催化剂的热谱，如图 4-5 和图 4-6 所示。

46-1 催化剂第一个吸热峰为脱除湿存水，258℃吸热峰为脱化学水，690℃吸热峰为少量水泥水合物 $C_2A_2H_6$（C 代表 $CaCO_3$；A 代表 Al_2O_3；H 代表 H_2O）脱水或 $CaCO_3$ 分解，从室温加热到 1000℃ 失重约 5.0%。

46-4 催化剂除了脱除湿存水外无热效应变化，从室温加热到 1040℃ 失重约 1.9%，被分析物呈浅蓝色。

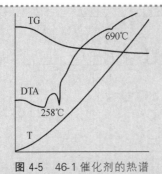

图 4-5　46-1 催化剂的热谱

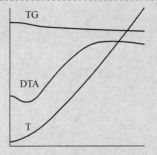

图 4-6　46-4 催化剂的热谱

（7）催化剂可还原性的考察　在动态热重装置上测定了催化剂在不同温度和不同时间下的还原率，见图 4-7 和图 4-8。

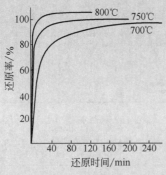

图 4-7　46-1 催化剂在不同
温度下的还原曲线

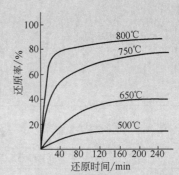

图 4-8　46-4 催化剂在不同
温度下的还原曲线

测定条件：在净化后的氮气流中，把装在黄金篮子中的 0.5mL 催化剂升温到预期的温度并恒重，然后切换氢气，氢气要预先经过脱氧脱水净化，氢空速为 1000h^{-1}。

（8）催化剂中活性组分镍晶粒大小和吸附氢气量的测定　把催化剂放在管式炉中，于 800℃ 通干氢气，还原 5h，然后用多晶 X 射线衍峰宽化法测定催化剂中活性组分镍的晶粒大小，见表 4-7。

表 4-7　催化剂活性组分镍晶粒大小（D）与吸附氢气量（V）

还原温度/℃	$V(H_2)$/(mL/g 催化剂)		$D(200)$/nm	
	46-1	46-4	46-1	46-4
700	0.038	0.151	—	—
800	0.035	0.116	25	25.7

用脉冲进样色谱法测定经过还原处理后的催化剂在 0℃ 时化学吸附氢气（快速可逆吸附部分）的体积，作为催化剂中活性组分镍表面积大小的间接度量，见表 4-7。

（9）催化剂热稳定性的考察　将催化剂放在管式炉中，由低温到高温顺序地在不同的温度下加热一定时间，观察催化剂颜色的变化，测定催化剂的体积收缩率和物相变化，结果见表 4-8。

（10）催化剂的活性和抗积碳性能的考察　在常压活性评价装置上，用经钼酸钴和氧化锌脱硫后的丙烷为原料，测定了催化剂转化丙烷的能力 r 值，见表 4-9。

表 4-8 催化剂体积收缩率和物相变化

催化剂	热处理条件		外观颜色变化	体积收缩率	物相变化
	温度/℃	时间/h			
46-1	400	2	无	0	同热处理前
	700	2	无	0	同热处理前
	850	2	无	0	$Ca_2Al_2SiO_7$ 明显增加
46-4	400	2	无	0	同热处理前
	700	2	无	0	同热处理前
	850	2	无	0	可明显看出 $NiAl_2O_4$ 相
	900	2	稍现蓝色	0	
	950	2.5	蓝色加深	0	$NiAl_2O_4$ 增加
	1200	4	浅蓝色	0	
	1370	1	蓝色	3.8%	$NiAl_2O_4$ 继续增加,α-Al_2O_3 锐减

在动态热重装置上,以含硫 $<1\times10^{-7}\,mg/m^3$(0.1ppm)的庚烷为原料,测定了催化剂的积碳速度 K_C 值和积碳诱导期 T_0 值,试验条件和结果见表 4-9 以及图 4-9 和图 4-10。

表 4-9 催化剂的 K_C 值和 T_0 值

催化剂			46-1	46-4
活性	测定条件	碳空速/h^{-1}	12500	95000
		H_2O/C	6.0	6.0
		催化剂装置/g	0.1	0.1
		床层温度/℃	500	630
	r/mL·$(g·min)^{-1}$		8.2	284
抗积碳能力	测定条件	碳空速/h^{-1}	3000	3000
		H_2O/C	1.0	1.0
		催化剂装量/mL	0.5	0.5
		床层温度/℃	500	500
	K_C/(g/min)		380	286
	T_0/min		71	80

注:K_C 是积碳量与时间关系曲线的直线部分的斜率;T_0 是直线部分的延长线在时间坐标上的截距,积碳诱导期。

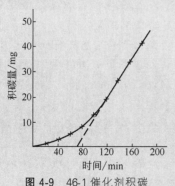

图 4-9 46-1 催化剂积碳
量与时间的关系

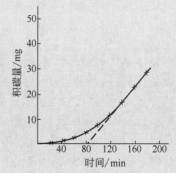

图 4-10 46-4 催化剂积碳
量与时间的关系

2. 讨论

石脑油水蒸气转化制合成气的工艺过程是在压力 3～4MPa、反应温度 500～800℃左右以及较高的空速下进行的催化过程，对催化剂的要求高。要求催化剂有高的活性和选择性，足够好的机械强度和较长的使用寿命。根据实验和工业实践，实现该催化过程的主要危险是反应管上段的积碳问题。因此，ICI公司在反应管中装填两种不同的催化剂46-1和46-4，目的是在减缓碳积累的情况下强化催化过程，提高整个反应管的生产能力。

（1）46-1催化剂结构模型的推断 46-1催化剂是以高岭土、氧化铝和氧化镁为载体，钾（以钾霞石和其他形式的钾盐存在）、氧化钙（可能有）为助剂，镍（以氧化镍存在）为活性组分，铝酸钙水泥为胶黏剂，最后经700~850℃高温处理过的胶黏型催化剂。

钾是众所周知的抗积碳组分，在水蒸气存在的条件下，它能促进烧碳过程，从而防止碳在催化剂上积累。但在使用过程中钾容易流失，腐蚀和堵塞下游的设备，而且由于钾的流失会缩短催化剂的使用寿命。46-1催化剂中的钾是以钾霞石和其他形式的钾盐存在的，在使用条件下缓慢分解，释放出可流动性的钾。这样既可以起到抗积碳的作用，又减少了钾对下游设备的腐蚀和堵塞，也能延长催化剂的使用寿命，即钾霞石是钾的"缓释储存器"。

氧化镁和氧化钙也可起到分散氧化镍的作用，但主要是提供碱性组分，中和钾流失后剩下的酸性氧化硅和氧化铝，形成钙镁橄榄石（CaMgSiO$_4$）和钙铝黄长石（Ca$_2$Al$_2$SiO$_7$），以消除酸性中心，减少裂解积碳的危险。

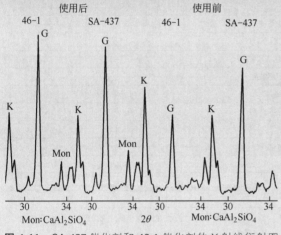

图4-11 SA-437催化剂和46-1催化剂的X射线衍射图

46-1催化剂的活性是比较低的，比46-4催化剂低很多，转化丙烷的本征活性仅8.2mL/(g·min)（参见表4-9），吸附氢气的量也是少的，在800℃下只有0.035mL/g（参见表4-7），但由多晶X射线衍射峰宽化法测定的镍晶粒大小并不比46-4的大（参见表4-7），这可能是由于镍的部分表面被钾覆盖所致。

似乎可以说，46-1催化剂的设计思想是基于石脑油水蒸气转化过程反应管的上段存在着积碳危险这一基本事实，在保证最起码的活性的前提下，主要着眼于尽可能提高抗积碳的能力。

（2）46-1催化剂制备工艺的主要特点 根据剖析结果推断，46-1催化剂是由高岭土、氧化镁、氧化钙、铝盐（或铝胶）与镍盐一起沉淀，以铝酸钙水泥为胶黏剂，成型、养护、热处理浸钾，再经700~850℃热处理而得。

为了验证剖析和推断的可靠性，专门制备了SA-437催化剂，从多晶X射线衍射图（见图4-11）可以看出是接近46-1的（见图4-3）。证明了催化剂中的高岭土能够与后浸渍上去的钾作用形成钾霞石，并且在运转条件下，当钾流失后，能够像46-1一样易于生成钙镁橄榄石。实验表明，在水蒸气或还原性气氛下热处理容易形成钾霞石。

（3）46-4催化剂结构模型的推断 46-4催化剂是预先烧成载体，载体以α-Al$_2$O$_3$作骨架，以纯铝酸钙水泥为胶黏剂，经高温热处理形成孔隙发达的、强度较高的载体。也由于经高温处理，故46-4经1000℃焙烧后的失量和体积收缩率也低。活性组分镍是浸渍到载体上的，以氧化镍的形式存在于催化剂中，同时浸有氧化铝，以分散氧化镍。

46-4 催化剂是作为反应管下段催化剂使用，主要是转化采自上段的低级烃，因此在催化剂设计上着重于具有高的活性和高的强度。浸渍型催化剂可以提高镍的利用率。具有一定数量的大孔隙，可以提高催化剂内表面的利用率。预烧结载体能够提供高的强度。

（4）46-4 催化剂制备工艺的主要特点　根据镍、铝、钙、锆四元素沿 46-4 催化剂断面径向分布（见图 4-2）和对断面的肉眼观察（见表 4-1）可以认为 46-4 催化剂是预先烧好载体然后浸镍。镍元素在断面的中央和边缘上的浓度最低。由催化剂断面中央呈白色推断浸镍的时间不长，有可能是因为断面中央的镍对催化过程实际上贡献不大，不必要完全浸透。边缘上镍的浓度低是由于载体浸镍之后被淋洗或最后浸上铝盐所致。镍在载体断面基本呈蛋壳型分布，是浸渍工艺的证明。

钙在断面上的分布与镍的分布相反，这可能是由于镍的浓度变化而使钙的浓度发生相对变化所引起的。

将催化剂用硝酸（1:1）溶解，对不溶物作 X 射线物相分析，基本上是 $\alpha\text{-}Al_2O_3$，其质量约占催化剂质量的 38%；可溶解的钙、铝元素的量基本上与 $CaAl_4O_7$ 化合物中的钙、铝量相当。可以认为 46-4 催化剂的载体是由 $\alpha\text{-}Al_2O_3$ 和成分基本上为 $CaAl_4O_7$ 的纯铝酸盐水泥并加有少量二氧化锆烧成。由热稳定性考察实验推断载体的烧成温度为 $1100\sim1200℃$。

根据 46-4 催化剂在加热时出现尖晶石物相的温度，可知其浸渍后的分解温度在 $850℃$ 以下。以自己制备的 Z-405 催化剂在不同温度下分解

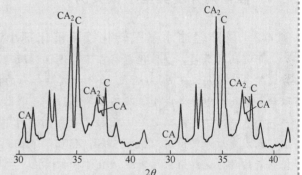

图 4-12　Z-405 与 46-4 催化剂的 X 射线衍射图

与 46-4 催化剂作颜色对比，估计 46-4 催化剂的分解温度在 $500\sim700℃$ 之间。

根据对 46-4 催化剂的上述认识，国内某研究所制备了 Z-405 催化剂。这两种催化剂的物相构成相同，见图 4-12 和图 4-4。此外，用电子显微镜观测，证明 46-4 和 Z-405 的催化剂表面形貌相同，且评价实验证明两者活性相近。

4.2.3　配方筛选

配方筛选是催化剂的实验室研究工作中最关键也是最浩繁的部分。综合文献资料、剖析报告以及有关基础研究中获得的多方面信息后，如果研制人员对于催化剂的配方设计已有一些明确的概念，就可以进入新催化剂开发中的制备和配方筛选阶段。目前虽已提出催化剂设计的概念，但在大多数情况下，仍然不能完全摆脱经验或半经验的办法，更不能完全取消配方筛选实验。要筛选一个满意的配方，需要进行一两年的配方筛选试验，评价数百个催化剂配方，并测试成千上万个数据，至今仍是工业催化剂开发中常见的事情。催化剂的活性等主要性能指标可能要在不同的设备上，并在不同的条件下，反复对比。有时，采取什么条件评价才既能拉开不同样品间的差距，又能真实模拟工业条件，也要通过许多试验方法和试验条件的摸索。有可能时，要与性能最优异的国内外同类产品进行同条件对比。

新设计的配方，也要反复、耐心地修改调整，使往往相互矛盾的催化剂诸性能间能够达到巧妙而和谐的平衡。制备某一两项性能指标满意的催化剂尚且不容易，而要制备各项性能兼优的催化剂就更难。整个过程中局部的失败、返工，甚至设计思路的重新调整，都是可能发生的。这些都是对研究者技术素质和意志的考验。

最后选定的少数几个优秀配方，要进行多次重复性的制备和评价测试。催化剂制备，一般要易人进行，目的是检验样品的可复制性。

根据催化剂使用的要求，进行工艺条件的试验，以便推荐适用于新开发催化剂的最佳使用条件。还要进行寿命试验（至少800h以上），对催化剂性能的稳定性进行观察。有时还需要对催化剂进行非正常的甚至破坏性的试验，如中毒试验、积碳烧碳试验、超温试验、高空速试验、钝化及再还原试验等。这一切试验的目的，在于尽可能在接近未来催化剂面临的操作条件之下，对催化剂的诸性能进行观察。

上述的筛选过程，仅仅是个大体轮廓，实际的组织安排当然是不可能按照任何定型模式进行的。

4.2.4 催化剂开发典型小试实例

例4-2 国产轻油水蒸气转化镍系催化剂小试结果[4~6]

用轻油为原料，在催化剂存在下，进行加压蒸汽转化，以制取氢气、富甲烷气、甲醇合成气等的造气工艺是20世纪60年代发展起来的技术。这种技术，由于涉及由石脑油制取氨合成气、甲醇合成以及石油等产品加氢净化用氢气等的生产，故是石油化学工业中一种最基本的造气技术之一。该技术的核心在于催化剂开发。以齐鲁石化公司研究院为主，我国先后开发出Z-402、Z-404、Z-405、Z-409、Z-405G等多种轻油水蒸气转化国产催化剂新品种，这些催化剂，在活性、抗积碳性、机械强度及寿命等各方面均达到国外同类名牌ICI 46-1、46-4催化剂的水平，实现了国产化，并沿用至今，且已有出口。

轻油和水蒸气在高温加压和催化剂存在下的转化反应，一般可表示为下列三个主要反应

$$C_nH_m + nH_2O \rule[0.5ex]{2em}{0.4pt} nCO + \left(n + \frac{m}{2}\right)H_2 \tag{4-1}$$

$$CO + 3H_2 \rule[0.5ex]{2em}{0.4pt} CH_4 + H_2O \tag{4-2}$$

$$CO + H_2O \rule[0.5ex]{2em}{0.4pt} CO_2 + H_2 \tag{4-3}$$

但实际在转化炉管内发生的反应要复杂得多。有人认为，在管炉上部低于650℃的区域，轻油催化裂解生成甲烷、低级（C_2、C_3）烷烃和烯烃以及少量氢气；随后这些低分子烃类与水蒸气进行转化反应，生成氢气和碳的氧化物；最后，在炉管出口的高温区域由式（4-2）和式（4-3）反应建立CH_4、H_2、CO、CO_2、H_2O之间的平衡。在炉管的上部，由于烃尤其是高级烃的浓度高，反应剧烈，并有相当量的烯烃产生，最容易发生催化剂的积碳，所以要求催化剂必须首先具备良好的抗积碳性能；而下部催化剂积碳倾向大为减缓，主要要求催化剂具有良好的活性和强度。因此，将催化剂分为上下段两种来分别研究和组合使用是恰当的。

小试进行了大量的催化剂筛选试验，以下是所筛选确定催化剂的有关小试结果。

1. 上段Z402催化剂的研制

Z402催化剂是以金属镍为活性组分，钾碱为抗积碳组分，铝酸钙水泥为胶黏剂和载体

的胶黏型上段催化剂，其配方和制备工艺进行过多方面考察，筛选过数以百计的催化剂配方。

（1）钾霞石的合成　钾霞石即硅铝酸钾（$K_2O \cdot Al_2O_3 \cdot 2SiO_2$ 或 $KAlSiO_4$），是 Z402 的关键组分。其作用在于将游离态的钾碱（KOH 或 K_2CO_3）以复盐的形式固定下来。在催化剂的运转过程中，钾霞石在 CO_2 和水蒸气的作用下缓慢地分解，释放出低浓度的流动性钾碱，从而起到有效的抗积碳作用，同时保证催化剂有较长的使用寿命。Z402 所用钾霞石是经过大量实验而合成的。

（2）MgO 的选择　MgO 是作为分散剂加入的，对镍晶粒起着分散、隔离和稳定的作用；同时，由于 MgO 具有一定的吸附水蒸气的能力，有助于提高催化剂的抗积碳性；此外，在转化条件下，MgO 能与钾流失后所得的 SiO_2、Al_2O_3 分别生成钙镁橄榄石（$CaMgSiO_4$）和镁铝尖晶石（$MgAl_2O_4$），防止游离态 SiO_2 和 Al_2O_3 的生成。研制中，曾考察过重质 MgO、死烧 MgO（重质 MgO 再经 1200℃ 以上的高温焙烧）以及 $Mg(NO_3)_2$ 与 $Ni(NO_3)_2$ 共沉淀等多种原料及加入方式，其所制得的催化剂，活性无明显差异，而抗积碳性以 $Mg(NO_3)_2$，共沉淀加入的为优。

（3）CaO 的影响　加入少量 CaO 的目的是固定钾霞石分解后生成的游离 SiO_2，形成钙铝黄长石（$Ca_2Al_2SiO_7$）和钙镁橄榄石（$CaMgSiO_4$），以防止 SiO_2 的挥发并中和 SiO_2 的酸性。运转后催化剂的物相鉴定已发现上述复盐的存在。此外，实验证明，加 CaO 后催化剂的积碳速度有所降低。

综合上述考察结果，确定了 Z402 的制备工艺。

（4）Z402 催化剂的性能评价

① 常压活性测定。以丙烷为原料，取粉碎到 40～50 目的催化剂 0.1g，在水碳比 $H_2O/C = 6.0$、水氢比 $H_2O/H_2 = 10$、碳空速 $V_C = 12500 h^{-1}$、温度 500℃ 的条件下，测得 Z402 的反应速率 $r = 40.3$ mL（C_3°）$/(g \cdot min)$。相同条件下测得英国同类催化剂 ICI 46-1 的 r 值为 10.2 mL（C_3°）$/(g \cdot min)$。

② 原粒度表现活性。在热虹吸式无梯度反应器中，在温度 600℃、压力 28kgf/cm²❶、$H_2O/C = 3$、甲烷流量 50L/h、水流量 2.0mL/min 的条件下，测得 Z402 的转化率为 5.98%，比活性为 0.0162mol（CH_4）$/(cm^2 \cdot h)$，而 ICI 46-1 的相应值为 2.82% 和 0.008mol（CH_4）$/(cm^2 \cdot h)$。

③ 热重装置上的积碳速率。在热天平上进行催化剂积碳速率试验，结果如图 4-13 所示，证明国产催化剂积碳速率较低。

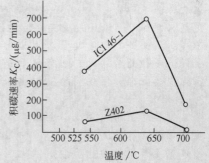

图 4-13　Z402 与 ICI 46-1 催化剂不同温度下的积碳速率

实验条件：原料正庚烷，$V_C = 3000 h^{-1}$，$H_2O/C = 1.5$，催化剂 0.5mL，10～20 目

2. 浸渍型下段催化剂 Z405 的研制

（1）载体的选择和制备　研制过程中，首先比较 Al_2O_3 烧结载体和 Al_2O_3-水泥烧结载体。Al_2O_3 载体能赋予催化剂较高的活性，但需 1400℃ 左右的高温才能烧结出一定的强

❶ kgf/cm²，又称工程大气压 at，1kgf/cm² = 98.0665kPa。

度，且要求 Al_2O_3 的粒度极细。而 Al_2O_3-水泥型载体，在 1100～1200℃ 焙烧即可获得满意的强度。此外，由于存在大量的 $CaO \cdot 2Al_2O_3$ 物相，使载体具有一定的弱碱性，能提高催化剂的抗积碳性能而又不明显影响活性。因此最后选定铝酸钙水泥型载体。为调节载体的孔结构，载体成型前加入部分 $CaCO_3$。在焙烧过程中 $CaCO_3$ 发生分解，起到扩孔作用，生成弱碱性的 CaO 或 $CaO \cdot 2Al_2O_3$。载体中还加入少量 ZrO_2，以期提高催化剂的活性和稳定性。

曾考察了焙烧温度对载体性质的影响，发现：载体强度随焙烧温度的升高而提高，以 1100～1200℃ 区间上升幅度较大；吸水率随温度升高而下降，超过 1200℃ 吸水率迅速下降；比表面积与碱度也随温度升高而下降。综合考察焙烧温度对载体各性质的影响，选定 1100～1200℃ 为载体的适宜焙烧温度。

（2）浸渍工艺　活性组分通过两次浸渍硝酸镍溶液而载于载体上。为阻止镍晶粒在运转过程中长大，尚浸渍一定量的硝酸铝溶液。每次浸渍后经干燥、焙烧，便制得含一定 NiO 和 Al_2O_3 的催化剂。

（3）Z405 性能评价

① 常压活性。分别用乙烷和丙烷为原料在常压装置上评价了 Z405 和 ICI 46-4 的活性，数据见表 4-10。

表 4-10　Z405 常压活性评价结果

催化剂	丙烷反应速率/[mL(C_3^0)/(g·min)]	乙烷转化率/%
Z405	370	62.1
ICI 46-4	287	47.4

注：用乙烷为原料的评价条件是：$H_2O/C=4$，$V_C=80000h^{-1}$，温度 $=700℃$。用丙烷为原料的评价条件是：$H_2O/C=6$，$V_C=95000h^{-1}$，温度 $=630℃$。

② 原粒度表观活性。Z405 的转化率 10.20%，比活性 $r_s=0.0210mol（CH_4）/(cm^2 \cdot h)$。ICI 46-4 的转化率 9.60%，比活性 $r_s=0.0208mol（CH_4）/(cm^2 \cdot h)$。

③ 热重积碳速率。在热天平上，在碳空速 $3000h^{-1}$、H_2O/C 1.0、温度 500℃ 的条件下，测得积碳速率 K_C 值：Z405 为 $548\mu g/min$，ICI 46-4 为 $360\mu g/min$。

④ 苛刻条件下的加压评价实验。这种试验方法是有关单位自行设计并实施的。在下述条件下评价了 Z405 等催化剂的初活性、抗积碳性和捕钾能力：上段用同一自制催化剂 S022（21）30mL，下段催化剂装填 15mL，其中 5mL 为 8～10 目大颗粒，装于上下段交界面处，以便卸出后测其捕钾量。国外工业经验证明，下段催化剂若有一定捕集上段流失钾的功能时，则有利于降低钾流失造成的下游设备堵塞等弊病，且有利于下段催化剂最上部分催化剂的抗积碳。运转条件为压力 3.06MPa，空速 $10000h^{-1}$，H_2O/C 2.0，温度：入口 500℃、界面 700℃、出口 800℃。达到上述条件后，测尾气中的芳烃，然后降低出口温度，至出现乙烷为止。由芳烃的多少及出 C_2 温度的高低，可评价出催化剂活性的高低（因为各种烃类的转化难度是芳烃 $<C_2<$ 甲烷）。最后在 760℃ 的出口温度下运转 10h 后卸出催化剂，测其碳和钾的含量以比较催化剂的抗积碳性和捕钾能力。试验结果见表 4-11。

表 4-11　苛刻条件下的评价结果

催化剂	芳烃含量/(mg/m³)	出 C_2 温度/℃	C_2 含量	下段催化剂积碳率/%			含钾量（大颗粒）(K_2O)/%
				界面	下段中	出口	
Z405	12	690	微	0.20	0.36	0.15	0.32
ICI 46-4	243	700	0.1%	0.35	0.47	0.33	0.29

⑤ Z402/Z405 联合运转考察。在下述条件下对 Z402/Z405 和 ICI 46-1/ICI 46-4 进行了 250h 对比运转试验：上段催化剂装 35mL，下段催化剂装 40mL，其中 5mL 大颗

粒装于界面处，以比较下段催化剂对钾的捕集能力。运转条件为压力 3.06MPa，H_2O/C 2.5，碳空速 8000h^{-1}，温度：入口 500℃、界面 700℃、出口 800℃。运转结果见表 4-12。此外还进行过多次国产催化剂的更长周期运转试验，以考查其稳定性，结果均令人满意。

表 4-12　Z402/Z405 250h 加压运转结果

催化剂	尾气中甲烷含量/%	乙烷含量	芳烃/(mg/m³)	冷凝水中 K_2O 量/(10^{-6}g/g)
Z402/Z405	13.6	0	0	0.32
ICI 46-1/ICI 46-4	13.1	0	0	0.49

催化剂	各段积碳量/%								
	上　段				下　段				
	一	二	三	四	一	二	三	四	五
Z402/Z405	3.27	0.60	−0.62	0.87	−0.03	0	−0.09	−0.07	−0.03
ICI 46-1/ICI 46-4	3.15	3.10	0.63	−0.23	0.09	−0.06	−0.11	−0.11	0.08

例 4-3　国产新型耐硫 CO 变换催化剂的稳定性试验[7]

铁铬系 CO 中温变换催化剂，应用于合成氨工业上已有 90 余年的历史，但它的起始活性温度比较高（>300℃），抗硫性能差，且铬对人体有害。铜锌系低温变换催化剂，在工业上的应用也超过 50 年，其低温活性好，但活性温区窄，且对硫等毒物十分敏感。新型的钴钼系宽温变换催化剂，即国外所称的耐硫变换催化剂，克服了上述两种变换催化剂的缺点，既无铬，又耐硫，并又具有甚宽的活性温区。特别在以重油、渣油或煤为原料制取合成氨原料气时，使用这种新型耐硫变换催化剂，可将含硫气体直接引入进行变换，再经脱硫、脱碳（亦可将脱硫脱碳合并在一个工段同时除去），使流程大为简化，并显著地降低了蒸汽消耗。钴钼系耐硫变换催化剂，具有变换活性高、活性温区宽、可在低水汽比下操作和可再生等优点，是 20 世纪 60 年代国外才逐渐应用的新品种，其典型代表是德国 BASF 公司的 K8-11 催化剂。工业实践表明，K8-11 是目前唯一能经受住 8.0MPa 压力和高水汽分压苛刻条件的优异催化剂。

20 世纪 70 年代以后我国引进的数套以渣油部分氧化或煤气化的大型合成氨装置，其所需的耐硫变换催化剂，过去长期全部依靠进口。齐鲁石化公司研究院近年开发成功的 QCS-01，采用新的组分和制备工艺，突破 K8-11 体系，研制出三元载体、特殊助剂的新型耐硫变换催化剂，国内外尚未见报道，现已成功应用于工业大装置。QCS-01 催化剂，是在大量配方筛选试验后确定的最佳催化剂配方。以 QCS-01 和 K8-11 进行了长周期运转，对两者各项性能的稳定性进行了考查，见图 4-13 和表 4-14。

显而易见，在配方筛选阶段，对催化剂初始活性、选择性等的关注是必要的，但到一定阶段后，对这些性能稳定性的关注，则更是压倒一切的。

为了考察 QCS-01 的稳定性，在两套平行试验装置上，相同条件下，同时评价用工业原料制备的 QCS-01 和工业催化剂 K8-11。连续运转 1020h。

两个 ϕ4.5mm×0.5mm 不锈钢制反应管，内有 ϕ0.8mm×0.2mm 热偶套管，分别装填 QCS-01 89g（100mL）和 K8-11 89g（100mL），催化剂尺寸 ϕ0.4mm×0.4mm［工业上催化剂尺寸 ϕ0.4mm×（1.0～1.2mm）］，与 ϕ0.4mm α-Al_2O_3 小球 1:1 稀释混合均匀，床高 2.00mm。上、下装填 α-Al_2O_3 球和瓷环。床层入口、出口和中央有热偶指示温度，模拟工业绝热床只控制催化剂入口温度，管外电热丝加热，中央和出口管外不供热，靠反应放热维持温度。每小时分析记录一次，20 个数据平均为一个数据点，列表作图。

表 4-13 两种催化剂的稳定性对比试验典型结果

催化剂入口温度/℃	运转时间/h	原料气组成/% CO	原料气组成/% CH₄	原料气组成/% H₂S	QCS-1 尾气组成/% CO	QCS-1 尾气组成/% CH₄	QCS-1 尾气组成/% H₂S	QCS-1 出口温度/℃	QCS-1 变换率/% 实际	QCS-1 变换率/% 平衡	QCS-1 平衡温距ΔT/℃	K8-11 尾气组成/% CO	K8-11 尾气组成/% CH₄	K8-11 尾气组成/% H₂S	K8-11 出口温度/℃	K8-11 变换率/% 实际	K8-11 变换率/% 平衡	K8-11 平衡温距ΔT/℃
					硫 化													
250	24	48.37	0.39	0.26	9.82	0.29	0.11	254①	72.88	98.29		16.1	0.31	0.15	256①	57.70	98.29	
					变 换													
285	240	48.37	0.39	0.24	1.11	0.29	0.14	285	96.63	97.31	15.9	1.43	0.29	0.15	302	95.63	96.57	19.3
310	240	48.17	0.34	0.40	1.17	0.26	0.22	296	96.45	96.84	9.1	2.56	0.26	0.22	320	92.32	95.70	47.1
350	200	48.13	0.33	0.37	1.70	0.26	0.24	319	94.84	96.41	16.8	2.96	0.25	0.24	337	91.13	94.94	53.2
400	200	48.69	0.35	0.34	2.29	0.28	0.21	339	93.17	94.60	22.6	2.98	0.27	0.21	339	91.16	94.60	50.2
450	80	49.05	0.30	0.39	2.38	0.28	0.23	354	92.93	93.62	10.7	2.97	0.27	0.23	343	91.25	94.34	44.7

① 人为供热将催化剂床出口温度提高至 250℃ 或 350℃。

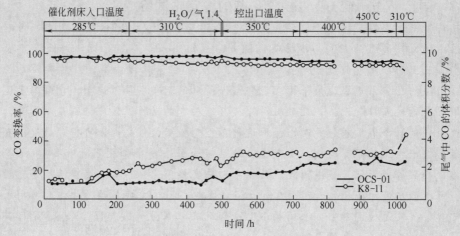

图 4-14 CO 变换率和尾气中 CO 浓度随运转时间的变化

表 4-13 给出各条件下的试验结果。表中数据表明：

① 在 250℃ 相同硫化条件下，QCS-01 的 CO 变换率明显高于 K8-11。说明 QCS-01 低温活性好，易于硫化。

② 在各种变换条件下，QCS-01 的变换活性都高于 K8-11，QCS-01 的变换率更接近平衡变换率，平衡温距小。在变换率相同时，QCS-01 的入口温度可较 K8-11 低 25℃ 以上。

③ QCS-01 基本上无甲烷化副反应，选择性与 K8-11 相当。

④ 图 4-14 中 CO 变换率和尾气 CO 浓度随运转时间的变化曲线表明，QCS-01 的活性稳定性是好的，与 K8-11 相当。高温运转后回到 310℃ 入口温度的数据表明 QCS-01 的活性损失明显小于 K8-11，说明稳定性更好些。

运转 1020h 后卸出催化剂两者均颗粒完整、无破碎、棱角分明、手感强度好。

表 4-14 给出运转前后催化剂的强度及强度保留率。表中数据表明不论运转前还是运转 1020h 后，QCS-01 的径向破碎强度均高于 K8-11 并且强度保留率也高于 K8-11。

表 4-14 运转前后催化剂的强度

催 化 剂	运转前强度/(N/cm)	运转 1020h 后强度/(N/cm)	强度保留率/%
QCS-01	172	126	73.26
K8-11	156	106	67.95

前述例 4-2 中的 Z402/Z405 催化剂，是以工业化数十年的成熟催化剂 ICI 46-1/ICI 46-4 为参照加以发展并以解决催化剂的国产化为目的，所以小试研究侧重于国内外两类催化剂基本性能及其稳定性的反复对比研究，而没有必要做许多的工艺条件试验。然而，在其他一般的情况下，在对新催化剂工艺条件了解尚不充分的条件下，筛选试验之后，还应进行必要的工艺条件试验（包括非正常条件），如以下的例 4-4 和例 4-5。

例 4-4 丙烯氧化制丙酮四元催化剂的工艺条件试验[T8]

评价固体催化剂的工艺条件，主要包括反应温度、反应压力、接触时间（即空速的倒数）、反应气配料比以及在确定上述诸条件下催化剂的稳定性。下面以丙烯气相部分氧化制备丙酮所用磷-钼-锡-锰催化剂为例加以说明。

1. 反应温度

在选定线速为 0.5m/s，接触时间为 3.5s，丙烯：氧：水=1：2.5：20 和常压情况下，将不同温度测定结果示于图 4-15。由图可见，反应温度由 190℃ 提到 270℃，丙烯的转化率随温度升高而增加，温度升高 80℃，转化率从 27.1% 提高到 74.6%，而丙酮的单程收率有不同的变化趋势，即温度由 190℃ 提到 230℃ 时，丙酮单程收率增加近 19%，而由 230℃ 增至 270℃ 时，丙酮单程收率只增加 3%。随反应温度的升高，醋酸和 CO_2 的单程收率显著增加，而且增加的速度比丙酮的单程收率增加较快，因此丙酮的选择性下降。

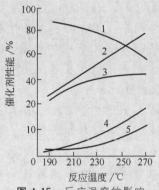

图 4-15 反应温度的影响
1—选择性；2—丙烯转化率；
3—丙酮单程收率；4—(CO+CO₂)
单程收率；5—醋酸单程收率

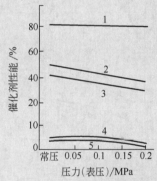

图 4-16 反应压力的影响
1—选择性；2—丙烯转化率；3—丙酮
单程收率；4—(CO+CO₂) 单程收率；
5—醋酸单程收率

2. 反应压力

在此反应中，为了考查不同压力对反应的影响，选定反应温度为 230℃，接触时间为 7s，线速为 0.2m/s，丙烯：氧：水=1：1：15。自常压开始，依次升压到 0.05、0.1、0.15、0.2MPa（表压），所得结果示于图 4-16。由图可见，随压力的增加，丙烯转化率和丙酮的单程收率明显下降，而醋酸和 CO_2 的单程收率也随压力增大而下降，所以丙酮的选择性无明显变化。此外，还考察了在不同压力下提高反应温度（245、250、255、265℃）时丙酮单程收率的变化。结果表明：在表压 0.05MPa、245℃，表压 0.1MPa、250℃，表压 0.15MPa、255℃，表压 0.2MPa、265℃ 时，所得丙酮单程收率均达到 40%，此值相当于常压下 230℃ 的丙酮单程收率。

3. 接触时间

在反应温度为 230℃，线速 0.3m/s，烯：氧：水=1：2.5：20 和常压条件下，研究接触时间的变化对此反应的影响，结果如图 4-17 所示。由图可见：当接触时间由 2.3s 增到 5s 时，丙烯的转化率由 44.1% 提高到 61.8%，丙酮的单程收率由 35.7% 提高到 46.1%。由于 CO_2 和醋酸的单程收率增加较快，所以丙酮的选择性也有所下降。

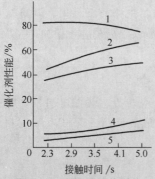

图 4-17　接触时间的影响

1—选择性；2—丙烯转化率；3—丙酮
单程收率；4—(CO+CO_2) 单程收率；
5—醋酸单程收率

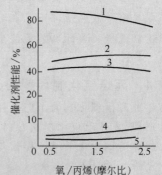

图 4-18　氧烯比的影响

1—选择性；2—丙烯转化率；3—丙酮
单程收率；4—(CO+CO_2) 单程收率；
5—醋酸单程收率

4. 反应气的配比

（1）氧烯比的影响　由图 4-18 可见，当氧烯比由 0.5 提到 2.5 时，对丙酮的单程收率无明显影响（保持在 41%～44%），丙烯的转化率虽随氧烯比增加而有所提高，但丙酮的选择性却下降了。与此同时，醋酸单程收率几乎增加一倍，CO_2 的单程收率也增加较多。可见氧量过多不仅使反应器生产能力降低，也会使深度氧化加强。

（2）水烯比的影响　由于此反应系按水合氧化脱氢的机理进行，所以保持适当的水量是必须的。水烯比对反应影响的比较结果示于图 4-19。由图可见，适量水蒸气的存在对提高丙烯的转化率和丙酮的单程收率有显著作用。例如，在常压下，将水烯比由 5.0 提到 15.0，丙酮的单程收率可由 31.9% 提到 41.9%，丙烯的转化率由 39.9% 提高到 53.5%。在表压为

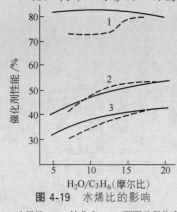

图 4-19　水烯比的影响

1—选择性；2—转化率；3—丙酮单程收率，
——常压，----0.15MPa（表压）

0.15MPa，水烯比由 7.5 增到 15.0 时，丙酮的单程收率由 31.0% 提到 40.9%，而丙烯的转化率相应地由 42.7% 提到 51.1%。

5. 寿命考察

催化剂的稳定性关系到催化剂能否应用于工业生产。特别是在选择氧化反应中，在水烯比较高的条件下，催化剂活性更需保持长时期的稳定性。如果反应在沸腾床进行，还要知道催化剂的强度和耐磨情况，而这些性能又只能通过长期试验才能确定。上述丙烯选择氧化所用锡-钼-磷-锰催化剂的寿命考察结果示于图 4-20。结果表明：常压下、230℃、接触时间为 7s、烯：氧：水=1:1:15 的条件下，经 1000h 的试验，

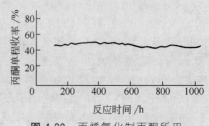

图 4-20　丙烯氧化制丙酮所用
Sn-Mo-P-Mn 催化剂的稳定性考察

催化剂活性无明显下降，即开始时丙酮的单程收率为 52.6%，丙烯的转化率为 68.2%，选择性为 77.1%。经使用 1000h 后，丙烯转化率为 61.5%，丙酮的单程收率为 50.2%，选择性为 81.6%。在反应过程中，丙酮的单程收率一般稳定在 47%～50%。在 1000h 之后，将反应温度增高到 240℃，丙烯的转化率为 68.0%，丙酮单程收率为 51.4%，丙酮的选择性为 77.9%，这些数据同开始反应时的结果十分接近。

例 4-5　丁烯氧化脱氢制丁二烯七组分催化剂的非正常操作条件试验[T8]

在工业生产中，由于种种原因而使反应条件（如温度、压力、配料比等）大幅度变动时，会对催化剂的活性等性能产生影响。因此，可在评价催化剂的过程中，考察反应在不正常条件下进行的情况，以便掌握催化剂因偶然原因失活的规律和选择再生的条件。例如我国研制的丁烯氧化脱氢生成丁二烯的 $PMoBiFeCoNiK/SiO_2$ 七组分催化剂，在评价中，曾在正常条件评价后，连续经受下列条件的考验：高温（580～585℃）反应 2h；不通水反应 4h；不通气（只通丁烯和水蒸气）22h；然后经 470～500℃ 再生 1h；最后再在正常条件下继续反应。结果列于表 4-15 中。由表可见，此催化剂在连续经受较长时间的超高温、缺水、缺氧等不正常条件下反应约 35h 后，只需经短期再生，便可恢复其原有活性和选择性。

表 4-15　丁烯氧化脱氢所用七组分催化剂在不正常条件下试验及催化剂的再生性能

试验内容	正常评价	超温反应	不进水	不进空气	再　生	正常评价
反应温度/℃	400	580～585	400	380～390	470～500	375～395
烯:氧:水	1:(0.9～1):8	1:(0.9～1):8	1:(0.9～1):0	1:0:8	0.5h进水和空气，0.5h只进空气	1:(0.9～1):8
累积时间/h	7.0	2.0	4.0	22.0	1.0	14.0
丁烯转化率/%	80.3	35.2	61.7	—	—	82.4
丁二烯收率/%	87.5	50.5	73.3	—	—	89.4
丁二烯选择性/%	91.8	69.7	84.3	—	—	91.8

4.3　扩大试验

从催化剂小试鉴定到开发成果的稳定工业化之间，还有一段不短的历程。扩大试验（或中型试验）的规模，介于小试和工业大生产之间。目前，这通常是一个必要的开发程序。

为了使催化剂小试结果能够逐级放大，扩大试验在目的和内容方面应和小试一致，即包括中型制备试验和中型评价试验两大部分。两部分工作相互呼应和补充，缺一不可。

4.3.1　中型制备试验

在小试阶段，制备催化剂的原料往往是首先使用较纯粹的化学试剂。小试时制备量小，一般为几克至数百克不等，制备的工艺条件也易于精确控制。中型制备的原料应是未来采用的工业级原料，制备时每批的投料量为数十千克或更多。中型制备的样品，一般还需要缩分出代表样品来，首先返回小试评价装置进行预评价，在认可其质量与小试样品相重复后，方可进行下一步的中型评价试验。

然而大多数情况下，中试制备一次放大成功，即与小试质量完全重复是极为罕见。这是因为，催化剂生产和其他化工产品的生产一样，生产线是由若干单元操作设备组成，生产线上任何一个单元操作的工艺条件都可能对催化剂性能产生影响，加之制备原料的更换、设备规模的放大和结构的改变等。为了讨论制备重复性这个极为复杂的问题，这里只能就一些局部性的经验和原则作一些简要说明。

4.3.1.1 原料的影响

如果有条件，小试和中试的原料完全一致，那当然是最为理想的。不应该在实验室小试选一种原料，工业生产又贸然换用另一种规格质量相差甚大的原料。这样就等于把原料选择的实验推迟到扩大试验中来进行。于是一旦产生问题，原料问题和设备工艺问题互相交错，反而会带来经济上和时间上的损失，事倍功半。与其如此，倒不如中型制备先固定选用与小试同样的原料，待考察好工艺和设备条件的影响之后，再换原料。在小试甚至中试初期，之所以首先用化学纯试剂之类的原料做试验，是因为某些微量杂质对许多催化剂的影响，至今认识还不够充分。而中型制备后期，考虑到催化剂的成本和原料供应来源，就应该选用来源充足、价格低廉的原料重复做试验，以最终确定原料的来源和厂家，以及初步的原料质量规格。

西欧和北美的某些催化剂制造厂，过去在生产某种铜、锌系催化剂时，开始曾使用这两种金属对应的盐类作原料。后来改用电解铜和金属锌锭作原料时，其纯度确比盐类高，但意外的是，催化剂活性、寿命反而大幅度下降。仔细分析发现，所用金属纯度虽然已达到 99.5% 以上，却含有 0.3% 左右的杂质铅。催化剂体相的 PbO 的丰度远低于表面相，即 PbO 可大部转移到表面。因此，催化剂中若由杂质带入 $(1\sim10)\times10^{-4}$ g/g（数百 ppm）含量的铅，即可破坏铜、锌催化剂的表面结构，于是使活性降得很低。

如果小试、中试结果已经重复，催化剂的原料来源、供应厂家及质量规格，在没有重新试验的条件下，不应轻易改变。因为生产同一原料的不同厂家，尽管产品质量都符合国家标准或部颁标准，但可能各有不同的生产方法，其设备操作也互有微小差异，因而含杂质的种类和数量总会有所不同。而不同杂质对催化剂的影响又往往难以预料。

再有一种并非个别的情况是，一些催化剂原料不是化工厂生产的化学品，而是天然或半天然产物，如天然矿物、植物或其制成品，比如磁铁矿、硅藻土、天然沸石、瓷土、钙钛矿以及各种水泥、沥青、活性炭及其他林产品等。这些原料的成分、结构、杂质更为复杂多变，而且必然受产地不同、甚至产地相同而矿床不同等诸多因素的影响，这时选择原料的工作更为复杂艰巨。而一旦确定的原料，更难轻易更改。合成氨用 Fe_3O_4 为主要成分的天然磁铁矿。数十年生产经验证明，欧洲瑞典和中国山东省某些磁铁矿最为适宜，而美国用铁棒在氧气中燃烧制成的合成 Fe_3O_4，反而性能不佳；国产轻油水蒸气转化上段催化剂 Z409，使用一种含铁杂质很高的铝酸钙水泥，属于欧洲几十年前使用过的一种强度一般的老产品。国内曾经为提高催化剂强度换用过低铁或无铁水泥，但催化剂的抗积碳性和可还原性下降。尔后的深入研究发现，铁水泥的确有其独特的贡献，对某些品种催化剂而言，不可替代。所以 Z409 和国外同类催化剂 ICI 46-1，一直沿用它，并不是没有道理的。广泛用作催化剂载体的活性炭，可以用不同制法由木材、果壳、果核等干馏炭化而得。加氢精制对苯二甲酸用的钯/炭催化剂，由于使用要求高，国外厂商要求最好使用东南亚所产椰子壳制炭，以便满足其载体诸多的物理性质要求。

总之，催化剂原料的影响，是一个"先天"的决定性因素，因此中试制备前务必周密考虑，慎重选用。

4.3.1.2 设备的放大效应

随着催化剂制备规模由小试而中试，再由中试而工业化大生产，设备逐步增容，构造还可能变化，由此而带来制品质量的种种差异，可称之为设备的放大效应。最直观的影响是扩容带来传热、传质的不均，而使产品质量下降，并且更难精确控制。这是负面效应的一种。但某些设备放大时，也可能产生相反的正面效应，这要具体分析和区别对待。现按制备各单元设备略加讨论。

（1）沉淀设备　沉淀法是固体催化剂和载体制备中最常用的方法。本法所用设备多为带搅拌桨的分批式反应釜，配以两个碱液和盐溶液的计量罐，沉淀过程的影响因素包括 pH 值、温度、搅拌强度、加料方式、加料时间等。操作方法，国内多为手工控制。因此，沉淀法原本在小试中重复性就差，设备放大后的重复性更差。例如，在小试时两种原料溶液可以预热到反应温度后再沉淀，而中试放大和大生产往往用室温冷液加料居多，调节加料速度、时间以及反应釜温度，多靠手工，于是各种参数很难均匀，各批次的操作程序更难绝对重合。必要时，在各批次进行半成品控制分析的基础上，可以进行并批均化处理。若中试放大的负面效应的确不可忽略，则可以考虑补充小试，换用一些改进的沉淀法新工艺，如改变加料方式及采用均匀沉淀法等。这些新工艺是针对经典沉淀法的重复性、均匀性差而设想和发展起来的。

（2）干燥和焙烧设备　小试和中试常用烘箱、马弗炉或箱式干燥器。电阻式烘箱内常存在较大温差。沉淀法的滤饼烘干、浸渍法的湿催化剂烘干，都可能由于溶质的迁移，带来组分的分布不均，有时这种不均匀性肉眼即可看出。大型生产时使用气流或沸腾床干燥，或者回转式窑炉或隧道窑焙烧，由于物料的流动和热气的充分扩散，干燥焙烧温度反而比小试均匀。

（3）混料与成型　比起实验室小试中用手工混料或简单机械单粒成型而言，中型制备在混合粉料及成型加工方面，其放大效应往往是正面的。中型和大生产，往往均用大设备连续化生产，如混料用拌粉机、球磨机、胶体磨，成型用压片机、压环机，再加上必要的并批均化操作，其所得的产品，在均匀性、重复性方面，往往比小试更易于控制。在这里的关键是，中试每一步操作中，均要详细观察、记录和分析。在中试放大总结后，所设定的工艺参数范围，应当尽可能详尽和确切，以便重复操作时能严格而方便地加以调控。例如，球磨时限定加料量、料球比、球磨时间，成型后限定催化剂单粒质量、密度和初强度等。

4.3.2　中型评价试验

4.3.2.1 设备和方法概述

中试评价装置的催化剂装填量，介于微小型评价装置与大型工业装置之间，催化反应的原料则应与工业大装置一致。

如前所述，中型评价装置使用的必须是小试通过评审或鉴定的催化剂，这种催化剂还必须换用工业规格原料，在中型制备中放大，并且所放大催化剂的质量又返回小试评价认可其重复性。对一些稳定性要求高的催化剂，甚至中型制备的样品再返回小试进行较长周期的寿命试验或其他预试验。因为，催化剂开发中的逐级放大越到最后，投资越大，有时一次中试的投入，即达数十万元。

中型评价装置，一般均以重复小试的催化剂寿命试验为主；个别情况下，也可根据催化剂用户的要求，做一些边界性的条件试验或破坏性试验；也还有在中试装置上研究宏观动力学和测取工程设计数据的。目前在国内，小于中试规模的试验数据，一般都不宜作为工程设计的可靠依据。

鉴于中型评价试验的重要性，国内外一些院所和厂家，都有自己专门的中试装置和研究人员。英国 ICI 公司、丹麦 TOPSØE 公司（在本国及美国休斯敦）、中国西南化工研究院、齐鲁石化公司研究院均有烃类水蒸气转化催化剂中试装置，燕山石化公司研究院有乙烯氧化制环氧乙烷单管中试装置，等等。这些装置多做单管试验。反应管尺寸与大型多管反应器相同，但中试装置的反应管仅一两根。上海石化公司有乙烯法合成醋酸乙烯单管中试装置和丙烯制丙烯腈流化床中试装置。齐鲁石化公司有气相流化床聚烯烃中试装置，规模 200t/a，比大型装置工业生产量小两个数量级，该装置由国外引进。

近年来国内已广泛使用的工业装置侧流试验、工业列管反应器中的单管试验及工业装置投样试验等，从考察催化剂的角度出发，其目的与中试相近。与耗资费时多的中试相比，这些方法比较简便、经济，有时可以进行比中试周期更长的考验，而其条件更完全与工业装置相同。但是由于工业装置与开发试验毕竟目的不同，不可能以前者迁就后者，因此这些试验在取全、取准数据上往往不可能完全满足中试要求，因此不能代替中试，而以作中试的补充考察为宜。

侧流试验是在稳定的工业装置上以小口径侧线引出部分工艺气体，至催化侧流反应器（尺寸可大可小），进行评价试验。反应后气体返回原工业装置主流工艺气中继续使用。国内合成甲醇及一氧化碳选择氧化等催化剂，都在催化侧流试验中取得了与中试相近的试验结果。

烃类水蒸气转化反应器，大型装置常有数十至数百根转化管。可在其中一根至几根管装填新开发催化剂，与工业化的催化剂进行对比。如情况正常，在运转一两年后抽样对比分析，可以取得很多宝贵的数据。如果试验管增设单独取样口，还可观察活性的变化。这种装管试验的方法，国内外都有应用成功的例子。

也可将少量（如数十粒、1～2kg）催化剂用耐热金属丝捆绑或金属网袋包装，包埋投入工业装置的主体催化剂床层之中，在长周期运转后分析。对这种"投样"，测其强度活性并与主体催化剂对比，可以比较强度及活性稳定性，并表征长期运转后催化剂组成和结构变化。这种简单的投样试验法，国内也多有应用。有时在一次中试中，要附带观察多种催化剂，也用这种方法。

4.3.2.2 催化剂中型评价实例

例 4-6　英国 ICI 公司的石脑油转化催化剂中型试验[8]

这是 50 多年前开始进行的一类单管试验，具有经典的史料价值。所有试验都是在半工业装置中进行的。炉管尺寸与工业装置相同，即直径 100mm（4in），装填 6.1m（20ft）深的催化剂，管长为工业炉管的一半多，而直径两者相等。用煤气为燃料加热，将炉管自上而下加至要求的壁温分布。按下述条件试验了许多催化剂。

温度	650～900℃
压力（表压）	1.28～5.02MPa
H_2O/C	1.5～6.0
空速（石脑油加水蒸气）	1.5～6.5kg/(h·L)

原料为终沸点 180℃ 的直馏汽油，其相对密度为 0.72，平均相对分子质量 100，相

当于分子式 C_7H_{16}，原料油经 ZnO 和 Co-Mo 系脱硫剂脱硫至 0.5mg/kg 含量以下。转化尾气由色谱仪分析。有些试验还在床层的不同点取样分析转化气组成。

ICI 公司利用这套单管试验装置进行过大量试验，内容包括换代催化剂的评价、进行从天然气到终沸点 220℃ 石脑油原料的工艺条件试验，以扩大该工艺过程的使用范围。此外，ICI 公司首先开发成功的石脑油水蒸气转化催化剂，曾遍布全世界，为数百座工业一段转化炉所使用。该公司利用这种单管转化炉，在范围很广的操作条件下评价了许多催化剂，为其世界各地转化炉的设计测取了大量基础工艺数据，并进行了必要的基础研究。

中型评价试验中，以产品气体中甲烷含量评价催化剂活性高低。活性好的催化剂，产氢越多，而残余甲烷越低。

表 4-16 为不同工艺条件下的典型数据，给出了干基气体中甲烷的平衡值与实际含量，同时给出了一段转化炉中的总反应热，它与甲烷含量成反比关系，甲烷含量高，则需要的反应热较少。

表 4-16　石脑油转化工艺条件

| 工艺过程 | 温度 T_A/℃ | 压力(表压)/MPa | H_2O/C | CH₄ 含量/% | | 平衡温度 T_B/℃ | 平衡温距 ΔT/℃ | 反应热/(kJ/mol) |
				平衡	实际			
氢气	834	1.26	4.0	1.1	1.5	820	14	1626
氨合成气	825	3.15	3.5	5.9	7.9	800	25	1293
贫气	750	2.8	3.0	14.3	14.3	750	0	909.2
ICI 500	685	3.15	1.8	34.5	34.5	685	0	412.6

注：H_2O/C、CH₄ 含量以干基表示，反应热为 kJ/mol（石脑油），入口温度 400℃。

很显然，为求得炉子的最佳设计，预知转化气体的组成是重要的。这就需要知道所用的催化剂接近平衡组成的性能，然后才能对生产特定组成的气体计算出催化剂的体积和炉子的大小。为避免转化炉设计误差过大，需要准确地了解催化剂性能与产品气体中甲烷含量之间的关系。

实验数据处理中，以"接近平衡甲烷含量"这一指标来确定催化剂的效能。这种接近平衡的程度，通常用温差即所谓平衡温距来表示。例如给定一组操作条件，则有一相当于催化剂出口温度 T_B 下的平衡甲烷含量，但实际的甲烷含量与平衡含量不同，而是相当于另一平衡温度 T_A 下的含量，则平衡温距 $\Delta T = T_A - T_B$。催化剂活性越高，则 ΔT 越小。

产出残余甲烷低的炉子，实际甲烷含量比平衡含量高，即 T_B 比 T_A 小，因此 ΔT 是正值。在相当于高的甲烷平衡含量的条件下，ΔT 变成负值，即实际甲烷含量比平衡值低。对于不太活泼的催化剂多半出现这种情况。在生产高甲烷含量的 ICI 方法中，因使用了高活性的催化剂，所以可生产达到平衡组成的气体，即 $\Delta T = 0$（见表 4-16）。

在单管试验中，可以测取到沿管长的温度分布和气体含量分布。这类重要数据是小试评价装置和大型工业装置不可能取得的，然而无论从理论上对研究催化反应机理，还是实际上对催化剂的操作设计，均是十分宝贵的信息。

图 4-21 和图 4-22 分别为典型的催化剂床层温度和炉管中的气体组成分布图。图 4-21 表明，CH₄、H_2 和 CO_2 主要在炉管的上半部生成，CH₄ 上升至约 14%，随后生成平衡量的 CO，床层出口 CH₄ 下降至 6%，与平衡含量的 5.5% 接近。

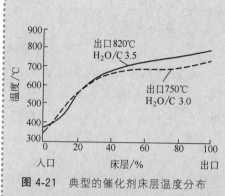

图 4-21 典型的催化剂床层温度分布
（$p=3.24$MPa，$H_2O/C=3.5$）

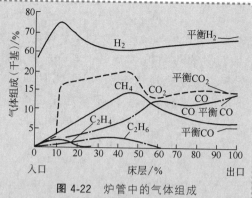

图 4-22 炉管中的气体组成
（出口850℃，3.24MPa，$H_2O/C=3.5$）

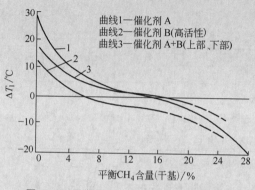

曲线1—催化剂A
曲线2—催化剂B（高活性）
曲线3—催化剂A+B（上部、下部）

图 4-23 平衡甲烷含量对平衡温距的影响

图 4-23 中的曲线 2 代表活性较高的催化剂 B 的平衡甲烷含量与 ΔT_1 的关系。该催化剂 $\Delta T=0$ 时甲烷含量大约为 6%，这种催化剂适于生产甲烷含量低的合成气，但不适于生产甲烷含量高的城市煤气，因为床层上部甲烷低，必须在下部合成更多的甲烷。

可考虑将催化剂联合装填使用。图 4-23 中的曲线 3 代表低活性的催化剂 A 和高活性的催化剂 B 联合时的平衡甲烷与 ΔT_1 的关系。对于生产低甲烷的气体，因下部有高活性的催化剂 B，所以比单独使用催化剂 A 要好。由于床层中部甲烷含量被上部催化剂所控制，催化剂 A 和 B 联合使用时和单独使用时甲烷含量一样，所以对于生产高甲烷的气体，催化剂 A 和 B 组合也比单独使用 A 或 B 为好。单装或组装可根据特定需要而选择。

例 4-7 国产茂金属催化剂 APE-1 气相法聚乙烯中试研究[10,11]

茂金属催化剂的开发成功，使聚乙烯工艺发生革命性的变革，许多公司和研究部门都在进行茂金属催化剂的研究，以及工业化装置的试生产。资料表明，到 2000 年，全世界采用茂金属催化剂生产的聚烯烃，将占聚烯烃总消耗量的 12%～13%。

近几年来，我国几个研究部门也在茂金属催化剂的研究方面取得了较大进展。中国石化石油科学研究院开发的 APE-1 茂金属催化剂，在经过气相法小型模拟试验并取得基本数据后，于 1997 年 4 月在齐鲁石化公司塑料厂 200t/a 气相法聚乙烯中试装置上进行了首次试验，并获得了成功。中试考察了 APE-1 的运行稳定性和适应性，以及催化剂活性、聚合条件和产品性能间的关系，证明所得产品性能与国外同类产品相近。

1. 试验条件

（1）原料 采用工业用聚合级乙烯，其中杂质总含量（体积分数）$<1\times10^{-6}$，丁烯的纯度（质量分数）$\geqslant99.0\%$，水含量（体积分数）$<1\times10^{-7}$，氢气、氧含量（体积分数）$<1\times10^{-7}$。种子床：采用 Cr 系催化剂生产的聚乙烯粉料，用微量氧气进行不可逆终止反应，然后再用乙烯将系统中的氧含量（体积分数）置换到小于 1×10^{-6} 后，作为茂

金属催化剂的种子床。

（2）茂金属催化剂 负载型的"取代双环戊二烯基二氧化锆-无机盐-给电子体三元加合物甲基铝氧烷"催化剂。

（3）试验装置 200t/a气相法聚乙烯中试装置简要流程如图4-24所示。装置采用计算机集散控制系统（DCS）对工艺过程进行全程控制，原料气、共聚单体和催化剂连续进入，所生产的树脂由出料系统间歇排出，树脂在流化床内停留时间为4～6h。其他参数是：时空收率（STY）为43～95kg/(h·m³)；乙烯单程转化率为0.4%；乙烯利用率为70%；反应器压力控制在（2.0±0.01）MPa；基于中试的乙烯分压可控范围，拟定乙烯分压控制在1.7MPa；反应器温度为80～100℃；循环气流量为6.5～7.0t/h；床层料位为（2.5±0.1）m。

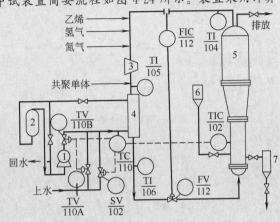

图4-24 气相法聚乙烯中试装置流程简图
1—水泵；2—热水槽；3—压缩机；4—冷却塔；
5—反应器；6—加料器；7—出料器

在本中试装置上曾应用铬系催化剂已生产和开发了多个牌号的产品，部分开发的产品已推广到工业化装置上进行生产，其连续稳定运行最长时间近1000h。

反应器内乙烯、共聚单体等物料的浓度由在线分析测定并送入DCS，共聚单体与乙烯的浓度比由DCS中的比例调节模块进行控制，并与在线分析系统一同构成串级控制回路。

产品中间控制指标，如产品的熔融指数、密度由出料口采样，分别按GB 3682、GB 1033试验方法进行检测。

2. 结果与讨论

（1）系统运行稳定性 国外报道，铬对茂金属催化剂聚合性能基本无影响。因此试验方案设计为由铬系催化剂的床层起动聚合反应，在永久性终止铬系催化剂后，直接向APE-1催化剂切换。

从连续运行35h的状况看，反应稳定，床层流化状态良好，各参数控制平稳，初步说明APE-1催化剂的聚合运行是较稳定的，运行参数与铬系催化剂产品相当，详见表4-17。

表4-17 茂金属催化剂与Cr系催化剂中试运行参数对比

项　　目		茂催化剂	Cr催化剂
反应温度/℃		90±1	90±0.1
反应压力/MPa		1.85±0.02	2.0±0.02
乙烯分压/MPa		1.07±0.02	1.9±0.02
反应负荷[1]/℃		15	10
流化松度/(g/cm³)		0.374	0.350
循环气量/(t/h)		7±0.1	7±0.1
床层料位/m		2.5±0.1	2.5±0.1
产品灰分		0.05%	0.045%
催化剂活性[2]	/(g/g)	2000	2200
	/(g/mol)	$1×10^8$	$2×10^7$
共聚单体含量		0	0

① 反应负荷指反应温度与循环流化气进反应器的入口温度之差；
② 催化剂活性分别以每克催化剂和每摩尔活性中心生产聚乙烯的克数计。

（2）反应温度对催化剂活性的影响　图4-25是均聚状态的反应温度与催化剂活性关系曲线。由于温度升高，反应速率加快，在相同的停留时间内，使催化剂的初始活性得到充分发挥。从数据上看，大体上反应温度提高10℃，催化剂活性提高1.26倍。

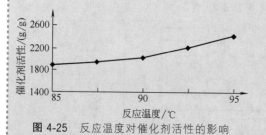

图4-25　反应温度对催化剂活性的影响

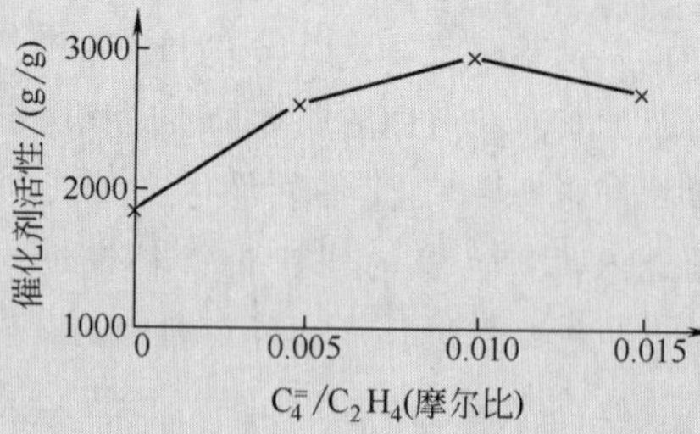

图4-26　循环气中 $C_4^=/C_2H_4$ 对催化剂活性的影响

（3）共聚单体浓度对催化剂活性的影响　由图4-26可看出，1-丁烯的加入改变了共聚单体的竞聚率，单体配位插入能力有所加强，使其表观聚合活性提高。但当1-丁烯的浓度达到一定值后催化剂活性反而有所下降。

（4）反应温度对产品熔融指数的影响　温度升高使分子迁移速率加快，也使氢以及其他一些小分子的链转移速率加快，引起熔融指数变大。但由于是在无氢状态下进行的试验，故效果并不明显，由图4-27看出，反应温度由85℃升高到90℃，产品的熔融指数略有所上升，由此可见，温度对产品的熔融指数的影响不甚敏感。

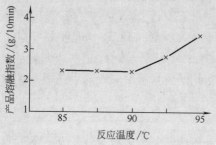

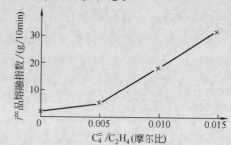

图4-27　反应温度对产品熔融指数的影响

图4-28　反应器中 $C_4^=/C_2H_4$ 对产品熔融指数的影响

（5）丁烯乙烯比对产品熔融指数的影响　由图4-28可见，随着1-丁烯浓度的升高，1-丁烯链转移的加大，引起产品的熔融指数增大。但在生产中往往将1-丁烯浓度作为密度的调节手段，不太考虑它对熔融指数的影响，即用1-丁烯与乙烯的比控制产品的密度，用其他的工艺条件调整熔融指数。

（6）1-丁烯与乙烯比对产品密度的影响　由于引进了乙基支链，使产品结晶度下降，故产品的密度随1-丁烯与乙烯比的加大而降低。由图4-29可以看出，当1-丁烯与乙烯的比为0.015时，产品的密度已经降到 $0.937g/cm^3$，由此可以看出该催化剂的共聚特性较好。

（7）氢气调节作用　由于现有中试装置仅能控制最小的 H_2/C_2H_4 比为0.005，在试用氢气调节熔融指数过程中，当 H_2/C_2H_4 仅达到0.0014（显示的最大值），4h后产品的熔融指数已达到167g/10min。说明该催化剂对氢气调节熔融指数极为敏感，因此需要改进氢气的加入方式，用含量为 10^{-6}（体积分数）的氢气来调整产品熔融指数。资料介绍国外的茂金属催化剂对氢气的响应浓度是 10^{-6}（摩尔比），如图4-30所示。

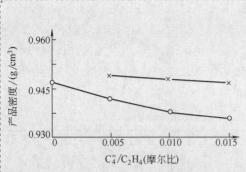

图 4-29 反应器中 $C_4^=/C_2H_4$ 比与产品密度曲线
○—APE-1 茂金属催化剂；×—铬系催化剂

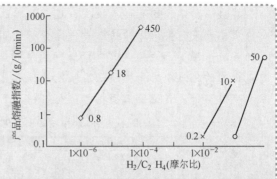

图 4-30 各种催化剂对氢气的响应
◇—茂金属催化剂；○—铬系（Ziegler-Natta）催化剂1；
×—铬系（Ziegler-Natta）催化剂2

（8）相对分子质量及其分布 中科院化学所对所生产的产品进行了相对分子质量及其分布的测试（PL-GPC-210，160℃），见表 4-18。

表 4-18 产品的相对分子质量及其分布

	M_W	M_{WD}	备注
m-PE-1	8.3×10^4	2.1	中试产品
m-PE-2	6.7×10^4	1.9	Exxon 样品

注：m-PE 为茂金属催化剂聚乙烯，m-PE-2 产品相对分子质量分布与 Exxon 产品相对分子质量分布接近，都较理想。

例 4-8 国产轻油水蒸气转化催化剂中型试验[12]

1. 制氨合成气中试

用扩大制备的 Z402、Z404 和 Z405 催化剂在中型试验装置上进行了多次不同条件的 Z402/Z404 试验及 Z402/Z405 和 ICI 46-1/ICI 46-4 对比试验。中型试验炉为顶烧炉型，两根炉管尺寸与湖北和湖南某化肥厂的大型装置相同，为 $\phi114\text{mm}\times21.5\text{mm}\times12150\text{mm}$。对比例 4-6 中所述 ICI 公司同类中试炉，炉管加长 1 倍。试验所用原料油为馏程 40～180℃左右的直馏轻油，含芳烃 10%左右。原料油经脱硫后硫含量小于 0.5mg/kg。

各次中试的运转条件见表 4-19，每次试验多在两管分装国产、进口催化剂，在完全相同的操作条件下平行进行。表 4-19 中所列的液空速 1.75h^{-1} 及水碳比 3.5，是这类催化剂在国内外进行过的最为苛刻的一类反应条件。在这样的条件下，催化剂的转化活性应合格（在出口 780～800℃下残余甲烷应小于 10%），同时要有足够高的机械强度、足够小的积碳量（与选择性有关），以及足够低的钾流失率（与稳定性和寿命有关）。

表 4-19 中型试验的条件

中试序号	催化剂	液空速/h^{-1}	H_2O/C	出口压力/MPa	出口温度/℃	运转时间/h
A	Z402/Z404	1.55	4.0	3.16	760～780	800
B	Z402/Z404	1.75	4.0	3.16	760～780	592
C	Z402/Z404	1.75	3.5	3.16	800	500
D	Z402/Z405（北管） ICI 46-1/ICI 46-4（南管）	1.75	3.5	3.16	770～790 780～800	600

各次中型试验均有详尽报告，现列举按工业装置高限生产条件进行的 D 次中试的部分主要结果。中试运转的出口气体分析证明，ICI 46-1/ICI 46-4 与 Z402/Z405，在苛刻的反应条件下，运转中出口残余甲烷值相当，一般均在 8%～9% 之间。而运转后固体催化剂的化学分析和机械强度测定数据（见表 4-20）又证明，这两组催化剂的强度、抗积碳性与钾流失速率三项指标，也不相上下。

表 4-20　D 次中试卸出催化剂的强度、碳和钾含量

采样部位（床层深度）		强度/(kg/颗)		碳含量/%		K₂O 含量（保留钾）①/%	
		46-1/46-4	Z402/Z405	46-1/46-4	Z402/Z405	46-1/46-4	Z402/Z405
	新催化剂	23.7	33.4	0.23	2.03	7.01(100)	6.61(100)
上段	入口	22.1	37.8	1.23	1.98	6.96(99.3)	6.28(95.1)
	0m	23.0	47.3	1.18	2.24	6.83(97.4)	6.59(99.7)
	1m	19.7	46.2	1.80	1.91	6.83(97.4)	6.57(99.4)
	2m	15.6	24.2	0.84	0.67	5.87(83.7)	6.05(91.6)
	3m	12.7	18.9	0.60	0.68	5.36(76.4)	5.36(81.1)
	4m	11.6	19.9	0.30	0.34	5.07(72.2)	4.99(75.5)
	交界面	11.3	22.1	0.15	0.37	4.21(60.0)	4.85(73.4)
下段	交界面	32.3	34.7	0.18	0.07	0.53	0.63
	7.5m	38.6	38.9	0.05	0.08	0.48	0.51
	出口	37.0	40.8	0.06	0.06	0.44	0.38
	新催化剂	54.1	36.6	0.16	0.15	0.06	0.12

① 保留钾指运转后催化剂钾含量占新催化剂钾含量的百分比。

此外，利用该中试装置，在其他各次中试中，还进行了改换轻油原料等合成氨工艺条件试验。

2. 制氢中试

根据国内炼油厂制氢装置生产的需要，用扩大制备的 Z402/Z405 进行了轻油制氢的中型试验。中型试验在侧烧炉中进行，但其炉温分布模拟顶烧炉的炉温分布曲线。该炉系单管炉，炉管尺寸与大型装置相同，为 φ143mm×20.5mm×12680mm。使用馏程 53～144℃ 的铂重整抽余油为制氢原料。原料油转化前脱硫至 <0.5mg/kg。试验主要操作条件如下：入口温度 500℃，出口温度 800℃，入口压力（表压）2.14MPa，$H_2O/C=5.0$，生产装置要求出口尾气残余 $CH_4<3.5\%$。

本次中试正常运转 500h，其中 303h 在 $H_2O/C=5.0$ 和碳空速 $V_C=900h^{-1}$ 的条件下进行，出口气体平衡残余甲烷 <2.5%（工艺要求 <3.5%）。其余少部分时间还进行了改变条件（以气体成分合格为前提）的试验。在提空速的条件试验中，当 $H_2O/C=5.0$ 时，V_C 可提至近 $1200h^{-1}$；在降 H_2O/C 的条件试验中，在 $V_C=1200h^{-1}$ 条件下，H_2O/C 可降至 4.0。

运转后催化剂外观正常，分析数据良好，见表 4-21。

上述试验结果表明：Z402/Z405 用于制氢条件亦有较好的适应性，在所选用的温度、压力等条件下，在空速 $V_C=900h^{-1}$、$H_2O/C=4.5$ 的条件下操作是适宜的。某厂制氢装置原拟选用国产老型号 Z301 催化剂，根据 Z301 抽余油中试结果，设计选用 $H_2O/C=5.0$ 及 $V_C=500h^{-1}$ 的条件。显而易见，如该装置换用 Z402/Z405 生产，将为其转化部分带来较大生产潜力。另据文献报道，轻油转化催化剂中，世界上活性最高的丹麦 RKNR 催化剂，用轻油生产 97% 纯度的氢气，在温度、压力与本试验相近的条件下，其所采用的条件为 $H_2O/C=5.3$、$V_C=1065h^{-1}$。由此可见，Z402/Z405 的制氢中试结果较好。

表 4-21 Z402/Z405 制氢中试卸出催化剂的强度及碳、钾含量

采 样	部 位	强度(kg/颗)	碳含量/%	K₂O 含量/%
	新催化剂	40	2.23	6.36
	顶部	59	2.23	6.24
	1m	43.7	1.94	6.35
上段 Z402	2m	34.2	1.66	6.29
	3m	32.1	0.94	6.03
	4m	34.5	0.63	6.35
	5m	32.9	0.60	5.87
	交界面	29.2	0.47	5.68
	交界面	39	9.07	0.65
下段 Z405	9m	32.9	0.09	0.29
	出口	43.1	0.11	0.44
	新催化剂	59	0.23	0.24

例 4-9 CO 选择氧化催化剂侧流试验[13]

以烃类为原料的氨厂低变气中仍含有 $0.3\%\sim0.5\%$ 的 CO 需要脱除，按通常采用的甲烷化方法，这部分微量 CO，与其 3 倍体积的 H_2 反应，生成 CH_4。该方法的缺点是既耗 H_2，又增加合成弛放气，相应地增加 H_2、N_2 的损失。改善的办法之一是采用选择氧化，即将 CO 氧化成 CO_2，然后在脱碳系统中脱除。这样既减少了 H_2 的损失，又增加了 CO_2 产量。估计因此而减少的 H_2 损失可使合成氨产量增加 $3\%\sim5\%$。采用 CO 选择氧化，装置能耗降为 $2.59\times10^7kJ/t(NH_3)$，为正常能耗的 68%。这就是合成氨中的 CO 选择氧化新工艺。

采用选择氧化后，CO 降到微量，从而大大降低甲烷化催化剂的负荷，延长甲烷化催化剂的寿命，并使低变催化剂的操作与使用变得更加灵活。选择氧化的使用与否，并不会影响合成氨正常生产。

选择氧化工艺在 20 世纪 70 年代初由美国 Engelhard 公司开发成功，首先在意大利某日产 240t 氨装置上应用，运转数年，情况良好。东欧和北欧国家也有采用选择氧化工艺的报道。

国内，1979 年后，自贡天然气化工研究所（下称自贡所）和齐鲁石化公司科研所开展选择氧化试验工作。1985 年初，自贡所在四川温江县氮肥厂进行生产性试验。

1980 年后，上海化工研究院（下称上海院）氮肥室进行了 CO 选择氧化催化剂的实验室常压筛选、加压小试以及立升级催化剂的扩大试验。

上海院研制成功的催化剂定名为 AZ-001 CO 选择氧化催化剂，主要组分为 Pt-γAl_2O_3（含 Pt 0.42%），外形为 ϕ3mm 条状，堆密度 0.72kg/L。

在实验室常压和加压小试验装置中，试验表明 AZ-001 催化剂活性较高。在齐鲁石化公司科研所，AZ-001 催化剂与 Engelhard 公司样品于模拟工业化的条件下进行了对比试验，结果为 CO 转化率双方接近。

立升级催化剂试验是在吴泾化工厂 3.0×10^5t 合成氨车间引侧线进行，AZ-001 再生前后各运转一个月。其工艺条件为：压力 2.24MPa，低变气中 CO 0.21%，O_2/CO（摩尔比）$0.50\sim0.60$，CO_2 21%，含 $27\sim30℃$ 饱和水汽，催化剂床入口温度 $45\sim50℃$，空速 $1.2\times10^4h^{-1}$，反应后 CO 转化率 $\geqslant90\%$。

与自贡所催化剂进行的对比试验，其工艺条件为：压力 2.14MPa，低变气中 CO 0.21%，CO_2 21%，O_2/CO（摩尔比）0.50～0.55，含35℃饱和水汽，催化剂床入口温度45℃，空速 $1.5×10^4 h^{-1}$。另进行了不同催化剂床入口温度、水饱和温度和空速条件下的对比试验。低变气反应后 CO 转化率均≥85%，但上海院催化剂的 CO 转化率较自贡所的高，开始高0.8%，后增加到2.5%。等体积催化剂中的含铂量，上海院的较自贡所低13%。

本例是国内催化剂侧流试验的一例。相似的例子，还有国内低压合成甲醇新型催化剂在上海吴泾化工厂的侧流试验等。

4.4 新型催化剂的工业生产、试用和换代开发

一般地说，在催化剂开发的中型制备和中型评价结束后，催化剂开发任务已基本告一段落，可以在写出研究报告、申报专利之后，移交由有关生产部门接产。

新催化剂的工业化大生产是其中型制备的延伸。如果中型试验的工作足够细、足够深，则经验证明，这一步放大，出现问题的情况较少。于是现在有的新催化剂的中型制备，往往可在充分准备的基础上，直接在大型工业装置上小批量放大生产，亦即中型制备和工业试生产合二为一。以此试产品进行中试评价，成功后，即紧接着进行大批量的工业试生产。

催化剂在工业试生产中，应该尽可能争取参加实验开发全过程的技术专家到现场协助指挥试生产。那种把实验室研究成果简单地"移交"或"技术转让"给催化剂生产厂家，而原研究人员不管或少管试生产的做法，是不可取的。

研究报告中，总是会较为详细地写出新催化剂"应该怎么做"，但从不会全面反映"不应该怎么做"，或是容易发生的失误情况，因为这些并非研究报告的必需材料。而这些内容，只有参加研究全过程的人最为清楚，能较正确地判断和处理试生产中各种可能出现的情况，尤其是异常情况。试生产过程中，中间环节的半成品控制分析（包括物理结构测试），不论分析项目或采样频率，都应较成熟产品测取多些。在这些研究人员的指导下，试生产的工艺数据可以取得更多、更准、更全，这是日后可资参考的宝贵原始资料。

开发成功的催化剂投入工业使用，这是开发过程的最后一步。在大规模工业使用前，有较小规模的工业装置试用，是稳妥的办法。例如，用于国内年产 $3.0×10^5$ t 大型合成氨装置的新型氨合成、甲烷化等催化剂，就是先通过年产 3000t 小型合成氨装置试用的。在列管式反应器的几百根反应管中，取一到几根管进行"装管试验"，效果也较好。在国内外都有在工业试用阶段催化剂被否定的例子。有时也由于偶然的意外事故引起失败，而不能全归咎于催化剂本身；但一般也公认，工业过程的最终检验，毕竟是最具权威性的。为了减少大装置试用的风险，国外某些公司专门设有试验工厂，可以安排新催化剂试用，国内也曾酝酿过类似做法。

在催化剂试用阶段，虽然试验工作大体告一段落，但根据国内外的经验，这时研究人员的工作还不能完全停顿，而只是应当把工作重心转向大厂技术服务：一方面为生产厂服务，参与催化剂工业制造，解决一些新问题，必要时还要进行补充实验，力争大规模工业产品质量与小试样品的重复；另一方面，为催化剂的大厂使用服务，总结国内外同类催化剂使用经

验，结合新催化剂的特点，编写使用说明书、操作手册等资料，并不断充实修改。操作手册应包括催化剂及相关工艺的要点、反应原理、工艺条件、催化剂性能及质量控制指标、催化剂的使用要求及有关保管、运输、升温、还原、开停车、事故处理等详细的操作指导，显然，只有既熟悉催化剂开发过程而又熟悉生产现场情况的研究人员，才有能力胜任此项工作。在国外，有的公司就拥有这种熟悉双方情况并有丰富技术服务经验的专家，在世界范围内进行该公司催化剂的售后服务。

如果新催化剂的工业试生产和工业试用一切进行顺利，预期的开发目标全部达到，那么新催化剂将逐步成为一种成熟的新品种或新牌号。但也有相当多数的情况是，新催化剂经试用后，基本成功，但尚多少暴露出一些不能令用户满意之处。这时，新催化剂试用后紧接着的就是下一轮的换代开发。而且这往往会成为开发部门和生产、使用部门一致的愿望。由于原有工作的基础，这类催化剂的换代开发往往比较容易进行，程序可以大为简化。

以下是催化剂工业试用和换代开发的例子。

例 4-10　轻油水蒸气转化催化剂装管试验[6]

Z402/Z404 已成功用于上海吴泾化工厂大型合成装置一段转化炉（顶烧炉型）。该转化炉 1979 年第一次使用过辽河化肥厂按丹麦技术生产的另一种轻油转化催化剂 Z403H（对应于丹麦牌号 RKNR），1982 年末更换了一炉 Z402/Z404（Z404 是另一种下段催化剂）催化剂试用。至 1985 年 10 月中止，Z402/Z404 已在厂累计运行 640 余天。其间，曾因设备、电器等原因开停车 24 次（其中两次为供电故障而引起的紧急停车）。试用主要经过及结果，扼要叙述如下。

(1) 催化剂装填　该装置一段转化炉共有 324 根炉管（内径 10.16cm），催化剂装填体积 28.06m³，平均装填高度 10.6m，其中上段 Z402 5.39m（50.7kg），下段 Z404 5.21m（48.8kg）。各管最上部约 1.5m 的 Z402 使用预还原催化剂。装填结果基本达到各管同高度同质量，床层阻力最大相对偏差小于±5%（大部分在±2%以内）。

(2) 原料性质　轻油原料的代表沸程为 43～142℃。相对密度 0.7034，芳烃含量 3.81%，烯烃含量 0.54%，经脱硫、脱砷后原料硫含量小于 1×10^{-7} g/g，砷含量小于 5×10^{-9} g/g，蒸汽质量合格。

(3) 升温还原　系统氮气升温后，在入口 320℃的平衡温度下切入蒸汽及氮氢混合气，还原约 12h。还原时入口温度 440℃，床层入口以下 3m 处温度 780℃，出口温度 770～790℃，水蒸气流量 40t/h，氮氢混合气（标准状态）循环量 12000m³/h。

(4) 操作条件　在 640 余天的运行期中，由于该厂氨加工能力不平衡，生产负荷一般为设计值（3.0×10^5 t/a）的 50%，原料油液空速一般为 0.53～0.57h⁻¹（按体积计），个别情况下液空速曾达 0.75h⁻¹，还曾在液空速 0.66h⁻¹ 的负荷下运行 4d。转化炉出口温度一般在 750℃左右，使出口残余甲烷维持在约 7%～8%的水平，不至太低。床层 3m 处温度无特别限制，实际温度一般不高于 620℃。转化管外壁温度一般保持在 800～820℃，个别情况下最高达 850℃。转化出口压力（表压）在 2.5MPa 上下。水碳比前期按 3.9～4.0 控制，后期已降至设计值 3.7～3.8。有关数据见表 4-22。本炉内对比试验管装填 ICI 46-1/ICI 46-4 和 Z402/Z405，其部分数据，也同时列出，以资对比。这次装管试验的数据证明，两组催化剂抗积碳性相当，而国产上段催化剂强度更好。

表 4-22 吴泾化工厂运转 516d 后卸出催化剂的强度及碳含量

催化剂床层位置		侧压破碎强度/(kg/颗①)		碳含量/%	
		ICI 46-1	Z402	ICI 46-1	Z401
上段	新催化剂	23.7	33.4	0.23	2.03
	顶部	11.9	33.9	0.83	1.13
	2m	8.9	34.5	0.28	0.38
	4m	8.6	31.7	0.05	0.23
	中部	8.9	37.6	0.09	0.17
		ICI 46-4	Z405	ICI 46-1	Z405
下段	中部	41.4	35.2	0.03	0.14
	8m	37.4	39.0	0.03	0.13
	底部	40.6	37.4	0.08	0.19
	新催化剂	54	63.5	0.16	2.69

① 催化剂环尺寸：ICI 46-1 和 Z402，$\phi 16mm\ \phi 6mm \times 6mm$；ICI 46-4 和 Z405 $\phi 16mm\ \phi 6mm \times 16mm$。

例 4-11 国产耐硫变换催化剂的工业试用和换代开发[8]

目前，在中国以煤或渣油为原料制取氢气、氨合成气、城市煤气和羰基合成气的大型装置中，变换系统多选用德国 BASF 公司生产的 K8-11 型耐硫变换催化剂。这类催化剂性能良好，但价格昂贵。对于以煤为原料的中压制氨装置或制取城市煤气的工厂，催化剂再生更换频繁，催化剂费用的问题就更为突出。为此，山西化肥厂分别于 1992 年 5 月和 1993 年 5 月，在第二变换炉试用了国产工业催化剂 A（其售价仅为 K8-11 的 1/4）。工业运行数据表明：工业催化剂 A 的活性和活性稳定性虽然能满足第二变换炉工业生产的要求，但有强度差、表面易剥皮、钴流失速率高等不足。因此，厂方希望能研制出一种强度和活性稳定性高、耐冲蚀性好、钴流失率低而价格又适中的新型 CO 耐硫变换催化剂。

针对催化剂明显的弱点，专门设计以下各种评价催化剂的非标准试验方法，进行了重点突出的改进。

1. 补充小试试验方法

(1) 常压本征活性测试 利用常压微反-色谱装置，在远离平衡的条件下，测试已消除扩散因素影响的催化剂常压本征活性。以 CO 变换率的大小表示催化剂活性的高低。

(2) 强度测试 随机取 20 粒样品，在 QCY-602 型强度测试仪上测取催化剂的径向压碎强度，以单位长度平均值表示催化剂强度。

(3) 强度稳定性测试

① 水煮试验。称取一定质量的催化剂在沸水中煮 2h，烘干后测取其强度的变化。以考察催化剂在常压下经热水煮泡后的强度稳定性。

② 水热处理试验。在原粒度加压评价装置上，以氮气和水蒸气为介质，在压力 5.0MPa、温度 500℃、空速 200h^{-1} 和水气比 1.4 的条件下处理 10h，测取烘干后样品强度的变化，以考察催化剂经高温、高水蒸气分压处理后的强度稳定性。

③ 升降压试验。在加压原粒度评价装置上，以氮气和水蒸气为介质，在 500℃ 温度下，将压力升至 4.0MPa 维持 10h，再以 1.0MPa/min 的速度降至 0.3MPa/min，连续 3 次升降压试验后，测取卸出样品强度的变化，以考察催化剂在经受多次升压或降压过程后的强度稳定性。

④ 急冷试验。称取 10g 催化剂放于坩埚中，在马弗炉内于 600℃ 焙烧 0.5h，用坩埚钳

取出并立即投入冷水中。如此反复进行 3 次冷热交替处理，测其强度的变化，以考察催化剂经受温度急剧变化后的强度稳定性。

（4）耐冲蚀性能测试　催化剂经多次烧碳再生后，不仅强度要发生变化，而且催化剂表面也会受到气流冲刷腐蚀造成质量的损失。在进行强度稳定性测试的同时，测取不同试验前后样品质量的变化，以质量变化的多少来表示催化剂耐冲蚀性能的好坏。

（5）加压原粒度活性评价试验　在原粒度加压评价装置上，于 4.0MPa 压力下，测试催化剂在不同温度条件下的变换活性，以 CO 变换率的大小表示催化剂活性的好坏。加压活性评价装置及流程简图见文献 [7]。

从上述小试方案的设计可以看出，研究人员对该催化剂的小试开发和大厂使用，已有相当多的实际经验积累。

2. 补充小试结果

在全面分析试用后的工业催化剂 A 存在问题的原因后，对其催化剂载体的配方和制备工艺、催化剂浸渍方式以及某些助剂的成分等进行了必要调整。在此基础上，通过补充的小试，筛选出新催化剂 QCS-04。新旧两种催化剂的主要小试评价测试结果见表 4-23～表 4-27。

表 4-23　催化剂强度及其稳定性对比

项　　　目	QCS-04		工业催化剂 A	
	强度/(N/cm)	保留率/%	强度/(N/颗)	保留率/%
新鲜催化剂	114.0		38.0	
水煮试验后	102.0	89.1	13.4	34.7
热水处理试验后	101.0	87.9	17.8	46.2
600℃ 3 次急冷试验后	113.0	99.1	32.1	84.4
升降压试验后	98.6	86.5	10.7	28.2

表 4-24　催化剂耐冲蚀性对比

项　　　目	QCS-04		工业催化剂 A	
	样品质量/g	保留率/%	样品质量/g	保留率/%
试验前	10		10	
水煮试验后	9.96	99.60	8.60	86.00
热水处理试验后	9.98	99.80	8.71	87.10
600℃ 3 次急冷试验后	9.67	96.70	8.42	84.20
升降压试验后①	6.92	98.86	6.12	87.43

① 试验前样品质量为 7g。

表 4-25　催化剂钴、碱金属流失率对比①

项　　　目	钴含量的变化		碱金属含量的变化	
	溶液中 Co/(μg/m)	钴流失率/%	溶液中碱金属/%	碱金属流失率/%
QCS-04	79	0.23	0.18	0.43
工业催化剂 A	175	0.53	0.19	0.52

① 水煮 4h 处理。

从以上小试评价结果可知，改进后的 QCS-04，具有较高的强度、强度稳定性和耐冲蚀性能，活性组分流失率低、活性好。这证明通过补充小试，工业催化剂 A 的原有缺点得到了明显的改善。

表 4-26　催化剂常压本征活性对比

项　　目	CO 变换率/%		
	265℃	350℃	450℃
QCS-04	6.84	33.79	35.97
工业催化剂 A	4.39	32.60	29.90

表 4-27　催化剂中、高温活性对比

入口温度/℃	QCS-04 活性		工业催化剂 A 活性	
	出口 CO 体积分数/%	CO 变换率/%	出口 CO 体积分数/%	CO 变换率/%
(硫化)260	13.6	65.1	33.6	24.9
280	2.6	92.0	7.8	78.4
350	2.8	91.9	3.7	89.2
450	3.9	88.6	4.6	89.9

注：运转条件为压力 4.0MPa；温度 280℃、350℃、450℃；空速 3000h^{-1}；水/气比 1.2；原料气组成同上，每温区运行时间为 30h。

QCS-04 并未直接进行中型制备和中型评价试验，但以下的催化剂再生性能试验，也许比中型评价试验有更大的说服力。因为再生试验的样品取自长期侧流试验后的样品，该催化剂相当于已是有很长的运转经历的"晚期催化剂"的模拟样品。

3. 催化剂再生性能试验

以块煤为原料制氨或制取城市煤气的装置，由于原料气中焦油、粉煤等成分含量高，催化剂必须频繁再生（平均半年再生一次）以除去沉积在表面上的碳和焦油等杂质。所以用于该装置的催化剂必须能经受住频繁烧碳再生的考验。在"原粒度"加压活性评价装置上，模拟山西化肥厂烧碳再生条件，对 QCS-04 催化剂进行烧碳再生，以考察催化剂经蒸汽、不同含氧气体（体积分数 1% 和 5%）烧碳前后催化剂强度、活性和结构的变化。

选取在山西化肥厂侧线试验后的卸出样品作为烧碳再生试验样品。在烧碳过程中，密切观察催化剂床层温度的变化，并同时分析尾气中 CO_2 浓度，当尾气中 CO_2 含量下降至不再变化时视为烧碳结束。烧碳再生按下列程序进行：

催化剂活性评价（10~15h）→蒸汽烧碳（1~2h）→活性评价（10~15h）→含氧 1% 气体烧碳（1h）→含氧 5% 气体烧碳（1h）→硫化（10~20h）→活性评价（15~20h）。

QCS-04 催化剂烧碳再生试验活性评价结果汇于表 4-28。可以看出，经工业侧线试验后的 QCS-04 卸样，再经过蒸汽或含氧气体烧碳试验后，其催化活性不仅不下降，反而略有上升，这与进口 K8-11 型催化剂在山西化肥厂烧碳再生后的结果相一致。

表 4-28　催化剂烧碳再生试验活性评价结果

项目	压力/MPa	入口温度/℃	原料气体积分数/%				出口 CO 体积分数/%	CO 变换率/%
			CO	CO_2	CH_4	H_2S/(mL/m³)		
烧碳前	4.0	349.9	3.12	46.76	2.75	3100	1.07	65.01
蒸汽烧碳后	4.0	355.9	3.41	51.93	2.74	3600	1.12	66.41
氧气烧碳后								
硫化后	1.0	264.6	3.43	50.04	2.75	3600	1.20	64.24
活性	4.0	349.2	3.43	50.04	2.75	3600	1.20	65.60

例 4-12　国产环氧乙烷生产用 YS 系列银催化剂的应用和换代开发[14]

　　环氧乙烷（EO）和乙二醇（EG）都是重要的基本化工原料，后者是生产通用塑料热塑性聚酯的单体之一。通常，乙二醇系由环氧乙烷水解而成。目前两种产品大都在同一工厂生产。当前生产环氧乙烷的主要工艺是用空气或氧气的直接氧化法。该法的关键，在于其负载银催化剂的开发。由于 EO 是目前世界基本有机原料中的大吨位产品（世界生产装置能力已达每年 $1.0 \times 10^7 t$），故这种银催化剂是相当重要的一种工业催化剂。国际上有美国 UCC 公司等多个厂家竞相研制和销售这种催化剂。近十余年来新公开的关于这种催化剂及其所用载体的专利多达 100 多项。

　　1973 年，燕山石化公司研究院开始进行该种催化剂的研究。1985 年研制成功 YS-3 型银催化剂，并进行单管中型试验。1986 年，使用 UCC 公司提供的载体和催化剂制造技术，生产 H-12 银催化剂，用于燕化 EO/EG 生产装置，考核初选择性达 81.5%，使用 3 年后选择性降至 74%。1988 年，又研制成 YS-4 型银催化剂，单管初选择性达 83%。1989 年，该催化剂用于燕化 EO/EG 装置，考核初选择性 81.8%，满负荷运转 5 年后选择性仍达 75%，证明它明显优于 H-12。此后，该院又研制成选择性更高的 YS-5 和 YS-6。1992 年后，国产新催化剂相继在全国各大装置进行工业试用与推广。经各装置考核标定，一致证明 YS 系列催化剂性能优于原按引进技术生产的 H-12。表现在前者选择性高而稳定性好（见表 4-29），对应的床层温度较低（见图 4-31～图 4-34）。

表 4-29　YS 系列银催化剂在国内 EO/EG 装置上使用和考核情况

公　司	燕化	燕化	燕化	辽化	辽化	辽化	扬子	金山
催化剂	H-12	YS-4	YS-6	H-12	YS-5	YS-5	YS-5	YS-5B
投产年份	1986	1989	1994	1989	1992	1994	1994	1995
堆积密度/(kg/L)	0.70	0.61	0.49	0.77	0.66	0.61	0.60	0.58
装填量/t	23.1	20.1	16.2	21.8	19.8	18.3	67	57
压降/kPa	14.71	117.7	<98.1	<98.1	<98.1	<98.1	176.5	74.0
空速/h^{-1}	4500	7201	7391	7411	6420	7362	7252	5500
EO 时空产率/[g/(h·L)]	195	198	196	248	269	275	186	160
温度/℃	238.8	238.2	238.7	235	235.1	233.0	237.0	228
选择性								
保证值/%	81.5	82.0	83.0	79.5	80.0	80.0	81.0	80.5
实际值/%	81.5	82.0	83.6	78.0	81.4	81.9	81.0	80.54

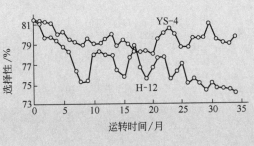

图 4-31　燕化 EO/EG 装置选择性
和运转时间的关系

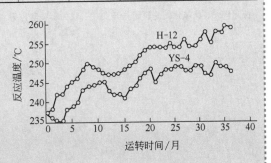

图 4-32　燕化 EO/EG 装置反应温度
和运转时间的关系

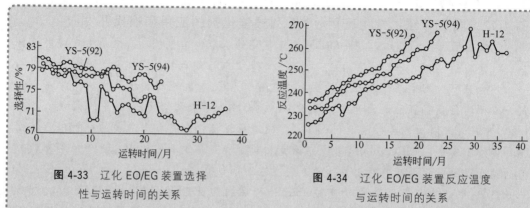

图 4-33 辽化 EO/EG 装置选择性与运转时间的关系

图 4-34 辽化 EO/EG 装置反应温度与运转时间的关系

　　由于 YS 系列银催化剂在国内各厂普遍而长期的应用，研究人员又长期跟踪催化剂的试用情况，积累了大量的信息和数据，这就能充分证明 YS-4、YS-5 等国产催化剂能够达到国外同类产品的先进水平，特别是其稳定性优于后者，而催化剂其他性能亦符合使用要求。经过长期生产取得巨大的直接和间接经济效益，并为这种重要催化剂今后不断更新牌号，打下了坚实的基础。

参 考 文 献❶

1　山东胜利石化总厂科研所二室物化组. ICl 46-1/46-4 催化剂的剖析报告. 胜利石油化工，1979，(5)

2　英国专利 B. P953，877

3　英国专利 B. P1，263，918

4　王尚弟. 轻油蒸汽转化制氢催化剂现状. 齐鲁石油化工，1985，(3)

5　山东胜利石化总厂科研所. 轻油蒸汽转化催化剂的研制. 石油化工，1980，(3)

6　王尚弟，陈哲明，戴坤泉. Z402、Z404 和 Z405 催化剂在制氢工业上的应用. 石油炼制，1985，(3)

7　汤福山. QCS-01 新型耐硫 CO 变换催化剂. 齐鲁石油化工，1993，(1)

8　纵秋云，田兆明，谭永放. 耐硫变换催化剂 QCS-04 的研制. 齐鲁石油化工，1998，(1)

9　Bridger G W. Chem. Proc. Eng.，1972，53 (1)：38～41. 崔风水译. 烃类蒸汽转化炉的设计. 胜利石油化工，1980，(1)

10　王洪涛，杨宝柱，井向华等. 茂金属催化剂气相法制乙烯中试研究. 齐鲁石油化工，1998，(1)

11　王洪涛，陈伟，邓毅等. 茂金属催化剂气相法制乙烯中试研究. 石油化工，1998，(3)

12　山东胜利石化总厂科研所中型车间. 轻油蒸汽转化催化剂 Z402/Z404 和 Z402/Z405 中型试验报告. 胜利石油化工，1979，(5)

13　齐鲁石化公司研究院二室. 一氧化碳选择氧化催化剂性能及其反应条件的研究. 齐鲁石油化工，1985，(3)

14　金积铨，张志祥. YS 系列银催化剂的工业应用. 石油炼制与化工，1997，(9)

15　闵恩泽. 工业催化剂的研制与开发——我的实践与探索. 北京：中国石化出版社，1997

---

❶ 本章中带"T"编号文献请查阅第 1 章参考文献。

第5章

工业催化剂的制备设计

　　"催化剂设计"这一术语，在国内流行的时间也不久。国内外讨论催化剂设计的专著，至今尚不多见[1~4]。

　　所谓催化剂设计，是指为某一特定的化学反应创制最佳催化剂的战略性策划。也可以把催化剂的设计理解为对于待开发催化剂的事前构思或预想，亦即根据已确定了的经验或理论，来预测这些催化剂的制备生产、操作使用等，将如何进行

　　研究催化剂设计的目的，首先是基于催化剂功能对控制化学反应的重要作用。例如，石油炼制中的轻油重整反应，若使用不同功能的催化剂，则所得产品的组成会极不相同。因此，工业上成功的该种催化剂，应是其各组分化学和物理作用的最佳组合。面临如此复杂的反应网络，要寻找一种最佳组合的催化剂，而又无需事前的充分构思，那是不可设想的事；其次是为了使催化剂开发中被测试的催化剂数量尽可能减少，以避免盲目性，提高筛选催化剂的速度，缩短开发进程，降低开发成本。由此可见，催化剂设计无疑是令人极感兴趣的问题。

　　本章着重论述与工业催化剂制备或生产相关的设计，而与工业催化剂操作和使用有关的另一类设计问题，则将在下一章做专门讨论。

5.1　组分设计与验证性筛选

　　下面将讨论，组分设计最常用的活性样本法，是一种经验的方法，也是国内长期沿用的传统方法。

　　虽然催化剂的制备配方设计，目前已对催化剂开发实验有一定指导作用，然而设计出的催化剂配方，总与实验结果有或大或小的出入，因而进行一些验证性的初步筛选是必要的。

　　如果我们设计的是全新的催化剂，那么我们进行设计时所依据的实验事实，如种种催化剂活性样本，可能存在近似性，或有其他实验者的偏差存在。例如，实验室进行金属双键加氢的基础研究，一般做的是最简单的化合物，如乙烯，用的是各种金属箔催化剂得出的活性顺序；而若催化剂结构发生改变，特别是与反应物双键相邻的化合物其他部分的取代基发生变化，例如乙烯基与苯相连，或与甲基相连，则活性顺序可能会发生改变。此外，活性样本所用的实验条件，如反应温度、压力、溶剂等，也许和设计催化剂不一致，这也有影响。从这里可以看到基础性活性样本数据的近似性和局限性。那么根据验证性初步筛选的结果，应该再调节催化剂的设计方向，必要时选取另外的活性样本。

特别是对一些现已工业化的催化剂进行的换代开发，由于目标已相对集中。在进行大量文献，特别是催化剂制造文献调查后，再结合最新的基础研究成果，进行验证性初选实验后，催化剂开发设计的思路，就会显得更加清晰。不妨再看下面一个验证性初选实例。

例 5-1　加氢催化剂的筛选[T7]

硝基化合物加氢胺化是有机胺精细化学品生产中典型而广泛应用的过程。所用的金属负载型催化剂是在悬浮床中用间歇法进行气液固三相流的加氢反应，这在国内外都很普遍。以下是其中一种工业催化剂筛选的实例，实验是由德国人在十几年前进行的。

$$\text{（结构式反应）} \qquad (5\text{-}1)$$

本反应的目的产物为氰基芳基胺化合物，常见的副产物有相关的胺、二胺和硝基化合物以及氰基芳基胺的二聚物。本实验的目的在于通过催化剂开发，提高目的产物的收率。

先从大量文献中，搜集到相似硝基化合物加氢胺化反应数据，包括在不同催化剂及不同溶剂中的胺产率数据，见表 5-1。

表 5-1　硝基苯腈化物取代物的加氢

催 化 剂 体 系	胺产率（反应时间）	催 化 剂 体 系	胺产率（反应时间）
$SnCl_2$/HCl，二甲基甲酸胺溶剂	67%	雷尼 Ni，2-丙醇溶剂	91%（24h）
Fe/HCl，甲醇溶剂	78%	Pd/$BaSO_4$，二噁烷溶剂	79%（3h）
Fe/冰醋酸，2-丙醇溶剂	88%		

表 5-1 数据可视为一种催化剂设计的活性样本，供对照参考。它说明，在适当的溶剂中，雷尼 Ni 和钯系金属催化剂可望有较高的产率，且后者反应可能更快。

于是设计或选择了多种催化剂，在数量相同的条件下，进行本目的反应的对比。候选的催化剂包括钯、铂、铑，特别是钯，以过去应用最广的雷尼 Ni 作对比样。

实验在悬浮床中进行，保持压力、温度、催化剂浓度、起始反应物浓度以及搅拌速度恒定。实验结果汇总于表 5-2。

表 5-2　2-硝基苯腈化物取代物加氢的催化剂筛选

实验编号	催化剂	2-氨基苯氰产率	实验编号	催化剂	2-氨基苯氰产率
1	Pd/C(1)	87.2%	4	Pd/$BaSO_4$	84.1%
2	Pd/C(2)	85.2%	5	Pt/C	34.1%
3	Pd/C(3)	90.0%（包括10%二聚物）	6	雷尼 Ni	6.3%
			7	Rh/C	19.7%

注：恒定的反应条件为 5mL 搅拌热压釜，起始原料 0.1g，乙醇 1.0mL，25℃，H_2 压力 0.1MPa，催化剂 20mg，反应时间 120min，搅拌速度 700r/min。催化剂 1～3 号为 5% 含量的三种 Pd/活性炭工业催化剂。

最好的催化剂已被筛选试验证明为负载 Pd 催化剂（3）号，因为产物中的二聚物可视为中间产物。Pd/C（3）催化剂，然后被用于以下的溶剂试验（见表 5-3）。

表 5-3 2-硝基苯腈化物取代物加氢的溶剂筛选

实验编号	溶剂	2-氨基苯氰产率	实验编号	溶剂	2-氨基苯氰产率
1	二噁烷	60%	7	醋酸乙烯	24%
2	甲醇	59%	8	二氯乙烷	75%
3	醋酸	33%	9	己烷	33%
4	乙醇	90%	10	醋酸酐	21%
5	甲基叔丁基醚	74%	11	异丙醇	72%
6	二甲苯	53%	12	二甲基甲酰胺	77%

注：试验条件同表 5-2。

在所有筛选试验中最重要的是，搅拌是在高于 600r/min 的条件下进行的，以保证反应处于动力学控制区内。

乙醇被证实为本反应最好的溶剂。

如果将表 5-2 和表 5-3 的评价实验条件与这类反应现行的 Pd/C 催化剂工业运转条件对比，可以发现，本实验所采用的温度和压力都缓和得多，而在这种条件下 Pd 催化剂却表现出较其他催化剂的明显优势。因此，本验证实验为本反应活性组分的选择指明了方向。

5.2 催化剂原材料的选择

催化剂设计的最终目的，旨在落实到催化剂结构材料的选择上，亦即落实到"用什么物质（或催化剂原材料）来构建目的反应的催化剂"这个核心问题上。这显然是催化剂制备设计的难点和重点之所在。

关于固体催化剂，目前尚缺乏完善统一的理论，因而前十余年即有人估计，催化剂开发设计的工作量，约 50% 是靠经验和直觉，约 40% 靠实验优化，而余下 10% 才是靠理论的指导[3]，虽然这种观点近年来已有了一些变化，这将在以后再展开讨论。

目前，设计催化剂比较现实可行的方法，是从现有的经验和局部理论出发，综合各方面因素，去考虑主催化剂、助催化剂和载体这三大部分的化学成分及其结构材料的选择。首先是定性的选择（加什么），进而是定量的优化（加多少和怎样加）。

5.2.1 可供选择的催化剂材料

在已知催化反应中，70% 以上的催化剂涉及某种形式的金属成分。工业上，金属被用于催化重整、加氢裂化、氨与甲醇的合成、煤的间接液化、氧化以及大多数有机物加氢脱硫等多相催化过程。而进行理论探讨时，由于金属易于制成纯态且便于表征，故金属又有利于催化基础研究。事实上，许多来源于金属体系的研究信息，才导致一些概念性催化理论的形成。

表 5-4 列举了若干与金属有关的催化材料的类型。事实上，无论在化学催化剂（多相或均相的）还是在生物催化剂（酶）中，都可以发现或多或少的金属成分的存在。

元素周期表中的过渡金属元素，已被发现在催化剂材料中有着更广泛的应用。这些元素的原子最外层电子，分为"s 层"、"d 层"和"f 层"三种不同类型的原子轨道结构，据此将其分为"s"区金属、"d"区过渡金属和"f"区稀土金属，如图 5-1 所示。

表 5-4 催化材料的类型

类 型	状 态	实 例
金属	分散的	低分散度:Pt/Al_2O_3,Ru/SiO_2 高分散度:Ni/Al_2O_3,Co/硅藻土
	多孔的	雷尼 Ni,Co 等
	整片状的	铂或银丝网
多金属簇,合金	分散的	$(Pt\text{-}Re,Ni\text{-}Cu,Pt\text{-}Au)/Al_2O_3$ 等
氧化物	单组分	Al_2O_3,Cr_2O_3,V_2O_5
	双组分,凝聚胶体	$SiO_2\text{-}Al_2O_3$,$TiO_2\text{-}Al_2O_3$
	复合体	$BaTiO_3$,$CuCr_2O_4$,Bi_2MoO_6
	分散的	NiO/Al_2O_3,MoO_3/Al_2O_3
	水泥黏结的	$NiO\text{-}CaAl_2O_4$
硫化物	分散的	MoS_2/Al_2O_3,WS_2/Al_2O_3
酸	双组分,凝聚胶体	$SiO_2\text{-}Al_2O_3$
	晶体	分子筛
	天然磁土	蒙脱土
	增强酸	超强酸 SbF_5,HF,负载卤化物
碱	分散的	CaO,MgO,K_2O,Na_2O
其他化合物	氯化物	$TiCl_3\text{-}AlCl_3$
	碳化物	Ni_3C
	氮化物	Fe_2N
	硼化物	Ni_3B
	硅化物	$TiSi$
	磷化物	NiP
其他形态	熔盐	$ZnCl_2$,Na_2CO_3
	黏附均相催化剂	
	黏附酶催化剂	

"s"区金属 ⅠA ⅡA

Li	Be
Na	Mg
K	Ca
Rb	Sr
Cs	Ba
Fr	Ra

"d"区过渡金属

ⅢB	ⅣB	ⅤB	ⅥB	ⅦB		Ⅷ		ⅠB
Sc	Ti	V	Cr	Mn	Fe	Co	Ni	Cu
Y	Zr	Nb	Mo	Tc	Ru	Rh	Pd	Ag
La	Hf	Ta	W	Re	Os	Ir	Pt	Au

"f"区稀土金属

Ce	Pr	Nd	Pm	Sm	Eu	Gd	Tb	Dy	Ho	Er	Tm	Yb	Lu

图 5-1 催化剂中的过渡金属

　　仅发现 "d" 区过渡金属在催化剂中有最为成功的应用。尤其是周期表中的Ⅷ族的铁、钴、镍、锇、铱、铂和钌、铑、钯，常被人们称为催化金属族，因为它们往往是许多催化剂的主要活性组分。

　　"s" 区过渡金属中的ⅠA族碱金属，由于其在催化条件下易于成离子状态，常作为助催化剂使用。

"f"区稀土金属似乎难于生产并保持其金属状态，因而广泛被用于稀土氧化物的载体和助催化剂。以往几乎不存在成功的稀土金属工业催化剂的实例。但聚合催化剂例外，含稀土的金属配合物近来已多有应用。

5.2.2　主催化剂的选择

主催化剂（活性组分）是确定固体催化剂的化学本性——活性和选择性的主要因素。只有在确定了主催化剂之后，才能进一步考虑到其他因素，如助催化剂和载体的选择，以及催化剂的宏观结构、机械强度的选择等。

关于主催化剂的选择，有下列一些经验或半经验的规则可供参考。

5.2.2.1　从活性样本推断

在过去一些年代里直至现今，对于某一催化反应或是某一些类型的若干催化反应的研究（如氧化-还原反应、取代反应、加成-消去反应、环化反应、分子重排等），常常发现不同催化剂所显示的活性，呈现有规律的变化。典型的例如，稀土元素对环己烷脱氢的催化活性，随元素中 4f 电子数的增加而升高。

活性顺序	La<Nd<Sm<Gd<Ho<Er<Tm<Yb
原子顺序	57　60　62　64　67　68　69　70
4f 电子数	0　4　6　7　11　12　13　14

这种局部经验或规律是相当多的。但是，目前还不能比较透彻地解释许多现象，更不能肯定地说，所需要的催化剂一定就能从这些局部经验数据中得出来，因为"活性样本"仅仅提供一个催化活性的定性概念。尽管如此，仍然值得把这些局部经验所得出的规律性作为"样本"，因为我们要着手设计的催化反应，毕竟与过去已经研究过的某些催化反应有某种类似之处。譬如所设计的催化反应是氧化还原反应，通常就不必在酸碱催化的样本中去寻找催化剂，这就可以缩小范围，减少实验工作量。

这种选择催化剂的方法已被普遍应用，也叫做活性模型（activity patterns）法。以下列出一些有价值的图表和参考数据。列举这些典型资料是试图说明哪些成分和材料对拟设计的工业催化反应或许有效，以及有效程度的大小，甚至其有效程度与催化剂诸成分含量间的种种内在联系，等等。这些典型资料是从前人的大量实验结果中归纳和总结而来的。而且，这类资料现在和将来仍处在不断地积累、充实、修正并重新归纳之中。活性样本例见表 5-5～表 5-11。

表 5-5　金属的实验催化活性

族	金属元素	反　　应
ⅠB	Cu	水煤气变换,甲醇合成 芳香族硝基化合物变芳香族胺的加氢 醛及酮加氢变醇 烯烃类化合物加氢 不饱和亚硝酸盐(或酯)加氢变不饱和胺
	Ag	二烯烃及炔烃加氢变单烯烃 芳烃的环氧乙烷烃基水合,同时乙醇烯烃氧化变乙醛 乙烯氧化变环氧乙烷 由 NH₃ 和 CH₄ 合成 HCN 甲醇氧化变甲醛
	Au	在乙烯氧乙酰化制醋酸乙烯中,Au 有辅助活性

族	金属元素	反 应
VIII₃	Ni	烯烃、芳烃、苯胺、苯酚、亚硝酸酯、萘、醇和醛、CO 以及 CO₂（Fischer-Tropsch）的加氢
	Pd	烯烃、芳香醛和酮类、不饱和腈类、酚类加氢，芳香族硝基化合物加氢变芳香胺
		环己烷和环己烯脱氢
		烃类氧化
		甲醇合成
	Pt	烯烃、二烯烃和乙炔加氢
		芳香族和脂肪族醛加氢
		硝基芳香族化合物加氢
		萘加氢
		环己烷、环己烯、环己醇、环己酮和烷烃的脱氢
		醛类脱甲酰化
		烃、CO 和 NH₃ 的氧化
		氮氧化物的还原
VIII₂	Co	烯烃、醛类、亚硝酸酯、芳香族胺、CO 以及 CO₂（Fischer-Tropsch）的加氢，C—C 链的氢解
		烯烃异构化
	Rh Ir	烯烃、醛类、亚硝酸酯、芳香族烃、腈类、酚类、酮类、硝基苯的加氢，甲烷的 CO₂ 重整
VIII₁	Fe	氨合成
		CO 以及 CO₂（Fischer-Tropsch）的加氢
		环己烷脱氢
		醇类和氨的转化
	Ru	氨合成
		CO 以及 CO₂（Fischer-Tropsch）的加氢，烯烃、肟、腈、酚、苯甲醇、芳香胺、芳香族杂环化合物、环戊烷、脂肪酮、硝基苯的加氢
		烃类的氧化
		环己酮、环己醇、烷烃以及醇类的脱氢
		C—C、C—N、N—O 键的氢解，甲烷水蒸气转化
	Os	氨合成
VIIB	Mn Tc	
	Re	烯烃、芳烃、羧酸、酰胺、含氮酶、酮类的加氢
		环己烷和醇类的脱氢

注：逆反应亦可被催化；同族中的相似元素亦可参比进行预测。

表 5-6 过渡金属氧化物和硫化物的催化活性

族	金属元素	化合物	反 应
IB	Cu	CuO	CO、烃类和氧化氮的氧化
		CuCr₂O₄	硝基芳烃的加氢
			羰基芳烃的加氢
			芳香族烯烃的加氢
			不饱和腈类的加氢
			酸类的脱羧
			吡嗪的合成
			高氯酸的分解
	Ag	AgO Ag₂O₃	—
VIII₃	Ni	NiO	烷烃脱氢
			烃的氧化
VIII₂	Co	CoO	烯烃加氢
VIII₁	Fe	Fe₃O₄	水煤气变换
			环己烷脱氢
			醇类转化为胺类

族	金属元素	化合物	反 应
ⅦB	Mn	MnO_2	醇类的氧化 酮类的脱氢 亚硝酸酯的水合
ⅥB	Cr	Cr_2O_3	$C_3 \sim C_5$ 链烷烃的环化
	Mo	MoO_3	环己烷脱氢 脂肪醇脱水 丙烯氧化 烯烃聚合 烯烃的歧化 甲醇氧化为甲醛
	W	MoS_2 WO_3	水煤气变换 烯烃的歧化 醇类的脱水 $C_3 \sim C_5$ 链烷烃的环化
		WS_2	C—S,C—N,C—O 键的氢解
ⅤB	V	V_2O_5	烃类的氧化 丁烯制顺丁烯二酸酐 苯制顺丁烯二酸酐 $C_3 \sim C_5$ 链烷烃的环化
ⅥB	Ti	TiO_2	水的光催化分解

被固体酸催化的反应包括：C—C 键的断裂、烷基的异构化、双键的异构化、脱烷基化反应、脱氢反应、聚合反应、低聚反应、环化反应、烷基化反应、积碳反应。各反应往往与催化剂固体酸性大小相关，常见固体酸催化材料的酸性见表 5-7。

表 5-7 固体催化材料的酸性

固 体	pK_a 值范围	固 体	pK_a 值范围
SiO_2-Al_2O_3	< -8.2	SiO_2	-2.0
蒙脱土	$-5.6 \sim -8.2$	TiO_2	$-6.8 \sim 1.5$
高岭土	$-5.6 \sim -8.2$	$MgAl_2O_4$	> 7.0
γ-Al_2O_3	$-3.3 \sim -5.6$	CaO	> 7.0
SiO_2-MgO	$-3.5 \sim -2.5$	MgO	> 7.0

表 5-8 是氧化亚氮分解的活性样本，温度是物种氧化氮的分解温度。可以看出，该催化反应及均相非催化反应的活性，与作为固体催化剂氧化物的类型有关，呈现非常规律的变化。

表 5-8 氧化氮分解反应（$N_2O \longrightarrow N_2 + O_2$）的活性样本

分解温度/℃						
200	300	400	500	600	700	800
p 型			绝缘体	n 型		
Cu_2O	Mn_2O_3	CuO CaO		CdO	Fe_2O_3	
CoO	NiO	MgO-CaO	Al_2O_3	ZnO-TiO_2	Ga_2O_3	$\longrightarrow$均相

由表 5-8 可知，随着催化剂的不同，氧化亚氮的分解温度也不同。另一方面，若在相同温度下比较氮氧化物分解的相对活性大小，则可显示出更有规律的定量关系，如表 5-9 所示。本例是催化活性样本的典型实例。

表 5-9　氮氧化物分解的相对活性

氧 化 物	类 型	E_g	相对活性
Cu_2O	p	1.9	10.8
CoO	p	0.8	7.91
$NiO+2\%Li_2O$			3.78
NiO	p	2.0	1.00
$NiO+2\%Cr_2O_3$			3.02×10^{-2}
CuO	n	1.4	7.28×10^{-1}
MgO	n	8.7	2.10×10^{-1}
CaO	n	7.5	1.10×10^{-1}
CeO_2	n	—	7.10×10^{-2}
Al_2O_3	n	7.3	2.75×10^{-2}
ZnO	n	3.3	1.25×10^{-2}
TiO_2	n	3.1	9.48×10^{-3}
Cr_2O_3	n	1.9	7.30×10^{-3}
Fe_2O_3	n	2.2	5.30×10^{-3}

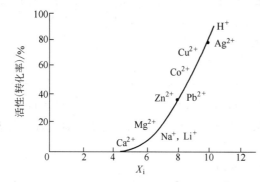

图 5-2　金属硫酸盐使异丁烯聚合的活性与
金属阳离子电负性 X_i 间的关系

又如金属硫酸盐的催化活性与它们的阳离子电负性 X_i 有关。它在丙烯水合、乙醛聚合、甲酸分解等反应上，都找到了金属硫酸盐的 X_i 与催化活性间的良好对应关系。图 5-2、图 5-3 示出了金属氧化物使异丁烯聚合的活性与金属阳离子电负性 X_i 间的关系。

加氢反应和加氢分解反应中，金属的催化活性顺序举例如表 5-10 和表 5-11 所示。

卤化物催化剂中，大多数对于费-托（Ficher-Tropsch）反应具有活性，而尤以氯化铝为代表。Al、Fe、Ta、Zn、Bi、Mo 等的氯化物可以单独用作催化剂，也可组合使用。费-托反应又可分为烷基化、合成酮、合成醛、异构化、环化等类型。表 5-12 示出了各种金属卤化物用作费-托反应催化剂时的活性顺序。

表 5-10　金属的催化活性顺序[T5]

反 应 类 型	活 性 顺 序
C_2H_2 加氢	蒸发膜，Pd>Pt>Ni、Rh、Fe、Cu、Co、Ir、Ru、Os
	浮石负载，Pd>Pt>Rh、Ni>Co>Fe>Cu>Ir>Ru、Os
C_2H_4 加氢	蒸发膜，0℃，Rh>Pd>Pt>Ni>Fe>W>Cr>Ta
	SiO_2 负载，0℃，H_2，Rh>Ru>Pd>Pt>Co>Fe>Cu
甲(基)胺加氢分解	蒸发膜，200℃，Pd>Pt、Fe>Ni>W
乙(基)胺加氢分解	蒸发膜，200℃，Pt>Rh>Pd>Ni>Au>W
丙酮+H_2 —→ 异丙醇	蒸发膜，Pt>Ni>Fe>W>Pd≫Ag
丙酮+H_2 —→ 丙烷	蒸发膜，80℃，Pt>W>Ni>Fe≫Pd、Au
环戊酮加氢分解	蒸发膜，Pt>Pd>Rh>W>Ni
丙烷加氢分解	蒸发膜，W>Ni>Pt
饱和烃加氢分解(一般性)	Rh>W>Ni>Fe>Pt>Co
烃类重整	$HF-Al_2O_3$ 负载，Pt>Pd>Ir>Rh
HCOOH 分解	Pt>Ir>Ru>Pd>Ph>Ni>Ag>Fe>Au

注：蒸发膜是指考察催化剂活性而特制的洁净金属表面膜。

表 5-11　金属的相对催化活性[T7]

反 应 类 型	活 性 顺 序
烯烃加氢	Rh>Ru>Pd>Pt>Ir≈Ni>Co>Fe>Re≫Cu
乙烯加氢	Rh>Ru>Pd>Pt>Ni>Co,Ir>Fe>Cu
氢解	Rh≫Ni≈Co≫Fe>Pd>Pt
乙炔加氢	Pd>Pt>Ni,Rh>Fe,Cu,Co,Ir,Ru>Os
芳烃加氢	Pt>Rh>Ru>Ni>Pd>Co>Fe
双键脱氢	Rh>Pt>Pd>Ni>Co>Fe
烷烃异构化	Fe≈Ni≈Rh>Pd>Ru>Os>Pt>Ir≈Cu
水解	Pt>Rh>Pd≫Ni>W≥Fe

表 5-12　各种金属氯化物的催化能力

反 应 种 类	催化能力顺序
用氯化苄进行苯的烷基化	AlCl₃=ZnCl₄>FeCl₃、ZnCl₂、CoCl₃
合成酮	AlCl₃=FeCl₃
二苯甲烷、二苯甲酮及苯乙酮的合成	AlCl₃>FeCl₃
呋喃类的烷基化	AlCl₃>FeCl₃>SnCl₄
缩合反应	AlCl₃>FeCl₃>ZnCl₂>SnCl₄>TiCl₄
用乙烯进行苯的烷基化	ZrCl₄>AlCl₃>TaCl₅>BeCl₂>BF₃>SbCl₅>TiCl₄>FeCl₃
硝基苯氯化	FeCl₃>AlCl₃>SnCl₄
呋喃类酰化	SnCl₄>FeCl₃>AlCl₃>TiCl₄

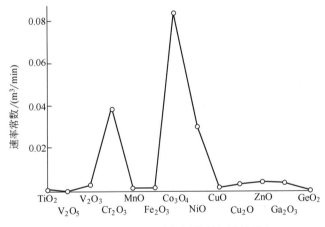

图 5-3　以氧化物为催化剂的脱氢活性样本

图 5-3 表示一个典型的氧化物催化剂的脱氢活性样本。

5.2.2.2　从吸附和吸附热推断

在若干情况下，可以从吸附热的数据去推断催化剂的活性。

一般认为，多相催化反应中，反应物在催化剂作用下转变成生成物的过程可以分成下面几个步骤：

① 反应气体通过扩散接近催化剂；

② 反应气体和催化剂表面发生相互作用，也即发生化学吸附；

③ 由于吸附，反应物分子的键变松弛或断裂，或同其他吸附分子相结合，在催化剂表面发生原子和分子的重排，也即发生化学反应；

④ 新生成的分子作为生成物向气相逸散，也即产物脱附。

由此可知，化学吸附是多相催化过程必经的步骤。反应物在催化剂表面上吸附成为活化

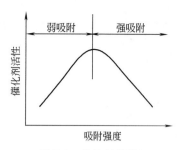

图 5-4　催化剂活性与
吸附强度的关系

吸附态，从而降低反应活化能，加快反应速率。化学吸附是固体催化剂表面活化的过程。吸附键太弱，不利于旧键的活化，而太强又不利于新键的形成。所以，当反应气体在催化剂表面上以适中的强度进行化学吸附时，其反应活性才是最好的，图 5-4 表示了这种经验关系。由此可见，了解吸附过程有助于正确选择催化剂。如加氢催化剂对氢要有一定的吸附，这是作为加氢催化剂的必要条件。表 5-13 示出了室温下气体在金属上的化学吸附。从催化活性与吸附关系看，Fe 和 Os 因能使 N_2、H_2 发生离解吸附，所以，它们是有效的合成氨催化剂。Pd 对 N_2 能发生物理吸附，却不能发生化学吸附，因此 Pd 不宜选作合成氨催化剂，但它却是优良的加氢催化剂。

表 5-13　室温下气体在金属上的化学吸附

金属种类	吸附气体						
	O_2	C_2H_2	C_2H_4	CO	H_2	CO_2	N_2
Ti,Zr,Hf,V,Nb,Ta,Cr,Mo,W,Fe,Ru,Os	+	+	+	+	+	+	+
Ni,Co	+	+	+	+	+	+	—
Pt,Pd,Rh	+	+	+	+	+	—	—
Mn,Cu	+	+	+	+	±	—	—
Al,Au	+	+	+	+	—	—	—
Li,Na,K	+	+	—	—	—	—	—
Mg,Ag,Zn,Cd,In,Si,Ge,Sn,As,Sb,Bi	+	—	—	—	—	—	—

注：+表示发生化学吸附；—表示不吸附；±表示根据状态不同，可能吸附或不吸附。

催化反应的选择性也与吸附强度及吸附态结构有关。如乙炔和乙烯在 Pd 催化剂上的加氢反应

$$HC\!\equiv\!CH + H_2 \longrightarrow H_2C\!=\!CH_2 \tag{5-2}$$

$$H_2C\!=\!CH_2 + H_2 \longrightarrow H_3C\!-\!CH_3 \tag{5-3}$$

如果先在 Pd 催化剂上通入乙炔和氢气的混合气，就会按式（5-2）生成乙烯，但生成的乙烯不会再按式（5-3）反应进一步生成乙烷。但如式（5-2）反应将乙炔全部消耗掉，就会进一步发生式（5-3）反应而生成乙烷。产生上述现象的原因是因为乙炔在催化剂上是强吸附，乙烯不发生吸附，故在气相中有乙炔存在时乙烯就不发生加氢反应。

化学吸附时的吸附热是催化剂对吸附分子吸附强弱的量度。故寻找和考察吸附热数据可以了解吸附作用力的性质、吸附键类型、表面均匀性及吸附分子间的作用，进而与催化活性关联起来。

5.2.2.3　从几何对应性推断

催化剂的几何结构对活性有影响，在许多年前便已被认识到了。此后曾据此逐步形成多位理论，这是一种描述催化剂表面结构与反应物分子结构间关系的一种早期"物理模型"的理论。多位理论的基本观点是，被吸附的质点的键长应和催化剂晶格参数相一致。这一理论能说明许多催化作用，但亦有许多催化作用它无法说明，可能的原因之一是，催化剂的表层结构与性质常常不与体相相同。由于它确能说明某些催化作用，更重要的是固体晶格参数的

数据很容易从有关手册中查到，非常方便，不像上述吸附热那样需要专门通过实验测定，因而该多位理论常被采用。

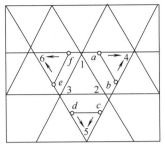

图 5-5　催化作用的几何因素

可用环己烷为典型例子来说明，如图 5-5 所示，当环己烷（a，b，c，d，e，f）吸附在金属表面时，分子的大小与构成金属的晶格之间保持一定的有效范围，这就是著名的多位理论。像这样的金属原子间隔与反应物分子结构之间的关系对反应影响很大。

在氧化硅-氧化铝上载有氧化铬的催化剂是以生产聚乙烯而著称的。这种催化剂的聚合活性，被认为是由于 Cr^{6+} 被还原成 Cr^{5+} 的缘故，载于氧化铝载体上的铬催化剂尽管有大量的 Cr^{5+}，但其聚合活性却仍是很低的。仅从 Cr^{5+} 的含量不能说明催化作用的成因。真正原因在几何因素。载于氧化铝上的 Cr^{5+}，具有稳定的八面体结构，而能形成聚合活性中心的 Cr^{5+} 却是一个四面体结构，可看作是与乙烯配位形成的五配位结构。已广泛用于加氢裂解和脱硫工业的钴、钼/氧化铝催化剂中的 Mo^{5+} 也因有与此相类似的现象而呈现催化作用。

5.2.2.4　从电子态效应推断

根据电子态效应来推断催化剂活性，是基于"晶体场"和"配位场"理论的计算结果。该理论认为，中心离子的电子层结构在晶体场（或配位场）的作用下，引起轨道能级的分裂，从这个角度可以解释过渡金属化合物的一些性质。配位场理论，不仅考虑到中心离子与配位体之间的静电效应，还考虑到它们之间的共价性质。

如果一个配位体沿着一定方向，向过渡金属离子接近，则中心离子的 d 轨道在配位场的影响下会发生分裂。分裂的情况与过渡金属离子的性质和配位体的性质有关，同时，中心离子对配位体也有影响。在催化作用中，当一个质点被吸附在固体催化剂表面上形成所谓"表面复合物"时，情况正与此非常相似。发生在这种表面复合物上的能量交换，与多种因素有关，同时也可通过复杂的计算求出多种物理量，如晶体场稳定能（CFSE）、d％等，以量度和表征这种被吸附的复合物。计算发现，这些物理量和某些催化剂活性样本间，常有种种相近的规律性。当气体分子在固体表面上被化学吸附，或是表面复合物互相作用，晶体场（配位场）的作用结果会影响到复合物几何尺寸的改变。例如，从正方形锥角变为八面体锥角等。利用相关的理论计算，可以估计表面复合物可能的形式。于是，从电子态效应即可以推断催化剂活性，进而帮助催化活性组分的选择。

例如，金属催化剂活性大都与 d％特性有关。d％表示进入 dsp 杂化轨道的百分数，是对金属键的贡献大小的一种定量表征。表 5-14 示出了一些金属计算所得的 d％值。

表 5-14　过渡金属的 d% 值

ⅢB	ⅣB	ⅤB	ⅥB	ⅦB	Ⅷ			ⅠB
Sc	Ti	V	Cr	Mn	Fe	Co	Ni	Cu
20	27	35	39	40.1	39.7	39.5	40	36
Y	Zr	Nb	Mo	Tc	Ru	Rh	Pd	Ag
19	31	39	43	46	50	50	46	36
La	Hf	Ta	W	Re	Os	Ir	Pt	Au
19	29	39	43	46	49	49	44	—

工业上用的加氢催化剂主要是周期表中 4、5、6 周期中的部分元素，这些用作加氢的金属的 d％，差不多在 40％～50％ 范围内，如表 5-15 所示。表中划分三个区域，区域 I 中的元素以氧化物或硫化物的形式用作加氢催化剂，区域 II 和 III 是加氢反应中占重要地位的催化剂区。区域 III 中的 4 个元素对有 CO 参加的加氢反应比较有效。

表 5-15 加氢催化剂的元素

第六周期	第五周期	第四周期
Au(10)	Ag(10)氧化物	Zn(10)氧化物
Pt(9) II	Pd(10) Rh(8)	Cu(10)氧化物
Ir(7)	Ru(7)F III	Ni(8) Co(7) Fe(5)
Os(6)氧化物 Re(5)硫化物 W(4)氧化物,硫化物 I	Tc(6) Mo(5)氧化物,硫化物	Mn(5)氧化物 Cr(6)氧化物 V(3)氧化物

注：（ ）内的数值是 d 电子数。

5.2.3 助催化剂的选择

在催化剂中助催化剂的含量不多，一般在百分之几以内。它自身单独存在，并无催化活性，但却可明显促进主催化剂活性的提高，因而它有相当的研究和应用价值。表 5-16 是化学工业中所采用的若干重要助催化剂的实例。

表 5-16 化工应用的助催化剂实例[T7]

催化剂	用途	助催化剂	功　能
Al_2O_3	载体及催化剂	SiO_2	增加热稳定性
		ZrO_2,P	
		K_2O	阻抑活性中心上的积碳
		HCl	增强酸性
		MgO	减缓活性组分烧结
SiO_2/Al_2O_3	裂解催化剂及胶黏剂	Pt	增强 CO 的氧化作用
Pt/Al_2O_3	催化重整	Re	减轻烧结与氢解活性
MoO_3/Al_2O_3	加氢精制,脱硫,脱氮	Ni,Co	增强 C—S 链和 C—N 链的氢解
Ni/陶瓷载体	水蒸气转化	K	改善消碳作用
Cu/	低温变换	ZnO	减轻 Cu 的烧结
ZnO/Al_2O_3	氨合成	K_2O	电子给予体,促进 N_2 解离
Fe_3O_4		Al_2O_3	结构性助催化剂
Ag	环氧乙烷合成	碱金属	增加选择性,阻止晶数增大,稳定某些氧化态

关于助催化剂的作用机理，目前尚未得到充分、而统一的阐释。由于机理不清，助催化剂选择方面尚很少有与前述"活性样本法"相似的有效方法，以及许多成功实例。较相近的例子是甲烷化催化剂的调变性助催化剂。

合成气经该反应合成甲烷时，同时生成水。而该反应的机理研究证明，反应产出的水，正好被吸附在催化剂的活性中心上，于是阻塞了后者。但水可以被贫电子的金属氧化物按下式脱除

$$MO_{x-1} + H_2O \longrightarrow MO_x + H_2$$

所生成的氢被脱附。将各种可还原的过渡金属氧化物用作本反应助催化剂的实验，发现下列的催化活性顺序

$$UO_2/U_3O_8 > MoO_2/MoO_3 > WO_2/WO_3 > PrO_3/Pr_4O_{10} > Ce_2O_3/CeO_2 > CrO_2/Cr_2O_3$$

因此助催化剂可选择 UO_2，其添加量极少，即有明显效果。世界著名的英国煤气公司所产甲烷化催化剂，正是加极少量铀的氧化物为其有效的助催化剂的。

以下是一些助催化剂选择的部分基础研究结果和实例分析。

如前所述，按照助催化剂与主催化剂的组合关系和主催化剂加入的助催化剂所起的主要作用，常把助催化剂分为调变性助催化剂和结构性助催化剂这主要的两大类。

5.2.3.1 调变性助催化剂选择

调变性助催化剂能在一定范围内改变助催化剂的本征活性和选择性。通常，在选择这种助催化剂前，已经对主催化剂做过选择，做过少数实验，大致了解到一至数种主催化剂的优点和缺点。选择助催化剂的原则是，强化主催化剂的优点，而克服其缺点。

例如，如果由反应物产生生成物的反应通道会生成一种过量的物质，比如说是氧，那么，设计中加入一种次要组分，以降低氧的吸附数量，这是容易做到的。对于以氧的离解吸附为控制步骤的反应，氧化物的催化活性取决于氧化物表面上的结合键能，氧的结合键能增加，氧化物的催化活性降低。此键能的大小与氧化物金属阳离子价态变化的难易有关，故加入电负性更大的元素作为助催化剂，常常可以得到预期的效果。图 5-6 和图 5-7 显示出此种规律性。图中 ΔC 表示选择性的变化，$\Delta \varphi$ 表示电子逸出功的变化。

表 5-17 列出了周期表中元素的电负性。从表中可看出，元素的电负性也是呈周期性变化的。电负性变化的规律一般是：在同一族中，由上到下电负性减少，但 B 族中第三系列过渡元素却自左向右电负性增大。

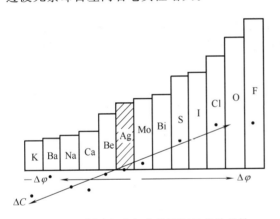

图 5-6　乙烯在银上氧化为环氧乙烷选择性的变化与助催化剂元素电负性大小的关系

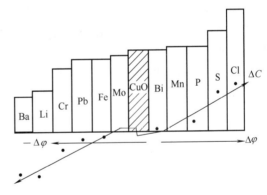

图 5-7　在 CuO 上丙烯氧化为丙烯醛选择性的变化与助催化剂元素电负性大小的关系

表 5-17　元素的电负性

ⅠA	ⅡA	ⅢB	ⅣB	ⅤB	ⅥB	ⅦB	Ⅷ			ⅠB	ⅡB	ⅢA	ⅣA	ⅤA	ⅥA	ⅦA
H 2.1																
Li 0.97	Be 1.47											B 2.01	C 2.5	N 3.07	O 3.50	F 4.10
Na 1.01	Mg 1.23											Al 1.47	Si 1.74	P 2.05	S 2.44	Cl 2.83
K 0.91	Ca 1.04	Sc 1.20	Ti 1.32	V 1.45	Cr 1.56	Mn 1.60	Fe 1.64	Co 1.70	Ni 1.75	Cu 1.75	Zn 1.66	Ca 1.82	Ge 2.02	As 2.20	Se 2.48	Br 2.74
Rb 0.89	Sr 0.99	Y 1.11	Zr 1.22	Nb 1.23	Mo 1.30	Tc 1.36	Re 1.42	Rh 1.45	Pb 1.35	Ag 1.42	Cd 1.46	In 1.49	Sn 1.72	Sb 1.82	Te 2.01	I 2.21
Cs 0.86	Ba 0.97	镧系 1.08 ~1.4	Hf 1.23	Ta 1.33	W 1.40	Re 1.45	Os 1.52	Ir 1.55	Pt 1.44	Au 1.42	Hg 1.44	Tl 1.44	Pb 1.55	Bi 1.67	Po 1.76	At 1.90

在酸-碱催化反应中，如催化裂化、异构化、烷基化、叠合等催化过程，与氧化还原不同，但是，加入某些助催化剂以增强或削弱主催化剂的某些性能的这一原则仍可适用，通常，这种方法与上述选择主催化剂的活性样本相似。仍是一种半经验的方法，必须通过必要的实验来确定助催化剂的适当加入量，或用碱中毒或加低酸性组分来调节酸性，等等。

另外，将助催化剂引入主催化剂的晶体结构中，从而改变主催化剂阳离子的位置和价态，可以达到改变主催化剂某些性质的目的；将助催化剂导入主催化剂的结构，形成固溶体（固体溶液），以改变主催化剂的性质或（和）稳定主催化剂的高分散度等等，这些方法，都可供选择助催化剂时参考。

乙烯氧氯化制二氯乙烷，是现代平衡氯乙烯单体生产工艺的核心部分。氧氯化使氯乙烯单体生产中裂解过程所产生的 HCl 与消耗掉的 HCl 得到平衡，从而生产出更多的二氯乙烷。乙烯氧氯化制二氯乙烷反应由下列两个反应组成：

① 过渡金属氯化物与乙烯反应生成二氯乙烷的反应；

② 由被还原的过渡金属氯化物再与氧和氯化氢作用，回复到高价氯化物的氧氯化反应。

对于前一反应，Au 和 Pt 等氯化物的金属-氯键越强，氧氯化也越容易。研究结果发现，使用金属-氯键强度中等的 Cu 作主导组分，混入 Au 或 Pt 等次要组分而得的催化剂，活性更高。在这个实例中，Au 和 Pt 起的作用相当于助催化剂，而它们的加入，对这一新催化剂及新工艺的开发成功，起到了关键的作用。

5.2.3.2　结构性助催化剂选择

如果在使用条件下催化剂活性组分的细小晶粒会较快地凝聚并长大，丧失一部分表面积，而导致催化剂单位容积活性降低，则常用加入结构性助催化剂的方法以保持催化剂的高分散度。

某种轻油水蒸气转化制氢催化剂，以 Ni 为活性组分，组成 $Ni/Al_2O_3/MgO$ 三元体系，后两种助催化剂分割 Ni，形成接近固溶体的高分散状态，使之具有特别优异的活性和稳定性。这里，耐火而难还原的 Al_2O_3 和 MgO 就是典型的结构性助催化剂。此外，这两组分烧结后又形成镁铝尖晶石的载体。

选择结构性助催化剂通常应注意以下原则：

① 要有较高的熔点，在使用条件下是稳定的，最好不易被还原成金属；

② 对于催化反应是惰性的，否则就可能改变催化剂的活性或选择性；

③ 结构性助催化剂应不与活性组分（主催化剂和调变性助催化剂）发生化学变化，例如生成合金或新的化合物，否则就会使活性组分产生结构性中毒。

典型的成功例子如氨合成催化剂，通常选用 Al_2O_3 和 CaO 等作为结构性助催化剂，它们能使还原后的 α-Fe 晶粒保持高度分散状态，从而提高催化剂的稳定性，使其不至于因熔结而降低活性。根据电子探针、穆斯堡尔谱的测定，Al_2O_3、CaO 等能在 α-Fe 晶粒中形成群落（cluster），以阻碍 α-Fe 的长大。又如重整催化剂，常以 Al_2O_3 为载体，负载在载体上的金属铂（熔点 1769.3℃）在运转中由于高温下的凝聚，或是还原过程中氧（或水）的影响，会使 Pt 的晶粒长大，外表面积减小。因此，加入铱（熔点 2454℃）或铼（熔点 3180℃），它们能插入 Pt 晶粒中形成群落，从而使催化剂活性稳定。

研究工作表明，如上述的 Al_2O_3 对于氨合成催化剂，铼对于铂重整催化剂，并不完全是"结构性"的作用，也有"调变性"的作用，但毋庸置疑它们的确起着结构性助催化剂的作用，即能稳定主催化剂的高分散度。

5.2.4 载体的选择

在催化剂中有很大一部分主催化剂（有时还包括助催化剂）是负载于载体上的。目前石油化工中所用的催化剂，多数属于固体负载型催化剂。与主催化剂和助催化剂比较而言，载体有更大的共性，因而选择设计时范围相对较小，选择难度较前两者略低。表 5-18 列举了一些重要的石油化工催化剂商品的载体。一些常被选用的载体材料分类列于表 5-19。

表 5-18　重要的催化剂载体

载　体	比表面积/(m²/g)	用　途
γ-Al_2O_3	$160\sim250$	催化多种反应
α-Al_2O_3	$5\sim10$	乙炔选择加氢、选择氧化(环氧乙烷)
硅酸铝	$180\sim1600$	催化裂化,脱水,异构化
硅胶	$200\sim800$	NO_x 还原(环保用)
TiO_2	$40\sim200$	TiO_2 附于 SiO_2 上;邻二甲苯氧化制邻苯二甲酸酐
活性炭	$600\sim1800$	乙炔制醋酸乙烯酯,贵金属催化剂选择加氢
刚玉陶瓷	$0.5\sim1$	选择氧化(乙烯制环氧乙烷),苯制苯酐,邻二甲苯制邻苯二甲酸酐

表 5-19　可采用的载体材料（熔点/℃）

碱性材料	两性材料	中性材料	酸性材料
MgO(2800)	Al_2O_3(2015)	$MgAl_2O_4$(2135)	SiO_2(1713)
CaO(1975)	TiO_2(1825)	$CaAl_2O_4$(1600)	$SiO_2 \cdot Al_2O_3$
ZnO(1975)	ThO_2(3050)	$Ca_3Al_2O_4$(1535)[①]	沸石
MnO(1600)	Ce_2O_3(1692)	$MgSiO_2$(1910)	磷酸铝
	CeO_2(2600)	Ca_2SiO_4(2130)	碳
	Cr_2O_3(2435)	$CaTiO_3$(1975)	
		$MgSiO_3$(1557)[①]	
		Ca_2SiO_3(1540)	
		碳	

① 此温度为分解温度。

为一个设计中的催化剂选择载体，要考虑到诸多方面的原则问题。从工艺角度要考虑它对活性、选择性、可再生性，以及这三方面对催化反应产物成本的综合影响[T7]。

文献［T25］将选择催化剂载体时考虑的因素，分为化学与物理两方面。

① 化学方面要考虑到：比活性，活性组分间的相互作用（涉及选择性、双功能催化剂），催化剂失活（稳定性、抗毒、抗烧结）和反应物或溶剂无相互作用等。

② 物理方面要考虑到：比表面积（影响活性、活性组织分布），孔隙率（影响传质传热），颗粒尺寸与形状（涉及孔扩散、阻力降），机械稳定性，热稳定性，堆密度（单反应器体积活性组分含量），活性相稀释（避免热点），可分离性（粉末催化剂的过滤）等。

现根据上述活性组分、助催化剂及载体选择的原则，展开更深入具体的讨论。

5.2.4.1　化学因素的影响

5.2.4.1.1　催化组分与载体的作用

最早人们认为载体仅仅是承载并分散活性组分的惰性物质。到 20 世纪 50 年代，已有实验证明，并非完全如此。例如二氧化钛负载的金属催化剂对 CO 加氢有特别的活性，它比二氧化硅或氧化铝负载金属的活性明显高得多。20 世纪 70 年代末，又有人发现金属和载体间可发生种种作用而影响催化剂的性质，提出过金属-载体强相互作用的概念，这种强相互作用，可能有正面或负面的影响。

烃类水蒸气转化催化剂的主催化剂为 Ni（由 NiO 还原而来），同时常以 Al_2O_3 为载体，有时还以 MgO 为助催化剂。在一定条件下，NiO 会与载体等氧化物发生相互作用，而明显影响转化催化剂的性能。

NiO 和 MgO 具有甚为相近的晶格参数，在氧化性气氛中，它们很容易生成固溶体。NiO-MgO 固溶体只有在高温下才能被还原，而且甚至在载体中因含有少量 MgO，也会明显影响转化催化剂中 NiO 的还原速率。而在氧化性气氛中，NiO 和 Al_2O_3 作用会生成难还原的镍铝尖晶石。

$$NiO + Al_2O_3 \Longrightarrow NiAl_2O_4 \qquad (5\text{-}4)$$

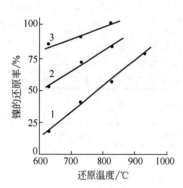

图 5-8 用氢还原催化剂生成的
$NiAl_2O_4$[T100]

1—1400℃；2—1200℃；
3—800℃（尖晶石烧成温度）

通常在 500℃ 或更低的温度下，即能生成 $NiAl_2O_4$ 尖晶石结构，当达到 800℃ 时，会大量生成。在绝大多数催化过程（如水蒸气转化）的操作条件下，$NiAl_2O_4$ 尖晶石的化合镍是无催化活性的。而试图把铝酸镍还原为金属镍和 Al_2O_3，又十分困难，通常要在 800～1000℃ 下，才能被彻底还原（见图 5-8），而这种高温条件又是多数工业转化反应器所不具备的。

为了避免催化剂在使用过程中 NiO（或还原后的金属镍在含有 O_2 化合物的气氛中）因生成 $NiAl_2O_4$ 而活性逐渐降低（因 Ni 与 Al_2O_3 作用），可以在载体 Al_2O_3 中加入 MgO，使载体在烧结过程中预先生成 $MgAl_2O_4$ 尖晶石，再用浸渍法载上 NiO，这就避免了以后生成 $NiAl_2O_4$。或是先将 Al_2O_3 在高温下（如 1200℃ 以上）烧结，使之大部分生成 $\alpha\text{-}Al_2O_3$，活性低，也可以减少生成 $NiAl_2O_4$ 的可能。倘若不允许 $MgAl_2O_4$（或 $CaAl_2O_4$）存在，如 $MgAl_2O_4$ 的存在会降低选择性，又不允许高温烧结 Al_2O_3（这会降低载体的比表面积），则可以加入过量的镍，一部分镍被 Al_2O_3 消耗掉，生成 $NiAl_2O_4$，而另一部分镍仍被保留在载体上成为活性组分。

在某些特殊情况下，我们又希望生成一部分 $NiAl_2O_4$。虽然，在还原过程中，只可能有极少一点 $NiAl_2O_4$ 会被还原为金属镍，但这种情况下生成的 Ni 活性高，长时期的操作下也非常稳定。在金属镍载在 $NiAl_2O_4$ 载体上时，Ni 要想通过扩散进入体相，是极为困难的，这是它具有高稳定性的原因。一种丹麦产轻油水蒸气转化催化剂，除 Ni 外含少量 Al_2O_3 及大量 MgO，因性能优异但极难还原，所以在特制的预还原炉中预先还原后再使用。

Ni 和 Al_2O_3 强相互作用的这些经验，无疑也可作为其他催化剂设计时的参考。

近年对载体作用机理的很多最新研究进一步证明，载体的作用真正完全是惰性的情况实际上是很少见的。不同载体对催化剂活性的贡献，并不简单是提供一个活性组分的分散"场地"，其影响往往远大于此。这时载体和助催化剂的作用，似难以截然区分。考虑到这种复杂情况，近来的催化剂设计实验中，除了进行活性组分和助剂的筛选外，在这两种主要成分初步确定后，往往还专门增加一项载体的类似筛选工作。典型实例的结果见表 5-20～表 5-23[T7]。

表 5-20　负载镍催化剂（10％Ni）上乙烯的氢解

载体	反应速率/10^6 mol·m^{-2}（金属）·h^{-1}	载体	反应速率/10^6 mol·m^{-2}（金属）·h^{-1}
SiO_2	151	SiO_2/Al_2O_3	7
Al_2O_3	57		

表 5-21　环己烷脱氢制苯，负载铂催化剂（773K）

催化剂	苯含量/％	催化剂	苯含量/％	催化剂	苯含量/％
Pt/ZnO	—	Pt/Al_2O_3	59.8	Pt/SiO_2	23.1
Pt/TiO_2	>6.1	Pt/MgO	32.3		

表 5-22　负载钯催化剂上 CO 的加氢

催化剂	选择性/％			
	CH_3OH	CH_3OCH_3	CH_4	C_2^+
粉状 Pd	75.0	0	8.8	16.2
Pd/MgO	98.4	1.2	0.3	0.2
Pd/ZnO	99.8	0	0.1	0.2
Pd/Al_2O_3	33.2	62.7	3.3	0.8
Pd/La_2O_3	99.0	0	0.5	0.2
Pd/SiO_2	91.6	0	1.5	0.2
Pd/TiO_2	44.1	8.6	42.1	5.2
Pd/ZrO_2	74.7	0.5	22.3	2.5

表 5-23　负载铑催化剂在 CO 加氢反应中的相对活性

载体	相对活性	载体	相对活性	载体	相对活性
TiO_2	100	Al_2O_3	5	SiO_2	1
MgO	10	CaO_2	3		

　　从上列 4 个表所列的数据可知，仅仅载体变更带来的影响，有时相差竟如此悬殊，这不是仅用各种载体比表面积不同就可以完满解释的。载体的选择设计情况复杂得多。这就启示我们，设计催化剂时，除了重视筛选活性组分和助催化剂而外，有时还要考虑载体，甚至溶剂（对液相反应）可能的巨大影响，以便于周到地安排有关的筛选实验。

5.2.4.1.2　载体在操作条件下的化学稳定性

　　这里首先考虑载体在操作条件下是否会和反应物或是生成物发生化学反应。在反应通道较多、副产品也多的情况下，应特别慎重考虑。例如，SiO_2 常用作一些催化剂的载体，但是，在有水蒸气的条件下，能挥发为原硅酸 $Si(OH)_4$ 转移到气相中。这种情况如果发生，不仅会破坏载体，导致催化剂粉化，而且 $Si(OH)_4$ 会在温度降低后，在某些下游设备或管道中沉积下来，造成堵塞。我们不仅仅要从热力学上根据温度和 H_2O 的分压判断生成 $Si(OH)_4$ 的可能性和平衡浓度，而且常应做必要实验，以判明 $Si(OH)_4$ 的生成速率。又如气相中如有 HF 或氟，也会与 SiO_2 生成 SiP_4 而转移到气相中，与上述生成 $Si(OH)_4$ 的害处相同。在用 MgO 作载体时，在 H_2O 作用下会生成 $Mg(OH)_2$。如果载体发生反复相变，也会导致催化剂粉化。还要考虑载体是否会被反应物毒化，例如，氧化铝会被水毒化，某些硫化物或氯化物会对金属氧化物载体起毒化作用。

　　载体的化学稳定性还表现在对温度的稳定性上。某些碳酸盐或水合物（如水泥）载体在一定温度下会分解。这时不仅要考虑正常操作温度，还应考虑到特殊条件下的超温。

在某些轻油水蒸气转化制氢催化剂配方中，加入碱金属氧化物作抗积碳组分，但因氢氧化钾等在水蒸气中蒸发而流失并被带向后一工序，会使设备、管道发生堵塞和损坏。为了克服这一不足，可将碱和原催化剂载体中的硅酸铝预烧结成氧化物复盐，如 $KAlSiO_4$（钾霞石）。在水蒸气转化的条件下，与载体结合了的钾霞石，构成一个"缓释钾储藏器"，可缓慢分解释放出低浓度的气态碱，这就能促进积碳的清除而同时无高浓度碱引起的弊病，且延长了催化剂的使用寿命。美国 ICI 公司的催化剂 ICI46-1，含 K_2O 7%，并与硅酸盐结合，能使这种催化剂的活性寿命长达 3 年以上。

5.2.4.2 物理因素的影响

常见载体的相关物理性质见表 5-24 和表 5-25。常见商品载体的基本物理性质见第一章表 1-18 所列。

表 5-24 常见载体的若干宏观物理性质

载 体	制 备 要 点	典型表面积/(m^2/g)	典型孔径/nm
高表面积氧化硅	无定形；制成硅胶	200～800	2～5
低表面积氧化硅	粉末状玻璃	0.1～0.6	$(2～60)×10^{-3}$
氧化铝(γ)	见第 2 章	150～400	不同孔径
氧化铝(α)	见第 2 章	0.1～5	$(0.5～2)×10^{-3}$
氧化镁	细长形孔	约 200	约 2
氧化钍	有轻微放射性；制成胶	约 80	1～2
	将胶加热至 770K	约 20	
	加热至 1270K	约 1.5	
氧化钛	锐钛矿	40～80	
	金红石	高达 200	
	烧结＞1050K	10	
氧化锆	水凝胶	150～300	
氧化铬	呈胶状；加热至 370K	80～350	＜2
氧化铬	呈胶状；加热至＞770K（空气中）	10～30	
活性炭	具有三个近似极大值的不同孔径	高达 1000	＜2,10～20,＞500
石墨		高	—
碳分子筛	细长形孔	达 1000	0.4～0.6
SiC、铝红石、锆石		0.1～0.3	$(10～90)×10^{-3}$
$CaAl_2O_4$			
沸石	酸性	500～700	0.4～1
氧化硅、氧化铝	酸性	200～700	3.5

表 5-25 可用作小表面积载体材料的物理性质

名称	熔点/K	热膨胀系数/$(×10^{-6}K)$	热导率×4.1868/$[kJ/(m·h·K)]$	密度/(g/cm^3)	耐氧化性/K	耐热冲击性[1]/$(×10^2K)$
Al_2O_3	2323	8.5	25	3.98		0.7
$BeO(\alpha)$	2843	10	180	3.01		0.7
MgO	3073	14	30	3.57		0.5
SiO_2	1973	0.5～17[2]	0.2～7[2]	2.27～2.65[2]		—
ZrO_2	2823	9	2	5.49～5.60[2]		—
B_4C	2723	4.5	25	2.52	约 873	8
$SiC(\beta)$	2473（升华）	4.5	71	3.21	约 1773	1.4
TiC	3523	8.0	29	4.92	约 873	2
AlN	2373（升华）	5	16	3.26	约 1673	3
BN	约 3273	22	14	2.27	约 1173	—
$Si_3N_4(\beta)$	约 2173（分解）	3	11	3.19	约 1673	8
TiN	约 3173	9	18	5.44	约 873	2

① 计算公式为 $\sigma_f=(1-\mu)E\alpha$，σ_f 为耐热冲击强度；μ 为泊松比；E 为杨氏模量；α 为热膨胀系数。

② 存在高温变态。

以下就物理性质对载体选择的影响作扼要讨论。

（1）载体的机械强度　催化剂强度是催化剂其他一切性能耐以发挥的基础。负载催化剂的强度主要取决于其载体的强度。

无论是固定床或流动床用催化剂都要求催化剂具有一定机械强度。固定床催化剂有时使用载体而仍嫌强度不足时，可采用高温烧结或加胶黏剂（如耐火水泥）等强化措施。例如，烧结的人造刚玉、碳化硅等都具有很高的机械强度及导热性，常用作一些氧化反应的催化剂载体。

流动床催化剂则要求具有很高的耐磨强度。例如，萘催化氧化反应，用 V_2O_5 作催化剂，该反应是在流动床上进行的强放热反应，反应物质在爆炸范围内操作，有发生深度氧化的可能，因此，要求催化剂载体具有高度热稳定性及耐磨强度。这时可以选择比表面积较小或孔隙率较大的 SiO_2 作载体，能满足对萘氧化催化剂性能的要求。又如，丙烯氨氧化反应催化剂 Bi_2O_3 和 MoO_3 等，其中起着载体作用的 SiO_2，就是为了提高催化剂的耐磨性能而选用的。

（2）载体的导热性质　载体的导热性质影响到催化剂颗粒内外的温度以及固定床反应器（主要是管式反应器）反应管横截面的温差。在某些特殊情况下，这种温差有利于选择性，因而要求载体导热性愈不良愈好。而在绝大多数情况下，要求导热性良好。可惜的是绝大多数常用的载体都是热的不良导体，如硅或铝的氧化物。可采用的方法之一是在载体中加入某种导热性良好的物质以改善载体的导热性能。例如，在 SiO_2 中加入部分碳化硅，就可以起到这种作用。

因为催化剂粒子实际上是等温的（虽然它的温度可以不同于流体温度），所以选择载体热导率的基本原理比较简单。催化剂粒子的真实温度，特别是床中不同位置上粒子温度的计算是很难的。但为估算粒子和流体间的温差，有半经验公式表明，这种温差与反应速率、热效应和扩散系数成正比，而与热导率成反比。因此，对于反应热效应特别大的反应，当需要从催化剂上移走大量热时，可选择金属作载体，因为它们是良好的热导体。例如，将催化剂雷尼镍直接沉积在金属热交换器的表面上。

特别值得注意的是，载体或负载催化剂由于其制备工艺不同带来的宏观物性、颗粒尺寸等不同，热导率也各异，特别是由于其孔隙率和孔径分布的不同，带来的影响更大。因此在搜集和使用这些热导率数据时，应特别关注这些复杂的影响因素。作为一种实例，可举出表5-26 的催化剂相关数据作为佐证。

表 5-26　一些工业催化剂的有效热导率

催化剂	Ni/W	Co,Mo/α-Al$_2$O$_3$	Co,Mo/β-Al$_2$O$_3$	Pt/Al$_2$O$_3$（重整）	Al$_2$O$_3$-SiO$_2$	活性炭
$\lambda_0 \times 10^3$（颗粒）/[J/(s·cm·K)]	4.69	3.47	2.42	2.22	3.6	2.68
颗粒密度/(g/cm^3)	1.83	1.63	1.54	1.15	1.25	0.65
$\lambda_0 \times 10^3$（粉末）/[J/(s·cm·K)]	3.05	2.13	1.38	1.295	1.8	1.675
粉末密度/(g/cm^3)	1.48	1.56	1.089	0.88	0.82	0.52

（3）载体的宏观结构　载体的宏观结构包括载体的内表面、孔隙率、孔径分布等，而且与催化剂颗粒形状尺寸相关联。当传质、传热过程对选择性有重大影响时，宏观结构起着重要的作用。

催化剂表面提供反应的场所。负载催化剂的表面主要是由其载体决定。但催化剂和载体的机械外表面总是极为有限的，绝大多数催化剂都是具有较大内表面的多孔固体，这种内表面是由大小为 50～500nm 的细小微晶随机排列成多孔固体而提供的，而微晶间的间隙就形成多孔固体的孔结构，它决定着反应或生成物分子能够到达或离开表面的程度。因此，在催化剂的宏观结构中，表面积和孔结构是人们最为关心的，而有关的研究结果也很多，并已有一些公认的、近乎于经典的结论，可供催化剂设计时参考。

一般而言，表面积愈大，催化剂活性愈高。个别情况下，甚至还会发现催化剂与表面积成正比的关系。但这种关系并不普遍，因具有催化活性的面积只是总表面积的很小一部分，而且多数载体或催化剂的表面是不均匀的。还应看到，并非在任何情况下工业催化剂的表面积都是愈大愈好。例如催化氧化为放热反应，如果催化剂的表面积大，则单位催化剂的活性就高，可能因单位时间放热量大，使反应器内的热平衡遭到破坏，造成局部高温，甚至整个反应器产生热失控，发生事故。此外，由于表面积和孔结构是紧密相关的，比表面积大就意味着孔径小，细孔多，这样就不利于内扩散。再者，表面积和载体的机械强度也有关，过大的内表面，往往对应过大的孔容积和较低的机械强度。所以，对于选择性氧化反应，为便于内扩散并避免深度氧化，同时也为了与适宜的孔结构、机械强度等其他因素通盘考虑以选择一些中等比表面积或低比表面积的催化剂或载体为宜。这也是选择比表面积的总体考虑，当然影响因素的这些总体考虑，要随各催化反应的具体情况而有所不同，并不都与选择氧化反应完全一致。

有了上述总体考虑后，就比较容易根据表面积的需要选择并制备载体。例如，如果用硅氧化物作载体，若要求高的比表面和细的孔隙，我们就应该选择硅胶作载体。硅胶可以用不同的制备方案得到比表面积 $100～600 \mathrm{m}^2/\mathrm{g}$ 的产品。但是，硅藻土或浮石不可能提供超过 $40 \mathrm{m}^2/\mathrm{g}$ 的产品。相反，如估算结果要求低表面或大孔径，当然就可以选择硅藻土。

至于孔结构，前人考虑到孔结构对催化反应速率及内表面利用率、选择性、热传导和热稳定性等的种种影响，已进行过大量理论推导和数据计算，相关理论的主要观点如下。

前人认为催化剂直径较大，一般为 5～20mm，这样扩散的距离相对增加，因此不同程度上受到内扩散的影响。反应物分子在催化剂孔内的扩散有三种机理，即普通扩散、Knudsen 扩散（微孔扩散）和表面扩散，在一定条件下可以只发生一种扩散，也可以三种同时发生。换言之，孔径大小的不同可以导致扩散形式和扩散速率的改变，使分子进入孔中的数量有所不同，进而影响反应速率。

前人又定义了不同形式的三种扩散：普通扩散或称容积扩散指分子平均自由程 λ 远小于孔直径 d 的扩散，这时扩散阻力来自分子之间的碰撞；Knudsen 扩散，即纳森扩散或克氏扩散，指分子平均自由程接近或大于孔直径的扩散，在孔径小、气体压力低时，主要是 Knudsen 扩散起主导作用；表面扩散是指吸附在固体内表面上的吸附分子朝降低表面浓度的方向移动。一般认为温度较高的催化过程中，表面扩散不是主要的，可不予考虑。三个定义中涉及的分子平均自由程，根据理想气体分子运动求出下式

$$\lambda = \sqrt{\frac{KT}{2\pi\sigma^2 p}}$$

式中，T 为热力学温度；K 为玻尔兹曼常数（$1.3806 \times 10^{-23} \mathrm{J/K}$）；$\sigma$ 为分子有效直径；p 为压力。

根据上述理论计算和催化剂实际开发经验，目前对孔结构可以确定下列的一般选择规则。

① 对于加压反应一般选用单孔分布的孔结构，其孔径 d 在 $\lambda～10\lambda$ 间选择。对要求高活

性来说，d 应尽量趋于 λ，但活性允许的情况下考虑到热稳定性，则应尽量使 d 趋于 10λ。

② 常压下的反应一般选用双孔分布的孔结构。小孔孔径在 $\lambda \sim 10\lambda$ 之间。但从活性看小孔孔径应尽量趋于 10λ，但这时表面效率降低，考虑到其他因素应在 $\lambda \sim 10\lambda$ 间选择。而大孔的孔径为使扩散受孔壁阻力最小，应选 $\geqslant 10\lambda$ 的孔。

而且在大多数催化反应中，双孔道载体常是有益的。所谓双孔道即载体具有一部分大孔，在这部分大孔中，反应物或生成物是普通扩散传质过程；而又具有另一部分细孔，提供反应表面，在这部分细孔中，反应物或生成物可以是 Knudsen 扩散，甚至是分子表面扩散。

③ 在有内扩散阻力存在的情况下，催化剂的孔结构对复杂体系反应的选择性有直接的影响。对于独立进行或平行的反应，主反应速率愈快、级数愈高，内扩散使效率因子降低愈大，对选择性愈不利。在这种情况下为提高催化剂的选择性应采用大孔结构的催化剂。对于串联反应如果目的产物是中间产物，那么深入到微孔中去的扩散只会增加它进一步反应掉的机会，从而降低了反应的选择性，在这种情况下也应采用大孔结构的催化剂。

④ 从目前使用的多数载体来看，孔结构的热稳定性大致范围是 $0 \sim 10nm$ 的微孔在 $500℃$ 以下，$10 \sim 200nm$ 的过渡孔在 $500 \sim 800℃$ 范围内，而大于 $200nm$ 的大孔则在 $800℃$ 下是稳定的。因此在反应过程中要求得到稳定的孔结构可参考上述原则来加以选择。

参 考 文 献 ❶

1. 吴越. 催化化学. 北京：科学出版社，1998.
2. David L T. 工业催化剂的设计. 金性勇等译. 北京：化学工业出版社，1984.
3. 黄仲涛等. 工业催化剂设计与开发. 广州：华南理工大学出版社，1991.
4. 朱洪法. 石油化工基础知识. 北京：中国石化出版社，1995.

❶ 本章带 "T" 编号文献请查阅第一章参考文献。

第6章

工业催化剂的操作设计

6.1 操作设计概念

工业催化剂的操作设计，系指与其操作和使用有关的设计问题。这与第5章中所述的与制备和生产有关的设计问题，既有联系，又有区别。目前专门讨论催化剂操作设计的书籍文章较少，人们对这个问题尚关注不够。然而，有些国内知名专家却早已指出过："一个工业催化剂新产品或者新型号的产生，经历着实验室研究、工程开发、工厂制造、使用条件研究和工厂运转的科学分析等步骤[1]。"这里指出的五个步骤中的后两步，属催化剂使用技术的研究范畴，自然是催化剂制造厂家、用户、催化剂研究者与开发者共同关心的又一个重要技术课题。

研究操作设计最直接的目的，固然是开发和生产单位在研制好一种新催化剂后，为了便于用户使用好它。但如果认为，操作设计似乎仅局限于在开发催化剂的大厂试用阶段，在编写新产品说明书和操作手册等资料时，附带加以考虑即可，那么，只要参考一些以往相同或相近的催化剂操作经验，或在筛选定型催化剂配方后，补充一些催化剂操作的工艺条件试验，大体也就可以完成这项工作了。然而这种认识，是不够全面的。

人们在使用催化剂进行化工生产的长期实践中，遇到不少难以解释的问题，如性能完全相同的催化剂，在不同的反应器中使用，即使操作条件完全相同，但所得的反应速率却可能相差很大；被科学家在实验室判定为活性很高的催化剂，用到工业生产上，效益却并不理想，甚至无法应用。诸如此类的问题，使人们认识到：时至今日，仅凭经验操作，仅按催化剂使用说明书来使用催化剂，已远不能满足现代化工生产的需求。实践证明，为了使企业获得最大的经济效益，在市场上具有强大的竞争力，必须要用工程科学的理论来指导催化剂操作。经过长期的探索研究，逐渐形成了"化学反应工程"以及"聚合反应工程"等学科。这些新的分支学科，用其学科的理论和方法来指导催化剂的操作设计，现在正越来越得到更多人们的关注。

"化学反应工程"研究的是以工业规模进行的化学反应的规律性。它研究化工生产过程中的化学反应速率（即化学动力学），研究各种物质在反应器中的物理传递过程，研究工业反应器内温度、浓度分布和物料流动的状态，研究这些工程因素对反应最终结果的影响程度等，以努力探索其内在规律，使生产系统化，使化工装置的设计和操作优化。

本书讨论的工业催化剂操作设计是完全有必要并且有可能用化学反应工程的理论来加以指导的。这门学科发展到20世纪末，由于工业催化剂长期的理论研究和工业使用经验的积累，使催化剂的开发设计者具备了比以往更加充分的条件，其中包括：①用现代科学技术装备的化工生产，已具备能反馈出相当精确的数据和各种信息的能力，已能接受一定指令并作出响应，以供人们进行理论分析、判断并进而作出决策，同时也可以为验证、完善与丰富理论提供依据；②工程科学的理论研究也已发展到一定的深度和广度，获得了更多的工程计算所需的各种基础数据，开发了各种实验、研究方法，建立了有关装置，甚至系统的数学模型；③现代计算技术特别是电子计算机的迅速发展与应用，解决了以往不能求解的复杂的反应器（多数是催化反应器）的数学模型以及各种优化计算的问题。这使理论精确指导催化剂操作成为可能。

用化学反应工程理论来指导工业催化剂操作设计，实质上是要完成三大任务：①建立一个合适的催化反应器数学模型；②科学地估计模型参数；③最后求得数值解。这和数学模拟方法在化工设计中的其他应用，原理是相通的。一个好的催化反应器数学模型，可以代表一个真正的催化反应器。既然可以从催化反应器的数学模型出发，那么不仅可以分析反应器的结构设计和工艺条件优化，自然也可以分析、优化、甚至设计催化剂的操作。

目前，用数学模拟方法与催化剂使用技术的密切结合，工业催化剂的操作设计，已经可以解决下面几个方面的问题：①工业催化反应器操作分析及其优化；②进行催化反应器的性能核算；③催化剂寿命预报；④更换催化剂的经济评价。

解决以上诸多方面的操作设计问题，不仅是开发后定型催化剂需要的，而且在新催化剂开发中也可能是需要的。尤其是在催化剂中型试验中，若能把催化剂的制备设计与操作设计统一起来考虑，则效果更好。这时提前进行的操作设计，既是中型试验的延伸和扩展，又是工业化大生产的演习和预报，无论所得的结果是正面的，或是负面的，都会有助于开阔催化剂开发设计者的思路。

由于催化剂操作设计涉及工业催化剂的设计、开发、生产和应用诸多方面，因此，各学科与专业间的沟通、协作，至关重要。

6.2　一般操作经验

既然大多数化学反应均有催化剂参加，因此不难理解，化工厂的有效运行，很大程度取决于管理者和操作者对于催化剂使用经验和操作技术的掌握。

在经过试用积累正反面经验的基础上，定型工业催化剂若要保持长周期的稳定操作及工厂的良好经济效益，往往应当考虑和处理下列各方面的若干技术和经济问题，并长期积累操作经验。

6.2.1　催化剂的运输和装卸

在装运中防止催化剂的磨损污染，对每种催化剂都是必要的。许多催化剂使用手册中为此作出许多严格的规定。装填运输中还往往规定使用一些专用的设备，如图6-1、图6-2及图6-3所示[3]。

多相固体工业催化剂，目前固定床催化剂使用较多。正确装填这种催化剂，对充分发挥其催化效能，延长寿命，尤为重要。

固定床催化剂装填的最重要的要求是保持床层断面的阻力降均匀。特别像合成氨用烃类水蒸气转化炉这样的列管式反应器，数百根炉管间的阻力降要求偏差在 $3\%\sim5\%$ 以内，要求异常严格。这时使用如图 6-4 的特殊装置逐根检查炉管的压力降。

催化剂的运输和装卸是一件有较强技术性的工作。催化剂从生产出厂，到催化剂在工业反应器中就位并发挥效能，其间每个环节都可能有不良影响甚至隐患的存在。在我国大型合成氨装置，曾发生过列管反应器中部分炉管装填失败，开车后产生问题停车重装的事件。一次返工开停的操作，往往损失数十万元。

装填前要检查催化剂是否在运输储存过程中发生过破碎、受潮或污染。尽量避开阴雨天的装填操作。发现催化剂受潮，或者生产厂家基于催化剂的特性而另有明文规定时，催化剂在装填前应增加烘干操作。

图 6-1　搬运催化剂桶的装置

装填中要尽量保持催化剂固有的机械强度不受损伤，避免其在一定高度(0.5~1m 不等)以上自由坠落，再与反应器底部或已装催化剂发生撞击而破裂。大直径反应器内装填后耙平，也要防止装填人员直接践踏催化剂，故应垫加木板。固体催化剂及其载体中金属氧化物材料较多，而它们多是硬脆性材料，其抗冲击强度往往较抗压强度低几倍到十几倍，因此装填中防止冲击破损，是较为普遍的一致要求。

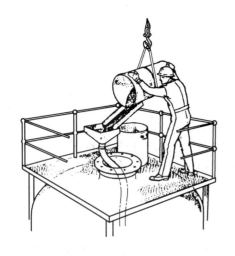

图 6-2　装填催化剂的装置

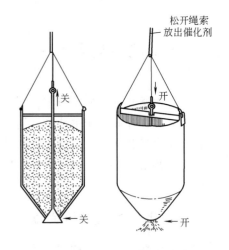

松开绳索
放出催化剂

图 6-3　装填催化剂的一种料斗

如果在大修后重新装填已使用过的旧催化剂时，一是需经过筛，剔出碎片和粉末；二是注意尽量原位回装，即防止把在较高温度使用过的催化剂，回装到较低的温度区域使用，因

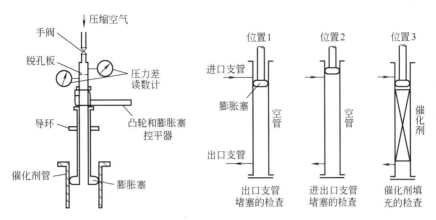

图 6-4　检查催化剂压力降的气流装置

为前者可能比表面积变小，孔率变低，甚至化学组成变化（如含钾催化剂各温区流失率不同），可还原性变差等等，导致催化剂性能的不良，或与设备操作的不适应。

当催化剂因活性衰减不能再用，卸出时，一般采用水蒸气或惰性气体将催化剂冷却到常温，而后卸出。对不同种或不同温区卸出的催化剂，注意分别收集储存，特别是对可能回用的旧催化剂。废催化剂中，大部分宝贵的金属资源并不消耗，可回收其中的有用金属，以补充催化剂的不足并降低生产成本，对铂、铑、钯等贵重稀缺金属，尤其如此。

作为典型实例，列举一种工业催化剂装填操作的要点，简述如下。

例 6-1　天然气一段蒸汽转化催化剂的装填[2]

催化剂被装填于数百根垂直固定在转化炉中的转化管内，管长超过 10m，管径约 ϕ100mm，管底部设有托盘或筛板。装填时应以保证工艺气体均匀分配到各转化管中为根本目的。理想的装填状况是每根炉管内装入同体积、同高度、同质量的催化剂。

装填前的过筛是必不可少的。装填前先检查各空管阻力。分层装填，分层检查，各管同步逐层加高。

用专用计量筒多次测定催化剂松装（未振荡）及紧装（振实后）的堆密度，取两者平均值为计量装填体积和质量的基准密度。

计量筒量好的催化剂，装入比炉管略细、长 1～1.5m 的布袋。袋一端用长绳扎牢，另一端敞口，装入催化剂后用另一绳活结扎紧。催化剂袋放入底部后，拉长绳打开袋口，缓缓上提空布袋，使催化剂慢慢落入管内。

每装一量筒催化剂，均振实炉管，振动到预计高度认为合格。详细记录每管装填数据备查。装完全部炉管一半高度后，测定半管阻力，并及时调整，阻力降偏差过大的炉管，应查明原因，必要时卸出重装。全部装完各管催化剂时，再逐管测定各管阻力。通常达到全炉炉管之间压力降偏差（以各管压力降平均值为准）在 ±5% 以内，而床层高度偏差小于 75mm 时为合格。

6.2.2　催化剂的活化、钝化和其他预处理

开车前的还原及停车后的钝化是使用工业催化剂中的经常性操作。

许多金属催化剂不经还原无活性，而停车时一旦接触空气，又会升温烧毁，所以氧化及还原条件的掌握要通过许多实验室的研究，并结合大生产流程、设备的现实条件，综合设定。

多相固体催化剂其活化过程中往往要经历分解、氧化、还原、硫化等化学反应及物理相变的多种过程。活化过程中都要伴随有热效应，活化操作的工艺及条件，直接影响催化剂活化后的性能和寿命。

活化过程有的是在催化剂制造厂中进行的，如预还原催化剂。但大部分则是在催化剂使用厂现场进行的。活化操作是催化剂使用技术中一项非常重要的基础工作，它是催化剂的最终制备阶段。各种定型工业催化剂，其操作手册对活化操作都有严格的要求和详尽的说明，以供使用厂家遵循。

催化剂开发或生产部门，一般都应该对与活化有关的反应进行热力学、动力学的研究，这些研究是确定活化操作方法的理论基础。

以下列举一些最常见的活化反应[1~3]。

① 用于烃类加氢脱硫的钼酸钴催化剂 $MoO_3 \cdot CoO$，其活化状态是硫化物而非氧化物或单质金属，故催化剂使用前须经硫化处理而活化。硫化反应时可用多种含硫化合物作活化剂，其反应和热效应不同。若用二硫化碳作活化剂，其活化反应如下

$$MoO_3 + CS_2 + 5H_2 \Longrightarrow MoS_2 + CH_4 + 3H_2O \tag{6-1}$$

$$9CoO + 4CS_2 + 17H_2 \Longrightarrow Co_9S_8 + 4CH_4 + 9H_2O \tag{6-2}$$

② 烃类水蒸气转化反应及其逆反应甲烷化反应，均是以金属镍为催化剂的活化状态。出厂的含氧化镍工业水蒸气转化催化剂，用 H_2、CO、CH_4 等还原性气体还原，其所涉及的活化反应有

$$NiO + H_2 \Longrightarrow Ni + H_2O \qquad \Delta H(298K) = 2.56kJ/mol \tag{6-3}$$

$$NiO + CO \Longrightarrow Ni + CO_2 \qquad \Delta H(298K) = 30.3kJ/mol \tag{6-4}$$

$$3NiO + CH_4 \Longrightarrow 3Ni + CO + 2H_2 \qquad \Delta H(298K) = 186kJ/mol \tag{6-5}$$

③ 工业 CO 中温变换催化剂，在催化剂出厂时，铁氧化物以 Fe_2O_3 形态存在，必须在有水蒸气存在的条件下，以 H_2 和/或 CO 还原为 Fe_3O_4（即 $FeO + Fe_2O_3$）才会有更高的活性。

$$3Fe_2O_3 + H_2 \longrightarrow 2Fe_3O_4 + H_2O \qquad \Delta H(298K) = -9.6kJ/mol \tag{6-6}$$

$$3Fe_2O_3 + CO \longrightarrow 2Fe_3O_4 + CO_2 \qquad \Delta H(298K) = -50.8kJ/mol \tag{6-7}$$

④ 钴钼系宽温耐硫变换催化剂使用前呈氧化态，其活性远低于硫化后的催化剂，因此需要经过活化（这里是硫化）方能使用。硫化好坏，对硫化后催化剂的活性起关键作用。硫化时一般选用 CS_2 或 H_2S 为硫化剂，主要反应有

$$CS_2 + 4H_2 \Longrightarrow 2H_2S + CH_4 \qquad \Delta H(298K) = -240.6kJ/mol \tag{6-8}$$

$$MoO_3 + 2H_2S + H_2 \Longrightarrow MoS_2 + 3H_2O \qquad \Delta H(298K) = 48.1kJ/mol \tag{6-9}$$

$$CoO + H_2S \Longrightarrow CoS + H_2O \qquad \Delta H(298K) = -13.4kJ/mol \tag{6-10}$$

⑤ 工业氨合成催化剂，主催化剂 Fe_3O_4 在还原前无活性。氨合成催化剂的活化处理，就是用 H_2 或 N_2-H_2 气将催化剂中的 Fe_3O_4 还原成金属铁。在这一过程中，催化剂的物理

化学性质将发生许多变化，而这些变化将对催化剂性能产生影响，因此还原过程中的操作条件控制十分重要。在以 H_2 还原的过程中，主要化学反应可用下式表示

$$Fe_3O_4 + 4H_2 \Longrightarrow 3Fe + 4H_2O \qquad \Delta H(298K) = 149.9kJ/mol \qquad (6\text{-}11)$$

还原反应产物铁是以分散很细的 α-Fe 晶粒(约 20nm)的形式存在于催化剂中，构成氨合成催化剂的活性中心。

以上数例中，各种催化剂的活化反应，在化学上均系已研究得相当充分的简单反应。然而在工业反应器中进行的活化反应，其真实的情况却要复杂得多。首先，工业催化剂的活性组分可能并不单一，各牌号的配方及工艺条件有别，其中由于起始氧化物状态的不同，还由于活性组分和载体的相互作用不同，其可还原性也会发生变化。其次，工业条件的还原介质也与实验室有别，实验室用不含水的干氢多，而工业上用含有部分水蒸气的湿氢较多(为的是提高还原气体的线速度，以使反应器内轴向和径向的温差尽可能小)，而干氢、湿氢还原产物的性能或许相差甚远。最后，工业反应器内部各点存在温度和浓度差异，活化后所得的催化剂在还原率等方面也许差异很大，于是在器内形成一个还原率(或硫化率)等的差异分布。例如蒸汽转化镍催化剂，在一段转化炉管顶部 1.5～2m 以上，由于低温死角造成的还原温度偏低，这一区段甚至还原率不足 2m 以下高温区的一半。处理这些复杂问题，开发和生产单位往往要根据小试、中试和大厂使用的经验，提出相应的工业活化操作的具体工艺及其参数指标。例如活化温度、升温程序、压力、空速、活化时间、活化终点判定等，以供使用厂家参考。图 6-5 是英国

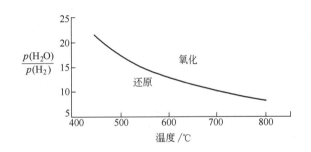

图 6-5　氧化镍氧化-还原曲线[T11]

ICI 公司提供给使用厂家参考的工业氧化镍转化催化剂的氧化-还原曲线，据此可以判断不同温度和水氢比之下催化剂所处的"氧化性"或"还原性"气氛，可以指导转化炉中的还原或转化操作的设计。

钝化是活化的逆操作。处于活化态的金属催化剂，在停车卸出前，有时需要进行钝化，否则，可能因卸出催化剂突然接触空气而氧化，剧烈升温，引起异常升温或燃烧爆炸。钝化剂可采用 N_2、水蒸气、空气，或经大量 N_2 等非氧化性气体稀释后的空气等。

除活化外，个别工业催化剂还有其他一些预处理操作，如 CO 中温变换催化剂的放硫。这里的放硫指催化剂在还原过程中，尤其是在还原后的升温过程中，催化剂制造时原料带入的少量或微量硫化物，以 H_2S 形态逸出。放硫可以使下游的低温变换催化剂免于中毒。再如某些顺丁烯二酸酐合成用钒系催化剂，使用前在反应器中的"高温氧化"处理，是为了获得更高价态的钒氧化物，因为高价钒具有较好的活性。

以下用国产某铁-铬系中温变换催化剂活化操作要点为例，扼要说明工业活化操作可能面临的种种复杂情况及其相应对策。其他催化剂也可能面临与此大同小异的情况。在这里，操作设计者的最大的困惑莫过于难以做到"周到"二字。不妨结合以下实例体会。

例 6-2　国产铁-铬系 CO 中温变换催化剂的活化[T11]

该催化剂的活化反应，系将 Fe_2O_3 变为 Fe_3O_4，已如前述，见式（6-6）与式（6-7）。

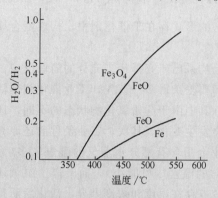

图 6-6 不同 H_2O/H_2 比值下，Fe_3O_4、FeO 和铁的平衡相图

活化反应的最佳温度在 $300\sim400℃$ 之间，因此，活化第一步需将催化剂床层升温。可以选用的升温循环气体有 N_2、CH_4 等，有时也用空气。用这些气体升温，在达到还原温度以前，一定要预先配入足够的水蒸气，方能允许配入还原工艺气，进行还原，否则会发生深度还原，并最终生成金属铁［式（6-11）］。式（6-11）生成金属铁的条件取决于水氢比值，当这一比值大于图 6-6 所列的条件时，便不会有铁产生。

用 N_2 或 CH_4 升温还原时，除有极少量金属铁生成而影响活化效果之外，可能还会有甲烷化反应发生，且由于该反应放热量大，在金属铁催化下反应速率极快，容易导致床层超温。

$$CO+3H_2 \Longrightarrow CH_4+H_2O \qquad \Delta H(298K)=-206.2kJ/mol \qquad (6-12)$$
$$CO_2+4H_2 \Longrightarrow CH_4+2H_2O \qquad \Delta H(298K)=-165.0kJ/mol \qquad (6-13)$$

催化剂中含有 $1\%\sim3\%$ 的石墨，是作为压片成型时的润滑剂而加入的。若用空气升温，应绝对避免石墨中游离碳的燃烧反应。

$$2C+O_2 \longrightarrow 2CO \qquad \Delta H(298K)=-220.0kJ/mol \qquad (6-14)$$
$$CO+\frac{1}{2}O_2 \longrightarrow CO_2 \qquad \Delta H(298K)=-401.3kJ/mol \qquad (6-15)$$

在这种情况下，催化剂常会超温到 $600℃$ 以上，甚至引起烧结。为此，生产厂家应提供不同 O_2 分压条件下的起燃温度。例如国产催化剂建议在常压或低于 0.7MPa 条件下，用空气升温时，其最高温度不允许超过 $200℃$；用过热蒸汽或湿工艺气体（如湿 N_2、湿 H_2）升温，必须在该压力下温度高于露点 $20\sim30℃$ 才可使用，以防止液态冷凝水出现，影响催化剂机械强度，严重时甚至导致催化剂粉化。

不论用何种介质升温，加热介质的温度和床层催化剂最高温度之差最好不超过 $180℃$，以防催化剂因过大温差产生的应力导致颗粒机械强度下降，甚至破碎。

在常压下以空气升温，当催化剂床层最低温度点高于 $120℃$ 时，即可用蒸汽置换。当分析循环气中空气已被置换完全，床层上部温度接近 $200℃$ 时，即可配入工艺气，开始还原。

还原时，初期配入的工艺气量不应大于蒸汽流量的 5%。逐步提量，同时密切注意还原伴有的温升。一般控制还原过程中最高温度不得超过 $400℃$。待温度有较多下降，如从 $400℃$ 降至 $350℃$ 以下，再逐步增加工艺气通入量。按这种稳妥的还原方法，只要循环气空速大于 $150h^{-1}$，从升温到还原结束，一般均可以在 24h 内顺利完成。

6.2.3 催化剂的失活与中毒

所有的催化剂的活性都是随着使用时间的延长而不断下降的。在使用过程中缓慢地失活是正常的、允许的，但是催化剂活性的迅速下降将会导致工艺过程在经济上失去生命力。失活的原因是各种各样的，主要是沾污、烧结、积碳、组分流失和中毒等(见图6-7)。

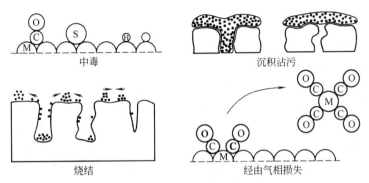

图6-7 催化剂失活原因图解

M—金属

催化剂表面渐渐沉积铁锈、粉尘、水垢等非活性物质而导致活性下降的现象称为沾污。高温下有机化合物反应生成的沉积物称为结焦或积碳。积碳的影响与沾污相近。焦的沉积导致催化剂活性的下降，可能是焦对活性中心的物理覆盖，或者是堵塞部分催化剂的孔隙，从而导致活性表面积的减少或增加内扩散阻力。

高温下发生烧结会使粒子长大并减少孔隙率，使载体和活性组分表面积损失，导致催化剂活性的衰退。

金属氧化物可借助于少量的添加物来抑制其粒子的长大。为了抑制氧化物晶体的长大，通常是加入另一种氧化物稳定剂。添加的氧化物数量常常只需很少。

金属比氧化物更容易被烧结，因此使用金属催化剂时常常把它负载在氧化物的载体上。氧化物载体的功能之一，就是防止金属粒子的合并长大或烧结。对于放热反应，以及从经济上考虑催化剂需要较长时间使用时，更应该注意催化剂的烧结问题。

烧结过程与时间及温度有关，在一定的反应条件下催化剂随着使用时间的增长总会伴有烧结而导致活性下降。工业操作切忌迅速升温，这样常会导致催化剂的迅速失活。这种情况常出现在负载催化剂上，因为很多载体是热的不良导体。

中毒指原料中极微量的杂质导致催化剂活性迅速下降的现象。事实上，极少量的毒物可使整个催化剂活性完全丧失，这说明催化剂表面存在活性中心，而这些活性中心对整个催化剂来说只占很少一部分表面积。工业催化剂在使用中有时会出现活性突然下降的现象，这通常是由于催化剂已发生了中毒。

催化剂的毒物通常可分为化学型毒物和选择型毒物两大类。

(1)化学型毒物 这是一种最常见的毒物。毒物比反应物能够更强烈地吸附在催化剂活性中心上，由于毒物的吸附导致反应速率的迅速下降，这个过程是由于毒物和催化剂活性中心形成较强化学键从而改变了表面的电子状态，甚至形成一种稳定的、无活性的新化合物。化学吸附性的毒物可以分为两类：一类是当原料经过仔细净化后，原料中的毒物完全被除掉，已中毒的催化剂可继续使用，活性可以重新恢复的，称为暂时性毒物，这种中毒过程称可逆中毒；另一类是使催化剂活性恢复很慢或不能完全恢复的毒物，称为永久性毒物，这个中毒过程称不可逆中毒。升高温度时，脱附速率比吸附速率增加得快，从而中毒现象可以明显地减弱。如允许高温操作，可尽量提高一些操作温度，在有中毒现象时，这个方案是合理的。

（2）选择型毒物　有些催化剂毒物不是损害催化剂的活性，而是使催化剂对复杂反应的选择性变坏。

因为由中毒引起的失活，几乎对任何工业催化剂都可能存在，故研究中毒的原因和机理，以及中毒的判断和处理，是工业催化剂操作使用中的一个普遍而重要的问题。

以氨合成催化剂为例。它是一种金属催化剂，许多化合物都会和活性态金属铁作用，而导致催化剂活性的丧失。除了催化剂制备过程中要保证将某些毒物（如硫、磷、砷、氯等化合物）的含量控制在规定的指标以下而外，更重要的是，在催化剂使用时，要注意控制合成气中有毒物质的含量。合成气中存在的有害物质主要是气体毒物，常见的有：氧及其化合物、硫、磷、氯等。毒物 O_2 通过在活性中心上的吸附形成氧化物。氧的效应通常表现为强的暂时性中毒或弱的永久性中毒；H_2O 的作用与 O_2 相似；CO_2 和催化剂中的 K_2O 以及气相中 NH_3 发生反应生成氨基甲酸铵等盐类，导致合成设备及管道堵塞；CO 是合成气中最易存在和危害最大的毒物。微量 CO 稳定吸附在催化剂活性中心上，即能降低活性。它与气相中 H_2 发生甲烷化反应，引起局部升温而导致催化剂烧结，同时甲烷化反应所生成的水，又是氨合成催化剂的毒物。硫、磷、氯及其化合物是引起永久性中毒的强烈毒物，虽然通常由它们引起的中毒现象，在氨厂不常出现，然而一旦出现，则后果极为严重。

为处理中毒引起的失活，开发单位和使用单位应通过实验研究和工厂生产经验的积累，总结有关的操作技术，以指导催化剂合理使用。现举两例说明。

例 6-3　国产甲烷化催化剂硫中毒试验[2]

在国内某厂曾进行侧流试验。一套侧流试验装置直接用工厂原料气进行试验，另一套采用活性炭充分脱硫，使入口气中的硫基本脱除干净再进行试验。通过对比试验，考查硫中毒对 A、B 两种国产甲烷化催化剂活性的影响，结果见表 6-1。

表 6-1　工厂条件下硫中毒试验结果[①]

组别	反应炉号	国产催化剂名称	试验时间/h	脱硫措施	相对活性[②]		活性下降率[③]	催化剂吸硫量
					初活性	试验结束时		
I	1	A	80	无	38	9	80%	0.21%
	2			活性炭	43	43	0	—
II	1	B	58	无	50	20	80%	0.22%
	2			活性炭	100	102	0	—

① 试验条件：常压；入口温度300℃；入口气中（CO+CO_2）为 0.3～0.5；硫含量（标准状态）为 2～3mg/m³；运转空速与还原条件两组接近。
② 以 B 催化剂无硫气氛下的初活性为 100 计。
③ 活性下降均以同条件下的初活性为基准。

由表 6-1 可以看出：

① 含硫气氛对甲烷化催化剂的初活性有明显影响。如采用含硫气体进行还原，在还原过程中催化剂即发生硫中毒，对其活性损害更为严重，活性下降率达 50% 左右（见表中 B 催化剂的对比数据）；

② B 催化剂抗硫性优于 A 催化剂；

③ 只要催化剂吸硫0.2% 左右，无论 A、B 催化剂，活性下降率均为80%，这说明硫中毒是催化剂活性衰退的主要因素。

这种催化剂活性组分为金属镍。硫是转化过程中最重要、最常见的毒物。转化过程中突然发生转化气中甲烷含量逐渐上升，一段炉燃料消耗减少，转化炉管壁出现"热斑"、"热带"，系统阻力增加等均是催化剂中毒的征兆。很少的硫，即可对转化催化剂的活性产生显著的影响，见表 6-2。因此，要求原料气含硫量一般为 $0.1\sim0.3mg/m^3$，最高不超过 $0.5mg/m^3$ 为宜。

表 6-2　原料气中硫含量对一段炉操作的影响

原料气硫含量 /(mg/m³)	一般炉出口温度 /℃	残余甲烷含量 (体积分数)/%	原料气硫含量 /(mg/m³)	一般炉出口温度 /℃	残余甲烷含量 (体积分数)/%
0.06	780	10.6	3.03	822.2	12.7
0.19	783.3	10.7	6.01	840.6	13.7
0.38	787.2	10.9	11.9	866.1	15.2
0.76	798.9	11.5	23.5	893.3	16.8
1.52	811.1	12.1			

转化催化剂中毒后，会破坏转化管内积碳和消碳反应的动态平衡，若不及时消除将导致催化剂床层积碳，并产生热带。硫中毒是可逆的，视其程度不同，而用不同方法再生。

① 轻微中毒，换用净化合格的原料气，并提高水碳比，继续运转一段时间，可望恢复中毒前活性；

② 中度中毒，停车时在低压并维持 $700\sim750℃$ 温度下，以水蒸气再生催化剂，然后重新用含水湿 H_2 气还原并再生。活化后再按规定程序投入正常运转；

③ 重度中毒，一般伴生积碳，应先行烧碳后，按中度硫中毒再生程序处理。

砷是另一重要毒物。砷对转化催化剂的毒害影响与硫中毒相似，但砷中毒是不可逆的，且砷还会渗入转化管内壁。砷中毒后，应更换转化催化剂并清刷转化炉管。

氯和其他卤素的毒害作用与硫相似，通常采用更低的允许含量，大约在 1×10^{-9} 的浓度级别。氯中毒虽是可逆的，但再生脱除时间相当长。

铜、铅、银、钒等金属也会使转化催化剂活性下降，它们沉积在催化剂上难以除去。

铁锈带入系统，会因物理覆盖催化剂表面而导致活性下降。但铁并非毒物。

6.2.4　积碳与烧碳

以有机物为原料的石油化工反应，常见的副反应，包括碳化物中元素碳的析出或沉积于催化剂上。故积碳也是许多石油化工催化剂常遇到的一种非正常操作之一，严重的甚至造成固定床内催化剂的完全堵塞。炼油用的催化裂化催化剂，极易使裂化原料烃积碳，故不得不采用在移动床中进行周期烧碳再生的方法，方能维持连续运转。

现以轻油蒸汽转化催化剂为典型代表，讨论积碳与烧碳操作。由于原料性质和操作条件决定，这种催化剂发生积碳的概率较许多其他催化剂为大。

烃类（天然或轻油）水蒸气转化过程中，形成碳的主要反应可能是

$$2CO \rightleftharpoons C + CO_2 \qquad (6\text{-}16)$$

$$CO + H_2 \Longrightarrow C + H_2O \tag{6-17}$$
$$CH_4 \Longrightarrow C + 2H_2 \tag{6-18}$$

在轻油转化时，还有较高级的烃热解而析碳

$$C_nH_m \longrightarrow nC + \frac{m}{2}H_2 \tag{6-19}$$

式（6-19）所表示的积碳倾向与烃的种类有关。在转化条件相同时，积碳速率随烃中碳原子数增加而加快，而碳原子数相同时，芳烃较链烷烃及环烷烃易积碳，烯烃又较芳烃易积碳。相关实验数据如表6-3。

表 6-3　不同烃类的积碳速率[T10]

原 料 烃	丁烷	正己烷	环己烷	正庚烷	苯	乙烯
积碳速率/(mg/min)	2	95	64	135	532	17500
诱导期/min	—	107	219	213	44	<1

由表6-3可知，轻油转化时，较甲烷为主的天然气要更易积碳。

式（6-16）～式（6-18）这三个积碳反应的平衡常数是已知的，由它们可计算出"最小蒸汽比"。在此最小蒸汽比以下，若气体达到热力学平衡，碳的存在便是不可避免的。计算出热力学的最小蒸汽比见图6-8。

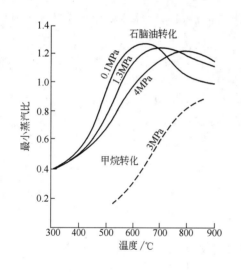

图 6-8　热力学的最小蒸汽比

由图6-8可见，在相同温度下，石脑油转化的热力学最小蒸汽比较甲烷高。在正常的条件下，烃类转化都在远高于此值的较高蒸汽比（如水碳比高于3.5）下进行。然而在突发事故的条件下，如发生蒸汽中断，则可造成无可挽救的热力学积碳事故。此外，发生中毒、钝化、超温等情况也会引起积碳。

烧碳即除碳，是积碳反应的逆反应，即式（6-17）的逆反应，这是以水使碳气化而消去的水煤气反应。若改用O_2代水，也可生成碳的氧化物而消去碳，即式（6-14）。

在实际操作中，积碳是轻油水蒸气转化过程常见且危害最大的事故。表现为床层压差增大、炉管出现花斑红管、出口尾气甲烷、芳烃异常增高等。一般情况下，造成积碳的原因是水碳比失调、负荷增加、原料油重质化、催化剂中毒或钝化、温度和压力的大幅度波动等。

水碳比的波动对积碳的影响是显而易见的。特别是当操作不当或设备故障引起水碳比失调而导致热力学积碳时，会引起严重后果，常使催化剂粉碎和床层阻力剧增，不得不更换或部分更换催化剂。

系统压力波动会引起反应瞬时空速增大而导致积碳。原料净化不达标，使催化剂逐步中毒而活性下降，重质烃穿透进入高温段导致积碳，因为热力学计算和单管中试证明，在床层顶部以下 3m 附近，存在一个"积碳危险区"。催化剂还原不良或被钝化，也会引起同样的结果。生产负荷过高，在一定温度条件下使烃类分压增加，易产生裂解积碳。原料预热温度过高，炉管外供热火嘴供热过大，使转化管上部径向与轴向温度梯度过大，也容易产生热裂解积碳。

转化管阻力增加，壁温升高，催化剂活性下降等异常现象，几乎都可由积炭引起，积碳是液态烃蒸汽转化过程中最主要的危险。因此，严格控制工艺条件，从根本上预防积碳的发生，才是最根本的措施。

为了防止积碳，要严格控制水碳比不低于设计值。要选择抗积碳性能良好的催化剂。要严格控制脱硫工段的工艺条件，确保原料中的毒物含量在设计指标以下，防止催化剂中毒失活。要防止催化剂床层长期在超过设计的温度分布下运行，以免引起镍晶粒长大而使催化剂减活。要保持转化管上部催化剂始终处于还原状态，以保证床层上部催化剂足够的转化活性，防止高级烃穿透到下部。催化剂的失活会引起积碳，而积碳又反过来引起催化剂的进一步失活，从而造成恶性循环。

催化剂若处于正常平稳的工艺条件下运行，导致积碳的反应主要是高级烃的催化裂解和热裂解，转化中间产物的聚合和脱氢等反应；同时存在的消碳反应，主要是碳与水蒸气的反应。这两种对立反应的此长彼消，决定着催化剂上的净积碳量，而两种反应的速度又分别受工艺条件和催化剂抗积碳性能的制约。

烧碳可以视为使催化剂活性恢复的一种再生方法。催化剂轻微积碳时，可采用还原性气氛下蒸汽烧碳的方法，即降低负荷至正常量的 30% 左右，增大水碳比（水分子与油中碳原子之比）至 10 左右，配入还原性气体至水氢比 10 左右，控制正常操作时的温度，以达到消除积碳的目的，同时可以保持催化剂的还原态。

积碳严重时，必须切除原料油，用水蒸气烧碳。蒸汽量为正常操作的 30%～40%，压力为 0.98MPa 左右，严格控制温度，一般温度低于正常运行时的温度。每 30min 分析一次出口尾气的 CO_2 浓度。当 CO_2 浓度下降并稳定在一个低数值时，烧碳结束。

空气烧碳热效应大，反应激烈，对催化剂危害大，一般不宜采用。但必要时，可在蒸汽中配入少量空气，约占蒸汽量的 2%～4%。防止超温，直至出口 CO_2 降至 0.1% 左右。烧碳结束后，要单独通蒸汽 30min，将空气置换干净。

烧碳结束后，重新还原方可投油。重新还原时，最好选用比原始开车还原更加良好的条件，如更高的还原温度、氢分压或更长还原时间等。这是由于钝化反应，特别是含氧钝化反应，热效应较大，而且钝化反应经常是处在较高的温度下发生的。在较高的水热条件下多次钝化、还原，常常会使催化剂可还原性下降。

经烧碳处理后，催化剂仍不能恢复正常操作时，则应卸出更换催化剂。

当因事故发生严重的热力学积碳使转化管完全堵塞时，则无法进行烧碳，不得不更换催化剂。

6.2.5　催化剂的寿命和判废

投入使用后的催化剂，生产人员最关心的问题，莫过于催化剂能够使用多久时间，即寿命多长。工业催化剂的寿命随种类而异，各类寿命大不相同，见表 1-4 和表 6-4。两表中所列的仅是一个统计的、经验性的范围。

表 6-4 工业催化剂及其寿命

反　　应	催 化 剂	条　件	寿　命
异构化 　$n\text{-}C_4H_{10} \longrightarrow i\text{-}C_4H_{10}$	$Pt/SiO_2 \cdot Al_2O_3$	150℃ 1.5～3MPa	2 年
脱氢 　$CH_3OH \longrightarrow HCHO + H_2$	$Ag,Fe(MoO_4)_3$	600℃	2～8 月
氧化 　$C_2H_4 + HOAc + O_2 \longrightarrow C_2H_3OAc$	钯$/SiO_2$	180℃,8MPa	2 年
重整 　制苯	$Pt\text{-}Re/Al_2O_3$	550℃	8 年
氨氧化 　$C_3H_6 + NH_3 + O_2 \longrightarrow CH_2\!=\!CH\!-\!CN$	$V,Bi,MoO,$氧化物$/Al_2O_3$	435～470℃ 0.05～0.08MPa	1～3 年

并非催化剂任何情况下都必须追求尽可能长的使用寿命。事实上恰当的寿命和适时的判废，往往牵涉许多技术经济问题。例如，显而易见，运转晚期带病操作的催化剂，如果带来工艺状况恶化甚至设备破损，延长其操作期便得不偿失。

6.2.6　催化剂衰退的一般对策

（1）在不引起衰退的条件下使用　在烃类的裂解、异构化、歧化等反应过程中析碳是必然伴生的现象。在有高压氢气存在的条件下，则可以抑制析碳，使之达到最小程度，催化剂不需要再生而可长期使用。除氢以外，还可用水蒸气等抑制析碳反应，防止催化剂的活性衰退。

由于原料中混入微量的杂质而引起的催化剂衰退，可在经济条件许可的范围内，将原料精制去除杂质来防止。

由于烧结及化学组成的变化而引起的衰退，可以采取环境气氛及温度条件缓和化的方法来防止。例如，用 N_2O、H_2O 及 H_2 等气体稀释的方法使原料分压降低，改良撤热方法防止反应热及再生时放热的蓄积等。

（2）增加催化剂自身的耐久性　用这种方法将催化剂活性中心稳定化并使催化剂寿命延长。提高催化剂耐久性的方法是把催化剂制成负载型催化剂，工业催化剂大多是这种类型。也可用助催化剂，以使催化剂的稳定性进一步提高。

（3）衰退催化剂的再生　第一种方法是催化剂在反应过程中连续地再生。属于这种情况的实例是钒和磷的氧化物系催化剂，用于 C_4 馏分为原料制取顺丁烯二酸酐，反应过程中由于磷的氧化物逐渐升华而损失，因此这种催化剂的再生方法是在反应原料中添加少量有机磷化物，以补充催化剂在使用过程中磷的损失。又如乙烯法合成醋酸乙烯，使用 Pd-Au-醋酸钾$/SiO_2$ 催化剂，助催化剂醋酸钾在使用过程中升华损失而使反应的选择性下降，因此连续再生催化剂的方法是在反应进行过程中恒速流加适量醋酸钾。

第二种方法是反应后再生。这种情况的实例是催化剂在使用过程中在催化剂表面上积碳，这种催化剂的再生是靠反应后将催化剂表面的积碳烧掉，也可以利用水煤气反应，用水蒸气将结碳转化掉［式（6-17）的逆反应］。对苯二甲酸净化用加氢 Pd/C 催化剂，常被酸性大分子副产物覆盖其表面，近年常在使用数月后用碱液洗涤再生。

上面两个例子中催化剂的再生都可以在原有反应器里进行，也有把催化剂取出反应器后用化学试剂或溶剂清洗毒物使其再生回用的方法。图 6-9 是一种用于催化裂化催化剂再生的专用设备。

第三种方法是采用容易再生催化剂的反应条件。由于一般催化剂的再生条件和反应条件有较大差异，两者对能量及设备材质的要求都不尽相同。为此选择在便于催化剂再生的条件下进行反应，使两者同时得到满足。例如石油催化裂化的沸石催化剂，反应过程导致催化剂表面积碳，可以用燃烧法再生。但燃烧过程中释放出大量一氧化碳而产生公害，为此有人设计出这样一种催化剂，把 Pt 载在 4A 型沸石分子筛上，使其与催化裂化催化剂共同用于催化反应，此时 4A 分子筛可促进 $CO + O_2 \longrightarrow CO_2$ 转化反应，而油分子又不能进入 4A 分子筛的小孔里，因而不致产生裂化反应。这样就达到了反应和再生同时兼顾的目的。

以上所述的，仅仅是有关催化剂活性衰退的一般对策，当然每种催化剂有其本身的规律，必须"对症下药"方能很好地解决催化剂的活性稳定和长周期使用的问题。

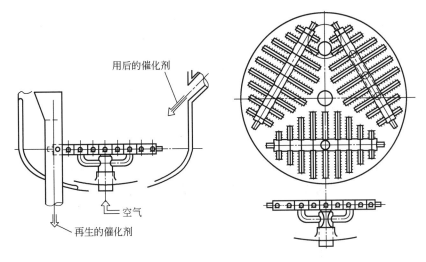

图 6-9 一种催化剂再生专用设备[T26]

6.3 使用技术中的若干选择与优化问题

在了解前述工业催化剂操作的一般经验后，还应对各种工业催化剂使用技术中的若干选择与优化问题有所了解。这后一方面的问题，虽然并不涉及某一个牌号产品操作步骤等具体问题，但却涉及对各类催化剂使用技术的整体把握。国内以往经验表明，对新建工厂，管理人员往往比较重视新装置建设、设备检验、操作人员培训等，但有时却忽略了对催化剂操作使用的注意，结果贻误开车，或因催化剂原因被迫停车，需要更换或部分更换新催化剂，以致造成意外的巨大损失。

6.3.1 催化剂类型和牌号的选择

各种工业催化剂，往往都有许多不同的牌号。以国产催化剂为例，合成氨催化剂的定型产品有 10 余个牌号。气态烃蒸汽转化催化剂，有 20 余个牌号。国内外氨合成催化剂的种类牌号按活化温度分类，有中温型和低温型；按活性组分的形态分类，有氧化态型和预还原态型；从外形分类，有规则型和不规则型，等等。

至于选用哪一种型号的合成氨催化剂为宜，则取决于氨合成的工况条件，以及氨合成反应器的结构等因素。各氨厂用户，应根据催化剂的性能特点和本厂具体情况，在开发和生产单位专家的帮助下，确定催化剂的选型。

我国正在运转的合成氨生产装置，其单塔生产能力从日产数十吨，到日产千吨，规模差异甚大；在合成塔内件结构方面，有轴向型和径向型；换热方式有采用冷管冷却式的，也有采用激冷式的，等等。这些因素对催化剂选择会产生一定影响。如果有些氨厂原料氢氮比波动幅度较大、净化条件稍差，并且需要长期处于较高温度下运行，则可选用耐毒性与热稳定性较好的品种。

一些工业催化剂，特别是新产品，在某一个工厂，甚至国内各厂，都无使用经验，而国外的不同厂家同时自荐各自认为适宜的催化剂，使一些使用厂家难于选择，甚至发生最后终于选错型号的情况。

典型的实例，可以举烃油水蒸气转化催化剂的选择为例。

世界上这类催化剂的两大名牌，一种是前述的 ICI 公司的 ICI46-1/46-4；另一种是丹麦 Topsøe 公司的 RKNR，对应的国产牌号分别是 Z409/Z405 和 Z403H。ICI46-1/46-4 的化学组成和性能特点已如第 4 章所述；RKNR 是预还原品种，主要成分简单，一半左右是 MgO，三成左右是 NiO，余为 Al_2O_3，三组分精细分散均匀后，压环成型，并高温烧结，再预还原后使用。

两家公司最初向中国推荐这两种产品时，均各自宣称为世界最佳。于是厂家选用时，似觉决断在于两可之间。以后经长期使用后发现，并非任选一种均可，其实当初就存在一个催化剂品种的优化选择问题。

这里首先要考虑到轻油原料的不同。油的终沸点越高，即平均分子量越高，或者芳烃含量越高，越易积碳，则应选抗积碳性好且轻微积碳后易于再生的 ICI46-1/46-4；否则，也可以选择活性最好的 RKNR。RKNR 抗积碳性略低，钝化后难以还原，且一旦积碳，用蒸汽烧碳可引起 MgO 水合而粉碎，并同时被钝化。其次，要考虑到催化剂对炉型的适应性。列管式转化炉，分多种炉型[4]，ICI46-1/46-4 适应于顶烧炉，其大火嘴竖直由顶向下平行于炉管燃烧；RKNR 适应于侧烧炉，多个火嘴自上而下分布，且垂直于炉管燃烧，其各区段火嘴热量均可灵活调节。两种催化剂有各不相同的转化机理，对各自炉型的温度分布适应。RKNR 用于顶烧炉，易于积碳（当顶烧炉以下 3m 温度超过 630℃时）。再者，要考虑兼顾到两种催化剂的操作弹性和活性等综合工艺性能之间的矛盾。RKNR 活性最高，但相同催化剂容积的最大投油量较低，要求的水碳比较高，且其操作弹性较小，要求较优惠的配 H_2 量，要求其反应体系自始至终保持还原性气氛开停车，这就对操作控制有相当严格的要求。而 ICI46-1/46-4 有较宽的操作适应性和弹性，并且对顶烧和侧烧这两种炉型均可适用。

6.3.2 催化剂形状尺寸的选择和优化

催化剂形状有无定形块状、球状、粒状、拉西环状等常见的传统形状；也有近 20 余年来发展的各种其他形态，如车轮形、七孔形、蜂窝形、雏菊形等。后一类通称"异形化催化剂"。而任何形状的固体催化剂，均可变动其尺寸大小。通过催化剂形状和尺寸的改变来优化催化剂操作，是简便而有效的途径。因此得到日益广泛的关注。

催化剂形状尺寸的选择和优化问题，其目的在于提高转化活性，降低固定床阻力，改善传热。为了供用户比较选择，催化剂开发和生产部门，根据试验结果，应提供有关数据，供用户参考。以下是一些实例。

6.3.2.1　合成氨催化剂

合成氨采用熔铁催化剂，常见形状为无定形块状。催化剂的颗粒大小对其活性有明显的影响。粒径选择是挑选催化剂的一个必经步骤。一个合成塔整炉催化剂床层的粒度选择往往并不是单一规格，而是两种或两种以上的组合选择。定性而言，随着催化剂颗粒增大，其活性明显下降。这里关键在于，工业粒度催化剂上的氨合成过程，在很大程度上受到内扩散的影响。同时，Fe_3O_4还原时生成的水使催化剂外层受到催化剂内层生成水的毒害作用，而降低了大颗粒催化剂的固有活性。

对于不同型号的催化剂，活性随颗粒增大而下降的程度不同（见表 6-5 及表 6-6）。

表 6-5　无定形氨合成催化剂[①]粒度与相对活性与相对压降的关系

粒径范围/mm	6～12	6～9	3～9	3～6	2～4	1～3	1～1.5
相对活性	100	102	109	111	119	126	128
相对压降	100	114	180	214	335	604	822

① 美国 UCI 公司 C73-1 型。

表 6-6　英国 ICI 公司 35-4 型催化剂粒度与相对活性的关系

催化剂粒径/mm	6～10	4.5～8	3～6	1.5～3.0	1.0～1.6
相对活性	100	105～108	111～113	122～125	127～129

总之，在氨合成工业生产中，氨合成反应大体在动力学和内扩散控制之间的过渡区运行。因此，颗粒越大，内扩散的影响越大。所以，能选择使用颗粒尽量小的催化剂，原则上是有利的。但在工厂，颗粒度明显影响催化剂床层阻力。图 6-10 （a）、（b）表示一种国外型号的 KMI 催化剂在不同条件下各种粒度的床层通气压力降。

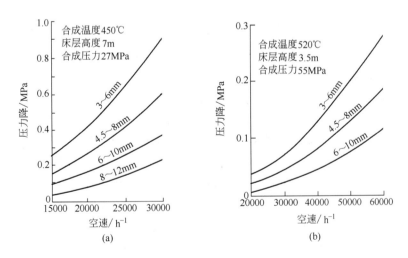

图 6-10　KMI 合成氨催化剂在不同条件不同粒径的床层压力降

气体通过固体催化剂床层形成的阻力降一般可用 Kozney-Garma 方程计算

$$\Delta p = \frac{2f_m L G^2 (1-\varepsilon)^{3-n}}{D_p \phi_s^{3-n} g \varepsilon^3 \rho_F} \tag{6-20}$$

由式（6-20）可见，压降 Δp 决定因素主要有颗粒当量直径 D_p、形状因子 ϕ_s、阻力系数 f_m 和空隙率 ε。当颗粒越大时，压力降越小；反之，则压力降越大。当催化剂球化程度高、形状因子 ϕ_s 大时，空隙率虽小，但阻力系数也小，净得结果还是对阻力降有利。当然，阻力降成为工况制约因素时，应适当选用颗粒大些、球化程度高些的催化剂。

近年来，规则外形的合成氨催化剂有了发展。如国产 A110-5Q 球形氨合成催化剂，具有外形规整、尺寸统一的特点，它在良好装填时可使气流分布均匀。球形催化剂还比同尺寸不规则催化剂的床层压力降小（见图 6-11）。

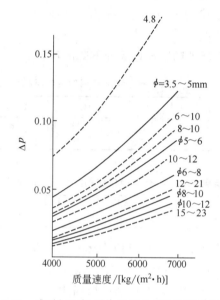

图 6-11 球形与不规则外形催化剂床层压力降对比
——球形颗粒；----不规则颗粒

以上对氨合成催化剂形状尺寸选择优化的研究，是一种较早的范例。近来其他工业催化剂也相继进行了类似的实验研究，结论相仿。

6.3.2.2 烃类蒸汽转化催化剂[1,2]

烃类蒸汽转化反应的总速率受催化剂内扩散控制，故其表观活性随着其几何外表面的增加而明显提高，表 6-7 和图 6-12 是一些试验测定的结果。

当转化催化剂颗粒减小后，其表观活性增加，一方面是由于其几何表面增加而提高了催化剂的利用率；另一方面是由于粒度变化后显著改善了反应管内的热传递效果。使转化系统中工艺气体通过催化剂层所产生的压力降维持在允许的范围内，这是保证过程正常进行和节约能耗的重要条件。从表 6-7 可知，为改善活性而采用小颗粒催化剂，必然导致催化剂层压力降迅速上升。但是，当同时又改变催化剂外形时，其压力降则又可以明显下降。

表 6-7 转化催化剂颗粒大小及几何表面的影响

催化剂形状	尺寸/mm(外径×高×内径)	相对传热	相对活性	相对压力降
球状	16×16×6	100	100	100
球状	16×16×8	106	103	80
球状	16×10×6	117	118	26
球状	16×6×6	129	129	143
车轮状（RC401）	17×17	126	130	88

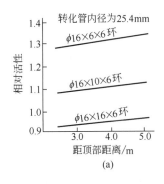
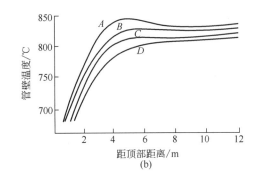

图 6-12 转化催化剂颗粒大小对活性的影响

（a）转化催化剂颗粒大小对活性的影响；（b）顶烧炉内催化剂改变对管壁温度分布的影响

A—基础曲线；B—几何表面为 A 两倍；C—传热系数比 A 高两倍；

D—传热系数和几何表面都为 A 的两倍

除考虑催化剂尺寸对活性、传热和压降这三方面的主要影响外，有时还应考虑到其对气流分布和催化剂机械强度的影响。

不合适的催化剂形状尺寸会导致催化剂层中气流分配的不均匀，甚至形成沟流并破坏转化过程的正常运行。在采用圆柱形或环形催化剂时，其片剂高度与外径之比应接近 1:1，否则在装填催化剂时，颗粒间有互相平行排列的倾向。这不但会影响气流分布、导致压力增加，而且会因催化剂端面叠合而减少气-固相反应的有效接触面。

转化催化剂的外形和尺寸应当与反应管的尺寸相适应。例如，对于小管径的一段炉，为减少管壁效应，可采用较小尺寸的催化剂；为防止在一段炉反应管内催化剂架桥，催化剂外表应当光滑且不应设计成凹凸不平的复杂外形。而对于圆形大直径转化炉（如二段炉），则不受此限。

转化催化剂的形状和尺寸对其机械强度的影响，是显而易见的。壁薄的比壁厚的强度差，空心的又比内有加强筋（或实心）的强度差。异形化催化剂不可"挖空"过度，以致影响强度。另外所挖的孔，形状也有讲究。例如七筋车轮形的，其七个孔为扇形，它与七圆孔形相比，由于在扇形尖角处应力集中，它较七圆孔形易碎裂成细块，并形成尖锐碎片，强度差，更不耐气体冲刷，而后者破碎多为一分为二的对半破碎。因此，国外近来的工业实践证明，七圆孔形与七筋车轮形相比，在强度方面更为有利（见图 6-13）。还必须考虑到，有些异形化催化剂加工太困

图 6-13 两种不同七孔形转化催化剂工业使用后的破碎实况[T7]

难，不易批量生产，如球形多孔催化剂。

由以上的分析可知，转化催化剂的形状尺寸对其活性、压降、传热、强度等的影响，往往有矛盾的一方面，而正确地选择尺寸、形状必须周到兼顾各方面。例如，在一段转化炉中为兼顾活性与压降的矛盾，有些工厂在一段转化炉管上半部装入小尺寸的环，管下部则仍装

入尺寸稍大的环（下部温度高、流速大，对压降更敏感）。

6.3.2.3　SO$_2$氧化制硫酸催化剂

国内外另一种异形化工作开展研究最多的催化剂，是SO$_2$氧化制硫酸的钒系催化剂。虽然这种过程曾使用过多种气体和固体催化剂，但目前全世界都使用钒催化剂，其主催化剂为V$_2$O$_5$、助催化剂为硫酸钾、载体为硅藻土。这种钒-钾/SiO$_2$催化剂，各国有不同的生产工艺，形状也分多种，如挤条的圆柱形、环形、球形和"梅花"或"雏菊"形等。所谓"梅花"或"雏菊"形，是在拉西环的环形催化剂外环壁上增加皱褶，使其颗粒所拥有的外表面相对增加。

我国早期硫酸催化剂以球形的挤条柱形为多。近年环形钒催化剂应用比较成功。使用环形催化剂后，催化剂化学成分不变，容积活性不变，催化剂床层阻力可降低20%～30%，见表6-8及表6-9。

表6-8　球形钒催化剂的通气阻力 Δp（kPa/m 催化剂床高）

气体线速/(m/s)		0.38	0.50	0.67	0.86
Δp	ϕ5×10 圆柱形	0.9	1.43	3.25	3.34
	ϕ5～8 球形	0.69	1.08	1.76	2.46
	ϕ8～10 球形	0.44	0.71	1.08	1.45

表6-9　环形钒催化剂的通气阻力 Δp（kPa/m 催化剂床高）

气体线速/(m/s)		0.29	0.38	0.48	0.57	0.67	0.77	0.86	0.96
Δp	ϕ5×10	0.5	0.9	1.27	1.8	2.4	2.9	3.34	—
	ϕ9/ϕ4×15	0.13	0.22	0.3	0.43	0.56	0.74	0.9	1.2
	ϕ12/ϕ6×15	0.094	0.16	0.2	0.33	0.44	0.58	0.74	0.91

环状钒催化剂，符合世界硫酸等产品生产工艺发展的两大趋势：①单系列的大型化；②节约能耗。这可以提高劳动生产率，降低成本。在这种形势下，国外如美国孟山都公司，早已开始使用大尺寸环形钒催化剂。

我国南京化学工业公司催化剂厂试制的大尺寸环形钒催化剂，初次试用时，由于它与小圆柱形颗粒相比，催化剂装填量相近，但装填容积要增加10%～15%，转化器基建投资便要有所增加；然而大尺寸环形催化剂通气阻力成倍下降，气体压缩机电耗则会明显降低。如果一个转化器催化剂床层总高在2m以上，当气体线速达0.6～0.7m/s，使用小圆柱形的床层阻力将由4.9kPa降至1.47kPa左右。据计算，通气阻力每减少0.68kPa，每吨硫酸可节约电1kW·h。改大尺寸环形，每吨酸可节约电5kW·h。年产1.0×10^{5}t酸的装置，年节电5.0×10^{5}kW·h。转化器容积增大而增加的基建费用，可在不到一年的时间内，由节约能耗而收回，并在第二年起，长期产生每年20万元左右的净利。

6.3.3　催化剂组合装填与串联反应器

如前所述，从催化剂形状和尺寸优化考虑，在蒸汽转化一段炉内，可以装填尺寸不同的两种催化剂。其实这两种组合装填的固定床催化剂，不仅尺寸形状可以不同，而且必要时其配方、生产工艺，甚至于起始的设计思路，均可以有所不同，甚至大不相同。

轻油蒸汽转化的ICI46-1/46-4及国产同类催化剂Z409/Z405，就是这种组合装填的催化剂。类似地，还有将同一催化反应在两个或两个以上串联的固定床反应器中进行的，甚至是固定床或流化床这两种不同反应器复合串联的。这里的思路都是相近的，即以催化剂与反应器的科学匹配和整体优化为目标，追求催化剂生产和操作的最佳设计。

催化剂的这种组合装填和串联操作，往往是一种由简单到复杂、由低级到高级的逐渐演变过程。最初开发的催化剂和反应器，大都是单一的，随着对催化反应器中过程本质的认识逐步深入，才推动着这种演变的发生和发展。

6.3.3.1　轻油蒸汽转化催化剂

最早的天然气蒸汽转化反应是一个筒式反应器，装一种镍系催化剂，甚至还有半连续或间歇操作制气的。到 20 世纪 60 年代，轻油蒸汽转化工艺发展以后，特别是列管式高压转化反应器工业化之后，工业蒸汽转化反应的工艺、操作以及催化剂，不断发生变化。ICI46-1 含钾催化剂的成功开发，扩大了原料烃的来源，解决了轻油转化的积碳难题。尔后发现钾在有效抗积碳的同时，流失的钾会沉积堵塞下游设备，且降低催化剂活性。单管中试证明，轻油转化基本上在炉管上半部转化为以甲烷为主的低级烃，下半部实际上已经不必使用含钾的上段催化剂。这样，就发展到 ICI46-2 及 ICI46-4 无钾下段催化剂。它们分别与 ICI46-1 组合装填的结果是，全床活性大为提高，而其钾流失量减少到原来全床 ICI46-1 时的 1/3 左右，特别是 ICI46-4 还有部分"捕钾"功能，因此最终使钾的流失率降低到微不足道的低水平，而同时催化剂的活性又得以明显提高。这种组合装填的方式，成功沿用数十年而至于今。我国的 Z402/Z405、Z409/Z405 等同类催化剂，也是相近的组合催化剂。但 Z402 强度很好，而可还原性较差，在一段炉顶部往往还原率较低，影响活性的充分发挥，故有时在顶部 2m 以上区段装预还原的 Z402H 催化剂。这样一来，轻油一段转化炉内，最多已组合装填了三种型号的不同催化剂。

一段转化炉出口温度不能太高，受炉管钢的材质之限，即使用高活性的催化剂，转化气也含甚高残余甲烷。于是开发出二段转化催化剂，空气配入二段炉，以其中氧供残余甲烷燃烧，升温至 1000℃ 以上，在二段转化催化剂作用下，完成甲烷的最后蒸汽转化。二段炉使用一至两种催化剂，在接近入口空气处的近 1500℃ 的高温区，使用耐热型的二段转化催化剂。

某些国外轻油蒸油转化过程，为减少一段炉上段重烃转化的负荷及积碳危险，在其前部增加预转化反应器。使用另一种高镍含量的低温高活性催化剂。液态烃在预转化炉镍催化剂上进行蒸汽转化时，当压力增高，温度和水碳比下降时，总的转化过程由吸热逐渐变成放热。在绝热的预转化器中，在压力 3.0MPa、温度 400～500℃、水碳比 2.0 左右，液态烃部分预转化为以甲烷为主的气体，再进入其下游的一段转化炉。

这样，在最复杂的轻油蒸汽转化制合成氨的流程中，如果由绝热的预转化炉到吸热的一段转化炉，再到放热的二段转化炉，在这三个串联的固定床反应器中，为了一个制取合成气的共同目标，最多可能组合使用了五至六种不同的烃类水蒸气转化催化剂。这可算作一种最为典型的催化剂组合装填操作方案。在这里，根据各反应器或反应器内各区段工艺目的和反应机理的不同，分别用不同特性的催化剂与之匹配，以期达到总体的过程优化。显然，这里的关键，在于对各反应器中的化学和催化剂等工程问题，有充分的认识和贴切的分析，才可以提出种种科学的组合装填方案来。

6.3.3.2　CO 变换催化剂

20 世纪初的合成氨厂便开始用 CO 变换反应制取 H_2，其催化剂主要组分便是铁和铬的氧化物。直到现在，所有国内外的工业用中（高）温变换催化剂里，铁和铬的氧化物仍是不可缺少的组分。最初工业上使用的变换催化剂，仅此一种。

随着合成氨工业原料路线的改变和气体净化技术的发展，原料气含硫量可降低到0.1mg/m³以下，为采用铜锌系低温变换催化剂提供了条件。20世纪60年代，国内外先后实现了低温变换催化剂的工业化。经过中温变换反应后，出口气中CO含量一般为3%～4%，再经过低温变换，出口气中CO可降低到0.2%～0.4%，从而提高H₂气和NH₃的产率，再经过甲烷化清除残余的CO，使气体中（CO+CO₂）降至10mg/m³以下，以至于不必再采用铜氨液洗涤老工艺，这就简化了合成氨生产工艺流程，降低了基建投资。所以，低变催化剂是合成氨工艺进步的产物。

这样一来，在串联的中温和低温变换炉中，开始了分别使用了不同配方的中变和低变两种催化剂。

到20世纪60～70年代，在国外，稍后几年在我国，在低变炉前增加保护床，即预低变炉。保护床催化剂装量为主床催化剂装量的1/4左右，采用小颗粒新催化剂（表面积大、吸附毒物多、寿命长）或特制专用吸附毒物催化剂，取得了很好的效益：①减少停车造成的损失；②延长主床催化剂寿命。保护床的串联流程如图6-14所示。

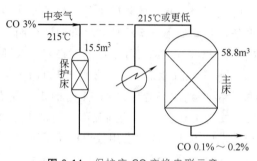

图 6-14　保护床 CO 变换串联示意

设保护床的目的是吸附毒物、防止主催化剂床层被毒害。由于硫、氯等毒物使整炉催化剂逐步失活，特别是低熔点易挥发的可溶性氯化物易从床层顶部迁移到底部。一个单独的保护床可使操作者能在任何时间里，从保护床中除去已中毒的少量催化剂（再生时工艺气走副线），从而使主床大量的催化剂始终保持高活性、长寿命。据美国某公司的操作经验，若保护层装入低变炉催化剂量的20%～25%，每年更换一次保护床催化剂，这样可使主床催化剂使用8～9年。到1985年，美国已有3/4的氨厂采用了串联小低变炉（保护床）的措施。

所以，CO变换目前也可能在三个串联的固定床反应器内，使用两至三种变换催化剂。

6.3.3.3　其他

组合装填与串联反应器，这是一种优化的操作方案，同时也是一种普遍的催化剂操作设计思路。这种思路的灵活巧妙运用，可以扩大到许多催化反应中，以较为简单的处理方法，解决催化剂开发者和用户的很大难题。

乙炔和氯化氢加成而合成氯乙烯单体的反应，用氯化高汞/活性炭负载催化剂，在列管式固定床中反应。过去国内常因固定床反应撤热困难而引起飞温，特别是生产负荷较高时。后来，浙江大学化工系，建议使用固定床串联沸腾床的复合床反应器，巧妙地解决了这个问题，因为沸腾床在处理撤热方面较之于固定床具有甚大的优势。类似地，乙烯氧乙酰化制醋酸乙烯酯，用钯-金-醋酸钾/SiO₂固定床催化剂，为了解决提高装置负荷带来的撤热问题，国外近年已开始研制流化床用催化剂。

一些釜式或环管反应器中进行的烯烃聚合催化反应，为了撤热和温控的需要，或者为了接枝共聚的需要，在主聚合釜等反应器前，增加预聚合釜，也是出于相似的考虑。即是说，往往在一个釜中难以解决的问题，分成两个釜来处理，就迎刃而解，这和在一个反应器中使用多种催化剂来共同解决问题或许更好，是一样的道理。

6.3.4　催化反应器的人为非定态操作[5,6]

如前所述，早期催化剂反应一般是一个反应器装填一种催化剂，以后习以为常，以为非此不可，这是一种惯常思维；而后发展起来的催化剂组合装填等，由持反常思维的人们首先提出质疑：为什么不能有另外的选择，不能装两种或更多种催化剂在反应器中？

下面又提出了一个类似的问题。按惯常思维定式，人们大多认为，反应过程的最优定态操作，对应于最优的系统性能，因此人们总是希望反应在最优定态条件下进行，非此不可。过程控制的任务，似乎就是抑制过程中各种扰动因素的影响，使系统尽可能稳定在最优定态条件下。但持反常思维的人，在这里也会首先提出与上面相似的质疑：为什么不能有其他的选择，难道不能是非定态操作吗？

果然，进一步的研究表明，以某些方式人为地使操作参数、反应混合物流向或加料位置呈周期性变化，使系统在非定态条件下进行（称为人为非定态操作，或强制周期操作，或振荡操作），可以改善反应的时均性能，有时还可以改善系统的稳定性，以及降低参数的灵敏度。迄今业已查明，对某些非均相催化反应系统，强制周期操作能显著提高反应速率，改善复杂反应的选择性和提高目的产物的收率，为强化催化反应过程、提高经济效益提供了新的途径。近年来，随着实验和理论研究的深入及个别反应系统工业化的成功，对催化反应过程的人为非定态操作，研究十分活跃，已先后涉及数十种不同的反应体系和固定床、流化床、转移流化床、滴流床以及燃料电池、气化反应器等多种形式的催化反应器。

20 世纪 60 年代末，化学和催化反应过程中自激振荡现象的发现，为这一设想提供了有力的理论依据。大量周期性反应系统的数学模拟，也表明强制周期操作有可能显著强化反应过程。随后，许多学者针对一些反应体系，开展了各类强制周期操作的实验研究。

6.3.4.1　进料组成周期性变化

如丁二烯在镍催化剂上的加氢反应。对进料组成周期性变化，周期为 2～30s 的范围内，周期操作未提高反应转化率，但大幅度提高了丁烷的收率。乙烯加氢反应，对进料中乙烯浓度作周期性变化，最优周期为 180s，这时可提高时均反应速率 31%。用无梯度反应器研究在铁催化剂上的合成氨反应，发现对进料中 N_2 和 H_2 的浓度比作周期性变化，最优周期约为 10min，周期操作提高时均反应速率达 30% 左右。研究者认为，周期操作能改善性能的原因，在于氮气与催化剂体系的相互作用，富氮期多余的氮解离后以原子氮的形式存储到催化剂内，而到贫氮期释放到表面再参与反应。

6.3.4.2　进料流向周期性变化

即进料流向变换强制性周期操作，目前已取得初步的工业化成果。这种人为非稳态操作的基本设计思路是：将能发生放热反应的低温气相反应物，引入预热至反应温度的催化剂床层，由于化学反应和热交换，在催化剂床层内形成一个与气流方向相同、沿轴向缓慢移动的热波，其温升可以明显高于绝热温升；通过进料周期性地变换进出口，使反应物的流向在热波尚未移出床层之前发生改变。由于反应热几乎全部积蓄在床层内，即使反应物浓度很低，反应也能自热地进行。催化剂床层最终形成中央高两端低的轴向温度分布，从热力学观点看，特别适合于可逆放热反应。

现已开发出流向变换人为非定态操作的 SO_2 催化反应器，它对浓度低、波动大的有色金属冶炼烟气非常有效；后来又提出了中间移热式 SO_2 反应器，适合于较高进料浓度，能达到较高的单程转化率，该技术已于1982年实现了工业化，至1990年前苏联已建立6套工业装置。1992年我国还在沈阳冶炼厂引进过这类技术。

与传统定态操作的催化反应器相比，这种反应器既是反应加速器，又是蓄热式换热器，对自热操作的进料浓度的要求大大降低，流程集成度高，能耗低，适应性强。

6.3.4.3 循环流化床反应器

实现人为非定态操作的另一途径是：在催化剂循环流动的反应器中，即使床层内温度场、浓度场保持定态，而指定的催化剂颗粒却由于循环流动处于非定态，于是形成不同于上述三种的另一类周期性非定态操作。

典型的例子，是美国杜邦公司研究的正丁烷在VPO催化剂上选择氧化制顺酐的反应，以及同时开发出的转移流化床工艺。丁烷在提升管反应器中被催化剂选择氧化，该过程气相不通或少通氧，反应接触时间为10~30s。离开反应器后气相与催化剂颗粒相互分离，然后被还原的催化剂进入流化床，被气相氧氧化再生。这样，丁烷的选择氧化反应和催化剂氧化再生反应，在空间上分离进行，催化剂则成为载氧剂，其选择性达80%~85%，比普通流化床提高了30%~40%，比壁冷或固定床反应器也提高了5%~10%。

此外的一些典型实验研究体系与主要结果见表6-10。有学者认为，强制非定态操作改善催化过程性能的原因，来自催化剂、反应器和整个催化反应系统动态特性的相互作用，产生了定态操作所达不到的温度场、浓度场和催化剂状态。反应介质对催化剂的影响，使它的组成结构和性质都可能发生变化。然而，目前的实验研究还未反映出非定态催化反应的潜力，呈现出理论落后于实践的状况。因此，深入开展反应机理和动态动力学的研究，然后通过反应器数学模型的模拟预测，寻找最优的非定态操作策略，然后在实验室或中试装置上验证，是一条理想的技术开发途径。

表6-10 部分强制周期操作实验研究体系与结果

反应体系	周期操作方式	性能比较
乙醇脱水生成乙烯,γ-Al_2O_3	乙醇流量周期性变化	收率提高20%
乙酸制乙酸乙酯,硫酸催化剂	乙酸浓度周期性变换	反应速率提高30%
CO氧化,Pt/Al_2O_3催化剂	CO/O_2循环进料,周期1~2min	反应速率提高20倍
合成氨,铁催化剂	进料浓度循环,周期30~420s	反应速率提高50%
合成氨,铁催化剂	进料浓度循环,最优周期6~20min	反应速率提高30%
F-T合成反应,钴催化剂	进料组成周期性变化,周期70~100s	CO转化率提高150%,选择性显著提高
合成甲醇,Cu/ZnO催化剂	氢气组成周期性变化	反应速率提高35%
NO_x被氨还原,V_2O_5/TiO_2催化剂	流相变换周期操作,周期15~50min	低温自热转化,97%~99%NO_x被除去
邻二甲苯制邻苯二甲酸酐,V_2O_5/TiO_2催化剂	非等温流化床,催化剂循环移动	选择性提高20%,收率提高15%
甲烷氧化耦联反应,Ce-Li/MgO催化剂	进料周期性变化,周期3~300s	C_2收率提高33%~78%

6.4 电子计算机辅助催化剂操作设计

催化剂的使用技术和操作经验，一直受到催化剂用户的关心。然而在计算机技术广泛应用之前，用户操作经验的积累和使用技术的发展工作，显得深度不够。例如，根据 CO 变换催化剂床层温度描绘曲线，而判断其失活趋势；根据脱硫剂穿透硫容，用简单的手算方法，预测其寿命；利用平衡温距法，判断蒸汽转化催化剂的运转效果，等等。由于这些方法比较原始和粗糙，故局限性很大。特别是对于那些新开发的催化剂，由于尚无直接的工业运转经验可资参考，其操作设计更是缺乏必要的准确性和预见性。

近 20 余年来，由于相关其他学科研究工作的进步，特别是电子计算机在化工和催化行业的广泛应用，用电子计算机辅助催化剂设计，已有了长足的进展。现在的化工文献中"催化剂操作设计"的提法，已开始较为频繁地出现。许多科学家和工程师已经开始在用计算机作为辅助工具，解决从催化剂实验室研究到大厂使用服务的各种问题，并取得良好的效果。同时，工业催化剂的操作经验和使用技术，也得到了理论上的完善和升华。

催化剂操作设计，本质上是"化学反应工程"一般规律和催化剂具体使用技术的结合，是数学模拟方法用于催化剂与催化反应器的仿真"实验"和仿真"操作"。

催化剂操作设计的基本方法，是以实验获得的动力学与传热传质等基本数据为基础，建立相关的数学模型，改变各项工艺参数，在电子计算机上进行数值运算，以期求解"催化剂工程"有关问题的确切数值解。

6.4.1　物理化学基础

6.4.1.1　本征动力学

催化剂的主要功能在于加快化学反应速率，改变反应的方向以及产物的组成和结构。

化学反应速率 r_0 是温度 T、压力 p 和反应气体组分 C_i 的函数，可表示为 $r_0 = f(T, p, C_i)$。研究上述因变量和自变量的关系，得到化学反应动力学。在催化剂存在时，称催化反应动力学。研究催化反应时，在排除了物质传递、热量传递、动量传递等物理过程可能对化学反应速率影响的前提下，在某一特定催化剂上所得的动力学规律，称本征动力学。动力学涉及主、副反应以及产物（尤其是高聚物）的结构等。

通过实验得出的 $r_0 = f(T, p, C_i)$ 关联解析方程式，叫做化学动力学方程式，或简称动力学方程式。对特定的催化剂，也称为该催化剂的本征动力学方程式。对于同一化学反应，由于催化剂性能不同，以及实验仪器条件和数据处理方法的差异，它们各自的本征动力学方程式，互不相同，甚至有很大的差别。如 CO 变换过程的动力学方程，高变和低变催化剂，即截然不同。目前全世界获得的甲烷蒸汽转化反应的动力学方程式，有数十种之多。已发表的 SO_2 制硫酸钒催化剂的动力学方程，也有 20 余个。

国产 SO_2 氧化制硫酸钒催化剂的本征动力学方程，可举一例如下[1,2]。

$$r_0 - \frac{\mathrm{d}X}{\mathrm{d}\tau_0} = \frac{k_1}{\varphi(SO_2)} \left[\varphi(O_2) - \frac{\varphi(SO_2)X}{2} \right]$$
$$\left(\frac{1-X}{1-0.2X} \right) \left\{ 1 - \frac{X^2}{K_p(1-X)^2 \left[\varphi(O_2) - \frac{\varphi(SO_2)x}{2} \right]} \right\} \tag{6-21}$$

式中，r_0 为反应速率；X 为 SO_2 的转化率；τ_0 为虚拟接触时间，s；k_1 为正反应速率常数；$\varphi(SO_2)$ 为起始混合气中 SO_2 体积分数；$\varphi(O_2)$ 为起始混合气中 O_2 体积分数；K_p 为平衡常数。

与式（6-21）相关联的速率常数如下。对于国产 S_{101} 型钒催化剂

$$k_1 = e^{\left(15 - \frac{11000}{T}\right)}$$

在转化率小于 60%、温度小于 470℃时，换用 k_1^* 值，k_1^* 按下式计算

$$k_1^* = e^{\left(34.2 - \frac{25000}{T}\right)}$$

对于 S_{107} 型钒催化剂

$$k_1 = e^{\left(12 - \frac{9000}{T}\right)}$$

在转化率小于 60%、温度小于 470℃时，换用 k_1^* 值，以下式计算

$$k_1^* = e^{\left(28 - \frac{20000}{T}\right)}$$

若将催化剂破碎至足够小的粒度（一般均需小于 1mm），以至在相同条件下测得的反应速率不再改变时，该速率即为本征反应速率。在这一粒度下，由实验的反应速率数据回归，得到的是本征动力学方程。式 (6-21)，即是本催化剂开发单位从多年研究的大量数据中回归求得的本征动力学方程。

6.4.1.2 宏观动力学

催化剂在工业使用条件下与上述动力学测定的实验条件是有差异的。在工业条件下，使用当量直径为 2～10mm 或更大的催化剂颗粒，反应物和生成物在颗粒内部和外部的扩散过程，对化学反应速率的影响，通常会在一定程度上降低化学反应速率。研究传质过程影响下的反应过程速率，得宏观动力学，所得的方程式称为宏观动力学方程。

宏观动力学方程的求取，一般应以原工业粒度催化剂为准，在单管中试装置或实验室的无梯度反应器中进行。方程自变量中应反映出催化剂的比表面积等的影响，并加以注明，以示其与本征动力学方程的区别，自然，宏观动力学便应该是特定催化剂尺寸下的结果。

例如一种合成氨催化剂的宏观动力学方程如下

$$R_{ate}(N) = k_S \sigma \varepsilon f(C_{NS})$$

式中，$R_{ate}(N)$ 为单位时间内单位催化剂表面上起反应的组分 N 的量；k_S 为单位内表面反应速度常数；σ 为比表面积；ε 为内表面利用率，亦称效率因子；$f(C_{NS})$ 为浓度函数。

经实验和大量工厂数据拟合得知，氨合成催化剂的内表面利用率取决于催化剂颗粒大

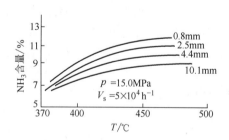

图 6-15 不同粒度催化剂出口
氨含量与温度关系

小、反应速率常数、反应组分的扩散系数、催化剂的微孔半径、操作温度和压力以及气流中的反应组分浓度距平衡浓度的差值等因素。而这些因素中，影响最为显著的是催化剂颗粒大小。于是又测得如图 6-15 所示的实用动力学曲线。

6.4.1.3 校正因子

宏观动力学方程的自变量中，除催化剂粒度外，还应考虑其他因素的影响，才能等同或逼近于工业催化剂的实际运转过程。因此，即便是根据生产条件将催化剂动力学方程校正为宏观动力学方程后，也还有进一步校正的必要。现在使用的比较简便实用的方法，是在本征动力学方程计算结果之后，考虑再乘以一连串的各种校正因子，逐一再加以种种校正。

$$\varepsilon = \frac{\text{工业的实际反应速率}}{\text{未受传递过程影响的本征(固有)反应速率}}$$

ε 可由宏观动力学方程和本征动力学方程比较而求得。ε 也称为催化剂内表面利用率、扩散效率因子、效率因子等。

6.4.2 数学模型与数学模拟方法

6.4.2.1 模型化

在工业催化反应器中，既有化学过程（如催化反应、催化剂的化学中毒等），也有物理过程（如传质过程和传热过程等）。通常，在单独研究这些过程时，都可以有独立的数学表达式，如我们常看到的本征动力学方程，内、外扩展方程，传热方程等。但是，在催化反应器中，这些不同的过程，不仅同时发生，而且交互影响。催化反应、催化剂活性衰退（化学的和物理的）、传质、传热等，纠缠在一起，并且所有的因素都不可轻易忽略。

通过必要的研究工作，可以把这些相对独立的数学方程组合起来，联合求解。这些数学方程式的组合形式，通常称为工业催化反应器的数学模型，它是催化反应过程的数学语言描述。

有实用价值的数学模型，应是和实际过程基本上等效的。但开始建立的数学模型通常不可能和实际过程"基本上等效"，因为总不免要引进一些和实际过程有不同差异的假设条件。例如，假定其他为理想的活塞流，但实际上几乎所有的催化过程，气体都会有不同程度的返混；又如，假定催化剂颗粒内外无温差，而实际上，如 SO_2 氧化和 CO 变换反应的前期，反应速度快，放热量大，颗粒中心和外表面温差可能高达 $2\sim4℃$；此外，还有其他一些假定。若没有这些假定，数学模型会过分复杂，甚至某些微分方程连数值解也无法求得；但若引进了这些假定，数学模型又会因"失真"而偏差太大。模型化中，要恰当处理好这对相互矛盾的关系。在这里，决定的因素是建模者对过程本质的认识和理解。

数学模型分为机理模型和经验模型之分。前者清晰地表达了流体流动、质量传递、热量传递等对化学反应的定量影响；而后者是纯经验性的，仅着眼于系统的输入与输出各参数与变量之间的函数关系。经验模型是对实验数据进行统计分析而建立起来的"黑箱"模型。

催化反应器数学模型的建立，一般有如下几个步骤。

（1）收集数据　收集数据可以从专门设计的实验装置中、中型装置的实验中以及在正常运行的设备中或其侧流装置的实验中，获得各种条件下的反应速率、催化剂床层的轴、径向温度与浓度分布等，来检验、修正该模型。或者，直接用已有反应器的大量生产数据，来不断修正、改善模型。目前大量供实际使用的动力学方程，或已在运行的催化反应器的数学模型，基本上均是这样得到的。这些动力学方程和数学模型，是构成催化反应器工艺软件包和编制其操作控制方案时主要的基础技术数据。

（2）一维模型和二维模型的建立　固定床反应器是目前应用最广泛的催化反应器之一。现以其放热反应为例，简要分析其中进行的物理、化学过程及其对数学模型选取的影响。

种种复杂的因素造成了这类反应器内床层径向的某种浓度和温度的不均匀分布，如轴向返混、流体向催化剂表面的扩散、催化剂颗粒内的传热、传质等。特别是温度的微小变化又将引起反应速率的变化，进而引发或大或小的温度和浓度差。考虑这些因素，对各种具体的反应器，经不同程度的简化后，可将固定床反应器的数学模型，分为均相与非均相两大类。

当可以忽略扩散过程影响，以及假定催化剂颗粒周边的流体膜的界面上不存在浓度、温度差，亦即可把流体与固体看作是浑然一体的均相来处理时，得均相模型；否则，则得非均相模型。这两大类中，又有一维和二维模型之分，见表 6-11。

表 6-11 固定床反应器数学模型分类

模类型	拟均相模型（P）	非均相模型（H）
一维	PⅠ.1 理想置换的基础模型 PⅠ.2 PⅠ.1＋轴向扩散	HⅠ.1 PⅠ.1＋固体界面的温度、浓度梯度 HⅠ.2 HⅠ.1＋颗粒内的温度、浓度分布
二维	PⅡ PⅠ.1＋径向温度、浓度分布	HⅡ HⅠ.1＋径向温度、浓度分布

根据实际过程对这些模型所做的大量研究表明：对于一般的固定床反应器，采用拟均相一维模型 PⅠ.1 是做了过分的简化，如合成氨固定床反应器床层，平面径向温差就达几十度；在工业生产的气流速度下，对于高度超过五十倍催化剂颗粒直径的床层，轴向扩散对反应的影响可忽略不计，而一般工业固定床反应器正符合这一条件，于是多采用 PⅠ.1 模型。此外，研究与生产实践经验证明：只要能获得足够的参数，应用拟均相二维模型 PⅡ 来模拟一般的固定床反应器。在一般情况下，采用非均相二维模型将会产生一些难以克服的困难：模型所增加的参数是很难测定的，即使进行专门的实验进行测定，其参数估值也将给模型带来很大的误差；将使方程求解变得十分复杂，从而大大增加计算机的计算时间，有时甚至连计算机也无法求解。所以，模型也并非越全面越细致越好。

6.4.2.2 数学模拟方法的应用

数学模拟方法是指以已建立的数学模型为基础，在电子计算机上进行虚拟的"设计"、"操作"、"模拟"。这有两个方面的目的。其一，将操作计算结果和实际情况比较，以修正数学模型，使其完善，达到"基本上和实际过程等效"。其二，也是最重要的，通过计算机的"设计"、"操作"、"模拟"，进行最优化计算，提供最优控制决策。"设计"即是用数学模型来设计工业化反应器；"操作"即是对现有工业催化反应器进行性能核算，以及操作行为分析。

用计算机进行的最优化计算运算，本质上是靠专用的计算机程序软件，执行一种有规则的连续计算序列。利用前面的结果，以指导随后的计算，直至算出最优化的数值结果为止。由于电子计算机只能机械地执行程序的指令，故用户必须严格按照要求输入数据，这样即可按要求进行运算，并由计算机对用户输出各种问题的答案。

数学模拟方法的应用，本质上常常是对复杂的微分方程组进行数值积分的过程。用传统的工程方法，不少计算是重要的和繁琐的，人工计算由于工作量太大而难以实现。而使用电子计算机及有关程序，往往用几分钟到几十分钟不等（取决于催化反应器的复杂性程度和要求精度），即可完成全部计算。

当然，使用计算机解决催化剂操作设计问题，像解决其他任何问题一样，也只有在计算机装上为了解决某个实际问题而编制的专用程序时，才能发挥计算机的有效作用。为此，已开发出各种集成化的、面向用户的计算机模拟程序系统。使用人员只要经过简单的培训，就能利用各种程序功能模块，进行各种应用计算。例如在 20 世纪 80 年代，我国从丹麦 TOPSФE 公司引进并经南京化学工业公司研究院补充和完善的 GIPS 系统（general programming system）即是一例。其中包括 20 个系统程序（70 个子程序）和 17 个应用程序

（130 个子程序）。这是一套专为合成氨和合成甲醇开发服务的定常态模拟系统，可以进行合成氨各类催化剂、SO_2 氧化催化剂，以及已知动力学数据的其他气-固相催化反应的模拟计算，进行催化反应器的设计和操作性能分析。这套系统可以用于：①预报催化剂寿命；②进行更换催化剂的经济评价；③指导催化剂的使用，提高化工生产的效益。图6-16 及表 6-12 是利用该程序进行计算机操作设计的典型结果。

图 6-16 是利用上述 GIPS 系统中的"REACTOR"程序模拟计算氨合成催化剂 A-110（国产）和 C73-1（美国 UCI 产）的使用寿命曲线，各使用 a、b 两种代表样品计算。曲线表明，A-110 型氨合成催化剂符合 Kellogg 公司装置设计要求，在终结运转氨产量为 kt/d 的条件下，预期寿命 5 年以上。

表 6-12 是 B204 CO 中温变换催化剂在我国某化肥厂使用两年期间的计算结果。厂方提供数据，由 GIPS 系统中的"REACTOR"程序模拟计算。运行至 15 个月时，计算出的出口 CO 值比美国产 K52-1 催化剂低 0.12%，其性能基本上满足大型氨厂使用寿命的要求。

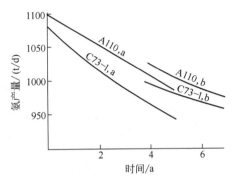

图 6-16　A-110 和 C73-1 催化剂使用中预期寿命曲线

表 6-12　国产 B204 中温变换变催化剂使用两年的操作性能计算摘要

剂龄 /月	入口流量（标准状态）/(m³/h)	入口压力 /MPa	入口温度 /℃	床层热点/℃	水汽比	入口 CO_2 含量/%	出口 CO_2 含量/%	压力降 /MPa	平衡温距 /℃	热点距离 /m	TF 值
1	127596	2.75	208.0	226.9	0.49	2.6	0.19	0.015	0.23	2.48/3.1	0.45
12	128954	2.80	210.9	229.0	0.51	2.8	0.297	0.0165	23.29	2.88/3.49	0.24
15	120705	2.81	208.7	227.3	0.61	3.3	0.358	0.0173	42.48	2.88/3.47	0.18

6.4.3　催化剂操作设计案例

例 6-5　乙烯环氧化制环氧乙烷催化反应模拟[7]

乙烯环氧化制环氧乙烷反应体系是有机化工行业中一个重要的化学反应，自 1983 年实现工业化以来，得到了广泛深入的研究，其目的在于深入认识反应机理和优化操作条件。

1. 反应网络

该反应为平行连串复杂反应

$$C_2H_4 + \frac{1}{2}O_2 \longrightarrow C_2H_4O \xrightarrow{\frac{5}{2}O_2} 2CO_2 + 2H_2O$$
$$\xrightarrow{3O_2} 2CO_2 + 2H_2O$$

此反应属强放热氧化反应体系。为了减少连串副反应的发生，生产中采用较低的单程转化率（12%），故工业条件下，该反应网络可简化为忽略连串副反应的平行复杂反应。

$$C_2H_4 + \frac{1}{2}O_2 \longrightarrow C_2H_4O \quad \Delta H_1 = -106.8\text{kJ/mol}(C_2H_4)$$

$$\downarrow 3O_2 \rightarrow 2CO_2 + 2H_2O \quad \Delta H_2 = -1421.8\text{kJ/mol}(C_2H_4)$$

其平行副反应则由催化剂的选择性和加入抑制剂二氯乙烷来控制。我国北京燕山化工研究院研制的 SY4 型催化剂现已达 85% 的选择性。

2. 数学模型

对于该反应体系，生产中均采用列管冷壁式固定床反应器。因此这里采用拟均相二维模型。

$$\begin{cases} \dfrac{\partial x_i}{\partial l} = \dfrac{D_{er}}{U}\left(\dfrac{1}{r}\dfrac{\partial x_i}{\partial r} + \dfrac{\partial x_i^2}{\partial r^2}\right) + \dfrac{\rho_B(r_i)\overline{M}}{GZ^{\circ}(C_2H_4)} \quad (i = 1, 2) \\[4mm] G\overline{c_p}\dfrac{\partial T}{\partial r} = \lambda_{er}\left(\dfrac{1}{r}\dfrac{\partial T}{\partial r} + \dfrac{\partial^2 T}{\partial r^2}\right) + \rho_B\sum_{i=1}^{2}(-\Delta H_i)(r_i) \\[4mm] r_1 = \dfrac{k_1 p(C_2H_4)p(O_2)}{K_1 p(CO_2) + K_2 p^{0.5}(O_2)p(H_2O)} \\[4mm] r_2 = \dfrac{k_2 p(C_2H_4)p^{0.5}(O_2)}{K_1 p(CO_2) + K_2 p^{0.5}(O_2)p(H_2O)} \end{cases}$$

边界条件：$l = 0$，$0 \leqslant r \leqslant R$ 时，$x_i = x_{io}$，$T = T_0$

$r = 0$，$0 \leqslant l \leqslant L$ 时，$\dfrac{\partial x}{\partial r} = \dfrac{\partial T}{\partial r} = 0$

$r = R$，$0 \leqslant l \leqslant L$ 时，$\dfrac{\partial x_i}{\partial r} = 0$

$$-\lambda_{er}\dfrac{\partial T}{\partial r} = a_w(T - T_w)$$

动力学方程中各组分分压与转化率间的关系为：

$$p(C_2H_4) = Z^{\circ}(C_2H_4)(1 - x_1 - x_2)p$$

$$p(O_2) = [Z^{\circ}(O_2) - 1/2Z^{\circ}(C_2H_4)x_1 - 3Z^{\circ}(C_2H_4)x_2]p$$

$$p(CO_2) = [Z^{\circ}(CO_2) + 2Z^{\circ}(C_2H_4)x_2]p$$

$$p(H_2O) = [Z^{\circ}(H_2O) + 2Z^{\circ}(C_2H_4)x_2]p$$

3. 模型说明与求解

(1) 模型参数 D_{er}、λ_{er}、a_w 的计算 模型参数的计算背景基本取自北京燕山石油化工公司化工一厂乙二醇车间，催化剂参数取美国进口 SYDOX-325# 催化剂，基本参数如表 6-13 所示。

表 6-13 模型计算基本参数

催化剂	管径/m	管长/m	空隙率 ε	催化剂堆积密度 ρ_B /(kg/m³)	进口气压力 p/Pa
SYDOX-325#	$\phi 25 \times 2 \times 10^{-3}$	7	0.5	1034	22×10^5

床层径向有效扩散系数 D_{er} 由径向传质贝克莱数 $Pe=d_p u/D_{er}=12$ 反算得到，径向热导率 λ_{er} 和表观壁膜给热系数 a_w 的计算采用文献[8]的计算方法，计算结果为

$$\lambda_{er}=12\times10^{-3}\,kJ/(m\cdot s\cdot K)$$

$$a_w=664\times10^3\,kJ/(m^2\cdot s\cdot K)$$

$$D_{er}=6\times10^{-4}\,m^2/s$$

（2）动力学方程中相应参数　动力学方程采用清华大学张丽萍等实验拟合方程，速率常数

$$k_i=\exp\left(k_i^0-\frac{E_i}{RT}\right)$$

$$k_i=\exp\left(\frac{a_i}{RT}-b_i\right)$$

相应的参数值参见文献[9]。本文计算采用二氯乙烷（EDC）含量为 0.1×10^{-6}。

（3）模拟求解数值方法　差分法求解上述偏微分方程。取径向步长 $\Delta r=2.1\,mm$（管径21mm），轴向步长 $\Delta l=2\,mm$。计算表明，该步长选取可得到满足精度要求的稳定解。计算求解的收敛标志为

$$\varepsilon=\left|\frac{T_设-T_计}{T_计}\right|\leqslant0.01$$

4. 模拟结果分析

反应影响因素包括温度、压力、原料气组成和空速，现有工业反应器的操作压力已达 $2.2\times10^6\,Pa$，虽然提高压力对反应有利，但工程实施要求苛刻，本文不对压力作进一步讨论。

采用上述动力学方程及数学模型进行模拟，结果如表6-14所示，表中还列出了生产实际数据。

表6-14　模拟结果与生产实际结果比较

项　　目	转化率 $X(C_2H_4)/\%$	选择性 $S/\%$	环氧乙烷摩尔分数/%	T_{max}/K
生产实际数据	12.3	71.4	1.34	—
模拟计算结果	10.53	71.08	1.128	520.46

由表6-14可见，模拟结果接近工业实际，故认为所选用动力学方程及数学模型合理可用。这为本催化反应器的操作设计打下了基础。

由 $T_{max}\sim T_0$ 曲线可知，T_0 对反应的影响较小，对乙烯环氧化反应体系，进口温度 T_0 仅起到提供一个良好的起始反应条件的作用。

例6-6　乙苯脱氢反应器的人工神经元网络模型及其工况模拟与优化[10]

建立数学模型是化工过程模拟与优化中最关键的一步。目前过程模拟与调优的数学模型大多为统计模型或机理模型。针对国内某装置的乙苯脱氢催化反应器，提出一种智能化的人工神经网络(artificial neural networks)法。

迄今为止，在化工中常用的ANN大都是基于BP学习算法的多层网络。本文建立的乙苯脱氢反应器模拟及优化模型用的是带有一层隐含层的三层网络。

乙苯脱氢制苯乙烯，是生产高分子单体的重要有机反应。本例是采集某厂生产数据进行操作设计的一例。

1. 乙苯脱氢反应器模型

本反应器由两段径向绝热反应器组成，原料乙苯中加入稀释蒸汽后，在径向外流式反应器中经催化脱氢制得苯乙烯。

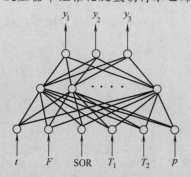

图 6-17 模型网络结构

在反应器系统中，关键控制参数为：温度（一段反应器入口温度 T_1 和二段反应器入口温度 T_2），蒸汽/乙苯（EB）质量比 SOR，EB 进料量 F，二段反应出口压力 p。

另外，在乙苯催化脱氢反应过程中，催化剂活性随时间的衰减直接影响着苯乙烯的选择性和收率，延长催化剂的使用寿命也是模拟的目标之一。因此，还必须考虑催化剂使用时间 t 对活性的影响。

2. 乙苯脱氢反应器的 ANN 模型

将以上 6 个参数设置为 ANN 模型的 6 个输入节点，一、二段反应器苯乙烯的收率 y_1、y_2 和总收率 y_3 设置为 ANN 模型的 3 个输出节点。隐含层节点数设为 10，网络结构如图 6-17 所示。

从 1991 年所用的一批催化剂的操作数据中选取 38 个数据作为训练样本，这些数据代表了从第 3 天到第 392 天催化剂周期内各种不同的操作情况，表 6-15 列出了其中 12 个样本。训练过程中采用 Rumelhart 等提出的误差反向传播算法（BP 算法）调整权值，即

$$\Delta W_{ij}^k(n+1) = -\eta \frac{E_g}{W_{ij}^k} + \alpha W_{ij}^k(n)$$

$$E_g = \sum_p E_p \qquad E_p = \frac{1}{2} \sum_i (y_i - Q_i)^2$$

式中，E_p 为第 P 个样本的误差；E_g 为全局误差；y_i 为模型目标函数的样本输出；Q_i 为模型目标函数的计算输出；k 为网格层数标号；i、j 为神经元标号；η 为步长；α 为平滑因子。训练过程中动态调整 η 和 α 值。

表 6-15 1991 年所用催化剂的部分样本数据

样本号	时间/d	质量比	F	T_1	T_2	p	y_1	y_2	y_3
1	3	1.70	18.06	605.0	607.0	0.0440	31.15	42.07	59.68
3	58	1.40	12.53	613.0	616.0	0.0580	34.78	35.55	57.76
5	160	1.56	16.20	615.0	621.0	0.0440	37.89	39.73	62.21
7	230	1.42	19.32	628.0	630.0	0.0490	35.37	37.73	59.76
9	350	1.55	19.67	629.0	637.0	0.0540	38.60	36.64	60.81
11	386	1.68	19.00	628.0	633.3	0.0533	37.52	43.34	64.80

经 2500 次训练后的网络，其部分计算输出值与样本值的比较见表 6-16。可以看出，本网络模型的记忆能力良好，误差小于 5%。

表 6-16 基于 1991 年样本数据的 ANN 模型记忆结果

样本号	y_3 样本值	y_3 记忆值	差值	样本号	y_3 样本值	y_3 记忆值	差值
1	59.68	59.661857	0.018143	7	59.76	60.268336	−0.508336
3	57.76	57.566306	0.293694	9	60.81	60.330853	0.479147
5	62.21	62.365084	−0.155084	11	64.80	64.665503	0.134497

利用训练好的网络对1992年的一批新催化剂相应时期的反应总收率进行预测，从表6-17中预测值与实际操作结果的比较可以看到，预测结果良好。

表6-17　模型预测能力检验结果

样本号	时间/d	质量比	F	T_1	T_2	p	y_3 实际值	y_3 预测值
1	17	1.37	17.56	619.0	620.7	0.047	61.75	61.317926
2	25	1.30	17.36	616.7	621.7	0.047	60.44	59.624317
3	66	1.39	17.95	619.0	624.0	0.048	58.97	58.742367
4	115	1.55	19.25	626.0	629.0	0.053	55.95	56.924221
5	122	1.69	20.32	629.0	629.0	0.052	59.52	59.328105
6	136	1.56	20.54	629.0	634.0	0.047	60.61	60.466958

此后利用基于1991年和1992年操作数据建立的ANN模型，分别对两批催化剂的操作条件进行了优化计算，取得良好结果。这证明，ANN建模方法，在理论上适用于所有的生产过程系统，对于不同的过程系统或操作条件，只要取得足够的样本数据，便可建立相应的ANN模型，并且最优化求解速度很快，操作条件可以按需要随时改变，还可预测操作工况的好坏，优化生产操作条件，提高生产效率。因此，用神经元网络模型进行催化剂操作设计，有着广阔的应用前景。

参 考 文 献 ❶

1　余祖熙等. 化肥催化剂使用技术. 北京：化学工业出版社，1988.

2　向德辉等. 化肥催化剂实用手册. 北京：化学工业出版社，1992.

3　南京化工研究院译. 合成氨催化剂手册. 北京：燃料化学工业出版社，1974.

4　王尚弟译. 制氨合成气的石脑油转化炉评论. 化肥工业译丛，1980，(2).

5　黄晓峰，陈标华，潘立登，李成岳. 催化反应器人为非定态操作的研究进展. 化学反应工程与工艺，1998，(4).

6　马特洛斯著. 催化反应器中的非定态过程. 李成岳，阎泽群译. 北京：科学出版社，1994.

7　李芮丽，赵振兴，王学义. 乙烯环氧化制环氧乙烯体系反应影响因素的模拟研究. 计算机与应用化学，1995，(1).

8　裘元涛. 基本有机化工过程及设计. 北京：化学工业出版社，1981.

9　张丽萍，李晋鲁，朱启明. 石油化工，1980，**15**(3)：160.

10　美国ICI公司烃类水蒸气转化催化剂使用说明书，1990.

---

❶ 本章中带"T"编号文献请查阅第1章参考文献。

第7章

工业聚烯烃催化剂

7.1 引言

乙烯最早是以自由基引发，在高温高压下聚合，得到低密度聚乙烯（LDPE）。由于反应条件苛刻，其发展受到很大限制。

20世纪50年代初出现的Ziegler-Natta催化剂，在常温常压下合成出高密度聚乙烯（HDPE），也使丙烯成功地聚合成全同聚丙烯（i-PP），为聚烯烃的大规模工业化奠定了基础。

经过近60来年的发展，以配位聚合方法合成的各种聚烯烃，已是世界上比例最大的聚合物产品，其中聚乙烯（PE）的产量占首位，1993年其生产能力为4.1×10^7t，并将继续以平均每年6%～7%的速度持续增长。

聚烯烃是烯烃类聚合物的总称。烯烃（包括乙烯、丙烯、丁烯、苯乙烯及双烯烃如丁二烯、异戊二烯等）是石油化工中的主要几种高分子单体原料。将烯烃加工成各种聚烯烃材料（通常主要指乙烯和丙烯的均聚物或共聚物），催化剂和聚合工艺是两项极其重要的关键技术。20世纪70年代的聚烯烃高效催化剂，用于乙烯的气相聚合和丙烯的本体聚合后，简化了生产工序，革除了溶剂，有效降低了生产成本，促进了聚烯烃工业的迅猛发展。不论是催化剂，还是聚合工艺技术，人们通常都以最有代表性的丙烯聚合为例，来讨论聚烯烃的发展。

表7-1概括了前三代聚丙烯催化剂的特性。在第三代超高催化活性、高定向性聚丙烯催化剂的基础上，Himont公司又发展了第四代聚丙烯催化剂[5]，其特点是通过控制催化剂的构造达到：①控制聚合物产品的分子结构，包括分子量分布、支化程度和立体规整度及其外

表7-1 聚丙烯催化剂催化特性[1]

催化剂体系①		活性/		等规度（质量计）/%	产物形态	聚合工艺
		kg(PP)/g(催化剂)	kg(PP)/g(Ti)			
第一代	$TiCl_3/Et_2AlCl$	0.8～1.2	3～5	88～91	不规则粉末	需要后处理
第二代	$TiCl_3/Et_2AlCl$/Lewis碱	3～5	12～20	95	规则颗粒	需要后处理
第三代	$TiCl_4$/给电子体/$MgCl_2/Et_3Al$	5	300	92	不规则颗粒	不需要后处理
	$TiCl_4$/给电子体/$MgCl_2/Et_3Al$	15	600	98	规则颗粒，大小和分布可调	不需要后处理和造粒工序

① Et代表乙基，$-C_2H_5$。

观形态性质，包括颗粒形状、颗粒大小及分布；②能够与其他单体无规共聚得到多相共聚物。这是通过催化剂控制产物结构最生动的例证。

在第四代聚丙烯催化剂制备工艺中，控制载体催化剂的构造是关键技术。通过控制载体催化剂的物理化学性质可控制催化剂的聚合行为和产物的结构、形态。研究表明，$MgCl_2$不仅给催化剂带来超高活性，而且其本身能够被制成高比表面积、高孔隙率的不同大小的球形粒子。由于催化活性中心在粒子中间的均匀分布，因而在粒子表面和内部均能发生聚合反应。这样，每一个粒子就成为一个颗粒反应器，显现出催化复制效应，可以免除造粒工序。

催化剂和聚合工艺技术紧密相连，相互促进，共同推动聚烯烃工业的发展。表 7-2 同时列出了聚合工艺及催化剂的发展。

表 7-2　聚烯烃技术的发展概况

项目	1960 年	1970 年	1980 年	1990 年
工艺	浆液———————————————————————————→ 本体 - →　气相 - →			
TiCl$_3$型催化剂	1953 年 Ziegler $TiCl_4$ - - - -	1954 年 Natta $TiCl_3$	1971 年 高表面积 $TiCl_3$ ————→	
Mg 载体催化剂	1968 年 在$MgCl_2$上载$TiCl_4$ - - - -	1975 年 在 $MgCl_2$ 上载 $TiCl_4$，〈苯环〉$-CO_2R$	1982 年 在 $MgCl_2$ 上，载 $TiCl_4$，〈苯环〉CO_2R CO_2R ＋Si-OR ————→	
茂金属[①]催化剂		1980 年 Cp_2ZrX_2 MAO - - - -	1985 年 $Et(Ind)_2ZrCl_2$ MAO ————→	

① Cp—茂；Ind—茚基；MAO—甲基铝氧烷。

截至目前，聚丙烯工艺可以划分为三代技术[2]。

Ziegler-Natta 催化剂最先应用于淤浆法工艺，即为第一代聚丙烯工艺。该工艺催化活性低，需要洗涤后处理工艺，工艺流程长而复杂，整个工艺流程包括：单体净化、聚合、离心、洗涤、干燥、挤压和溶剂回收。

气相聚合是第二代聚烯烃技术的重要内容，这项技术的关键是如何迅速移出反应热。乙烯的聚合热为 $3.37×10^3 kJ/kg$，乙烯的比热容为 $2.08kJ/(kg·K)$。这样，每转化 1% 的乙烯聚合物，气相温度大约上升 16℃，为此，开发了"冷凝技术"。其中 UCC 和 BP 公司是这方面技术的代表。在流化床反应器外将循环气流压缩和冷却，达到除热的目的。

在气相聚合工艺的基础上，Exxon 等公司又开发了超冷凝、超临界和丙烯高温聚合的第三代聚烯烃技术。

在 20 世纪 80 年代和 90 年代相继出现的茂金属催化剂及后过渡金属非茂催化剂，将对聚合工艺技术提出一系列新课题。最新报道的 Ni、Pd 含磷、氮的雪夫碱配合物催化剂，据称使得乙烯原料有可能不经纯化即可聚合[3]。不难看出，这项催化技术的深入发展，必将又会导致聚合工艺技术的巨大变革。

目前，配位催化剂理论和烯烃聚合工艺技术日趋成熟，但是新催化剂、新工艺仍有层出不穷之势。学习和掌握烯烃聚合催化剂的基础知识，具有重要的理论和实际意义，特别是对该类催化剂的开发设计，在理论上提供了科学依据。

7.2 配位聚合机理及其催化剂制备

7.2.1 概述

如同早期生产的 LDPE 那样，以氧或过氧化物为引发剂，按游离基聚合机理进行生产的聚烯烃品种，目前已占少数，大量聚烯烃是在催化剂存在下进行生产的。

配位聚合是意大利科学家 G. Natta 在解释 α-烯烃聚合机理时提出的。以 Ziegler-Natta 催化剂催化单烯烃或双烯烃聚合时，单体 C═C 双键 π 电子与活性中心过渡金属原子(如 Ti、V、Cr、Mo、Ni 等)的空 d 轨道进行配位，形成配合物(也叫 σ-π 配合物)，然后进一步发生位移，单体小分子插入金属-烷基(Mt-R)的 σ 键而进行链增长。其增长反应可用下式表示

式中，[Mt]表示过渡金属原子；▭表示 Mt 上的空 d 轨道；P_n 为增长链； $\mathrm{CH_2{=}CH{-}R}$

为 α-烯烃(或单烯烃)。由于这类聚合反应在本质上是单体插入增长链端配合物，所以这类聚合反应也叫做配合聚合或插入聚合(insertion polymerization)。

对于带有取代基的不对称烯烃来说，插入反应可以有两种方式：一种单体插入后，不带取代基的一端带有负电荷与反离子 Mt 相连，称作一级插入；另一种是单体插入后，带取代基的一端带负电荷与反离子 Mt 相连，则称为二级插入。其插入过程可表示如下

$$P_n \sim CH-CH_2^{\delta-\cdots\delta+} Mt + RCH = CH_2$$
$$\underset{|}{\underset{R}{}}$$

$$\longrightarrow P_n \sim CH-CH_2-CH-CH_2^{\delta-\cdots\delta+} + Mt \qquad 二级插入$$
$$\underset{|}{\underset{R}{}} \qquad \underset{|}{\underset{R}{}}$$

虽然上述两种插入方式所形成的聚合物结构完全相同，但是用红外光谱和核磁共振（$^{13}C—NMR$）对聚合物端基分析证明，一级插入生成的聚丙烯为全同聚丙烯，二级插入则得到间同聚丙烯，其原因尚不十分清楚。如果在插入链增长反应中，既有一级又有二级，杂乱无章，则得无规聚丙烯。

由于配位聚合常常能够制得立构规整性的聚合物，所以，有的专著中作为立体选择性聚合（stereospecific polymerization）来论述，也有的称作有规立构或定向聚合（stereoregular polymerization）。

定向聚合，显然是指能制得立构规整结构的聚合物的聚合反应，凡是链结构具有高度立体规整性的聚合物，称为定向聚合物。

配位聚合的活性中心，富有离子型的特征。按照与活性中心相连的增长链端的荷电性质，可分为配位阴离子聚合和配位阳离子聚合。由于活性增长链端的反离子通常为金属离子（如锂、钛、钡、稀土等），而单体则为富电子的烯烃，烯烃双键上的电子云首先与贫电子的金属阳离子配位，因此常见的配位聚合大多为配位阴离子聚合反应。因为单体与中心金属离子配位，受到中心金属离子周围配位的立体位阻和电子云密度的影响，所以，含有不对称碳原子的单体，如丙烯、苯乙烯等，按照一定的方式插入增长链端，从而可制得具有立构规整性的聚合物。

虽然配位阴离子型的聚合可以制得立构规整性的聚合物，然而并不是所有的配位阴离子型聚合都能制得立构规整性聚合物。如 $VOCl_3$-$AlEt_2Cl$ 催化体系引发乙烯与丙烯共聚，得到的却是无规立构的橡胶态聚合物。

配位阴离子型的催化剂大致可分为三类：一是金属烷基化合物（如烷基锂），引发甲基丙烯酸甲酯或双烯烃的聚合；二是 π-烯丙基过渡金属有机化合物，如（π-C_3H_5)$_2$Ni 引发丁二烯聚合；三是著名的 Ziegler-Natta 催化剂，它以过渡金属或稀土元素化合物为主催化剂，以烷基铝化合物为助催化剂。Ziegler-Natta 催化剂种类繁多，组分多变，应用非常广泛，近半个世纪以来发展很快，促进了聚烯烃的大规模工业化。（由于内容丰富，将在 7.3 节集中讨论）

7.2.2 极性单体的配位聚合

若 C = C 双键带有吸电子取代基，通常称为极性单体，如 CH_2=$CHCOOR$、CH_2=CCH_3COOR、CH_2=$CHCN$ 以及 CH_2=$CHCl$ 等。

正丁基锂 n-BuLi 是用于引发甲基丙烯酸甲酯聚合的典型催化剂，但是聚合机理并非阴离子型，而是配位阴离子型聚合反应[5]。由于是配位离子型聚合反应，所以溶剂的极性对聚合反应的定向性影响很大。

以甲苯为溶剂，n-BuLi 在 0℃引发甲基丙烯酸甲酯聚合，所得聚合物的全同立构度为81%；而以四氢呋喃（THF）作溶剂时，全同立构度下降到 3%。若用联苯钠于-70℃，也以四氢呋喃（THF）作溶剂，聚合甲基丙烯酸甲酯，所得聚合物的全同立构度仅占 9%，间同立构度为 66%。在非极性溶剂中，n-BuLi 为催化剂所发生的是配位阴离子聚合，而在强极性THF 中，n-BuLi 生成溶剂隔开的离子对增长物种，联苯钠则产生自由离子增长。只有在低温下，自由离子增长物种依靠取代基之间的空间阻碍，可形成间同立构聚合物。

对于 n-BuLi 在非极性溶剂中引发甲基丙烯酸甲酯全同聚合的机理，一般认为单体与前末端单元的—$O^- Li^+$ 离子对中的 Li^+ 配位，形成六元环过渡态，然后打开双键。由于增长链端为六元环，因此 CH_3 基团被固定，使增长中心刚性化。

例 7-1　正丁基锂催化剂的制备[6]

$$n\text{-}C_4H_9Br + 2Li \xrightarrow{\text{乙醚}} n\text{-}C_4H_9Li + LiBr$$

选用 500mL 三口烧瓶，配置搅拌器、低温温度计和滴液漏斗，经严格抽烤和充氮或氩气后，在惰性气体保护下，加入 200mL 无水乙醚，并直接切入 8.6g（1.25mol）锂丝。反应瓶用干冰-丙酮浴（$-40 \sim -30$℃）冷却至 -10℃左右。在搅拌下缓慢滴加由 68.5g（0.5mol）溴代正丁烷和 100mL 乙醚组成的混合液。反应物变混浊，表明反应开始，同时锂浮于液面并出现光泽。保持反应温度在 -10℃左右，并于 30min 内将其余溴丁烷溶液滴入。滴加完毕后反应物在 $0 \sim 10$℃搅拌反应 $1 \sim 2$h。在惰性气体保护下，反应物可用砂芯漏斗过滤，最终得到收率为 80%～90%的正丁基锂溶液。

正丁基锂（n-C_4H_9Li）已烷溶液，也可通过有关商品目录查询，直接向有关公司订购。

7.2.3　π-烯丙基化合物引发聚合

π-烯丙基可以与过渡金属元素如 Ti、V、Cr、Ni、Co、Rh 等形成较稳定的配合物，这类化合物能以单组分引发丁二烯聚合。其中，π-烯丙基镍（如 π-CH_2＝CH—CH_2NiX）是研究得最多也是最典型的引发剂，为此常称为 π-烯丙基镍型引发剂。

通过变换 π-烯丙基镍的负性配体 X（X＝Cl、Br、I 或 $OCOCH_3$、$OCOCH_2Cl$、$OCOCF_3$ 等），可以获得高活性引发剂。此外，π-烯丙基镍（π-CH_2＝CH—CH_2NiX）本身也正好是丁二烯增长链端的模型。因此，这类引发剂不论在理论研究还是在实际应用方面都十分重要。

由表 7-3 可以看出，在 π-烯丙基镍化合物中若没有负性配体，如（π-C_2H_5）$_2$Ni，则没有聚合活性。但是若引入负性配体 Cl 或 $OCOCF_3$，则呈现出高顺式 1,4 的聚合活性，而且1,4 含量和引发活性随负性基吸电子能力的增大而增强。π-$C_3H_5NiOCOF_3$ 不仅催化活性比 π-$C_3H_5NiOCOCH_2Cl$ 高 150 倍，而且顺式定向性也略高于后者。在表中还可以发现，当加入 CF_3COOH 作共引发剂，$CF_3COOH/Ni=5$ 时，得到顺式 1,4 为 50%，反式 1,4 为约50%的等二元聚合物。M. Julemont 认为，这种活性中心为双核配合物，其一是顺式 1,4 特性，另一个是反式 1,4 特性，单体丁二烯在两个核上来回交替增长或间断地在两个核上增长，形成交替或无规分布的等二元聚合物。在 $n\text{-}C_3H_5NiI$ 中虽然有负性配体 I，但表现出反式 1,4 特性。但是，当加入 CF_3COOH 作共引发剂，即明显表现出顺式 1,4 的催化特性，有可能 $^-OCOCF_3$ 通过配体交换，取代了 I^-，增大了 Ni 的正电性，从而提高了 Ni 对丁二烯的配位能力。此外，也许是由于 $^-OCOCF_3$ 的空间位阻大于 I^- 的缘故，促进丁二烯主要按顺式 1,4 方式配位和发生链增长。

表 7-3 π-烯丙基 NiX 单金属引发剂引发丁二烯聚合

π-烯丙基 NiX	共引发剂	微 观 结 构		
		顺式 1,4	反式 1,4	1,2
$(\pi\text{-}C_3H_5)_2Ni$		得 1,3,5 环十二三烯环化产物		
$(\pi\text{-}C_3H_5NiCl)_2$		92%	6%	2%
$(\pi\text{-}C_3H_5NiI)_2$	（水乳液）	4%	93%	3%
$(\pi\text{-}C_3H_5NiI)_2$	CF_3COOH	87%	5%	8%
$(\pi\text{-}C_3H_5NiI)_2$	I_2	84%	15%	1%
$\pi\text{-}C_3H_5NiOCOCH_2Cl$		92%	6%	2%
$\pi\text{-}C_3H_5NiOCOCF_3$		94%	4%	2%
$\pi\text{-}C_3H_5NiOCOCF_3$	$CF_3COOH/Ni=1$	94%	3%	3%
$\pi\text{-}C_3H_5NiOCOCF_3$	$CF_3COOH/Ni=5$	50%	49%	1%

π-烯丙基镍引发丁二烯定向聚合机理，有三种不同解释：①链端 π-烯丙基结构决定微观结构；②返扣配位；③配位形式决定微观结构。这里仅扼要讨论前两种。

（1）链端 π-烯丙基结构决定微观结构 B. A. Dolgoplosik 和 V. A. Komer 等认为：Ni 系引发体系引发了丁二烯聚合，其增长链端为 π-烯丙基 NiX，它有两种异构体，即对式（anti）π-烯丙基和同式（syn）π-烯丙基，两者呈平衡互变，见以下反应式。若丁二烯进攻 π-烯丙基的 ^{1}C 时，对式形成顺式 1,4 链节，而同式则形成反式 1,4 链节，而且，两种配位增长均属于配位阴离子聚合反应机理。

（2）返扣配位机理 1975 年日本古川提出，丁二烯在 π-烯丙基结构的 Ni 引发剂上发生链增长时，只有当前末端的双键和镍配位（返扣配位，back-biting coordination）时，才能发生顺式聚合（见以上反应式），否则只能进行反式 1,4 或 1,2 聚合。

因为前末端双键返扣配位只能取顺式结构，位阻较小，下一个单体才能继续配位。如果采取反式构型的返扣配位，会阻碍下一个单体和 Ni 配位，从而导致聚合反应终止。

例 7-2　双(π-烯丙基)镍（$C_6H_{10}Ni$）催化剂的制备[7]

$$NiCl_2 + 2C_3H_5MgCl \longrightarrow Ni(C_3H_5)_2 + 2MgCl_2$$

在氮气保护下，将 150mL（浓度为 0.5mol，75mmol）烯丙基氯化镁格氏试剂乙醚溶液，在 1h 内滴加到充分搅拌并冷却至 $-30\sim-20℃$ 的 450mL 含 4g（31mmol）氯化镍的乙醚悬浮液中，然后在 $-78℃$ 继续搅拌 20h。反应物在 $-60℃$ 过滤，除去 $MgCl_2$，滤液在 $-70℃$、66.6Pa（0.5mmHg）真空下浓缩至干，然后将橙黄色固体在 $-40℃$ 下用戊烷提取、浓缩、冷却得淡黄色结晶。产率为 80% 左右，晶体熔点约 0℃（氮气下）。此配合物在空气中自燃，有挥发性，易与乙醚共沸，对热不稳定，应在有氮气下保存于低温暗处。

例 7-3　双-μ-溴二(烯丙基)二镍（$C_6H_{10}NiBr_2$）催化剂的制备

$$2Ni(CO)_4 + 2C_3H_5Br \longrightarrow [NiBr(C_3H_5)]_2 + 8CO$$

于通风橱内，在氮气流保护下，将 20.34g（15mL，114mmol）四羰基镍和 8.3g（68.8mmol）烯丙基溴加入 150mL 苯中，在 $70\sim80℃$ 加热，有一氧化碳产生，溶液由黄色变成红色，并有少量金属镍析出。15min 后，升高温度至剧烈回流，继续加热至不再产生一氧化碳为止（约 1h）。冷却后，用玻砂漏斗（G-3）过滤暗红色溶液，滤液在 30℃ 用水泵浓缩至干。将红褐色晶状剩余物移入升华管，在高真空下升华纯化，浴温在 $40\sim50℃$ 时有红色油状物出现，小心除去油状物，然后将温度升高到 $80\sim90℃$ 继续升华，得到暗红色结晶产物，产率 11% 左右，熔点 $93\sim95℃$。此配合物对空气非常敏感。用烯丙基氯或烯丙基碘进行同样反应，可以得到二-μ-氯二(烯丙基)二镍[$NiCl(C_3H_5)$]$_2$ 或二-μ-碘二(烯丙基)二镍[$NiI(C_3H_5)$]$_2$。氯化物极不稳定，难于制备。

7.3　Ziegler-Natta 催化剂

7.3.1　Ziegler 催化剂和 Natta 催化剂概述

以过渡金属化合物，包括稀土元素化合物，与 Ⅰ～Ⅲ 主族元素的烷基化合物或氢化物组成的催化体系，统称为 Ziegler-Natta 催化剂。一般将过渡金属化合物或稀土元素化合物称为主催化剂，主族元素的烷基化合物或氢化物称为助催化剂。

过渡金属化合物通常为金属卤化物 MtX_n、氧卤化合物 $MtOX_n$、乙酰丙酮化合物 $Mt(acac)_n$、烷氧基化合物 $Mt(OR)_n$ 以及羧酸盐化合物 $Mt(OOR)_n$。Mt ＝ Ti、V、Mo、W、Cr 等以及稀土元素 Nd、Sm 等金属离子。助催化剂如 LiR、MgR_2、AlR_3、AlR_nCl_{3-n} 以及有机锌 ZnR_2 化合物。

典型的 Ziegler 催化剂是（$TiCl_4$＋$AlEt_3$），它能使乙烯在常压下（或低压下）聚合，这是德国科学家 K. Ziegler 于 1953 年在实验室与他的学生们发现的。然后，K. Ziegler 将他的发现通报给意大利科学家 G. Natta。在 1954 年，G. Natta 以（$TiCl_3$＋$AlEt_3$）使丙烯聚合而获得了全同聚丙烯。因此，典型的纳塔催化剂是指（$TiCl_3$＋$AlEt_3$），成为合成全同聚丙烯的催化剂。

K. Ziegler 和 G. Natta 的研究工作，奠定了配位聚合的理论基础，开拓了有规立构聚合的新时代，扩展了过渡金属配合催化剂和催化作用的新领域，在理论研究和实际应用中都做出了重大贡献。因此，1963 年他们两人共同荣获了诺贝尔化学奖。

目前，有规立构聚合和配位化学理论广泛用于合成塑料和橡胶。例如高密度聚乙烯、全同（或等规）聚丙烯、全同（立构）聚 1-丁烯、全同聚 4-甲基-1-戊烯和反式 1,4-聚异戊二烯等塑料用聚合物；顺式 1,4-聚丁二烯、顺式 1,4-聚异戊二烯、反式聚环戊烯和乙烯与丙烯共聚物等橡胶用聚合物。其中许多品种已经大规模工业化，带来了巨大的社会和经济效益。

7.3.2 Ziegler-Natta 催化剂的主要化学组分

纳塔（Natta）广泛地研究了周期表中其他金属有机化合物与过渡金属卤化物组成的催化剂对丙烯的聚合活性和立体规整性的关系，发现 I～III 主族金属有机化合物与 IV～VIII 族过渡金属卤化物的复合，有催化烯烃聚合的活性。纳塔的重要发现赋予了 Ziegler-Natta 催化剂的普遍组成方式

$$M_{I\sim III}R + Mt_{IV\sim VIII}X$$

通常人们称 $M_{I\sim III}R$ 为助催化剂，$Mt_{IV\sim VIII}X$ 为主催化剂。这里将着重讨论助催化剂和主催化剂的不同组成对催化性能的影响，同时适当讨论不同第三组分添加剂的活化作用。

7.3.2.1 助催化剂

纳塔的研究表明，周期表中 I～III 主族金属元素的金属有机化合物，可以用作 Ziegler-Natta 催化剂中的助催化剂。但是，以 Li、Na、K、Be、Mg、Zn、Cd、Al 和 Ca 研究较多较深，尤其是 Al 的烷基化合物，广泛应用于科学研究和实际生产。

一般来说，作为助催化剂的金属有机化合物，不同的金属原子、不同的有机配体以及是否含有卤素，对催化活性均有很大影响。金属离子半径小、原子电负性小于 1.5、亥姆霍兹自由能（功函）小于 4eV，如 Be、Al 等是最有效的助催化剂（见表 7-4）。常用的烷基铝有 $AlEt_3$、$Al(i\text{-}Bu)_3$、$AlEt_2Cl$、$Al_2Et_3Cl_3$ 和 $AlEt_2OR$ 等。因为烷基铝制备方法比较简单，价格便宜，使用时相对较安全，特别是选择不同的烷基铝与过渡金属盐匹配，可以得到不同活性和不同定向能力的催化剂。

表 7-4   助催化剂的金属性质

金属	电负性 Pauling 标度	原子半径/nm	离子半径/nm	金属	电负性 Pauling 标度	原子半径/nm	离子半径/nm
Li	1.0	0.133	0.068	Mg	1.2	0.136	0.066
Na	0.9	0.157	0.097	Zn	1.5	0.131	0.074
K	0.8	0.203	0.133	Ca	1.0	0.174	0.099
Rb	0.8	0.216	0.147	Ba	0.9	0.198	0.134
Cs	0.7	0.235	0.167	B	2.0	0.088	0.023
Be	1.5	0.09	0.035	Al	1.5	0.126	0.051

烷基铝可通过铝与卤代烃或乙烯反应来制取。

在惰性烃类溶剂中，铝粉与卤代烃反应制得烷基铝倍半卤化物（sesqui-halide）

$$2Al + 3RX \longrightarrow R_3Al_2X_3$$

反应是放热的，为了提高铝的活性，可加入少量碘。烷基铝倍半卤化物对空气敏感，在

室温下是液体，无明确沸点，受热易发生歧化反应

$$2R_3Al_2X_3 \longrightarrow R_2Al_2X_4 + R_4Al_2X_2$$

烷基铝倍半卤化物与金属钠作用，产生三烷基铝

$$R_3Al_2X_3 + 3Na \longrightarrow R_3Al_2 + 3NaX$$

K. Ziegler 设计了适合于工业生产三乙基铝的方法。该方法的关键是必须把铝片外的氧化膜通氢除去。反应可能先生成氢化铝，在加压下与乙烯进行加成

$$3CH_2=CH_2 + Al + \frac{3}{2}H_2 \longrightarrow (CH_3CH_2)_3Al$$

该方法也适用于制备异丁基铝。

由于 Al 原子的缺电子性，烷基铝容易缔合成二聚体、三聚体或多聚体。随着烷基体积的增大，缔合程度就降低，亦即链越长，缔合程度越少，如高级烷基铝 $Al(i\text{-}Bu)_3$ 在溶液中的缔合不到 5%。

三甲基铝二聚体　　　　二甲基氯化铝二聚体

三甲基铝二聚体分子环内 Al—C 键距为 0.224nm，环外 Al—C 键距 0.199nm，环内的 Al—C—Al 是二电子三中心键，Al—C—Al 键角<70°。氯桥可以代替甲基桥，非桥基团与桥基团可以互换。核磁共振谱表明，在低温（−70℃）下，$[Me_3Al]_2$ 含有两种不同的氢，即两种不同的甲基。但当温度升高时，谱线融合为一，证明桥连基团和非桥连基团处于迅速交换状态。对于 $MeAlCl_2$ 和 Me_2AlCl 也是如此。

烷基铝在 Ziegler-Natta 催化体系中主要起以下几种重要作用。

① 由于烷基铝对空气、水汽极其敏感，可以消除聚合反应体系中的有害杂质，起到清扫作用，保护聚合反应的活性中心。

② 烷基铝能使主催化剂还原和烷基化，同时与主催化剂配合形成配合型催化剂，这种配合物是产生具有一定寿命和一定稳定性的催化活性中心的必要条件。催化剂中钛的价态取决于不同烷基铝的还原能力和 Al/Ti 比例。实验证明，烷基铝的还原能力有如下顺序

$$R_2AlH > AlR_3 > R_2AlCl > RAlCl_2$$

R_2AlCl 一般只能使 Ti^{4+} 还原成 Ti^{3+}，而 AlR_3 则可以还原成 Ti^{2+}。

研究表明，不同烷基铝对催化活性和定向能力影响很大，其对催化 α-烯烃聚合的活性顺序如下

$AlEt_2H > AlEt_3 > AlEt_2Cl > AlEt_2Br > AlEt_2I > Al(OEt)Et_2 > Al(NEt)Et_2$

$Al(i\text{-}Bu)_2H > Al(i\text{-}Bu)_3 > Al(i\text{-}Bu)_2Cl > Al(i\text{-}Bu)_2[(CH_3)_2CH—CH=CH_2] > Al(i\text{-}OBu)_3$

由表 7-5、表 7-6 可见不同烷基铝对等规度的影响。

烷基金属化合物的配合能力对催化剂的性能也有重要影响。例如 $ZnEt_2$ 虽然还原能力

很强，但是配合能力差，所以不是很好的助催化剂。$TiCl_3+AlEt_3$ 一旦失去配合能力，如用 $NaAlEt_4$ 及 $AlEt_3 \cdot$ 吡啶配合物，就不起活化剂的作用。

<table>
<tr><td colspan="2">表 7-5 烷基铝对聚丙烯等规度的影
响（紫色 $TiCl_3$，70℃）</td></tr>
<tr><td>烷基铝</td><td>等规度/%</td></tr>
<tr><td>$AlEt_3$</td><td>$80\sim85$</td></tr>
<tr><td>$AlEt_2Cl$</td><td>$91\sim94$</td></tr>
<tr><td>$AlEt_2Br$</td><td>$94\sim96$</td></tr>
<tr><td>$AlEt_2I$</td><td>$96\sim98$</td></tr>
<tr><td>$AlEtCl_2+NBu_4I$</td><td>98</td></tr>
<tr><td>$Al(Ph_3N)_3$</td><td>52</td></tr>
</table>

<table>
<tr><td colspan="3">表 7-6 三烷基铝上 R 基对聚
丙烯等规度的影响</td></tr>
<tr><td>Ti 化合物</td><td>AlR_3 中的 R 基</td><td>等规度/%</td></tr>
<tr><td>$\alpha\text{-}TiCl_3$</td><td>C_2H_5-</td><td>85</td></tr>
<tr><td rowspan="8">$TiCl_4$</td><td>C_3H_7-</td><td>75</td></tr>
<tr><td>$C_6H_{13}-$</td><td>64</td></tr>
<tr><td>$C_{16}H_{33}-$</td><td>59</td></tr>
<tr><td>C_2H_5-</td><td>48</td></tr>
<tr><td>C_3H_7-</td><td>51</td></tr>
<tr><td>C_4H_9-</td><td>30</td></tr>
<tr><td>$C_6H_{13}-$</td><td>26</td></tr>
<tr><td>$C_{16}H_{33}-$</td><td>16</td></tr>
</table>

此外，金属-碳键的极性也起着重要作用。例如，Al—N、Al—H 和 Be—H、Be—N 键的极性，分别与 Al—C、Be—C 键的极性很接近，极性较大，均有助催化剂的作用。

③ 在烯烃聚合过程中，烷基铝与烯烃单体在过渡金属盐固体表面竞争吸附，聚合增长链可能向烷基铝发生转移。因此，烷基铝在聚合体系中也是一种链转移剂（见动力学讨论）。

7.3.2.2 主催化剂（过渡金属盐）

周期表中Ⅳ～Ⅷ族过渡金属化合物，几乎都能构成对一种或几种单体有催化活性的催化剂。但是，对催化聚合最有效的过渡金属是那些最容易失去电子的元素，即其功函小于4eV、第一电离势小于 7eV、Pauling 标度电负性小于 1.7 的元素，如表 7-7 所示。

表 7-7　某些有催化活性的过渡金属的性质

过渡金属	功函/eV	电离能/eV			电负性 Pauling 标度	原子的电子结构
		Ⅰ	Ⅱ	Ⅲ		
Ti	3.9	6.8	13.6	27.6	1.6	$3d^2$、$4s^2$
V	3.8	6.7	14.1	26.5	1.4(+3)	$3d^3$、$4s^2$
Cr	3.7	6.7	16.7	32	1.6(+3)	$3d^3$、$4s^1$
Mn	3.8	7.4	15.6	34	1.4(+2)	$3d^5$、$4s^2$
Fe	4.7	7.8	16.5	30	1.7(+2)	$3d^6$、$4s^2$
Ni	5.0	7.9	18.2	36	1.8	$3d^8$、$4s^2$
Zr	3.7	6.9	14	24.1	1.5	$4d^2$、$5s^2$
Mo	4.1	7.1	(27)		1.6(+4)	$4d^5$、$5s^1$
W	4.5	7.9	(24)		1.6(+4)	$5d^4$、$6s^2$

过渡金属化合物的不同金属元素、配位基、价态及反应形式等，对催化活性都有重要影响。但是，由于在催化聚合过程中，诸多影响因素交织在一起，因此，纳塔学派 1957 年就认识到，判断过渡金属化合物的作用是这些因素的最终综合作用。本节对金属元素、配位基、价态等的影响作简要讨论。

（1）金属元素　虽然几乎所有过渡金属化合物都有催化聚合活性，但这只是对催化乙烯聚合而言，而对丙烯来说，只是少数几种（见表 7-8）。聚丙烯的单体单元中有一个不对称碳原子，因此聚丙烯存在一个立构规整性的问题。所以讨论催化剂的活性和定向性常以丙烯聚合为对象。

除表 7-8 中所列的 Ti、Zr、V、Cr 以外，还考察过 Sc、Nb、W。其中钒最引人注意，因

表 7-8　过渡金属化合物（与 AlEt₂）对结晶聚丙烯收率的影响

化合物	聚合物结晶度/%	化合物	聚合物结晶度/%
TiCl₃	80～90	TiCl₄	48
α-TiCl₃	85	TiBr₄	42
β-TiCl₃	40～50	TiI₄	46
TiBr₃	44	Ti(OR)₄、Ti(OH)₄	痕量收率
TiI₃	10	ZrCl₄	51.5
ZrCl₂	55	VCl₄	48
VCl₃	73	VOCl₃	32
CrCl₃	36		

为它可以催化聚合产生无规交替共聚物，还能催化乙烯与丙烯共聚得到无规共聚物——乙丙橡胶。在茂金属催化剂出现之前，$TiCl_3 + AlR_3$ 等规聚丙烯只有在非均相 $TiCl_3 + AlR_3$ 催化下获得。

$TiCl_4$ 是液体，但是 $TiCl_3$ 却是结晶性固体。由于 $TiCl_3$ 具有不同的晶体结构，对催化剂体系的性能特别是定向性有显著影响。晶体类型不同，它们的比表面积、缺陷程度及缺陷数量、结晶度也不同。如 α-TiCl₃、γ-TiCl₃、δ-TiCl₃ 的催化活性及定向性都很高。其中 δ-TiCl₃ 分散度大、晶体缺陷较多，因此活性也较高；β-TiCl₃ 的活性也比较高，但是其稳定性差。$TiCl_3$ 的 4 种不同晶体的晶格参数列于表 7-9，各种不同晶体中的原子排列方式如图 7-1 所示。

表 7-9　TiCl₃ 各种变体的晶格参数

晶格参数	变体名称		
	α-TiCl₃	β-TiCl₃	γ-TiCl₃
空间群 晶格参数	$A \overset{3}{=} B$ $=6.12$ $C=17.50$ $\gamma=120°$	P6₃/mcm $A = B$ $=6.27$ $C=5.82$ $\gamma=120°$	P3₁/2 $A = B$ $=6.14$ $C=17.4$ $\gamma=120°$
单胞中分子数	6	2	6
Ti—Cl 距离/nm	0.245	0.245	0.245
Ti—Ti 距离/nm	0.354	0.291	0.354

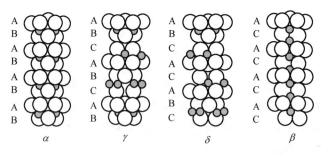

图 7-1　α、β、γ、δ-TiCl₃ 的晶体结构

α、γ、δ 型的 $TiCl_3$ 都是紫色，而且是层状结构，它们之间的主要差别是 Cl 离子的排列方式不同。在 α-TiCl₃ 晶体中，Cl 离子以六方密堆砌排列，Ti 离子处于 Cl 离子的八面体间隙，也是层状分布，每两层 Cl 重复一层 Ti，垂直于三次轴方向。γ-TiCl₃ 的 Cl 离子则以立方密堆砌排列，也是两层 Cl 重复一层 Ti。而 β-TiCl₃ 则是纤维状结构，晶体中 Cl 层和 Ti

层相间分布（见图 7-2）。

δ-TiCl$_3$ 是由 α 型和 γ 型经长时间研磨而得，或由 α 型加入 AlCl$_3$ 研磨得到，所以 δ-TiCl$_3$ 晶体结构是 α 型和 γ 型的混合，但是加入 AlCl$_3$ 研磨的都含有固溶体 AlCl$_3$。

研磨是提高 TiCl$_3$ 催化活性的有效方法。研磨是一种机械的分散和混合工序，这要比传统的干混或湿混法精细和强化得多。Wichinsky 等[8]对 α-和 γ-TiCl$_3$ 经研磨试验指出，经过干磨后的 TiCl$_3$，催化聚合丙烯的活性有很大提高（见图 7-3）。Natta 等[9]做了研磨

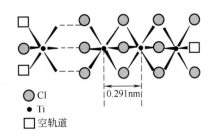

图 7-2 β-TiCl$_3$ 的线形结构

与不研磨的 α-TiCl$_3$ 对聚合速率影响的研究，发现经研磨的 α-TiCl$_3$ 聚合初速率有所增加（见图 7-4）。经研磨后活性增加的原因，一般认为是层状结构的 TiCl$_3$ 中，Cl—Cl 层之间内聚力较弱，在研磨剪切应力的作用下，晶层沿 Cl—Cl 层发生滑移，使晶粒进一步减小，比表面积增加。此外，研磨还可以增加晶体的缺陷。但是研磨降低 TiCl$_3$ 晶粒的大小也是有一定限度的。

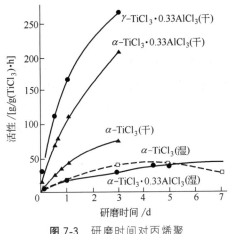

图 7-3 研磨时间对丙烯聚
合催化剂活性的影响

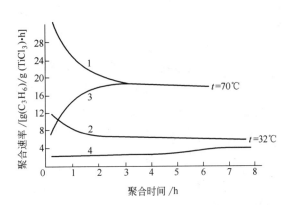

图 7-4 研磨与不研磨的 α-TiCl$_3$ 对丙烯聚合速率的影响
1,2—研磨的 α-TiCl$_3$（<2μm）；
3,4—不研磨的 α-TiCl$_3$（1～10μm）

由于 β-TiCl$_3$ 的微晶两端很不整齐，末端 Ti 原子没有被氯原子饱和配位，因而还有空轨道，所以末端上的氯是比较"自由"的，即化学性质比较活泼，能与三乙基铝起乙基化作用而形成活性中心。

在 α、γ、δ-TiCl$_3$ 的每一层结构中，为了保持 Ti/Cl 比数为 1：3，各层棱边上的 Ti 原子的上下两层 Cl 位置也并非填满 Cl 原子，而是平均每 2 个 Cl 位置上只能有 1 个 Cl 原子，另一个为空轨道。如图 7-5（a）晶格单层排列中共有 8 个 Ti 原子，按分子式计算应有 24 个 Cl 原子，但上下层 Cl 的位置却有 32 个，故必然有 32－24＝8 个空轨道处于 4 个棱边位置上，棱边上每个 Cl 便有 1 个空轨道，而与空轨道相邻位置上的 Cl 原子则是单价键的，化学性质较活泼"自由"。其余处于晶格中的 Cl 原子属于 2 个 Ti 原子共用的桥联配位基，受 2 个 Ti 原子的束缚而不活泼。因此，α、γ 和 δ-TiCl$_3$ 作为主催化剂，活性中心 Ti 一定位于每一层棱边上，这与 β-TiCl$_3$ 线形结构两端的 Ti 原子是活性中心相似。

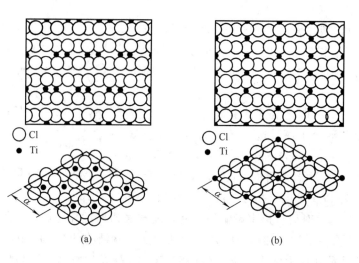

图 7-5　α-TiCl₃ 层状结构模型

（a）每个 Ti 原子处于正八面体中心，与六个 Cl 原子配位。α-TiCl₃：六方密堆积；γ-TiCl₃：

立方密堆积；δ-TiCl₃：α 与 γ 型混合密堆积；（b）β-TiCl₃ 结构模型，

它是由结构单元

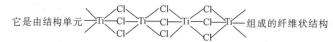

组成的纤维状结构

图 7-6　α-TiCl₃ 经 Al(CH₃)₃
处理后，引入丙烯聚合，形
成聚丙烯的轨迹和分布

L. A. Rodriguez 曾拍摄了 α-TiCl₃ 与 Al(CH₃)₃ 反应前后的电子显微镜照片，得到的结果是 α-TiCl₃ 晶体经 Al(CH₃)₃ 处理后，晶面没有变化，电子显微镜检查不出活性催化剂是如何形成的。α-TiCl₃ 经 Al(CH₃)₃ 处理之后引入丙烯，发现丙烯很快聚合，所得聚合物的轨迹沿晶体棱边作螺旋形有序分布（见图 7-6），证明活性增长种是在晶体的棱边上。

为了提高催化效率，就必须充分提高活性 Ti 原子的比例，因此通常设法使晶体尽量被分裂成碎片（研磨）。

一般由 TiCl₄ 还原制得 TiCl₃，但是不同的还原方法可以制得不同晶型结构的 TiCl₃。表 7-10 中列出几种典型的制备方法。从表中可以看出，紫色的 TiCl₃（α、γ、δ 型）定向性最好，棕色的 β-TiCl₃ 虽然活性高，但是定向性差。

制备方法及条件能影响 TiCl₃ 的分散度和比表面积的大小，可由 3～5m²/g 增加到 100m²/g，有的甚至高达 500m²/g。

表 7-10　四种晶型 TiCl₃ 的制备

类型	颜色和晶型	制备方法	定向聚合催化作用
α	紫色 层状结构，层与层之间的 Cl 按六方密堆积，属三方晶系	(1) TiCl₄ 在高温下用 H₂ 还原 $2TiCl_4 + H_2 \xrightarrow{800℃以上} 2TiCl_3 + 2HCl$ (2) TiCl₄ 用 Ti 还原 $3TiCl_4 + Ti \xrightarrow{400℃以上} 4TiCl_3$ (3) TiCl₄ 用 Al 还原 $3TiCl_4 + Al \xrightarrow{400℃以上} 3TiCl_3 + AlCl_3$	定向作用好，得到聚丙烯等规度为 85%～90%

类型	颜色和晶型	制 备 方 法	定向聚合催化作用
β	褐色 线形结构,在晶格中 Cl 按六方密堆积排列,属六方晶系	(1) $TiCl_4$ 与烷基铝作用还原 $TiCl_4 + (C_2H_5)_3Al \xrightarrow{<25℃} TiCl_3 + (C_2H_5)_2AlCl + C_2H_5$ $TiCl_4 + (C_2H_5)_2AlCl \longrightarrow TiCl_3 + C_2H_5AlCl_2 + C_2H_5$ (2) $TiCl_4$ 于 H_2 中放电还原 $2TiCl_4 + H_2 \xrightarrow{放电} 2TiCl_3 + 2HCl$	定向作用差,得到聚丙烯等规度为 $40\% \sim 50\%$,聚合速率最大
γ	紫色 层状结构,层与层之间的 Cl 按六方密堆积,属三方晶系	(1) 将 β-$TiCl_3$ 在惰性气体中加热 $\beta\text{-}TiCl_3 \xrightarrow[\triangle]{400℃以上} \gamma\text{-}TiCl_3$ (2) $TiCl_4$ 与烷基铝在 $150℃$ 以上作用,还原 $TiCl_4 + (C_2H_5)_3Al[或(C_2H_5)_2AlCl]$ $\longrightarrow TiCl_3 + (C_2H_5)_2AlCl[或 C_2H_5AlCl_2] + C_2H_5$	定向作用与 α 型 $TiCl_4$ 相近,得到聚丙烯等规度约 90%
δ	紫色 层状结构,介于 α 与 δ 型之间的混合型	(1) 将 α 或 γ-$TiCl_3$ 长时间研磨 (2) 把 $TiCl_4$ 与铝进行长时间研磨,还原 $3TiCl_4 + Al \xrightarrow{135℃} 3TiCl_3 + AlCl_3$ (3) α-$TiCl_3$ 与 $AlCl_3$ 研磨 后两法 $TiCl_3$ 中含 $AlCl_3$ 固溶体	定向作用与 α 型 $TiCl_3$ 相同,聚合速率较大

四种不同晶型（α、β、γ、δ）的 $TiCl_3$ 可以相互转化,图 7-7 表示了制备及相互转化的条件和方法。

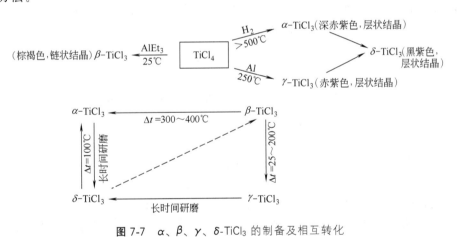

图 7-7　α、β、γ、δ-$TiCl_3$ 的制备及相互转化

（2）配位基　大量研究表明,过渡金属原子上的配位基的不同及配位基的数量,对催化剂的活性和定向性有很大影响。布尔（J. Boor）及其合作者曾总结了乙烯、丙烯和较高级 α-烯烃聚合时所用的过渡金属原子上的配位基（见表 7-11）。

表 7-11　过渡金属化合物常用配位基

配位基	配位基	配位基	配位基
—Cl、Br、I 或 F	乙炔丙酮	$\pi\text{-}C_2H_5$—Cp	氧化物
—OR(R=烷基,如丁基、甲基)	亚硝基	茚基	硫化物(二硫化物)
—SR(R=烷基,如丁基、甲基)	磷酸酯	芳烃(arenes)	硫酸盐
—NR$_2$(R=烷基,如丁基、甲基)	铬酸酯	$\underset{\underset{O}{\|}}{O}$—C—R　(R=CH$_3$)	一氧化碳

从实际应用来看，上述配位基不都是很有意义，必须根据被聚合的单体及其他因素，如收率、立体规整性、共聚物组成、形态的要求，或综合这些因素，筛选某种过渡金属作为主催化剂。

例如对于乙烯聚合，$CH_2{=}CH_2$ 是一个对称性分子，不存在不对称碳原子，因此在聚合反应中没有立体定向性问题。其次，乙烯分子中每个碳原子上仅有两个体积较小的 H 原子，所以在聚合反应中没有像—CH_3、—C_6H_5 等基团的空间位阻影响。所以乙烯是最活泼的烯烃单体，大多数过渡金属盐作为主催化剂，即使具有不同配位基，也都能使乙烯聚合成高度线性聚合物。但是，主催化剂的选择，取决于聚乙烯的经济性和它性能的平衡；配位基的选用，可以在很大范围内进行，即硫化物、氧化物、氧氯化物、二烷基胺、烷氧基、乙酰丙酮、芳烃、卤素（Cl、Br、I、F）、磷酸酯、硫酸盐、环戊二烯基衍生物（茂及取代茂，后面将专门讨论）。早期的研究及目前工业上所用的主要是过渡金属卤化物，如 $TiCl_4$、$TiCl_3$、$TiBr_3$、$ZrCl_4$、VCl_3 及 $VOCl_3$ 等。

至于丙烯聚合，$CH_2{=}CH{-}CH_3$ 与乙烯不同，分子内有一个体积较大一些的—CH_3 取代基。因此，丙烯的聚合活性要比乙烯差，这在乙烯与丙烯共聚的竞聚率中可以明显看出，一般丙烯的竞聚率远小于乙烯（可在有关专著或手册中查得）。由于聚丙烯存在不对称碳原子，所以聚合时有立体定向性的问题。为了合成等规立构聚丙烯，通常使用含氯配位基，尤其是 Ti、V、Cr 或 Nb 的氯化物，如 $TiCl_3$、VCl_3、$CrCl_3$ 及 $NbCl_3$。常用的烷基铝其基本结构为 AlR_3 或 AlR_2X。

较高级 α-烯烃（如 1-丁烯）的活性比丙烯还低。通常催化丙烯聚合有高等规立构规整性的催化剂，在催化较高级 α-烯烃聚合时也有高等规立构规整性。但是，间规立构规整性催化剂却不能使 1-丁烯和较高级 α-烯烃聚合。

7.3.2.3　第三组分（或给电子体）及其作用

为了改进 Ziegler-Natta 催化剂的活性和定向性，往往在催化剂中添加其他组分，这些组分统称为第三组分，或叫做添加剂。由于这些第三组分化合物内含有 O、N、P、S 等杂原子电子给予体，所以有时也叫做电子给予体（electronic donor）。

可以作为 Ziegler-Natta 催化剂第三组分的化合物主要有以下几类。

① 含氧有机化合物：醚、酯、醇、醛、酮、酚、羧酸卤化物等。

② 含磷有机化合物：膦、次膦酸酯、膦的氧化物、膦的硫化物。

③ 含硫有机化合物：硫醚、硫酚、硫醇、硫化亚磷酸酯、二硫化碳等。

④ 含氮有机化合物：脂肪族和芳香族胺类、杂环胺类、芳香族腈类、芳香族异氰酸酯、芳香族偶氮化合物。

⑤ 含硅有机化合物：硅烷、含氢硅烷、卤代硅烷、硅氧烷、芳香基硅烷、聚硅烷等。

⑥ 烃类：芳烃、脂肪烃、脂环烃及其卤代衍生物等。

⑦ 金属卤化物及配合物：KCl、NaF、K_2TiF_6 等。

除上述以外，在许多研究中发现，微量 O_2 或水汽 H_2O 也有活化作用。

这些种类繁多、结构复杂的第三组分在催化剂体系中所起的作用也是多种多样的，加上 Ziegler-Natta 催化剂的反应机理本来就很复杂，所以活化作用很难一一讲清楚。直至目前，仅对少数几种的作用机理有比较统一的观点。

当前，对第三组分添加剂的作用主要概括为 4 种。

① 加入添加剂，形成活性更大的活性中心配合物。

② 加入添加剂，改变了烷基铝的化学组成，提高了催化聚合活性。

③ 加入添加剂，覆盖了非等规聚合活性点。

④ 添加剂有的能使反应中生成的毒质（如 $AlEtCl_2$）转化为催化剂的有效组分。

在 Ziegler-Natta 催化体系中加入第三组分的研究是从研究 $AlEt_2Cl$ 的作用开始的。丙烯用 α-$TiCl_3$ 和 $AlEt_2Cl$ 作催化剂，所得聚丙烯的全同指数（ⅡP）比 α-$TiCl_3$ 和 $AlEt_3$ 体系高。但是，当用 $AlEtCl_2$ 代替 $AlEt_2Cl$ 催化丙烯聚合时，则几乎无活性。若在该体系中加入给电子试剂（如叔胺等），不但有活性，而且使所得聚丙烯的ⅡP提高到95，这是由于 NR_3 与 $AlEtCl_2$ 发生作用，改变了助催化剂

$$2AlEtCl_2 + :NR_3 \longrightarrow AlEt_2Cl + AlCl_3 \cdot NR_3$$

这里真正起助催化剂作用的已经不是 $AlEtCl_2$，而是 $AlEt_2Cl$。

由表 7-12 可以看出，α-$TiCl_3$ 与 $AlEtCl_2$ 的组合，不加第三组分，则无活性。当加入含 N、P、O、S 的给电子体后，则均有活性，而且所得聚丙烯的ⅡP均明显提高，分子量也相应增大，但聚合速率下降。在工业上由于叔胺有臭味，烷基磷有毒，故常选用醚类或六甲基磷酸三酰胺 $[(Mt_2N)_3PO]$，常以 HPT 表示。

表 7-12　第三组分（给电子体）对引发剂活性和ⅡP的影响

（均同 α-$TiCl_3$-$TiCl_3$ 组合，单体为丙烯）

铝化合物	第三组分		聚合速率/$[\mu mol/(L \cdot s)]$	ⅡP	$[\eta]$
$AlEt_2Cl$	—	—	1.51	≥90	2.45
$AlEtCl_2$	—	—	—	—	—
$AlEtCl_2$	$N(C_4H_9)_3$	0.7	0.93	95	3.06
$AlEtCl_2$	HMPA①	0.7	0.74	95	3.62
$AlEtCl_2$	$P(C_4H_9)_3$	0.7	0.73	97	3.11
$AlEtCl_2$	$(C_4H_9)_2O$	0.7	0.39	94	2.96
$AlEtCl_2$	$(C_4H_9)_2S$	0.7	0.15	97	3.16

① HMPA 为六甲基磷酸三酰胺，分子式为 $[(CH_3)_2N]_3P=O$。

北京化工研究院曾以 δ-$TiCl_3 \cdot \frac{1}{3}AlCl_3$-HPT-$AlEt_3$ 为催化剂[10]，对丙烯进行气相聚合，发现 HPT 与 $TiCl_3 \cdot \frac{1}{3}AlCl_3$ 一起振磨，显著提高催化活性和聚丙烯的等规度，收率为 1500g（PP）/g（$TiCl_3$），使 $TiCl_3$ 晶粒变小，在一定 HPT 用量范围内，正好在 $TiCl_3$ 晶粒表面上铺成单分子膜。HPT/$TiCl_3$ >0.20 时，则聚合收率明显下降。

7.3.3　$TiCl_3$-$AlEt_3$ 催化丙烯聚合速率方程

以 α-$TiCl_3$-$AlEt_3$ 催化丙烯聚合，其动力学曲线［聚合速率 R_p 与时间 t 的关系］有两种类型，如图 7-8 所示。

A 为（速率）衰减型，其曲线部分可分为三段。在第Ⅰ阶段，聚合速率迅速增大到最大值，这是活性种迅速形成并急剧增多的过程，这段时间很短，通常为数分钟。第Ⅱ阶段为聚合速率衰减期，这是 A 型引发剂所独有，衰减时间很长，可达数小时，最后达到稳定阶段Ⅲ。

B 型为（速率）加速型，其动力学曲线只有两个阶段。第Ⅰ阶段为增长期，即聚合速率

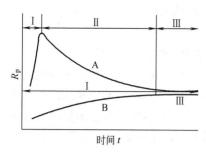

图 7-8 丙烯以 α-TiCl₃-AlEt₃ 催化剂聚合的典型动力学曲线

A—衰减型（Ⅰ—增长期，Ⅱ—衰减期，Ⅲ—稳定期）；B—加速型（Ⅰ—增长期，Ⅲ—稳定期）

随反应时间延长而增大，一种解释认为是 TiCl₃ 粒子逐渐破碎，引起催化剂表面积逐渐增大，最后达到粒子的破碎和聚集的平衡而进入第Ⅲ阶段稳定期。

A 型和 B 型在稳定期的聚合速率基本上达到相同水平。

对于 A 衰减型动力学，T. Keii 曾用下述相对速率衰减方程来描述

$$\frac{R-R_\infty}{R_0-R_\infty}=e^{-kt}$$

式中，R 是聚合时间为 t 时的聚合速率；R_0 为最大聚合速率；R_∞ 为稳定聚合速率；k 是与丙烯压力有关而与 AlEt₃ 浓度无关的常数。此式能很好地描述存在稳定期的丙烯聚合速率随反应时间的衰减，并与实验数据相符。但是，该方程内并不包括速率常数（k_p）。

对于稳定期的动力学，其特点是聚合速率不随时间而变化。在稳态条件下，从考虑单体和助催化剂烷基铝在固体催化剂表面吸附平衡出发，按 Langmuir-Hinsckelwood 模型来处理。因为烷基铝只有被吸附在固体催化剂表面，才能起活化作用；而单体也只有被吸附在固体催化剂表面，才能参与增长反应。如果两者同时竞争固体催化剂相同的吸附部位，设烷基铝和单体覆盖固体催化剂表面分数为 θ_{Al} 和 θ_M，它们分别服从 Langmuir 等温吸附式

$$\theta_{Al}=\frac{K_{Al}[Al]}{1+K_{Al}[Al]+K_M[M]}$$

$$\theta_M=\frac{K_M[Al]}{1+K_{Al}[Al]+K_M[M]}$$

式中，[Al] 和 [M] 分别为溶液中烷基铝和单体的浓度；K_{Al} 和 K_M 分别为各自的吸附平衡常数。则聚合反应速率常数可表示为

$$R_p=k_p\theta_{Al}\theta_M[S]$$

式中，k_p 为链增长速率常数；[S] 为固体催化剂吸附点总浓度，其单位均为 mol/L。若将上述两等温吸附式代入聚合速率关系式，则得到

$$R_p=\frac{k_pK_MK_{Al}[M][Al][S]}{(1+K_M[M]+K_{Al}[Al])^2}$$

如果以 H₂ 调节相对分子质量，且 H₂ 只是通过转移调节相对分子质量而不参加固体催化剂的表面竞争吸附，根据数均聚合度（X_n）的定义，$X_n=R_p/[Rt+\Sigma Rtr]$，并取倒数可得

$$\frac{1}{X_n}=\frac{k_{trM}[M]}{k_p}+\frac{k_t}{k_pK_M[M]}+\frac{k_{trAl}K_{Al}[Al]}{k_pK_M[M]}+\frac{k_{trH}[H_2]}{k_pK_M[M]}$$

式中，k_t、k_{trM}、k_{trAl} 和 k_{trH} 分别是活性种自终止、单体转移终止、烷基铝转移终止和 H₂ 转移终止的反应速率常数。

此外，可按 Rideal 模型来处理丙烯聚合动力学。假定聚合活性中心是与未吸附的单体

（溶液中或气相中的单体）起增长反应，其聚合速率方程可简化为

$$\theta_{Al} = \frac{K_{Al}[Al]}{1 + K_{Al}[Al]}$$

$$R_p = \frac{k_p K_{Al}[Al][M][S]}{(1 + K_{Al}[Al])}$$

实验表明，当单体的极性可与烷基铝在固体催化剂表面竞争吸附时，聚合速度服从 Langmuir 模型；当单体的极性低，它在催化剂表面的吸附很弱，则聚合速率 R_p 符合 Rideal 模型。

7.3.4 丙烯配位聚合反应机理

丙烯及其他 α-烯烃的 Ziegler-Natta 催化聚合的链引发、链增长和链转移以及分子链立体规整排列的机理，从 Ziegler-Natta 催化剂一问世起就成为研究的主要内容。由于主催化剂和助催化剂反应的复杂性及反应条件的苛刻性，至今问题远未彻底解决。许多研究者从各自的实验出发，提出相应的反应机理模型，很少具有普遍意义。下面着重介绍 Cossee-Arlmann 模型。

活性物种的结构，对于（α、γ、δ）$TiCl_3$-AlR_3 引发体系，活性物种是一个以 Ti^{3+} 离子为中心、Ti 上带有一个烷基（或增长链）、一个空位和四个氯的五配位正八面体（$RtiCl_{(4)}\square$）

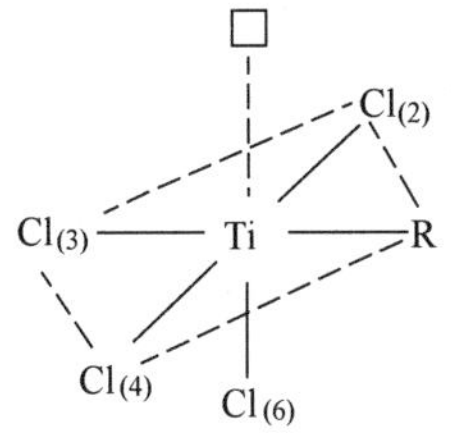

活性物种的形成

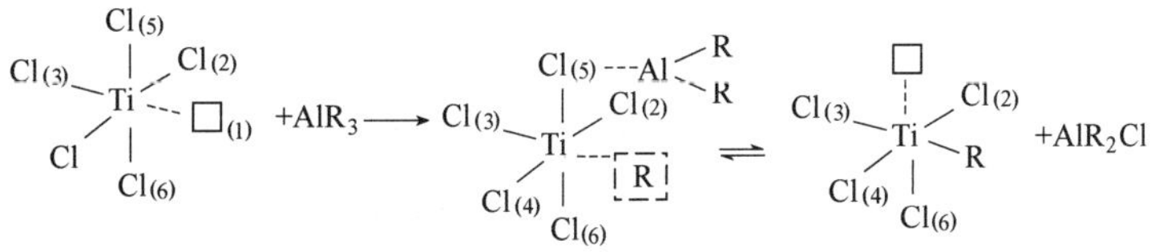

引发、增长和终止

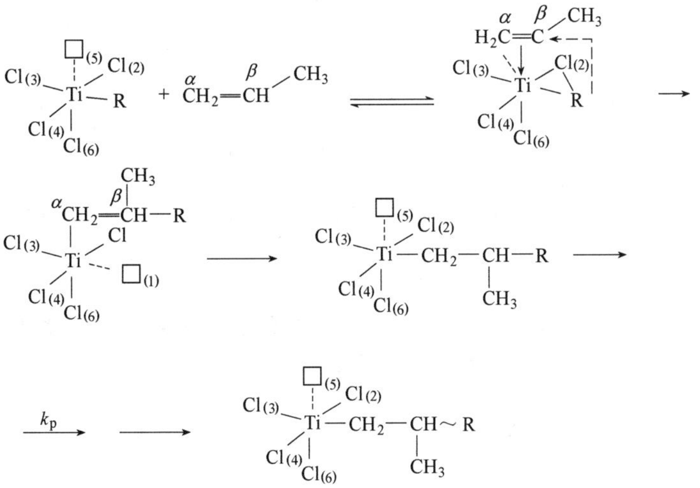

上式中 Ti-R 为过渡金属-碳键，是由 $TiCl_3$ 与 $Al(C_2H_5)_3$ 反应而形成的 Ti—Cδ 键配合物，这是活性中心的关键。□是 $TiCl_3$ 表面（主要是晶粒边、棱）上的空位，丙烯就在空位（空的配位座）上配位，进行插入和链增长，然后向上方空位迁移，恢复活性中心的最初状态。通过配位、插入、迁移循环反应，不断进行链增长，同时控制聚合反应的定向性。

链转移和链终止主要有以下几种方式。

（1）β-H 转移终止（或称自终止）。

$$Ti—\overset{\alpha}{C}H_2—\overset{\beta}{C}H\cdots R \longrightarrow Ti—H + CH_2=\overset{\beta}{C}\cdots R$$
$$\underset{CH_3}{|} \qquad\qquad\qquad\qquad \underset{CH_3}{|}$$

β-H 以 H 的形式转移到 Ti 上，同时形成 $CH_2=C\cdots$ 端基。由于 β 碳脱去 H 比较 $\underset{CH_3}{|}$

困难，所以这种终止在温度＜70℃时不重要。裂解终止速率为

$$R_{ts} = k_s [C^{\neq}]$$

式中，k_s 为裂解速率常数；$[C^{\neq}]$ 为活性物种浓度。

（2）单体转移终止

$$Ti:CH_2—C \quad \boxed{H} \quad—CH_2—CH\cdots R \longrightarrow$$

$$CH_2\cdots CH$$

$$Ti—CH_2—CH_2 \quad + \quad CH_2=C—CH_2—CH\cdots R$$

单体转移终止速率

$$R_{trM} = k_{trM} [C] [C_3H_6]$$

式中，k_{trM} 为单体转移速率常数；$[C_3H_6]$ 为丙烯浓度。

（3）助催化剂 AlR_3 转移终止

$$Ti:CH_2—CH\sim R \longrightarrow Ti—R + R_2Al—CH_2—CH\sim R$$
$$R:AlR_2 \quad \underset{CH_3}{|} \qquad\qquad\qquad\qquad\qquad \underset{CH_3}{|}$$

AlR_3 转移终止速率

$$R_{trAl} = k_{trAl} [C^{\neq}] [AlR_3]^n$$

式中，k_{trAl} 为 AlR_3 转移速率常数；$[AlR_3]$ 为烷基铝浓度；指数 n 随所用烷基铝不同而不同，如是 $AlEt_3$，$n=\dfrac{1}{2}$（因为 $AlEt_3$ 为二聚体）；如是 $Al(i\text{-}Bu)_3$，$n=1$。

（4）氢解　当 α-烯烃以非均相 Ziegler-Natta 催化剂催化聚合时，常用 H_2 来调节相对分子质量，其理论依据是增长链遇氢发生氢解。

$$Ti:CH_2—CH\sim R \longrightarrow Ti—H + CH_3—CH\sim R$$
$$H:H \quad \underset{CH_3}{|} \qquad\qquad\qquad\qquad \underset{CH_3}{|}$$

氢解速率为 $k_{trH}[C^{\neq}][H_2]^{1/2}$。

增长链发生氢解的结果，使聚合物的相对分子质量下降，形成的 Ti—H 需同单体反应之后才能变成活性物种。

$$Ti-H+CH_2=\underset{\underset{CH_3}{|}}{CH}\longrightarrow Ti-CH_2-CH_2CH_3$$

这个反应需要一定的活化能，所以用 H_2 调节相对分子质量时，聚合速率会降低。

7.3.5 高效催化剂[11]

聚烯烃的生产工艺和产品性能决定于催化剂。早期传统的 Ziegler-Natta 催化剂，催化效率低，定向能力差，聚合物必须经后处理以脱除催化剂残渣，如聚丙烯则还需去除无规聚合物。为了改变这一状况，于 20 世纪 60~70 年代，许多国家广泛开展高效催化剂的研究开发，主要目的是：①大大提高催化活性及定向性；②控制产品的分子量和分子量分布；③可控制产品颗粒大小及分布，产品有高的表观密度。显然，高效催化剂的出现，有力地改善和缩短聚烯烃生产工艺路线，降低了生产成本。下面着重讨论聚丙烯高效催化剂。

根据催化剂的组成和制备方法，基本上可以把这些高效 Ziegler-Natta 催化剂分为以下三类。

7.3.5.1 改性 $TiCl_3$ 催化剂

通常以 Al 还原 $TiCl_4$，并经过研磨活化得到 $TiCl_3$-AA 催化剂（组成为 δ-$TiCl_3 \cdot \frac{1}{3}$ $AlCl_3$，常记为 $TiCl_3$-AA），活性中心浓度低，仅有晶体表面的部分 Ti 原子才能起活性中心的作用。为了提高催化活性和定向能力，一方面可以通过干磨 $TiCl_3$ 来减小催化剂晶粒的粒度，增加比表面积，提高活性中心浓度；另一方面则添加第三组分，来改性 $TiCl_3$ 和烷基铝。从以下三个实例可理解其改性思路。

实例 1 以 $TiCl_3$-AA、正丁醚和三苯基氧膦共研磨，再以 $AlEt_3$ 活化，添加环庚三烯和四甲基乙二胺，用于丙烯液相本体聚合，催化剂效率可达 15.000g（聚丙烯）/g（$TiCl_3$），产物的等规度为 92% 以上[11]。

实例 2 将 α、β 不饱和酯类化合物与 $TiCl_3$-AA 共研磨，如表 7-13 所示，能提高催化活性和定向能力。

表 7-13 不饱和酯与 $TiCl_3$-AA 共研磨改性的效果①

酯	酯用量 （以质量计）/%	等规度 /%	平均催化活性 /[g(PP)/(mmol·h·0.1MPa)]
甲基丙烯酸甲酯	0	89	3.3
甲基丙烯酸甲酯	1.71	90	3.8
甲基丙烯酸甲酯	6.84	94	4.2
甲基丙烯酸甲酯	10	97	3.45
甲基丙烯酸甲酯	18	92	3.0
肉桂酸甲酯	1	91	3.0
丁烯酸甲酯	3	97	3.8
丙烯酸丁酯	5	97	2.55
2-乙烯基醋酸己酯	5	98	3.45

① 聚合条件：$TiCl_3$-AA 0.3g；$AlEt_2Cl$ 0.5g；70℃；丙烯压力 0.6MPa；聚合时间 6h。

实例 3 以烷烃为溶剂，温度为 (0 ± 2)℃，用 $AlEt_2Cl$ 慢慢还原 $TiCl_4$，生成 $\beta\text{-}TiCl_3\cdot\frac{1}{3}AlCl_3$；分离并洗涤 $\beta\text{-}TiCl_3\cdot\frac{1}{3}AlCl_3$，加配合剂异戊醚或正丁醚处理；将产物在 65℃ 再以 $TiCl_4$ 处理，最后得到紫色催化剂，组成为 $\delta\text{-}TiCl_3\cdot Al(R_nX_{3-n})_n x C_y$，式中 C 为配合剂，$0\leqslant n<2$，$x<0.3$，$0.11>y>0.009$。这就是有名的 Solvay 型催化剂。

这种催化剂具有高比表面积（$75\sim200m^2/g$），大孔隙率（$0.15\sim0.20cm^3/g$），高表观密度（$0.6\sim0.9g/cm^3$）和窄粒径分布（$20\sim40\mu m$），是一种海绵状多孔球型结构。若以 $AlEt_2Cl$ 活化、催化丙烯聚合的催化效率可达 20.000g（PP）/g（$TiCl_3$），等规度为 95％～96％。聚合物颗粒均匀，流动性好，表观密度大。由于 Solavy 型催化剂的优良综合性能，在聚烯烃工业界引起极大兴趣。

7.3.5.2　基体浸渍型 $TiCl_3$ 催化剂（matrix impregnated $TiCl_3$）

将少量 $TiCl_3$ 浸渍在一个具有特定结构的基体物质中，即成浸渍型 $TiCl_3$ 催化剂，是聚丙烯高效催化剂中最突出的一种。这类催化剂中最有效的基体是镁的化合物。

蒙埃和三井油化催化剂[12]是将无水 $MgCl_2$ 与苯甲酸乙酯（EB）在 40℃球磨 50～100h，然后以过量的 $TiCl_4$ 在 80～135℃处理、过滤，再用沸腾正己烷洗涤，得固体催化剂组分 A。其中 Ti 含量 1％～5％，Cl＜60％，比表面积约 $200m^2/g$。催化剂 B 组分是苯甲酸乙酯与 $AlEt_3$ 的加成物。其中 EB 含量 15％～100％。以该催化剂催化丙烯聚合，具有以下特点。

① 活性高。在 60℃聚合反应，催化剂平均效率 25～65kg（PP）/g（Ti），比传统的 $TiCl_3\text{-}AA\text{-}AlEt_2Cl$ 体系高 50 倍以上，聚合物中残留催化剂不需脱除。

② 等规度高。一般为 90％～96％，还可以通过调节催化剂组分间的相对比例加以控制。

③ 聚合初速率很高，但衰减也很快。

④ 聚合时 Al/Ti 摩尔比高，催化剂的典型组成为 Ti：Al：EB＝1：500：160。

⑤ 通过控制催化剂颗粒形态和大小分布，可以得到分布窄的片状或珠状聚合物颗粒，而且具有高表观堆密度。

⑥ 用放射性示踪法测定活性中心浓度表明，这种催化剂的活性中心浓度比 $TiCl_3\text{-}AA$ 催化剂高得多。

这类催化剂已在聚丙烯工业生产上得到应用，这是聚丙烯高效催化剂的重大突破。

日本三井油化公司催化剂[13]与上述相似，其组成为：① 无水 $MgCl_2$ 与 $TiCl_4\cdot\Phi COOEt$（Φ＝苯基）复合共研磨；② 二异丁基氢化铝；③ 二己二醇正丁基醚。这种催化剂用于丙烯本体聚合，催化效率可达 17kg（PP）/g（Ti），产品等规度为 93.5％。

意大利蒙埃公司催化剂[14]基本物质用 $Mg(OH)_2$ 或 MgR_2，添加配合剂和氯化剂（chlorination agent）进行反应，然后与 $TiCl_4$ 回流 2h。催化剂组成与聚合效果如表 7-14 所示。

7.3.5.3　负载型催化剂（supported catalysts）

将过渡金属化合物与载体表面活性基团反应，使催化活性中心锚定在载体表面，获得相当高的催化活性。所用的载体主要有 Si、Al、Zn、Ti、Mg 等元素的氧化物。

表 7-14 用 Mg(OR)$_2$ 和 MgR$_2$ 作基体的催化剂丙烯聚合效果

基体制备					
Mg 化合物	Mg(OEt)$_2$	Mg(OEt)$_2$	Mg(OEt)$_2$	Mg(OEt)$_2$	Mg(OEt)$_2$
氯化剂	SiCl$_4$	SiCl$_4$	Cl$_3$SiCH$=$CH$_2$	SiCl$_4$	EtSiCl$_3$
配合物					
催化剂组成					
Mg	12.5	16.5	18.1	18.8	19.6
Ti	3.6	2.7	2.5	3	2.85
Al	52.6	58.2	64.4	60	68.2
溶剂法聚合[①]活性					
g(PP)/[g(催化剂)·h·0.1MPa]	57	42	55	—	24
g(PP)/[mmol(Ti)·h·0.1MPa]	78	74.5	106	—	40
等规度/%	89.5	92	87.5		77.5
本体聚合活性					
g(PP)/[g(催化剂)·h·0.1MPa]	31	18	42	8.8	11.3
g(PP)/[mmol(Ti)·h·0.1MPa]	42.5	33.5	51	14	9
等规度/%	88.5	91	84	79.5	85

① 60℃，聚合 5h，加入少量苯甲酸乙酯，AlEt$_3$ 作活化剂。

Chien 等[15]研究了 Mg(OH)Cl 作载体的聚丙烯催化剂。将四苄基钛（Bz$_4$Ti）、三苄基氯化钛（Bz$_3$TiCl）、4-对甲基苄基钛（4-MeBzTi）、3-甲基苄基氯化钛（3-MeBzTiCl）和 π-环戊二烯基三甲基钛（π-CpTiMe$_3$）分别负载于 Mg(OH)Cl 上，表 7-15 列出了催化聚合丙烯的结果。

这类负载催化剂的活性相当高。作者用顺磁探针法发现，载体表面上的羟基多以邻、对形式存在。这样，载体表面上相邻的烷基钛可以发生反应，使催化剂失活。为了提高催化剂的活性，载体应当有更大的表面积，以使表面上的羟基仅有一部分与烷基钛反应。从表 7-15 可以看出，添加电子给予体后，催化剂定向能力的提高令人瞩目。

表 7-15 聚丙烯 Mg(OH)Cl 负载催化剂

Ti 化物	Ti 含量/[mmol/g(载体)]	电子给予体	Al/Ti	R_{av}/[mmol(Ti)][①]	等规度/%
Bz$_4$Ti	0.074	—	25	1.12	77
Bz$_3$TiCl	0.073	—	12.5	2.16	67
4-MeBzTi	0.08	—	22	1.04	65
3-MeBzTiCl	0.074	—	25	2.89	68
π-CpTiMe$_3$	0.072	—	26	1.56	90
Bz$_3$TiCl	0.14	醚	10	0.27	100

① 平均活性，g(PP)/[mmol（Ti）·h·0.1MPa]；聚合温度50℃；丙烯压力 0.05MPa。

Soga 等[16]分别研究了金属羟基化合物、羟基氯化物、硅胶和有机高聚物为载体的催化剂，发现 Mg(OH)$_2$ 和 Mg(OH)Cl 为载体的催化剂活性最高，聚合物的立构规整性主要取决于单体在活性中心上的定向配位作用。

有人系统地研究了 TiCl$_4$ 负载于各种金属的羟基氯化物和氢氧化物上，以 AlEt$_3$ 为助催化剂进行丙烯聚合，获得以下规律[10]：

① 载体使活性中心大大稳定；

② 金属的活性顺序为 Mg≫Fe>Cr>Co>Al>Ni>Mn>Cd=Sr>Si>Cu；

③ 载体金属离子半径与立体定向度存在明显的峰值关系，如图 7-9 所示，最大值接近

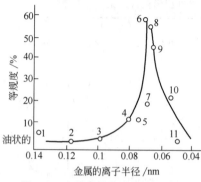

图 7-9 用作载体的金属离子半
径与等规度的关系

1—Ba；2—Sr；3—Ca；4—Mn；5—Co；6—Cr；
7—Ni；8—Mg；9—Fe；10—Al；11—Si

0.07nm。金属离子半径与 Ti^{4+}（0.068nm）越接近，等规度越高；

④ 聚合物的定向规整性取决于载体（或催化剂）的晶体结构，载体的结晶度越高，定向性也越好。

但研制 α-烯烃定向聚合高效催化剂，目前国内外尚难以提出一个普遍的设计方案，主要仍靠经验来开展。但从总结以往的经验来看，高活性、高定向性的催化剂必须是多孔的，而且具有 α- 或 δ-$TiCl_3$ 的晶型结构。$MgCl_2$ 具有与 δ-$TiCl_3$ 类似的层状晶体结构，与 $\Phi COOEt$（Φ＝苯基）生成弱配合物。故以 $MgCl_2$·$\Phi COOEt$ 基体浸渍与负载的 $TiCl_3$ 或许是 α-烯烃定向聚合的理想高效催化剂。

7.3.6 聚合物的立构规整性

在低分子有机化合物中，由于分子中的原子团在空间排列方式不同，可以引起立体异构现象。在聚合物分子内也可以组成相同，但是由于存在不对称碳原子（或叫手性碳原子）和双键或环状结构，导致原子团的空间排列各异，产生不同的异构现象。

7.3.6.1 乙烯基单体 CH_2＝CHX 聚合物的旋光异构

乙烯基单体 CH_2＝CHX 以头尾相连形成聚合物时，聚合物主链中的叔碳原子

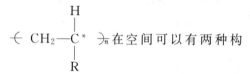

在空间可以有两种构型，D-构型和L-构型（或者R-构型和S-构型），因此就产生全同立构、间同立构和无规立构三种不同的立构异构现象（如图 7-10 所示）。

（1）全同立构（iso-tactic） 在聚合物主链中，每个叔碳原子都有相同的构型，如 DDDDD—型或 LLLLL—型，若将聚合物分子链拉直放在一个平面上，则所有取代基—X 都处于平面的同侧，这种聚合物称为全同立构聚合物，如图 7-10（a）所示。

（2）间同立构（syndio-tactic） 在聚合物主链中，每个叔碳原子交替出现 D 型和 L 型，如 DL DL DL DL DL

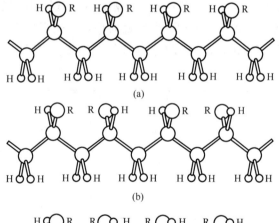

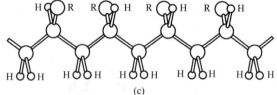

图 7-10 单烯烃 CH_2＝CHX 型聚合物的构型
（a）全同立构；（b）间同立构；（c）无规立构

……，也就是所有取代基—X 交替排布于主链平面的两侧，这种聚合物称为间同立构聚合物，或叫做间规立构聚合物，如图 7-10（b）所示。

（3）无规立构（atactic） 如果每个叔碳原子的构型在聚合物主链上毫无规则地排列，

也就是所有取代基—X没有规律地分布于聚合物主链平面两侧，这种聚合物叫做无规立构聚合物，如图 7-10（c）所示。

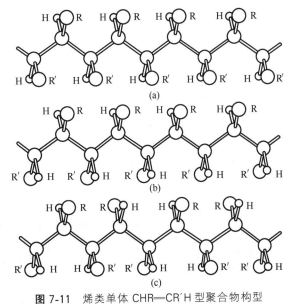

7.3.6.2 α,β-二取代单体 XCH＝CHY 聚合物的旋光异构

由 α,β-二取代单体 XCH＝CHY 形成的聚合物中，不难看出，由于 X 和 Y 是不同的取代基，所以由这类单体聚合而生成的聚合物主链中同时存在两种不对称碳原子 $\left[\overset{*}{\underset{X}{CH}}-\overset{*}{\underset{Y}{CH}}\right]_n$，因而出现另外 3 种双重有规立构聚合物，即非叠同双全同立构、叠同双全同立构和双间同立构（如图 7-11 所示）。

图 7-11 烯类单体 CHR＝CR′H 型聚合物构型
(a) 非叠同双全同立构；(b) 叠同双全同立构；(c) 双间同立构

（1）非叠同双全同立构（threo-diisotactic） 取代基 X 和 Y 都是全同立构，链节中二个不对称原子旋转一定角度后，主链相重叠，而 X 和 Y 的位置不能重叠。若将聚合物分子链拉直放在一平面上，则 X 与 Y 同时处于平面的同一侧，这种聚合物就称作非叠同双全同立构聚合物，如图 7-11（a）所示。

（2）叠同双全同立构（erythyo-diisotactic） 两种不对称碳原子各自均为全同立构，它们旋转一定角度后，主链重叠，X 和 Y 也相互重叠。如果聚合物主链放在一平面上，则 X 和 Y 分别处于平面两侧。这类聚合物称为叠同双全同立构聚合物，如图 7-11（b）所示。

（3）双间同立构（disyndiotactic） 两种不同对称碳原子各自是间同立构，亦即 X 和 Y 分别交替出现在聚合物分子链平面两侧，此为双间同立构聚合物，如图 7-11（c）所示。

由上述可见，聚合物链结构有立构规整性的，也可以没有立构规整性。凡是具有高度立构规整性的聚合物，都称为定向聚合物。国际纯粹和应用化学联合会也规定，以形成立构规整性聚合物为主的聚合反应过程，都叫做定向聚合。Ziegler-Natta 催化剂的重要催化特性之一就是能够实现定向聚合，已在丙烯及双烯烃的定向聚合等方面实现了大规模的工业化。

目前，聚合物的立构规整度也可以用现代分析仪器加以测定，如使用 X 射线衍射法、红外吸收光谱法以及高分辨率核磁共振法等。

7.4 铬系催化剂

以铬为代表的某些过渡金属化合物，未经改性或经过改性，在不加烷基金属作助催化剂的条件下能催化 α-烯烃聚合，人们称这类催化剂为无烷基金属催化剂（metal alkyl free，MAF）。由于这种催化剂最早由菲利普公司的 Hogan 和 Bank 在 20 世纪 50 年代初发现的，所以有时也叫做菲利普催化剂。

在这类催化剂中，常用的铬化合物为氧化铬（CrO_3）、双三苯基硅铬酸酯 $[(\Phi_3SiO)_2CrO_2]$（Φ＝苯基）和二茂铬（Cp_2Cr）三种。

铬系催化剂在没有使用烷基铝的条件下，称它为单组分催化剂。为了提高催化活性，现在也普遍使用烷基铝。

必须指出，对于催化乙烯聚合来说，上述三种铬化物本身不具备（或很小）催化活性。但是当它们负载在高比表面积的二氧化硅上时，则就会具有很高的催化活性。

例如 $[(\Phi_3SiO)_2CrO_2]$ 在 13.8MPa 乙烯压力下，150℃反应 6h，仅得 55g 聚乙烯，但是 $0.02g[(\Phi_3SiO)_2CrO_2]$ 负载于 1.1gSiO_2 上，仅 4.13MPa 乙烯压力下，135℃聚合 1h，就能得到 65g 聚乙烯[17]。

Carrick[17] 对双三苯基硅铬酸酯体系进行了系统的研究，SiO_2、AlR_3 对催化活性的影响见表 7-16。

表 7-16 $(\Phi_3SiO)_2CrO_2$ 体系对乙烯聚合结果

编号	$(\Phi_3SiO)_2CrO_2$ 量/g	SiO_2 量/g	AlR_3	乙烯压力/MPa	温度/℃	时间/h	聚乙烯量/g
1	1.0			137.8	150	6	55
2	0.02	1.1		4.13	135	6	65
3	0.01	0.4	0.18mmol AlEt_2Oet	2.7	89	1.5	195

从表 7-16 可看出，1 号试验没有载体 SiO_2 也没有烷基铝，催化活性很低。3 号试验使用载体并加入烷基铝组分，催化效率提高得十分显著。因此，现在铬系催化剂一般也使用烷基铝化合物作为一个组分，以提高催化剂的催化活性，从而降低反应压力和反应温度。

二茂铬在 3.44MPa 乙烯压力下，140℃也不能使乙烯聚合。

高比表面积的载体是铬系催化剂获得高催化活性的关键。如以高比表面积的 SiO_2-Al_2O_3（组成比为 87：13）浸渍 CrO_3 水溶液，得到粉末状催化剂。除去水，再用干燥空气于 400～800℃下沸腾干燥和活化，除去键合水。然后，在一氧化碳存在下加热，得到活性较大的催化剂，氧化铬含量为 1%～5%（质量分数），它必须存储在干燥惰性气氛中，因为易被极性化合物毒化而失活。

铬基催化剂专用于生产高密度聚乙烯，也可以使较高级 α-烯烃，特别是丙烯、1-丁烯、1-戊烯、1-己烯等聚合成半固体至黏性液体状的带支链的高聚物。若在乙烯聚合时，加入一定量（通常为百分之几）的较高级 α-烯烃，如 1-丁烯，可以降低产物的结晶度。

7.4.1 催化反应原理

关于负载铬基催化剂的催化聚合反应原理，主要有以下几点基本解释。

（1）载体稳定氧化铬[18] 研究证明，载体并非惰性稀释剂，它可与活性组分氧化铬有一定的相互作用。CrO_3 及活化的二氧化硅-氧化铝的混合物，对乙烯聚合没有活性。但是，随着活化温度从 196℃增加到 400℃（CrO_3 的熔点为 196℃），上述混合物的活性逐渐增加。实验证明，氧化铬与 SiO_2 及 Al_2O_3 都能进行相互反应。在混合载体存在下，铬为 Cr（Ⅵ）时是稳定的。Hogan 经计算指出，氧化硅载体的表面积为 $600m^2/g$，含有约 5% 的 Cr 为 Cr（Ⅵ），相邻的 Cr（Ⅵ）原子之间的距离为 1nm。这种结果与煅烧后的氧化硅上的硅烷醇的数目相符合。因此，Hogan 提出 CrO_3 是稳定的，如下式所示。

$$-Si-O-Si- \ (OH)(OH) + CrO_3 \longrightarrow -Si-O-Si- (O\,Cr\,O)(O=Cr=O) + H_2O$$

$$-Si-O-Si- \ (OH)(OH) + 2CrO_3 \longrightarrow -Si-O-Si- (O=Cr)(Cr=O) + H_2O$$

（2）少量铬原子为活性中心　A. Clark 经计算指出，总铬原子中仅有 $0.1\% \sim 0.4\%$（质量分数）的铬原子生成活性中心[19]。Hogan 计算出每个活性中心每秒钟可生成 2.8 个聚合物分子。在典型的聚合反应条件下，同一个活性中心可以催化生成几千个聚合物链。所以，可以用少量催化剂生产大量聚合物。

由于铬是一个变价元素，它的价态有 Ⅱ、Ⅲ、Ⅳ、Ⅴ 和 Ⅵ 五种，因为这是一类非均相催化剂，正像 Ziegler-Natta 催化剂一样，随着烷基铝的加入以及加入量的变化，将产生不同程度的还原。因此，一般难以确定活性价态，有人提出 Cr（Ⅱ）氧化态的见解。低聚物的质子光谱发现有稳定铬的 $\left[Cr(CH_2)_n^+\right]$ 碎片，证明 δ-Cr—C 键的存在。

（3）活性 δ-Cr—C 键　以放射性同位素标记法，已证明存在金属-碳键，烯烃分子插入 Cr—C 键，产生链增长。对于铬基催化剂，氢也起着链转移剂的作用。

（4）Cr～～～P_n 键的断裂引起链终止　上面已提到，一个活性中心可以产生几千个聚合物分子链，这表明即使发生链终止反应，但是活性中心仍保持着活性，继续引发新的链增长。与前面讨论 Ziegler-Natta 催化剂催化烯烃聚合机理一样，铬基催化剂的链终止反应同样也是 β-H 转移引起的。

$$Cr-CH_2-CH_2\cdots\cdots R \longrightarrow Cr-H + CH_2=CH\cdots\cdots R$$
$$Cr-CH_2-\underset{\underset{CH_3}{|}}{CH}\cdots\cdots R \longrightarrow Cr-H + CH_2=\underset{\underset{CH_3}{|}}{C}\cdots\cdots R$$

在链转移反应中生成的 Cr—H，可以继续引发烯烃聚合反应，产生新的链增长。

（5）活性 Cr—C 键的形成　铬基催化剂常用的是高比表面积的二氧化硅载体，其立体构型为四面体。在二氧化硅-氧化铝混合物中，同时存在四面体和八面体构型。在解释乙炔芳烃化为苯时，Hogan 提出 Cr 中心有三个空的配位位置。因此，烯烃分子可以与金属原子 Cr 配位。Pecher-Skaya 等提出，乙烯与 Cr 原子配位之后，有一个氢原子转移到与 Cr 相连接的氧上，乙烯和 Cr 原子间就形成 δ-Cr—C 活性键[20]。

$$\underset{O\ \ O\ \ O}{\overset{OH\ \ CH=CH_2}{Cr}}$$

（6）环戊二烯基铬（二茂铬）化合物 $(C_5H_5)_2Cr$　Karol 等研究发现，二茂铬 $(C_5H_5)_2Cr$ 只有经化学吸附在高比表面积的载体上才有催化活性。但是，其他二茂过渡金属化合物，若没有烷基碱金属化合物，则对烯烃或二烯烃有催化聚合的活性。

美国联合碳化物公司（UCC）已将二茂铬催化剂用于气相法生产高密度聚乙烯。二茂铬对氢很敏感，在 90℃时，$k_H/k_M=3.6\times10^3$（H＝H_2，M＝单体）。

在 3.52MPa、140℃条件下，二茂铬的均相溶液对乙烯无催化活性。但是，当二茂铬从烃类溶液中沉淀在无定型高比表面积的二氧化硅上时，则得到高活性催化剂。聚合物性质和动力学参数随使用的不同比表面积和孔径大小的二氧化硅而变化，随控制二氧化硅上二茂铬的载荷量和二氧化硅脱水时温度的选择而变化（见表 7-17）。当二氧化硅和二茂铬反应时，放出环戊二烯，但仍有一些键合在催化剂上。聚合温度范围为 30～170℃，可采用溶液聚合工艺（＞120℃）和淤浆聚合工艺（＜100℃）。在约 60℃时观察到活性最大（见图 7-12）。

表 7-17　二氧化硅脱水温度对二茂铬催化剂的影响[21]

脱水温度/℃	$(C_5H_5)_2Cr$ /mol×10^3	C_2H_4 压力 /MPa	收率/g	标准活性① /[g/mmol$(C_5H_5)_2$Cr]	相对活性
200	0.26	3.24	156	130	0.08
300	0.13	3.24	102	171	0.10
300	0.26	3.24	278	232	0.14
400	0.066	3.24	258	849	0.51
670	0.066	1.30	204	1671	1.00

① 乙烯压力为 0.7MPa。

注：二氧化硅牌号 Grade56；氢压力 0.1MPa；聚合温度 60℃；时间 1h。

Karol 及其合作者提出，二茂铬与二氧化硅表面上的羟基反应，反应式如下。

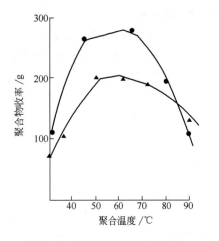

图 7-12　聚合温度对活性的影响

●—$(C_5H_5)_2$Cr：0.26mmol，Grad56 二氧化硅（300℃）0.4g，C_2H_4 压力 3.24MPa，反应时间 1h；

▲—$(C_5H_5)_2$Cr：0.066mmol，Grad56 二氧化硅（670℃）0.4g，C_2H_4 压力 1.30MPa，反应时间 1h

他们认为 Cr—C 键或 Cr—H 键的生成有如下几种可能性。①乙烯插入 Cr—O 键；②—H、—OH、烃碎片或氢与乙烯加成。一旦生成了中心，即开始乙烯连续向 Cr—C 键上加成的链增长。估计乙烯-丙烯共聚的反应速率比 $r=72$，这表明催化剂并没有使 α-烯烃发生均聚反应。二茂铬-SiO_2 催化剂生成的聚乙烯分子量分布相当窄。在 100℃以上，由于同时发生聚合-异构化反应，所以生成不饱和支链的聚合物或低聚物。

Karol 认为，被连接在活性中心上的环戊二烯配位基的存在非常重要。当这些催化剂加热时，某些环戊二烯被分离出来，这一点对二茂铬-载体催化剂的全部聚合行为有显著的影响。

全部聚合过程在 30℃ 和 56℃ 条件下进行，其表观活化能为 42.3kJ/mol，这属于 Ziegler-Natta 催化剂报告的范围。在 90℃ 时，$k_H/k_M = 3.6 \times 10^{-3}$，表示这种催化剂对于作为链转移剂的氢比对于单体有高的活性，$k_H/k_P = 4.65 \times 10^{-1}$。

7.4.2 聚合实例[22]

实例 1　美国菲利浦公司淤浆法（即新 Phillips 法）

催化剂组成为 SiO_2-CrO_3-AlR_3 体系，含 CrO_3 2%～3%（质量分数），聚合温度约 100℃，聚合压力 4～4.5MPa，催化效率 50 万倍。聚合物浆液浓度约 25%，乙烯转化率 95%～97%。聚合压力与聚合速率关系见表 7-18。

表 7-18　聚合压力与聚合速率关系

乙烯压力/MPa	聚合时间/min	聚合速率/[g(PE)/g(催化剂)·h]
0.5	60	2370
1.0	30	4530
2.0	20	8920
3.0	10	13300

实例 2　美国联合碳化物公司（UCC）气相法

催化剂由有机铬（推测为双三苯基硅铬酸酯及二茂铬）化合物吸附在表面积为 50～100m²/g 硅胶载体上制成，以硅烷或有机铝化合物作活化剂，催化效率很高，达 60～100 万倍。聚合反应在流化床反应器中进行，聚合温度为 95～105℃，压力为 2.1MPa，停留时间为 3～5h，共聚单体为丙烯和丁烯。

7.5　茂金属催化剂

7.5.1 茂金属及其特点

以环戊二烯基(Cp=Cyclopentadinyl)或环戊二烯基衍生物为配体的金属配合物催化剂，称为茂金属(Metallocene)催化物。

茂金属是一类金属有机配合物，通常能溶解于有机溶剂，因此，这是一类均相催化剂。第一个茂金属催化剂 $Cp_2TiCl_2/AlEt_2Cl$ 在 20 世纪 50 年代中末期出现，它能使乙烯聚合，但活性很低；对丙烯聚合没有活性。此后近 20 年间，茂金属均相催化剂开发应用停滞不前。20 世纪 80 年代初，Kaminsky 和 Sinn 等，首次用甲基铝氧烷(methylaluminoxane，MAO)作助催化剂，活化 Cp_2ZrCl_2 催化乙烯聚合，活性很高，并且能催化丙烯聚合成无规聚丙烯。1985 年前后，Ewen 和 Kaminsky 分别以手性立体刚性的 rac-Et[Ind]$_2$ZrCl$_2$ 和 rac-Et[IndH$_4$]$_2$ZrCl$_2$（Ind，茚基）经 MAO 活化，合成了高等规聚丙烯，这一重大发现，打破了只有非均相 Ziegler-Natta(齐格勒-纳塔)催化剂才能合成等规聚丙烯的格局。此后十多年来，相继出现了一系列不同结构的均相茂金属催化剂，广泛应用于烯烃及其衍生物的聚合共聚合，除了生产性能优异的传统聚烯烃，如高密度聚乙烯（HDPE）、低密度聚乙烯（LDPE）、线性低密度聚乙烯（LLDPE）、极低密度聚乙烯（VLDPE）、乙丙橡胶、乙烯或丙烯与高级 α-烯烃的共聚物及等规聚丙烯（i-PP）等产品以外，还成功地合成了间规聚丙烯（s-PP）、半等规聚丙烯（hemiipp）、间规聚苯乙烯（s-PS）、环烯烃聚合物、双烯烃聚合物以及极性聚合物等多种具有独特结构性能的新材料，极大地拓宽了均相催化剂的应用范围和配位聚合研究领域。

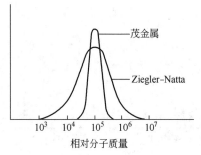

图 7-13 茂金属和 Ziegler-Natta 催化剂体系的相对分子质量分布[23]

茂金属催化剂与传统的 Ziegler-Natta 催化剂相比，均相催化体系的单一活性中心是其特有的优点。这种单中心催化剂（single site catalyst）催化烯烃聚合，产生高度均一的分子结构和组分均匀的聚合物，其相对分子质量分布（M_w/M_n）比传统的齐格勒-纳塔催化剂所产生的聚合物窄得多（见图 7-13）。

茂金属催化剂的另一重要特点，是从分子设计出发，变换茂环类型及取代基，改变茂金属的结构，调节聚合反应条件，控制聚合产物的各种参数：分子量、分子量分布、共聚单体含量、侧链支化度、密度以及熔点和结晶度等，从而实现按应用要求"定制"（tailor-made）聚合物分子结构，精确控制聚合物的各种性质。

进入 20 世纪 90 年代以来，茂金属催化剂已经引起工业界的高度重视和开发热情。从 1990 年开始，埃克森（Exxon）、道化学（Dow）、三井石油化学（Mitsui Petrochemical）等大公司，相继将茂金属聚乙烯（MPE）商品化。费纳（Fina）、三井东压（Mitsui Toatsu）、道化学/出光兴产（Dow/Idemitsu Kosan）等公司，已完成间规聚丙烯、间规聚苯乙烯中等规模试验，目前正向工业化生产迈进。

7.5.2 甲基铝氧烷(MAO)

茂金属催化剂最有效的助催化剂是甲基铝氧烷（methylaluminoxane，MAO），它是三甲基铝 $Al(CH_3)_3$ 的部分水解产物。

$$(n+1)Al(CH_3)_3 + nH_2O \longrightarrow (CH_3)_2Al\text{-}[OAl(CH_3)]_n + 2nCH_4$$

$Al(CH_3)_3$ 水解是强烈的放热反应，如直接与水作用非常剧烈，难以控制，极其危险。截至目前，虽然已有多种制备 MAO 的方法，但是实际使用的是以含结晶水的无机盐作为水解剂。常用的水合盐有 $CuSO_4 \cdot 5H_2O$、$Al_2(SO_4)_3 \cdot 18H_2O$、$FeSO_4 \cdot 7H_2O$ 等。

MAO 是一种聚合度为 n 的低聚物，重复单元为 $\text{-}[OAl(CH_3)]_n$。n 值一般在 5～30 之间，常取决于水解剂及其水解条件（温度和 H_2O/Al 摩尔比、时间），MAO 的聚合度 n 和结构对催化活性影响很大。

MAO 有两种基本结构，其空间基本结构见图 7-14。

其他烷基铝水解产物乙基铝氧烷（EAO）、异丁基铝氧烷（i-BAO）等对烯烃的催化聚合活性，都没有 MAO 的活性高。

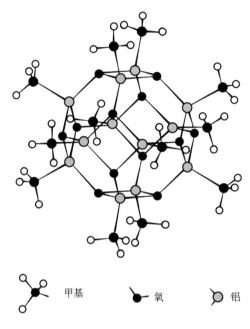

| | 甲基 | | 氧 | | 铝 |

图 7-14　MAO 的基本结构[23]

7.5.3　茂金属催化剂的分类及特点

根据茂金属配位基的结构和金属元素，可以归纳为下列五类(见表 7-19)。

表 7-19　茂金属催化剂类型

双(或二)茂金属催化剂	I 非桥联茂金属催化剂 (1)Cp_2MCl_2(M＝Ti,Zr,Hf) (2)$Cp_2Z_1R_2$(R＝Me,Ph,CH_2Ph,CH_2SiMc_3) (3)$(Ind)_2MR_2$(M＝Zr,Hf;R＝Cl,Me) (4)$(Me_3SiCp)_2ZrCl_2$ II 桥联立体刚性茂金属催化剂 (1)$Er(Ind)_2ZrR_2$(R＝Cl,Me) (2)$Et(IndH_4)_2ZrCl_2$ (3)$Me_2Si(Ind)_2ZrCl_2$ (4)$Me_2C[(Flu)(Cp)]ZrCl_2$
阳离子茂金属催化剂	(1)$Cp_2MR(L)^+[BPh_4]^-$(M＝Ti,Zr) (2)$[Et(Ind)_2ZrMe]^+[B(C_6F_5)_4]^-$ (3)$[Cp_2ZrMe]^+[(C_2B_9H_{11})_2M]^-$(M＝Co)
载体茂金属催化剂	(1)$SiO_2/Et(Ind)_2ZrCl_2$ (2)$MgCl_2/Cp_2ZrCl_2$ (3)$Al_2O_3/Et(IndH_4)_2ZrCl_2$ (4)$SiO_2/Cl_2Zr(Ind)_2Si$
单茂金属催化剂	(1)CGC(Constrained Geometry Catalysts) (2)$CpTiCl_3$,$RCpTiX_3$(X＝Cl,F,OR)

稀土茂金属催化剂	(1)$[(Me_3SiC_5H_4)_2ErMe]_2$ (2)$[(C_5Me_5)_2LuCH_3 \cdot OEt_2]$ (3)$[(C_5Me_5)_2YbCH_3 \cdot OEt]_2$ (4)$[(C_5Me_5)_2Lu(CH_3)_2AlMe_2]$ (5)$[(C_5Me_5)_2Lu(Me)_2Li]$ (6)$[(C_5Me_5)_2LuMe \cdot OEt_2]^+ AlMe_3$ (7)$[(C_5Me_5)_2LuMe \cdot OEt_2]^+ 2AlMe_3$ (8)$[(C_5Me_5)_2LuMe \cdot OEt_2]^+ 10Et_2O$ (9)$[(C_5Me_5)_2LuMe \cdot OEt_2]^+ 10THF$ (10)$(C_5Me_5)_2Sm \cdot OEt_2$ (11)$(C_5Me_5)_2Eu \cdot 2THF$ (12)$(C_5Me_5)_2Yb \cdot OEt_2$ (13)$[(C_5Me_5)_2LaH]_2$ (14)$[(C_5Me_5)_2NdH]_2$ (15)$[(C_5Me_5)LuH]_2$

7.5.3.1 二茂金属催化剂

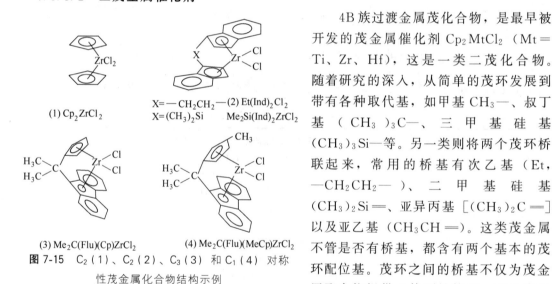

图 7-15　C_2（1）、C_2（2）、C_3（3）和 C_1（4）对称性茂金属化合物结构示例

4B 族过渡金属茂化合物，是最早被开发的茂金属催化剂 Cp_2MtCl_2（Mt＝Ti、Zr、Hf），这是一类二茂化合物。随着研究的深入，从简单的茂环发展到带有各种取代基，如甲基 CH_3—、叔丁基（CH_3）$_3$C—、三甲基硅基（CH_3）$_3$Si—等。另一类则将两个茂环桥联起来，常用的桥基有次乙基（Et，—CH_2CH_2—）、二甲基硅基（CH_3）$_2$Si＝、亚异丙基［（CH_3）$_2$C＝］以及亚乙基（CH_3CH＝）。这类茂金属不管是否有桥基，都含有两个基本的茂环配位基。茂环之间的桥基不仅为茂金属聚合物提供立体刚性构型，而且支配着过渡金属和 Cp 配体之间的距离和夹角，从而对烯烃单体的插入和立体选择性产生重要影响。结构示例见图 7-15。

7.5.3.2 阳离子茂金属催化剂

在不需使用 MAO 或其他烷基铝助催化剂的条件下，就能引发烯烃聚合的茂金属，即为阳离子催化剂。

这类催化剂是在研究均相茂金属催化剂的活性中心问题中发展起来的。研究表明，金属茂/MAO 体系中真正的活性中心是茂金属烷基阳离子，即 $[Cp_2MtR]^+$（Mt＝Ti、Zr、Hf）型阳离子配合物。这种阳离子配合物并非一定需要使用 MAO 才能得到，若使 $Cp_2Mt(CH_3)_2$ 与硼酸盐以 1∶1（摩尔比）直接反应也能得到，在反应中硼酸盐从 Cp_2MtR_2 获得一个 R，使 Cp_2ZrR_2 转变成阳离子 $[Cp_2MtR]^+$。例如

$$Cp_2Zr(CH_3)_2 + B(C_6F_5)_3 \longrightarrow [Cp_2ZrCH_3]^+ [CH_3B(C_6F_5)_3]^-$$

反应中生成的硼的配合阴离子还有稳定阳离子的作用。

可用于制得阳离子型 $[Cp_2MtR]^+$ 催化剂的非配位阴离子硼化物还有 $[B(C_6F_5)_4]^-$、$(C_2B_9H_{11})Co$、$Ph_3C^+B(C_6H_5)_4$ 或 $[C_6H_5Me_2NH^+][B(C_6H_5)_4]^-$ 等大分子化合物（见图 7-16）。

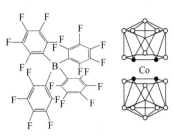

图 7-16　$B(C_6F_5)_4$ 和 $(C_2B_9H_{11})Co$ 的结构

以此类催化剂催化烯烃聚合时，可以直接加入等当量的助催化剂，立即形成阳离子化的活性中心，催化烯烃聚合。Bochmann 等[24]用 $[R_2MMe_2]$ 和 $[PhNMe_2H]BPh_4$ 作用产生 $[R_2MMe]^+$ $[BPh_4]^-$（R = Cp、Ind；M = Ti、Zr），后者催化乙烯聚合的活性顺序为

$$[(Ind)_2TiMe]^+ > [Cp_2TiMe]^+ > [Cp_2ZrMe]^+$$

与 Ti 连接的配体对活性影响次序为

$$Ind > C_5H_4SiMe_3 > Cp$$

聚合反应动力学的研究表明，开始 10～15min 反应快速，接着衰减到较低的活性水平。催化活性随聚合温度升高（15℃以上）迅速下降，所生产的 PE 的 NWD 随聚合温度改变而变化。在 $[(Ind)_2TiMe][BPh_4]$ 的情况下，活性的降低与溶剂的极性降低有关。若以碱性较低的阴离子 $[B(C_6H_3CF_3)_2]^-$ 代替 $[BPh_4]^-$ 阴离子，可以增加催化活性。在低温条件下聚合，Zr 配合物的活性大大低于相同的 Ti 配合物。但是，Zr 化合物的热稳定性较好，不易失活。

阳离子茂金属催化剂可以引发丙烯聚合，但是生成的聚丙烯的结构与茂金属的结构密切相关。非桥联茂金属（非立体刚性）如 $[(Ind)_2TiMe]$・$[BPh_4]$、$[R_2ZrMe_3]^+$ $[MeB(C_6F_5)_3]^-$（R = η^5-C_5H_5、η^5-1,2-$Me_2C_5H_3$、η^5-C_5Me_5）等，只能使丙烯聚合成无规聚丙烯，而且催化活性也低。若以桥联立体刚性阳离子茂金属催化剂，如 $[Et(Ind)_2Zr(CH_2Ph)]/(CPh_3)B(C_6F_5)_4$ 在 60℃催化丙烯聚合，可以得到等规聚丙烯，催化活性高达 21000kg（i-PP）/[mol(Zr)・h]。

这类阳离子茂金属催化剂，可以催化乙烯与 α-烯烃共聚合。如 $[Cp_2ZrMe]^+$ $[(C_2B_9H_{11})_2Co]^-$ 使乙烯与 1-丁烯共聚合，催化活性为约 900g 共聚物/[mmol(Zr)・h]，共聚物的 MWD 为 29，每 1000 碳原子含 10～20 个乙烯支链。

阳离子茂金属催化剂可催化丙烯低聚。如 $[Cp^*MMe(THF)]^+$・$(BPh_4)^-$（M = Zr、Hf）在 N,N-二甲基苯胺中和低温下，使丙烯聚合成低分子量低聚物[25]。M = Zr，得到 C_6～C_{24} 的低聚物；M = Hf，只得到二聚物（4-甲基-1-戊烯）和三聚物（4,6-二甲基-1-庚烯）。聚合温度升高，产物向低分子量移动。

锆的五甲基茂阳离子配合物 $[Cp_2^*ZrMe]^+$ $[B(C_6H_4F)_4]^-$ 可使炔烃 3,3-二甲基-1-丁炔等低聚成二聚体和三聚体[26]。

7.5.3.3　载体茂金属催化剂

茂金属催化剂的最大缺点在于，由均相液体中生成的聚合物是无定型细粉，堆密度小，可在反应器壁上析出和黏附，甚至形成坚固的皮膜，因此难以适用于连续聚合工艺。采用茂金属催化剂负载化，则可以克服其不足。

在多相催化剂体系中，催化剂的物理形态对聚合物链增长起模板作用，控制催化剂颗粒形态和大小，就可以控制聚合物的形态及颗粒的大小。

茂金属属于均相催化体系，一般仅适用于烯烃的溶液聚合工艺。茂金属经负载化之后，可以扩大到淤浆聚合和气相聚合工艺。

茂金属催化剂的载体通常为 SiO_2、Al_2O_3、$MgCl_2$。若以 SiO_2 为载体，可用下列不同分类法来制备。

① 茂 Zr/SiO_2：茂 Zr 化合物直接负载在 SiO_2 载体上。

② $(SiO_2MAO)/$茂 Zr：载体先用 MAO 处理，然后再与茂 Zr 化合物反应。

③ （茂 Zr/SiO_2）$/MAO$：首先将茂 Zr 化合物与 SiO_2 载体作用，再加 MAO 处理。

④ （L/SiO_2）$/Zr$ 化合物：将茂 Zr 化合物的配体（L）先与 SiO_2 载体作用，然后与 Zr 化合物反应。

选用 SiO_2 为载体，按方法①制备载体茂金属催化剂。

例如 $Et[IndH_4]_2ZrCl_2/SiO_2$ 和 $i\text{-}Pr(Flu)(Cp)ZrCl_2/SiO_2$ 用普通烷基铝作助催化剂对烯烃聚合无活性。但是，用小量 MAO 预处理过的 SiO_2 载体制备的 SiO_2 载体茂 Zr 催化剂也能用普通烷基铝活化。$(SiO_2/MAO)/Me_2Si(Ind)_2ZrCl_2$ 用 $Al(i\text{-}Bu)_3$ 为助催化剂可制得高熔点的等规 PP，SiO_2 在用 MAO 处理之前，先与 Cl_2SiMe_2 反应，可以显著提高乙烯聚合和丙烯聚合活性。

负载茂金属催化剂体系对烯烃的聚合活性，通常比在相同聚合条件下均相催化剂体系的活性低。但丙烯聚合得到的聚丙烯的等规度和熔点比均相体系有很大提高，尤以上述第 4 种方法制备的载体催化剂 $SiO_2/Cl_2Zr(Ind)_2Si$ 最明显。Kaminsky 等[34]合成的 SiO_2 952 载体茂 Zr 催化剂在很低 Al/Zr（摩尔比）情况下进行丙烯聚合，得到高等规度、高分子量和高熔点的聚丙烯，大大高于相同茂 Zr 的均相体系（见表 7-20），并发现 $i\text{-}PP$ 的分子量和熔点随聚合温度增加而增加（见表 7-21），与温度对均相催化剂体系的影响情况（见表 7-22）相反。看来，茂金属催化剂负载化是提高 PP 的分子量和熔点的一个重要途径。

表 7-20　$SiO_2/Me_2C[(Cp)(Flu)]ZrCl_2$-MAO 与 $Me_2C[(Cp)(Flu)]$
$ZrCl_2$-MAO 丙烯聚合结果比较

催化剂体系	Al/Zr（摩尔比）	聚 丙 烯		
		熔点/℃	分子量	等规度/%
$SiO_2/Me_2C[(Cp)(Flu)]ZrCl_2$-MAO	180	158	350000	90
$Me_2C[(Cp)(Flu)]ZrCl_2$-MAO	5900	131	47000	6

注：聚合条件　$[Zr]=5\times10^{-5}$mol，甲苯 100mL，50℃。

表 7-21　温度对 SiO_2 952/$Et(Ind)_2ZrCl_2$-MAO 催化丙烯聚合的影响

聚合温度/℃	丙烯浓度/(mol/L)	Al/Zr（摩尔比）	活性/[kg(PP)/mol(Zr)]	聚 丙 烯	
				分子量	熔点/℃
0	3.5	120	2.2	410000	150
25	1.5	120	7.8	420000	159
50	0.81	120	14.5	580000	159
75	0.48	120	18.6	710000	161
90	0.33	120	14.1	620000	161

注：聚合条件　$[Zr]=5\times10^{-5}$mol，甲苯 100mL，丙烯压力 0.2MPa，MAO 400mg。

表 7-22　温度对 Et(Ind)$_2$ZrCl$_2$-MAO 催化丙烯聚合的影响

温度/℃	Al/Zr(摩尔比)	聚 丙 烯	
		分子量	熔点/℃
0	5500	66000	148
30	5500	31000	137
50	5500	20000	122

以 SiO$_2$、Al$_2$O$_3$ 和 MgCl$_2$ 负载的茂金属催化剂，普通烷基铝助催化剂在 40℃、常压下进行了乙烯/丙烯、乙烯/己烯以及丙烯/己烯共聚合研究，制得的共聚物都是无规共聚物（$r_1 \cdot r_2 \leqslant 1$），共聚物的分子量比均聚物高得多。共聚物的 MWD 与单体的组合和载体有关，高比表面积的 γ-Al$_2$O$_3$ 载体茂 Zr 催化剂与 MAO 用于乙烯均聚，乙烯/1-己烯、乙烯/1-辛烯共聚都具有很高活性。但与均相体系比较，均聚和共聚活性下降，分子量降低。

Lee 等[28]研究用环糊精（cyclodextrin）（CD）作载体制得的（CD/MAO）/Cp$_2$ZrCl$_2$ 和（CD/TMA）Cp$_2$ZrCl$_2$ 载体催化剂，与助催化剂 MAO 或 TMA 进行乙烯聚合，聚合结果（见表 7-23）表明，聚合活性的次序为 β-CD<γ-CD<α-CD，而 β-CD 载体催化剂得到的 PE 分子量低于 α-CD 催化剂的 PE。

表 7-23　α-、β-、γ-CD 载体催化剂催化乙烯聚合[28]

催化剂	助催化剂	活性/[kg(PE)/(g(Zr)·h·MPa)]	$\overline{M}_w$	T_m/℃	T_c/℃
Cp$_2$ZrCl$_2$	MMAO	282	8000	126.1	111.5
（α-CD/MMAO）/Cp$_2$ZrCl$_2$	TMA	56	154000	134.9	115.3
	MMAO	121	123000	133.7	113.7
（β-CD/MMAO）/Cp$_2$ZrCl$_2$	TMA	6	36000	130.5	116.0
	MMAO	72	44000	131.1	115.7
（γ-CD/MMAO）/Cp$_2$ZrCl$_2$	TMA	16	—	134.2	115.7
	MMAO	102	—	129.2	115.8

单茂 Ti 化合物 （RCp）TiCl$_3$（R＝H，CH$_3$）载在 SiO$_2$ 上，可用 MAO 活化，但需加入 Lewis 酸(C$_6$H$_5$)$_3$C·B(C$_6$F$_5$)$_4$ 才能被普通烷基铝活化，Al$_2$O$_3$ 载体 CpTiCl$_3$ 催化剂，则不需 Lewis 酸的帮助，便可用普通烷基铝活化使丙烯聚合得到无规 PP，乙烯/丙烯共聚合得到无规共聚物，其结构性能分别与均相钒催化剂 （VOCl$_3$-Al$_2$Et$_3$Cl$_3$） 体系得到的聚合物相似。

（α-CD/TMA）/Cp·TiCl$_3$ 和（α-CD/MMAD）/Cp*·TiCl$_3$（Cp*＝Me$_5$Cp） 载体催化剂与 MAO 能使苯乙烯聚合生成间规聚苯乙烯（s-PS），但用 TMA 助催化剂不能使苯乙烯聚合[31]，与 Cp*·ZrCl$_2$-MMAD 均相催化剂体系比较，除 s-PS 分子量稍低外，聚合活化、s-PS 的间规度、T_m 和 T_c 的差别很小 （见表 7-24）。

表 7-24　α-CD 载体催化剂催化苯乙烯聚合[28]

催化剂	助催化剂	活性/[kg(s-PS)/(mol(Ti)·mol(ST)·h)]	S.I.(质量)	$\overline{M}_w$	T_m/℃	T_c/℃
Cp·TiCl$_3$	MMAO	940	93.5%	148000	271.3	235.9
（α-CD/TMA）/Cp·TiCl$_3^a$	TMA	痕量	—	—	—	—
	MMAO	996	93.0%	125000	271.4	234.6
（α-CD/MMAO）/Cp·TiCl$_3^b$	TMA	—	—	—	—	—
	MAO	874	92.7%	550	2711	234.8

聚合条件：苯乙烯＝0.35mol/L，Al/Ti＝100，载体催化剂 Ti 质量含量 a＝0.4%、b＝1.0%。

7.5.3.4 单茂金属催化剂

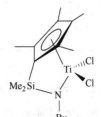

图 7-17 限定几何构型催化剂

单茂金属催化剂可分成两种类型。一种为简单的单茂金属，如 CpTiCl₃ 或 RCpTiCl₃ 以及它们的氢原子被烷基取代的衍生物；另一类是带有杂原子取代基的单茂金属，由于茂环与杂原子同时与中心金属原子配位，以 Ti 为中心形成限定环状结构的方式相互连结，环戊二烯基、钛中心和杂原子之间的键角<115°。因此，这就是限制几何构型催化剂（constrainned geometry catalyst），常以 CGC 表示（见图 7-17）。

CpTiCl₃/MAO 均相催化体系首先由 Ishihara 及其合作者用来成功地合成了高间规聚苯乙烯（syndiotactic polystyrene），通常以缩写 s-PS 表示[29,30]。间规聚苯乙烯在结构和性能上，完全不同于传统的过氧化物游离基引发的 PS 系列产品（见图 7-18）。在间规聚苯乙烯的大分子链中，苯环交替地排列在大分子链两侧，成为高结晶性的聚合物，其熔点高达 270℃，类似尼龙-66，几乎比通用聚苯乙烯高 3 倍。它还具有优良的耐热性、耐化学药品性、耐水和水蒸气的性能，密度低，冲击强度及刚性优良，易成型和模塑，呈现出类似 PBT（聚对苯二甲酸丁二酯）、PPS（聚苯硫醚）等工程塑料的性能。间规聚苯乙烯的成功开发，极大地提高了聚苯乙烯的使用价值，因此引起广泛的研究兴趣。

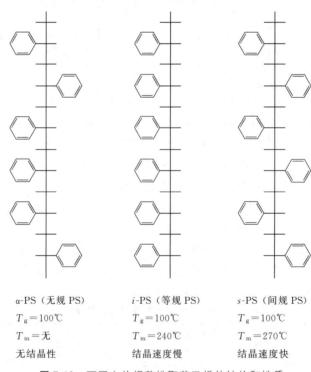

α-PS（无规 PS） $T_g = 100℃$ $T_m = 无$ 无结晶性

i-PS（等规 PS） $T_g = 100℃$ $T_m = 240℃$ 结晶速度慢

s-PS（间规 PS） $T_g = 100℃$ $T_m = 270℃$ 结晶速度快

图 7-18 不同立构规整性聚苯乙烯的结构和性质

关于单茂钛/MAO 催化剂合成间规聚苯乙烯，Zambelli 等提出苯乙烯单体与中心钛原子的 η⁴ 配位和二级插入的机理。他们认为四价钛首先被 MAO 还原成三价钛，并烷基化，然后苯乙烯以其乙烯基和苯环与钛原子形成 η⁴ 的配合物，接着苯乙烯以带有苯环为取代基的碳原子靠近钛原子实现二级插入 Ti-C 键。活性链端基的苯乙烯单元的苯环配位，后继单体单元仍依上述方式配位和插入增长。由于单体的苯环与活性键端苯环之间的斥力，控制着苯乙烯以间规方式增长[31]。最后，以 β-H 转移方式实现链终止（见图 7-19）。

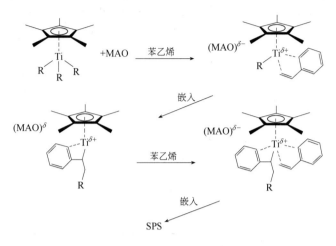

图 7-19 间规聚苯乙烯聚合过程[31]

大量研究表明，Ti^{4+} 和 Ti^{3+} 的芳烃可溶化合物/MAO 催化体系，都可以制备间规聚苯乙烯（见表 7-25）。但是，以单茂钛衍生物的催化活性最好，而二茂钛化合物的聚合活性比其他芳烃可溶性钛的化合物低。

表 7-25 各种金属化合物/MAO 催化体系下苯乙烯的聚合[31]

金属化合物/mol($\times 10^3$)		Al/mol	转化率(以质量计)/%	立构结构①	
$TiCl_4$	0.05	0.04	4.1	间同	1
$Ti(OMe)_4$	0.05	0.04	3.8	间同	1
$CpTiCl_3$	0.05	0.04	92.3	间同	2
$Ti(acac)_2Cl_2$	0.01	0.008	0.4	间同	1
$ZrCl_4$	0.05	0.01	0.7	无规	3
$Zr(CH_2Ph)_4$	0.2	0.016	2.0	间同	5
$VOCl_3$	0.05	0.04	0.2	无规	4
$Nb(OEt)_5$	0.25	0.02	0.2	无规	1
$Ta(OEt)_5$	0.25	0.02	痕量	无规	1
$Cr(acac)_3$	0.02	0.01	1.4	无规	4
$MoO(acac)_2$	0.02	0.01	0.5	无规	4
$Fe(acac)_3$	0.02	0.01	0.5	无规	4
$Co(acac)_3$	0.02	0.01	1.8	无规	4
$Ni(acac)_2$	0.25	0.02	80.8	无规	4

① 聚合条件：苯乙烯/甲苯（体积比）1—180/100，2—23/50，3—100/50，4—50/100，5—40/90；
聚合温度和时间 1~4 为 50℃、2h，5 为 90℃、4h。

限制几何构型催化剂是 Dow 化学公司 1989 年开发成功的，这种催化剂几乎没有立体选择性，但催化共聚时共聚单体可在很大范围内变化，助催化剂用量少，一般为（MAO/CGC）50~1000，催化活性高达 1.5×10^5~7.5×10^5 g（聚合物）/g（金属）。

在这类催化剂中，值得注意的是二烷基硅桥环戊二烯基叔丁基胺（锆），如改变茂环上的取代基 R、桥基团 R_2、杂原子 L 以及所带取代基 R_3，可以得到不同结构和性能的催化剂[34]（见图

图 7-20 限制几何构型催化剂的示意

7-20)。

茂环 Cp 上取代基的给电子性对催化活性影响很大（见表7-26），若取代基由 CH_3—变为 H 或茚时，中心金属周围电子云密度减少，催化剂活性就下降，聚合物熔融指数（MI）变小，密度增大。从表 7-27 可以看出，配位基团上取代基的变化也具有相类似的影响。

表 7-26　Cp 环上取代基对催化剂性能[①]的影响

$R_1 \sim R_4$	活性/[g(PE)/g(T_i)]	密度/(g·cm^{-3})	MI/(g/min)	E/eV	催化剂结构
CH_3	150000	0.8850	1.013	−1.28	
H	59000	0.9070	0.292	—	
茚基	31000	0.9179	0.092	−1.49	

① 试验条件：催化剂 10μmol；溶剂 1000mL；1-辛烯 2.00mL；乙烯压力 3.2MPa；130℃；10min。
注：表 7-27 和表 7-28 的试验条件与此相同。

表 7-27　配位基团上取代基对催化剂性能的影响

R	活性/(gPE/gTi)	密度/(g/cm^3)	MI/(g/min)	催化剂结构
t-Bu	150000	0.8850	10.13	
Ph	27000	0.9087	6.37	
4-F-Ph	15000	0.9400	2.90	

桥基团的结构对催化活性的影响很大。桥基团的长短决定了 Cp-Ti-L 夹角的大小，而该夹角控制着聚合过程中长链共聚单体能否插入。由表 7-28 中的数据可以看出，当桥基团从一个二甲基硅变为两个时，催化活性下降85%，密度增大表明共聚单体插入率减小。

表 7-28　桥基团对催化剂性能的影响

R	活性/[g(PE)/g(Ti)]	密度/(g/cm^3)	MI/(g/min)	催化剂结构
—$(SiMe_2)$—	150000	0.8850	10.13	
—$(SiMe_2)_2$—	23000	0.9441	6.14	
—$(CH_2)_2$—	560000	0.9190	2.90	

中心金属离子从 Zr 变为 Ti，乙烯插入的活性能垒由 21.3kJ/mol 减少到 15.9kJ/mol，所以 Zr 茂的催化活性较低，所得聚合物的密度和熔融指数会更高一些。

限制几何构型催化剂的催化共聚合是一个高温低压的溶液聚合过程，聚合温度高达 160℃。因此，Dow 化学公司开发了从催化剂制备到聚合的一整套独特技术。

这类催化剂经 MAO 或硼化物活化，可催化 $C_2 \sim C_{20}$ 的烯烃均聚得到线形聚合物，也可

以催化乙烯与 $C_3 \sim C_{20}$ 的 α-烯烃共聚合，产生长支化聚乙烯。其相对分子质量分布窄，加工性能比 LLDPE 更好。流变学和加工性能表明，对剪切速率敏感，高剪切速度下黏度下降快，加工容易。由于其剪切黏度高，熔体强度好，在吹膜加工中膜泡稳定性好。目前，Dow 化学公司已有两大系列产品：聚烯烃塑性体（POPs）及聚烯烃弹性体（POEs），都是乙烯-辛烯的共聚物。此外，还有一种苯乙烯高含量的乙烯-苯乙烯共聚物的制备获得成功，其中苯乙烯的摩尔分数可高达 50% 左右，是一种低应力松弛性和高弹性回复性的新材料，适合于作热塑性弹性体材料，可望作为 PVC 薄膜代用品、冲击改性剂、石油沥青改性剂和增溶剂。

7.5.3.5 稀土茂金属催化剂

稀土茂金属化合物由于结构清楚，适合于研究催化 α-烯烃的聚合机理，阐明催化活性中心的结构。

Ballard 等首先研究发现以烷基为桥的稀土茂二聚体 $(Cp'LnR)_2$。其中，$Cp' = C_5H_5$，$CH_3C_5H_4$，$(CH_3)_3SiC_5H_4$；$R = CH_3\text{—}$，$\text{—}(CH_2)_3CH_3$，$Ln = Er$；$Cp' = (CH_3)_3SiC_5H_4$，$C_2H_5C_5Me_4$；$R = CH_3\text{—}$，$\text{—}(CH_2)_3CH_3$，$Ln = Y$，$Y[(CH_3)_2Si(C_5H_4)_2](CH_3)_2Al(CH_3)_2$ 能催化乙烯聚合，催化效率一般在 $1.7 \sim 13.7 g/(mmol \cdot min \cdot MPa)$[32]。

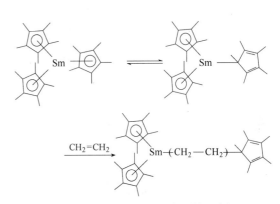

图 7-21 $(C_5Me_5)_3Sm$ 引发乙烯聚合机理

W. J. Evans 发现三茂钐也能催化乙烯聚合得到分子量相当高的聚乙烯。他认为配体茂环与中心金属原子之间处于 π- 与 δ- 键的共振状态，而乙烯正是插入 δ- 键而引起增长（见图 7-21）。

二价稀土茂化合物 $Ln(C_5Me_5)_2 \cdot Et_2$ 的催化活性较低，而 Eu 和 Yb 的活性远低于 Sm。Watson 认为在催化过程中，真正活性中心可能是通过原位氧化而生成的三价 Ln 化合物，因为 Eu^{2+} 和 Yb^{2+} 比 Sm^{2+} 难氧化，所以活性低于 Sm^{2+} 化合物。

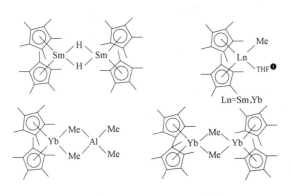

图 7-22 镧系茂化合物的结构

T. J. Marks 等发现 $[(C_5Me_5)_2LnH]_2$ 对乙烯聚合有特别高的催化活性[33]。$[(C_5Me_5)_2LnH]_2$ 是目前已知活性最高的稀土均相催化剂，尤其是如 La 和 Nd 的氢化物，它们的催化活性可与已报道的最活泼的均相乙烯聚合催化剂[34]或第三代 Ziegler-Natta 催化剂[35]的活性相比拟。$[(C_5Me_5)_2LnH]_2$ 甚至在 $-78℃$ 仍显示一定催化活性。适当提高聚合温度，可以增加催化效率和转换数。这类催化

---

❶ THF 为四氢呋喃。

剂的活性寿命很大，在室温下至少长达两周，因此，可以用作活性聚合的催化剂。

日本广岛大学的 H. Yasuda 陆续报道了稀土茂金属催化乙烯及丙烯酸酯类、内酯等活性聚合的特征，所用稀土茂催化剂有 $(Cp_2^* SmH)_2$、$C p_2^* SmCH (SiMe_5)_2$、$C p_2^* Ln (\mu\text{-}Me)_2 AlMe_2 (Ln=Y、Lu、Yb)$、$Cp_2^* LnMe (OEt_2) (Ln=Yb、Lu)$、$(Cp_2 YbMe)_2$ 等，如图 7-22 所示[36]。

稀土茂金属催化剂催化甲基丙烯酸甲酯聚合时，表现出下列 5 个显著特征：

① 分子量分布相当窄，$M_w/M_n=1.03$；

② 聚合速率快，短时间内就可以达到很高的聚合转化率（>98%）；

③ 聚合物分子量高，$M_n>500000$（MMA/Ln=3000）；

④ 聚合温度宽，可从 $-90℃\sim50℃$ 范围内变化；

⑤ 在低温如 $-95℃$ 聚合，可得到高间规含量（达 95%）的聚合物。

H. Yasuda 等在研究中分离和培养得到催化剂与 MMA 的 1：2 的加成物单晶，以 X 射线衍射测定了结构，然后提出了 MMA 以烯醇式与催化活性中心金属原子钐形成八元环过渡态的配位阴离子聚合机理（见图 7-23）。

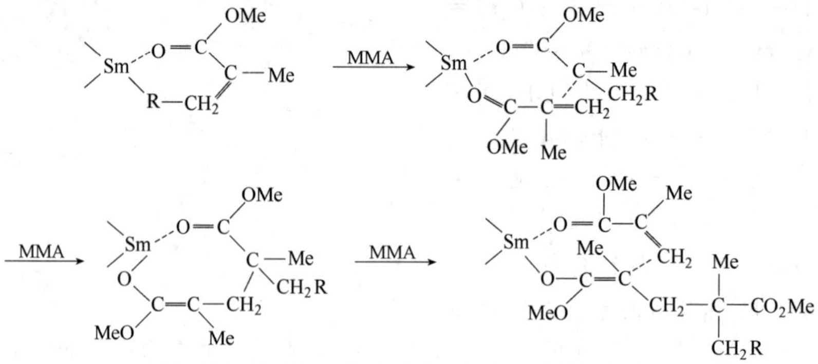

图 7-23 H. Yasuda 提出的 MMA 聚合反应机理

稀土茂金属化合物不仅对 MMA 有很高的催化活性，而且对其他丙烯酸酯、内酯类极性单体及乙烯也有催化聚合活性（见表 7-29）。因此，通过分批加入不同单体，制得了乙烯

表 7-29 镧系茂催化乙烯与极性单体嵌段共聚合[4]

极性单体	聚乙烯嵌段		极性聚合物嵌段		单体比
	$M_n\times10^3$	M_w/M_n	$M_n^{②}\times10^3$	$M_w/M_n^{③}$	
MMA	10.3	1.42	24.2	1.37	100：103
	26.9	1.39	12.8	1.37	100：13
	40.5①	1.40	18.2	1.90	100：12
MA	6.6	1.40	15.0	1.36	100：71
	24.5	2.01	3.0	1.66	100：4
EA	10.1	1.44	30.8	2.74	100：85
	24.8	1.97	18.2	3.84	100：21
VL	10.1	1.44	7.4	1.45	100：20
	24.8	1.97	4.7	1.97	100：5
CL	6.6	1.40	23.9	1.76	100：89
	24.5	2.01	6.9	2.01	100：7

① $[(C_5 Me_5)_2 SmH]_2$ 为催化剂。

② 参照聚乙烯段的 M_n 值 HNMR 的测定。

③ AB 共聚物的表观分子量分布。

注：室温，甲苯为溶剂，$SmMe(C_5 Me_5)_2 (THF)$ 为催化剂。

与极性单体的嵌段共聚物，这种新型聚烯烃具有优良的染色性、透气性和吸湿性，为解决长期困扰聚烯烃工业中改性疏水性聚烯烃开创了先例。

随着稀土茂金属催化 α-烯烃聚合的发展，对聚合反应机理的认识也越来越深入。P. L. Watson 在利用 H-NMR 研究 $Cp_2^*LuCH_3 \cdot Oet_2$ 催化丙烯聚合反应动力学时，追踪了丙烯向 Lu—C 键的插入反应，并观察到了插入产生 $Lu—CH_2CH(CH_3)_2$，如图 7-24 所示。此外，他还用核磁测定了 Lu—R 的 β-H 消去反应（图中的 k_4 反应）的速率，并发现 $L_2Lu—R$ 不仅可以发生 β-H 消去，还能发生 β-烷基消去反应（图中的 k_6 反应）。因此，β-H 和 β-烷基消去反应都应该是 α-烯烃聚合发生键转移的原因。

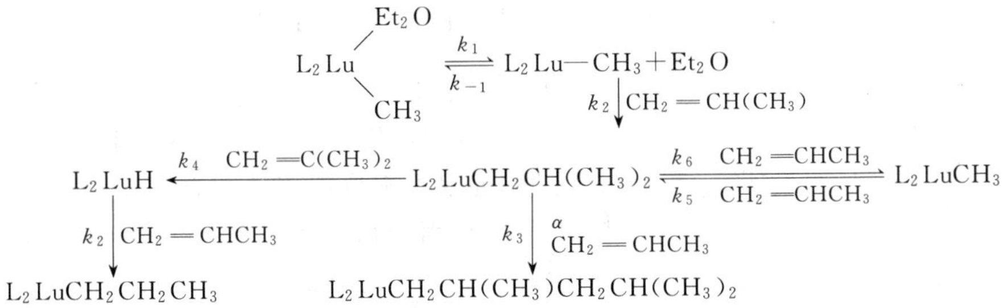

图 7-24 稀土催化剂催化 α-烯烃聚合机理

k_3 为聚合增长反应速率，k_4 和 k_5 为链转移反应速率，它们之间的比决定了聚合物分子量的大小。以 $Cp_2^*LuCH_3$（$Cp^* = C_5Me_5$）催化丙烯聚合，最大的链增长速率与链转移速率比为 $250 \sim 500$，所以只发生丙烯低聚反应。而乙烯聚合时这两种速率之比远大于丙烯，至少大 10^3 数量级，因此可以获得高分子量的聚乙烯。J. E. Bercaw 指出，在 $-80^\circ C$，乙烯对 Cp_2^*ScR 的插入反应速率，远远大于 β-H 的消去速率[40]。

$$Cp_2^*ScR + CH_2 = CH_2 \xrightarrow{-80^\circ C} Cp_2^*ScCH_2CH_2R,$$
$$Cp_2^*Sc(CH_2CH_2)_2R, \text{ etc.}$$

$$Cp_2^*ScCH_2CH_2R \xrightarrow[\text{转移}]{\beta\text{-H}} Cp_2^*ScH + CH_2 = CHR$$

7.6 后过渡金属非茂催化剂

进入 20 世纪 90 年代以来，在人们大力开发茂金属催化剂，努力推进其工业化的同时，一类新的非茂催化剂的研究也变得越来越引人注目[37]。

非茂聚合催化剂主要有：Ni(Ⅱ) 和 Pd(Ⅱ) 的配合均相催化剂（即后过渡金属催化剂）；镧系配合催化剂；可溶性钒系催化剂；硼杂六元环和氮杂五元环均相催化剂；钛酸酯类非茂苯乙烯聚合催化剂等。其中以 Ni(Ⅱ) 和 Pd(Ⅱ) 的后过渡金属非茂催化剂最为典型。它们与茂金属催化剂一样，也是单活性中心均相催化剂，可以按照指定目的进行聚合物分子设计和裁剪，精确地控制聚合物链的链结构。后过渡金属非茂催化剂与传统的 Ziegler-Natta 催化剂及茂金属催化剂相比，其突出优点是对于宽范围内的单体均有催化聚合活性，可适用于催化含有官能团的烯烃聚合及烯烃与 CO 共聚合等。此外，采用后过渡金属非茂催化剂，可以合成新型功能性聚烯烃树脂，如乙烯和环烯烃的共聚物、烯烃/极性单体共聚物、基于降冰片烯的环烯烃聚合物等。

以 Ni(Ⅱ)和 Pd(Ⅱ)为代表的后过渡金属非茂催化剂，是由 Du Pont 公司和北卡罗林那大学的 M. S. Brook-hart 合作开发的。1996 年，Du Pont 公司提交了一份长达 500 页的新型聚烯烃催化剂技术的专利申请书，引起了广泛的关注。除 Du Pont 公司以外，还有 Shell、BP、BF-Coodrick 及 W. R. Grace 公司等，在该领域开展了卓有成效的研究，其中有些已接近工业化。1996 年 Shell 公司在英国的 Carrington 开始运转了一套以后过渡金属钯基配合催化剂的聚酮装置，生产能力约为 $1.5 \times 10^4 \, t/a$。这种商品名为 Carilon 的聚酮已在欧美销售。

7.6.1 Ni(Ⅱ)和 Pd(Ⅱ)及其后过渡金属催化剂的结构与活化反应

后过渡金属催化剂最显著的特征是一类杂原子 O、N、P 等为配位原子的多齿配合物。Ni(Ⅱ)和 Pd(Ⅱ)一般是有机膦或有机氮（常为 α-二亚胺）的双齿配位阳离子配合物，这种配合物具有典型的平面矩形结构。对于 α-二亚胺型配合物来说，以一个巨大的 α-芳基取代的二亚胺（N、N）配位而得到稳定，如图 7-25 所示[42]。

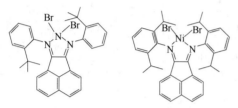

图 7-25 两种有机氮双齿配位阳离子配合物的结构

这类催化剂可以用甲基铝氧烷（MAO）或离子型硼化合物作助催化剂或活化剂。但是，与茂金属催化剂不同，不用 $B(C_6F_3)_3$、$[Ph_3C]^+[B(C_6F_5)_4]^-$ 等含有 $B(C_6F_5)_3$ 的化合物，而是采用 $H^+[(OEt_2)_2BAr_4']^-$、$[A_2^1 = 3, 5-C_6H_3(CF_3)_2]$。硼化合物对于活化烷基结构的主催化剂是非常必要的，而 MAO 则常用于以卤素结构为主催化剂的活化（如图 7-26 所示）[39]。

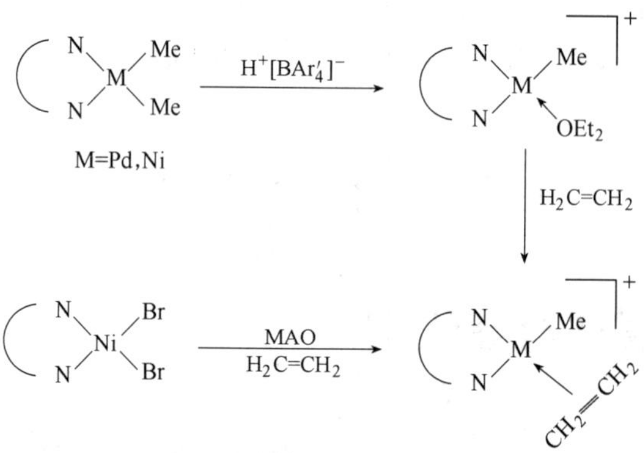

图 7-26 两种不同助催化剂的活化过程

Fe(Ⅱ)和 Co(Ⅱ)的有机氮配合物，其配体也是平面结构（见图 7-27），经 MAO 活化后，可催化烯烃聚合，尤其是 Fe(Ⅱ)的化合物经 MAO 活化后，呈现出超常的高催化活性，可与 Ti、Zr 茂金属的活性相比，甚至有更高的活性。

7.6.2 后过渡金属催化的烯烃聚合反应

后过渡金属催化剂常常带有巨大的 α-芳基二亚胺配体，有时芳基又带有如 i-Pr 取代基，这种配体具有突出的空间位阻效应。在催化聚合反应中，链转移反应被强烈抑制，从而获得

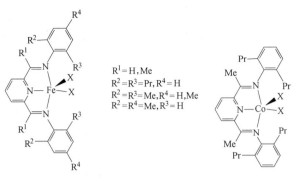

图 7-27　Fe 与 Co 的亚胺配合物结构[40]

高分子量聚合物。

变换催化剂的配体，改变聚合温度和压力，可以得到从高支化度的粉末状材料到线性、半结晶高密度材料[41]（例见表 7-30 和表 7-31）。

表 7-30　温度对聚合的影响

$T/℃$	M_n	M_w/M_n	$T_m/℃$	支链数/1000C[①]
50	260000	2.8	50	67
65	180000	2.5	24	80
80	150000	1.8	−12	90

① 主链上 1000 个碳原子上所含的支链数。

表 7-31　压力对聚合的影响

p/MPa	M_n	M_w/M_n	$T_m/℃$	支链数/1000C
1.53	470000	2.1	118	30
3.06	490000	2.2	122	22
4.08	510000	2.2	127	5

Ni（Ⅱ）、Pd（Ⅱ）催化烯烃聚合过程也包括催化剂的活化、烯烃配位插入、β-H 转移以及链转移等基元反应，如图 7-28 所示[39]。

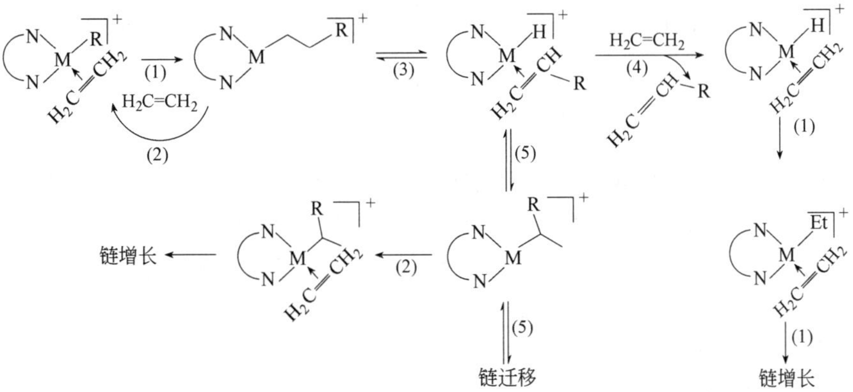

图 7-28　Ni(Ⅱ)、Pd(Ⅱ) α-二亚胺配合物催化剂上的乙烯聚合反应机理
（1）迁移插入；（2）烯烃配位；（3）β-H 消除；（4）链转移；（5）链转移，R—增长的聚合物链

该催化剂经助催化剂活化后，烯烃单体可以配位插入（1），这步反应对于烯烃单体来说是零级反应，而对催化剂则是一级反应。插入反应之后，烷基化的活性中心可以被一个烯烃单体捕获而重排烷基-烯烃配合物（2）。此外，烷基化的活性中心也可以发生 β-H 消除反应（3），生成烯烃配位的氢化物中间产物，其后既可以发生链转移（4），又可以再次进行对位

的选择性插入（5），从而产生支链。提高聚合反应温度，可以增加 β-H 消除反应，从而提高聚合物的支化度。增加聚合反应的压力，反应（2）的速度可以远远大于 β-H 消除反应（3），有利于减少聚合物的支化度。

7.6.3　后过渡金属催化乙烯与 CO 共聚反应

乙烯与 CO 共聚，可生成线形交替共聚物，这是一种光降解性聚酮类树脂，应用于食品包装、工程塑料、地膜材料等。由于具有良好的机械性能和耐溶剂性、无毒等性质，可以通过聚酮缩醛化反应、聚酮与伯胺反应、聚酮氧化反应、聚酮还原反应、聚酮磺化反应等，转变成 30 余种功能高分子。因此，聚酮是一种具有广阔应用前景的环境友好高分子材料。

在 20 世纪 50～60 年代，杜邦公司等首先用自由基引发或 γ 射线诱导引发合成烯烃与 CO 的共聚物。从 20 世纪 70 年代开始，以钯为代表的后过渡金属逐步发展成烯烃与 CO 共聚的优良催化剂。直至目前，钌、铑、钯、锇、铱、铂等贵金属和铁、钴、镍等均可催化 CO 和烯烃交替共聚合，但只有钯的活性最高，并可制得满足工程使用要求的高分子量聚酮。

钯催化剂由乙酸钯、强酸阴离子、含磷、氮、硫等双齿配体及氧化剂组成，在温和条件下催化乙烯和 CO 共聚合。共聚反应机理可分为催化剂活化、链引发、链增长、链转移[42]。

活化反应

$$[L_2PdX_2]+CH_3OH \longrightarrow [L_2Pd{-}OCH_3X]+HX \tag{7-1}$$

链引发

$$[L_2Pd{-}OCH_3X]+CO \longrightarrow [L_2Pd(CO)OCH_3]X \longrightarrow [L_2PdCOOCH_3X] \tag{7-2}$$

$$[L_2PdCOOCH_3X]+C_2H_4 \longrightarrow [L_2Pd(C_2H_4)COOCH_3]X \longrightarrow [L_2Pd(C_2H_4)COOCH_3X] \tag{7-3}$$

$$[L_2Pd{-}HX]+C_2H_4 \longrightarrow [L_2PdH(C_2H_4)]X \longrightarrow [L_2PdCH_2CH_3X] \tag{7-4}$$

$$[L_2PdCH_2CH_3X]+CO \longrightarrow [L_2Pd(CO)CH_2CH_3]X \longrightarrow [L_2PdCOCH_2CH_3X] \tag{7-5}$$

链增长

$$[L_2PdC_2H_4COOCH_3X] \xrightarrow{CO} \xrightarrow{C_2H_4} [L_2Pd(C_2H_4CO)_nOCH_3X] \tag{7-6}$$

$$[L_2PdCOC_2H_5X] \xrightarrow{C_2H_4} \xrightarrow{CO} [L_2Pd(COC_2H_4)_{n+1}HX] \tag{7-7}$$

链转移

$$[L_2Pd(C_2H_4CO)_{n+1}OCH_3X]+HOCH_3 \longrightarrow [L_2Pd{-}OCH_3X]+H(C_2H_4CO)_{n+1}OCH_3（Ⅰ） \tag{7-8}$$

$$[L_2Pd(C_2H_4CO)_{n+1}OCH_3X]+HOCH_3 \longrightarrow [L_2Pd{-}HX]+CH_3O(C_2H_4CO)_{n+1}OCH_3（Ⅱ） \tag{7-9}$$

$$[L_2Pd(COC_2H_4)_{n+1}HX]+CH_3OH \longrightarrow [L_2Pd{-}HX]+CH_3O(COC_2H_4)_{n+1}H（Ⅰ） \tag{7-10}$$

$$[L_2PdC_2H_4(COC_2H_4)_{n+1}HX]+HOCH_3 \longrightarrow [L_2Pd{-}OCH_3X]+CH_3CH_2(COC_2H_4)_{n+1}H（Ⅲ）$$

$$\tag{7-11}$$

式中，L_2 为双齿配体；X 为阴离子配体。

钯配合物 $[L_2PdX_2]$ 和甲醇反应生成 $[L_2Pd{-}OCH_3X]$，·CO 亲核进攻 $[L_2Pd{-}OCH_3X]$，取代一个阴离子配体 X，如式（7-2）所示。根据 Pd^{2+} 化学反应理论，已配位的 CO 分子插入到钯-甲氧键中，得到钯-甲氧甲酰化物即 $[L_2PdCOOCH_3X]$。随后它被乙烯分子亲核进攻得钯-乙烯甲氧甲酰化物 $[L_2Pd(C_2H_4)COOCH_3]X$，见式（7-3），然后已配位的乙烯分子插入到钯-甲氧甲酰中得到钯-甲氧甲酰二亚甲基配合物即

$[L_2PdC_2H_4COOCH_3X]$。$[L_2PdC_2H_4COOCH_3X]$ 既可以和甲醇发生链转移反应，并产生新的活性中心；又可以交替地和 CO 与乙烯发生链增长反应，即 CO 插入到金属-烷基键中和乙烯插入到金属-酰基键中交替进行，形成聚酮分子链。

链增长步骤是以 CO 和 CH_2＝CH_2 交替反应进行的。在钯催化条件下，CO 和 CH_2＝CH_2 都不能均聚。虽然在 CO 不存在时，乙烯能够二聚，但是 CO 更容易插入到钯-烷基键中；有 CO 存在时，乙烯插入速度和 CO 的相比太慢，因此只能形成交替共聚物。

另一活性中心是 $[L_2PdCOC_2H_5X]$，它的链增长反应和 $[L_2PdC_2H_4COOCH_3X]$ 的类似。链转移反应式（7-8）～式（7-11）解释了产物端基的形成原因。

除上述机理外，还有螺酮机理和根据聚合条件不同而对上述机理的修正。文献报道了铑催化 CO 和乙烯共聚反应的机理，它和钯的催化机理有些类似。

聚酮是一类无毒、可光降解、高机械性能的新型高分子材料。聚酮经过化学改性和共混，更加拓宽了它的用途。它可以广泛地用于石油脱蜡剂和低温流动促进剂、食品和饮料等的包装材料、可降解地膜和化肥缓释材料、特种胶黏剂和高强纤维等。一氧化碳和乙烯交替共聚物中一氧化碳占总质量的 50%，所以有潜力大幅度地降低聚酮的成本。

一氧化碳和烯烃共聚物制备聚酮是最近几年碳一化学领域的重要研究方向，到目前为止已取得了一定成绩，但离工业规模地开发利用碳一资源还有较大距离。贵金属钯催化剂活性高，但价格较贵，它的回收再活化问题一直没有解决，因此限制了钯催化一氧化碳和烯烃交替共聚制备聚酮的工业化，有待于今后研究出一种价格便宜的高效催化剂。

7.6.4 后过渡金属催化剂的特点

（1）聚合活性高　后过渡金属催化剂与传统的 Ziegler-Natta 催化剂或茂金属催化剂相比，具有非常高的催化活性，可达 $1.1 \times 10^7 \text{g(PE)}/(\text{mol} \cdot \text{h})$。

（2）聚合能力强，聚合单体范围大　后过渡金属催化剂不仅可以催化非极性单体，而且还适宜于非极性单体的聚合及两类不同单体的共聚合，合成新型及特种高分子材料。

（3）双功能催化作用　在催化乙烯聚合时，还能生成 α-烯烃，并使其与乙烯共聚，生成不同支化度的聚乙烯。

参 考 文 献 ❶

1　黄葆同，沈之荃. 烯烃双烯烃配位聚合进展. 北京：科学出版社，1998

2　胡炳铺，王定松. 石油化工，1999，28：120

3　Younkin，T R，et al. Science，2000，287，460 and 437

4　Yasuda H，Furo M and Yamamoto H. Macromol，1992，25：5115

5　Odian G. Principles of Polymerization. 2nd edt. New York：John Wiley & Sons，Inc.，1981

6　Jones，R G，et al. Organic Reaction. John Wiley & Sons，Inc.，1952

7　Becconsall J K，et al. J. Chem. Soc.，1967 A，432

8　Wichinsky Z W，Looney R W and Toruqvist E G M. J. Catal.，1973，28：351

9　Natta G，Pasquon I. Adv. Catal.，1959，11：1

10　王亚昌，王庆元，刘廷栋等. 定向聚合. 北京：化学工业出版社，1991

11　林尚安，于同隐，杨士林，焦书科. 配位聚合. 上海：上海科学技术出版社，1988

12　Montedison SPA and Mitsui Petrochemicals Ind. Dutch P 7610267

❶ 本章中带"T"编号文献请查阅第 1 章参考文献。

13 日开昭 50-30983，50-44278

14 South African Patent 76-2246

15 Chien J C W, Hsieh J T T. J. Polymer Sci., 1976，14：1915

16 Soga K，Katano S，Akimoto Y，Kagiya T. Polymer J.，1973，5：128

17 Carrick W L，Turbelt R J，Karol F J，et al. J. Polymer Sci.，1972 A，10（1）：2609

18 ［美］小约翰·布尔著. 齐格勒-纳塔催化剂和聚合. 孙伯庆等译. 北京：化学工业出版社，1986

19 Clark A. Catal. Rev.，1969，3：145～174

20 Pecher-Skaya Yu I，Kazanskii V B，Voevodskii V V. Actes. Congr. Int. Catal.，1961，（2）：108

21 Karol F J，Brown G L，Davison J M. J. Polym. Chem. Ed. 1973，11：413

22 戈锋，慧星. 国外聚烯烃生产技术进展. 第二版. 上海：上海科学技术出版社，1982

23 Fink G，Mülhaupt R，Brintzinger H H. Ziegler Catalysts. Springer-Verlag，1995

24 邓毅，陈伟，景振华. 石油炼制与化工，1996，27（11），40

25 Eshuis J J W，Tan Y Y，Meetsma A，et al. Organometallics，1992，11：362

26 Horton A D，J. Chem. Soc.，Chem. Commun.，1992，185

27 Williams J L. "Potential Medical Applications for Metallocene-based Polymers" in Metcon，94，Houston，TX U. S. A，1994，May：25～27

28 Lee D H，Yoon K B，Huh W S. Macromol. Symp.，1995，97：185

29 Ishihara N，Seimiya T，Kuramoto M，Uoi M. Macromol.，1986，19：2464

30 Ishihara N，Kuramoto M，Uoi M. Macromol.，1988，21：3356

31 K Yokote，Inoue T，Kuramoto M. "Syndiospecific Polymerization of Styrene with Metallocene Catalysts" in Metcon，97，Houston，TX U.S.A，1997

32 Watson P L，Herskovitz T. Initiation of Polymerization，Ed. Frederick E. New York：Bailey Plenum Press，1983，459

33 Jeske G，Lauke H，Marks T J，et al. J. Am. Chem. Soc.，1985，107：8091

34 Kaminsky W，Lueker H. Macromol. Chem.，Rapid Commun.，1984，5：525

35 Galli P，Lucian L，Cecchin G. Angew. Macromol. Chem.，1981，94：63

36 Yasuda H，Yamamoto H，Yamashita M，et al. Macromol. Chem.，1993，26：7134

37 Brookhart M，et al. J. Am. Chem. Soc.，1998，120：888

38 Kaminsky W. Metalorganic Catalysts for Synthesis and Polymerization. Springer Verlag，1999，212

39 李留忠，达建文. 合成树脂与塑料，1998，15（3）：47

40 Britovsek G J P，Gibson V C，Wass D F. Angew. Chem.，Int. Ed.，1999，38：428

41 Brookhart M，Killian C M. Johnson L K. Ni（Ⅱ）-Based Catalysts for the Polymerization and Copolymerization of Olefins. Metcon，97，Houston，TX U.S.A.，1997

42 孙俊全. Na（O-i-Pr）$_3$-Al（i-Bu）$_3$ 配位催化甲基丙烯酸甲酯聚合反应的研究，高分子学报，1998，1：96-100

43 孙俊全. 斑青，徐永进. 桥联稀土双核 Mt-Sm（Mt＝Zr，Ti）茂金属配合物催化乙烯聚合研究，浙江大学学报（工学版）2004，8：1061～1066

44 孙俊全. 崔立强，吴兰亭. 乙酰基丙酮络合物催化合成聚乳酸. 功能高分子学报，1996，2：252-256

45 单玉华，孙俊全，徐永进，崔永刚，中性镍催化剂的研制及其对乙稀聚合反应的催化性能，催化学报，2004，9：735-740

46 郎五可，孙俊全，林峰，张海英，余肖臻. 新型同双核钛茂金属催化 MMA 本体聚合. 浙江大学学报（理学板），2007，1：50-54

47 张志红，孙俊全，胡蔚秋. 新型硅桥联 Ti，Zr-Sm 异核茂催化乙稀聚合，浙江大学学报（工学版）. 2004，5：649-652

48 孙俊全，潘智达，Ln（acac）$_3$-BuMgCl 催化甲基丙烯酸甲酯聚合，应用化学，1997，2：1-4

第8章

纳米催化材料

8.1 概述

今天，世界各国的科学家都不约而同地把目光投向一种完全新型的材料——纳米材料，并且预言，纳米技术的应用标志着人类的科学技术已进入了一个新时代，即纳米科技时代。

1990 年召开的国际第一届纳米科学技术会议，正式把"纳米材料学"作为材料科学的一个新的分支公布于世。这意味着一个相对独立的新学科的诞生。

纳米科学所研究的是介于"宏观"和"微观"之间的、所谓"介观"的新领域，其构建材料的基本单元尺寸在 0.1～100nm 的范围之内。

广义而言，纳米材料是指在三维空间中至少有一维处于纳米尺寸（0.1～100nm）范围的、或由它们为基本单元构成的材料。纳米材料的基本单元，目前已经涵盖了纳米颗粒或粉体（含纳米相、纳米晶或纳米非晶）和由它们组成的薄膜或块体、纳米丝、纳米管、微孔和介孔材料（包括凝胶和气凝胶）、纳米组装体系等。

在纳米材料所处的介观领域，由于三维尺寸很细小，出现了许多奇异的、崭新的物理性能。目前科学家把这些性能特点归纳为几大效应。

① 小尺寸效应。例如非晶态纳米微粒表面层附近原子密度减小，纳米颗粒表现出新的光、声、电、磁等体积效应。据此，可制造纳米尺寸的强磁性颗粒、微波吸收材料和催化剂等。

② 表面效应。随着粒径减小，比表面积大大增加。这将直接影响材料的催化性能。

③ 量子尺寸效应。由此可改变不同宏观物体的光、电和超导等性能，进而可影响催化性能，以及使导体变绝缘体等。

④ 宏观量子隧道效应。当微电子器件进一步细微化时，必须要考虑到这种量子隧道效应。

⑤ 介电限域效应。例如，光照射时，纳米半导体表面甚至纳米粒子内部的场强比辐射光的光强增大，这会直接影响到光催化材料的效能。

各种用途的纳米材料，虽然其中大多数的开发应用时间都还不长，但已在学术饮域和产业部门获得了初步的研究成果和实际应用，包括催化在内。目前被广泛应用的传统催化剂材料，其基本单元，如果进一步精细化，直至"纳米化"，那就是一种新型的纳米催化材料了。

有人预言，超微粒子催化剂（即纳米催化材料）在 21 世纪很可能成为催化反应的主要角色之一，尽管纳米级的催化剂的应用，目前在总体上还处于实验室阶段。

据主要来源于国外的信息称：以粒径小于 $0.3\mu m$ 的 Ni 和 Cu-Zn 合金微粒为主要成分的催化剂，可使有机物加氢的效率达传统催化剂的 10 倍；超细的 Fe、Ni 与 γ-Fe_2O_3 混合烧结后，可以代替贵金属作为汽车尾气净化剂；CoS、MoS、ZnS、CdS 的纳米粒子有极强的催化助燃效果，这在煤的燃烧、柴油燃烧以及生活垃圾处理上作为助燃剂有广泛的应用前景；以半导体氧化物（如 TiO_2）纳米微粒为催化剂的多相光催化过程，由于其在室温下即有的深度反应，可以直接利用太阳光作光源而活化催化剂，这必将引起环保技术的全新革命；在甲醇加氢反应中，以氧化硅、氧化镍加上纳米微粒的镍和钸，反应速率大大提高。如果氧化硅等粒径再达到纳米级，其反应选择性可提高 5 倍；日本科学家用负载于氧化钛载体上的纳米铂为催化剂，加入甲醇的水溶液中，用普通光照射，成功地制取出氢气，产出率比用普通催化剂提高数 10 倍；最近，日本和美国的科学家发现，纳米金原子簇团负载在 TiO_2 等金属氧化物的载体上，对 CO 和丙烯的氧化和其他反应表现出较高的活性。进一步还发现，双原子层结构的金催化剂的活性比单原子层结构的高 10 倍，但当金原子负载超过两层时，活性反而下降。该双原子层催化剂，比传统方法制备的催化剂 Au/TiO_2 反应速率快 50 倍。本实验证明，金元素在通常状况下很不活泼，而呈纳米形态时却会表现出卓越的催化性能。该实验将改变人们过去对催化元素的老观念，意义重大。

纳米催化材料之所以具有特异的催化性能，首先是基于前述的"小尺寸效应"和"表面效应"。

实验证明，构成固体材料的微粒，如果在充分细化，由微米级细化到纳米级之后，将可能产生很大的"小尺寸效应"和"表面效应"，其相关性能会发生飞跃性突变，并由此带来其物理的、化学的以及物理化学的诸多性能的突变，因而赋予材料一些非常甚至特异的性能，包括光、电、热、化学活性等各个方面。现不妨以纯铜粒子为例，说明这种纳米微粒的这两种效应。

铜粒子粒径越小，其外表面积越大，从微米级到纳米级大体呈几何级数增加，见表8-1，相近的另一组数据见表 8-2。

表 8-1 铜粒子粒径与表面积

粒径/nm	表面积/(cm²/mol)	粒径/nm	表面积/(cm²/mol)
10000	4.3×10^4	10	4.3×10^7
1000	4.3×10^5	1	4.3×10^8
100	4.3×10^6		

表 8-2 纳米粒子的粒径与表面原子的关系

粒径/nm	原子数/个	表面原子所占比例/%	粒径/nm	原子数/个	表面原子所占比例/%
20	2.5×10^5	10	2	2.4×10^2	80
10	3.0×10^4	20	1	30	99
5	4.0×10^3	40			

同时，如果铜粒子细到 10nm 以下，则每个微粒将成为含约 30 个原子的原子簇，几乎等于原子全部集中于这些纳米粒子的外表面，如图 8-1 所示。

可以从图 8-1 中看出，当超细铜粒子细于 10nm 以后，80％以上的原子簇均处于其外表面。假定这些超细铜粒子用作催化剂，这将对气固相反应表面结合能的增大有重要影响。因为表面现象的研究证明，表面原子与体相中的原子大不相同。表面原子缺少相邻原子，有许多悬空的键，具有不饱和性质，因而易于与其他原子相结合，反应性就会显著增加。在这样巨大的比表面积上，键态严重失配，出现许多活性中心，表面台阶和粗糙度增加，晶格缺陷增加，导致表面出现非化学平衡，非整数配位的化学键。这就是导致纳米体系的化学性质与化学平衡体系出现很大差异的原因。这样一来，新制的超细粒子金属催化剂，除贵金属而外，都会接触空气而自燃；其光催化作用强化，用于某些废水光催化处理，可在 2min 内达到 98％的无害转化；用于太阳能电池的超细粒子，提高了光电转化的效率。

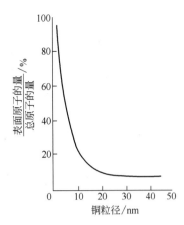

图 8-1 铜粒子粒径与表面原子比例的关系

　　纳米粒子铑在烃的加氢反应中显示了极高的活性和良好的选择性。一些短链烯烃往往由于尺寸较大的官能团对邻近双链的空间位阻，致使烯烃中的双链难于打开而氢化。若加入粒径为 1nm 的铑微粒，则可使双键易于打开，加氢反应就能顺利进行。表 8-3 列出了金属铑粒子的粒径对这种反应的影响。可以看出，粒径越小，加氢反应的速度越快。相近的另一组数据（见表 8-4）也说明了另一种催化剂晶粒尺寸对活性的影响，显示出相同的规律性。

表 8-3　不同烃的氢化速率与金属铑纳米粒子催化剂粒径的关系[12]

烯　　烃	催 化 活 性[①]		
	Rh-PVP-MeOH/H₂O(3.4nm)	Rh-PVP-EtOH/(2.2nm)	Rh-PVP-MeOH/NaOH(0.9nm)
1-己烯	15.8	14.5	16.9
环己烯	5.5	10.3	19.2
2-己烯	4.1	9.5	12.8
丁烯酮	3.7	4.3	7.9
亚异丙基丙酮	0.6	4.7	31.5
丙烯酸甲酯	11.2	17.7	20.7
甲基丙烯酸甲酯	5.8	15.1	27.6
环辛烯	0.6	1.1	1.2

　　① 甲醇中的氢吸收速率 mol H_2/(g·atomRh·s)，30℃，H_2 气压为 101.33kPa，包覆聚乙烯吡咯烷酮（PVP）的金属铑为 0.01mmol/L^3，烯烃为 25mmol/L^3。

表 8-4　丙烯光催化加氢反应中 TiO_2 的比活性[13]

晶粒尺寸/nm	光催化活性/mmol·[g(TiO_2)·h]⁻¹	晶粒尺寸/nm	光催化活性/mmol·[g(TiO_2)·h]⁻¹
16.0	0.7	14.5	0.9
11.3	1.7	10.0	2.5
9.0	2.3	8.0	5.0

8.2 纳米催化材料的制备方法

已经发现，纳米材料在自然界中也有存在，但为数甚少。纳米材料大多是人造的。我国古代利用燃烧蜡烛的烟雾制成炭黑作墨，恐怕就是人类最早应用的纳米粉体材料了。比细菌还要小的病毒，其大小也介于纳米微粒的尺寸，但目前尚未发现它有作为材料的用途。然而科学家又发现，在生物基因（一种特殊的蛋白质）的某一点上，仅 30 个原子排列的原子簇，就隐藏了不可思议的遗传信息，这一点倒很类似于某些人造纳米材料，而且是后者无法比拟的。十年前有消息称，在石油中发现了天然的碳纳米管。

人造纳米材料，目前已有许多品种及其用途被开发出来，如特种金属和半导体材料、新型磁性材料、韧性陶瓷、传感材料和医用材料、无机透明颜料和隐形涂料等。

一切材料的开发，均要以制备为先。各类材料的发现和发展，是与其制备工艺的发展相伴随的，往往具有特殊性。但是在很多情况下，各种方法的互相渗透、互相借鉴、互相融合的部分也很多。而且从下面可以看出，纳米催化材料的许多制备方法，也是催化剂许多传统制法的延伸、演变和发展。

以下分别介绍几种纳米催化材料的一般制备方法，涉及催化剂的活性组分、助催化剂和载体的制备。由于是一类与传统制法不同的新型材料的制备，这些制法可能还不够定型、不够完善，然而却处于较快的演变和发展中。

8.2.1 化学气相淀积法 CVD[13]

所谓气相淀积是利用气态物质在固体表面进行化学反应后，在其上生成固态淀积物的过程。下面的反应比较常见，可用以为例。

$$2CO \xrightleftharpoons[]{约 500℃} CO_2 + C$$

这个反应早已用于气相法制超细炭黑，作橡胶填料。中国老式农家厨房炉灶中的热烟气，在冷的锅底或烟囱壁形成的炭黑，也就是发生了这种气相淀积现象。

由于气相淀积反应与本书第 2 章讲述的溶液中的沉淀反应不同，它是在均匀气相中一两个分子反应后从气相分别沉淀而后积累于固体表面的。因此可知，第一，它可以超纯，其他分子不可能在完全相同的条件下正好也发生淀积反应于固体表面；第二，它是在分子级别上淀积的粒子，可以超细。淀积的细粒还可以在固体上用适当工艺引导，形成一维、二维或三维的小尺寸粒子、晶须、单晶薄膜、多晶体或非晶形固体。

气相淀积法已经成功用于制取特殊的高新材料，如超电导材料 Nb_3Ga、微电子材料中的单晶硅、金属硬质保护层碳化钛、太阳能电池板 SiO_2/Si。这些材料，或由于超纯（以及精确掺杂），或由于特殊的微观晶体构造，同样产生特异性能，如碳须的单位强度高于钢，光纤导管的光通量大而损耗少，等等。

下面的一些淀积反应，机理已比较清楚，有一定应用价值，其中有些反应有望用于催化剂制备。

$$SiH_4 \xrightarrow{800\sim1000℃} Si\downarrow + 2H_2$$
（气）

用于制集成电路用单晶硅

$$\text{Pt(CO)}_2\text{Cl}_2 \xrightarrow{600℃} \text{Pt}\downarrow +2\text{CO}+\text{Cl}_2$$
（蒸气）

用于金属镀 Pt，有望用于催化剂

$$\text{Ni(CO)}_4 \xrightarrow{140\sim240℃} \text{Ni}\downarrow +4\text{CO}$$
（蒸气）

用于金属镀 Ni，有望用于催化剂

以上 3 个用于化学淀积的反应，是最简单的形式，又称热化学淀积。如果更复杂一点，由两种或两种以上的气体（或蒸汽）物质在加热的表面基片上发生化学反应而淀积成固态膜层，也都属于化学气相淀积。例如

$$\text{SiCl}_4(气)+2\text{H}_2(气)==== \text{Si}(固)+4\text{HCl}(气)$$
$$\text{BCl}_3(气)+\text{NH}_3(气)==== \text{BN}(固)+3\text{HCl}(气)$$

以化学气相淀积法制备的薄膜，一般纯度很高，很致密，而且很容易形成结晶定向良好的材料。它早已在电子工业中广泛用于高纯材料和单晶材料的制备。本法便于制备各种单质、化合物及各种复合材料。在淀积反应中，只要改变或调节参加化学反应的各个组分，就能很方便地控制淀积物的成分和特征，从而可以制得各种物质的薄膜和其他材料，包括纳米粉体。

能保证 CVD 顺利进行必须满足以下 3 个基本条件：①在淀积温度下，反应物必须有足够高的蒸气压。若反应物在室温下能够全部成为气态，则淀积装置就较简单，若反应物在室温下挥发性很小，就需要对其加热使其挥发；②反应生成物，除了所需要的淀积物为固态，其余都必须是气态；③淀积物本身的蒸气压应足够低，以保证在整个淀积反应过程中能使其固定在加热的基片上。

CVD 的工艺装置结构主要由反应器、供气系统和加热系统等组成。反应器是 CVD 装置中最基本的部分，它的形式和结构材料由系统的物理和化学特性以及工艺参数决定。反应器的基本类型如图 8-2 所示，其中（a）为立式，（b）为水平式，（c）和（d）为钟罩式。（b）和（c）的反应器壁可通循环水冷却。水平式的反应器结构较简单，但因受气流流动方式的影响，淀积膜的均匀性较差。其余的反应器虽然结构复杂些，但得到的淀积膜的均匀性较好。常用的反应器是由石英管制成，其器壁可为热态或冷态，目的是为了减小或阻止淀积物在器壁上的淀积作用。反应器的加热方式通常是电阻加热，也可用热辐射或高频感应加热。

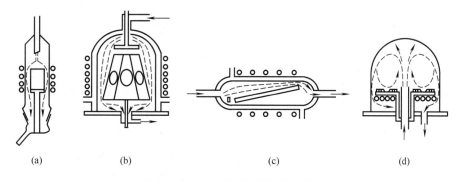

(a)　　　　　　　　(b)　　　　　　　　(c)　　　　　　　　(d)

图 8-2　化学气相沉积装置示意[13]

影响化学气相淀积膜质量的因素主要有以下 3 个方面。

① 淀积温度。一般来说，淀积温度是影响淀积膜质量的主要因素。淀积温度越高，则

淀积速率越大，淀积物成膜越致密，从结晶学观点来看，淀积也就越完美。然而淀积温度的选择还要考虑淀积物结晶结构的要求以及基片的耐热性。

② 反应气体的比例。反应气体的浓度及相互间的比例是影响淀积速率和质量的又一因素。例如，用三氯化硼和氨气反应淀积氮化硼膜，其反应式为

$$BCl_3(气)+NH_3(气)== BN(固)+3HCl(气)$$

理论上 NH_3 和 BCl_3 的流量比应等于 1，但实际实验中发现，在 1200℃ 淀积温度下，当 $NH_3/BCl_3<2$ 时，BN 淀积速率很低；当 $NH_3/BCl_3>4$ 时，反应生成物中会出现 NH_4Cl 一类的中间物。为了得到较高的淀积速率和高质量的 BN 薄膜，必须通过实验来确定物质间的最佳流量比。

③ 基片对淀积膜的影响。一般要求淀积膜层和基片有一定的附着力，也就是基片材料与淀积膜之间有强的亲和力，有相近的热膨胀系数，并在结构上有一定的相似性。

8.2.2 溶胶-凝胶（Sol-Gel）法[T26,14]

溶胶是指胶态颗粒在液相体系中形成的稳定分散体系。凝胶是指由液相介质获得的形状稳定的三维互联的多孔固体网络，其尺寸仅受容器大小的限制。溶胶-凝胶法所用溶剂为水、醇或其他有机溶剂，而其凝胶源物质可以是醇盐或无机盐。

溶胶-凝胶法是 20 世纪 60 年代发展起来的制备玻璃、陶瓷等无机材料的新工艺。近年来是制备纳米氧化物薄膜或粉体广泛采用的方法。本法的基本步骤是，先将醇盐溶解于有机溶剂中，通过加入蒸馏水，使醇盐水解形成溶胶，溶胶凝化处理后得到凝胶，再经干燥、焙烧和粉碎，即得到粉体。溶液的 pH 值、溶胶浓度、反应温度和反应时间这四个参数，对溶胶-凝胶化过程有重要影响。适当地控制这四个参数，可制备出小至纳米级的超细粉体，也可用来制作陶瓷、玻璃、纤维、薄膜和大块固体等材料。

溶胶-凝胶法在形成薄膜和大块固体方面有显著的优势，而且溶胶很容易实现掺杂，因而可制作成分分布均匀而且可调的多种复合物。因为溶胶的尺寸仅受容器大小的限制，故即使在实验室的常规反应器中，也仅能获得大块的凝胶。尽管凝胶干燥后会干涸、开裂和收缩，而进一步的粉碎和焙烧加工，也可以有效地减小其尺寸，但总的说来，溶胶-凝胶法制备的颗粒尺寸分布宽，颗粒堆积形成的孔分布也相应较宽。这是溶胶-凝胶法的一个不足之处。为弥补这种不足，可在溶胶中添加一些高分子如聚乙二醇等，然后在较高的温度下将有机物烧掉。这样，在有机物原来所占据的位置上，就形成了微孔或介孔。用这种方法可以改变粉体的孔分布。

用来合成产物的前驱体首先要配制成溶液，由于较小颗粒的形成或聚合物的胶联作用，使得溶液变成溶胶，而溶胶则进一步反应生成凝胶（见图 8-3）。在低温阶段发生的溶胶到凝胶的转变过程，可以用来制备涂层，拉制光纤或制成大块固体材料。在大多数情况下，要经过一定的高温后续处理，以去除水或有机成分，才能得到纳米催化材料的半成品或前驱物。

图 8-3 表明，从均匀的溶胶（②）经适当处理可得到粒度均匀的颗粒（①）。溶胶（②）向凝胶转变得到湿凝胶（③），③经萃取法除去溶剂或蒸发，分别得到气凝胶（④）或干凝胶（⑤），后者经烧结得致密块体（⑥）。从溶胶（②）也可直接纺丝成纤维，或者作涂层，如凝胶化和蒸发得干凝胶（⑦），加热后得致密薄膜制品（⑧）。全过程揭示了从溶胶经不同处理可得到不同的制品。

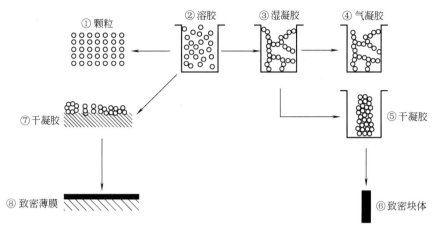

① 颗粒　　② 溶胶　　③ 湿凝胶　　④ 气凝胶

⑦ 干凝胶

⑤ 干凝胶

⑧ 致密薄膜

⑥ 致密块体

图 8-3　Sol-Gel 法示意[14]

8.2.3　水热合成法[13,14]

水热合成法是制备氧化物纳米晶体的又一重要方法。它是指在密闭体系中，以水为溶剂，在一定温度和水的自生压力下，原始混合物（包括醇盐和无机盐等）进行反应的方法。通常反应是在不锈钢釜内进行的。近来这类热压釜内还增加了耐热及化学惰性的聚四氟乙烯塑料内衬垫或塑料杯（见图 8-4）。加热温度一般高于100℃，压力大于 101.3kPa。

在这个密闭体系中，其压力主要依赖于体系的组成和温度。水热条件下发生粒子的成核和生长，形成可控形貌和大小的超细粉体。所制得的粉体具有晶粒发育完整、晶粒粒径小且分布均匀、无团聚、不需要煅烧过程等特点。

水热过程的重要影响参数主要有溶液的 pH 值、溶液浓度、水热温度和反应时间。压强在这里并非独立变量。这些因素可能会影响到产物是无定形或晶形，以及晶形的类别、形貌和尺寸。

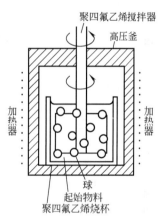

聚四氟乙烯搅拌器
高压釜
加热器
加热器
球
起始物料
聚四氟乙烯烧杯

图 8-4　水热合成法实验装置示意[14]

溶液的浓度主要决定水解反应的平衡过程和成核速率，还可能影响最终产物的晶形。水热温度一般控制在 110～300℃ 之间。低于 100℃ 的反应在常压下进行，通常称之为热液法。而高于 300℃，对反应釜的要求高，而且也已接近水的临界点，往往并不必要。

反应时间决定于反应物的浓度和水热温度，温度越高，反应时间相应缩短。较长的水热时间对于形成晶形规整的纳米晶有利，可得到尺寸相对均匀的纳米晶。这相当于本书第 2 章所述的催化剂传统沉淀法中的"陈化"操作。

8.2.4　微乳液法[13,14]

先以使用该法制备氧化硅负载的高活性铑催化剂为例说明其工艺，如图 8-5 所示。可以看出，本法在微乳液中加热 40℃ 之后的第一步反应与第 2 章的超均匀共沉淀法相类似。这里沉淀母体之一的锆盐，使用了锆的金属有机盐化合物。而为了在沉淀前造成微分散的乳液，使用了铑的水溶性盐类与憎水的油性环己烷分散剂，再辅以表面活性剂。这样，在高速搅拌下，即形成铑盐的微乳分散体，于是该工艺部分接近于普通的乳液聚合。分散在微乳液中的铑盐，在加入还原剂肼后，即还原成纳米级铑细晶，再通过加热沉淀，负载于载体氧化锆上。因此，本制备工艺的设计，可以说是吸收了几种无机和有机物制备反应的特点复合形成的。必须说明，普通乳液和这里的微乳液虽然接近，但有本质区别，见表 8-5。

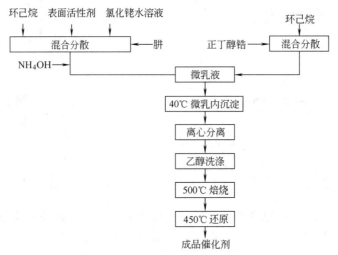

图 8-5　微乳液法制备 Rh/SiO$_2$ 催化剂流程

表 8-5　普通乳液和微乳液的性质比较

项　目		普通乳液 （不透明）	微乳液 （透明或近乎透明）
外观	质点大小	大于 $0.1\mu m$，一般为多分散体系	$0.01\sim0.1\mu m$，一般为单分散体系
	质点形状	一般为球状	球状
性质	热力学稳定性	不稳定，用离心机易于分层	稳定，用离心机不能使之分层
	表面活性剂用量	少，一般无需助表面活性剂	多，一般需加助表面活性剂
	与油水混溶性	"油包水"型与水混溶 "水包油"型与油混溶	与油、水在一定范围内可混溶

　　微乳液法的技术核心与微乳液的形成及其作用密切相关。微乳液是由隔开的液相组成的，在当前和将来均有重要应用前景。它是利用双亲物质通过油和水形成界面吸附后，大大降低了油-水界面张力的原理。一般说来，微乳是均质、低黏度和热力学稳定的分散系，并可较长时间贮存。微乳颗粒尺寸在 $5\sim100nm$ 范围是多分散的，多分散度随微乳颗粒的减小而减小。微乳的物理化学性质与乳浊液之所以完全不同，在于乳浊液中颗粒尺寸要比微乳大得多。因而，乳浊液往往不透明，稳定时间短，实验中难以操作和控制，常需要连续搅拌来防止体系的相分离。然而，选择合适表面活性剂，通过一定条件下水、油和表面活性剂的适当搭配，可以立即得到稳定的微乳。

　　微乳和反胶束很类似，反胶束中，双亲性分子的极性端对着水核，而非极端对着油相。水核形成的微池（micropool）受体系的自由水含量的影响，反胶束颗粒的尺寸限定在 5nm 内，大于 5nm 则为微乳。图 8-6 说明了胶束和微乳的区别和联系。

　　需要强调的是，形成微乳过程中往往添加一些表面活性剂助剂，较方便的做法是添加

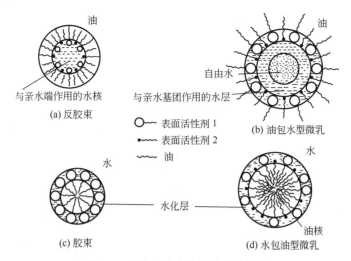

图 8-6　微乳、胶束和反胶束的示意

低级醇（丁醇、戊醇、己醇等）和胺（丁胺、己胺等），这在图 8-6 中已用表面活性剂 2 标出。微乳颗粒难以用 TEM 等手段来观察，但可用动态光散射法（DLS）测定，图 8-7 为水、AOT（表面活性剂）和己烷体系中，用 DLS 法测出的微乳颗粒尺寸分布图，颗粒尺寸在 5～100nm 范围内，平均尺寸为 20.6nm，粒径分布比较均匀。利用微乳的特有结构，可以在油水界面发生化学反应，得到量子尺寸的多种纳米晶。油核和水核即可作为连续提供反应原料的"仓库"，还可作为微反应器，起到限制产物晶粒尺寸的作用。

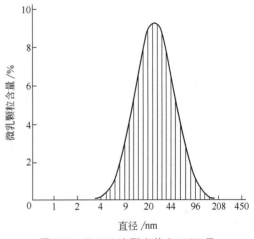

图 8-7　用 DLS 法测出的水-AOT-己烷体系中微乳颗粒尺寸分布图

8.2.5　介孔膜催化材料的制法[6,7,29]

膜分离技术是化工分离技术的新发展。有机高分子膜用于净水，无机微孔陶瓷或玻璃膜用于过滤，以及金属钯膜或中空石英纤维膜分别用于氢气提纯回收及助燃空气的富氧化，都是成功的工业范例。

近年来，在多相催化中，将催化反应和膜分离技术结合起来，受到极大关注。

膜催化剂将化学反应与膜分离结合起来，甚至以无机膜作催化剂载体，附载催化剂活性组分及助剂，把催化剂、反应器以及分离膜构成一体化设备。膜催化剂的原理如图 8-8 所示。

膜可以是多种材料（一般是无机材料），可以是惰性的，只起分离作用，也可以是活性的，起催化和分离双重作用。

膜催化剂引入化学反应，其引人注目的优点在于：①由于不断地从反应体系中以吹扫气带出某一产物，使化学平衡随之向生成主反应产物的方向移动，可以大大提高转化率；②省去反应后复杂的分离工序。这对于通常条件下平衡转化率较低的反应，以及放热反应（如烷烃选择氧化）尤其有宝贵的价值。目前，乙苯脱氢的膜催化剂，已开始有美国专利的申报，

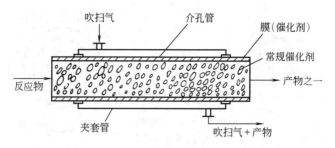

图 8-8　膜催化剂原理示意

预示着相关工艺在不久的将来可望有所突破，由此带来的将也许不是某一个产品或某一个催化剂的创新。举例如表 8-6。世界关注的甲烷氧化偶联催化剂，目前性能不尽如人意。有人研究其膜反应器，带来新的希望[29]。

表 8-6　部分膜催化反应的条件和实验结果

反　应	温度/℃	转化率(平衡值)/%	膜材料
$CO_2 \Longrightarrow CO + \frac{1}{2}O_2$	2227	21.5(1.2)	ZrO_2-CaO
$C_3H_8 \Longrightarrow C_3H_6 + H_2$	550	35(29)	Al_2O_3
⬡ $\Longrightarrow$ ⬡ $+ 3H_2$	215	80(35)	烧结玻璃
$H_2S \Longrightarrow H_2 + S$	—	14(H_2)(3.5)	MoS
$2CH_3CH_2OH \Longrightarrow H_2O + 2(CH_3CH_2)O$	200	高活性(10 倍)	Al_2O_3

　　膜催化剂的制法，可用陶瓷、玻璃、SiO_2、Al_2O_3 纳米粉体压制烧结，或用分子筛、多孔 TiO_2 等基料烧结后造孔。造孔可用溶胶浸涂加化学刻蚀等法。例如用 SiO_2 和 Na_2O-B_2O_3 制膜成管后，酸溶后者而成无机膜载体，再用沉淀、浸渍成气相淀积等法加入活性组分和助催化剂。

8.2.6　碳纳米管的性能和制法[12]

　　以碳纳米管为代表的准维纳米管材料，是近年发现的新型纳米材料，其性能特色和应用前景十分引人注目，而其制备方法也不同于前述的任何一种，独具特色。

　　1991 年，日本科学家首次发现纳米碳管，立即引起世界的轰动。因为人们看到，这种新型的纳米材料在纳米器件、微电子学、超大集成电路以及复合材料、化学催化等方面都可能得到应用。

　　高分辨电镜技术的研究证明，多层纳米碳管一般由几个到几十个单壁碳纳米管同轴组成，管间距为 0.34nm 左右，直径为零点几到数十纳米，每个单壁管侧面由碳原子六边形组成，长度一般为数十纳米到微米级，两边由碳原子的五边形封顶；单壁碳纳米管可能存在三种类型的结构，分别称为单臂纳米管、锯齿形纳米管和手性纳米管，如图 8-9 所示。碳纳米管的性能由其类型和结构尺寸所决定。在这里我们看到，同一元素的碳原子，由于其微观和介观尺度上的排列组合不同，就在我们面前呈现出截然不同的材料：金刚石、石墨、炭黑、C_{60}、C_{70}、碳纳米管等，也许还有将要被发现的其他许多种。

　　碳纳米管有许多优异的特性和独特的用途：碳纳米管的电导率比铜还高；纳米尺寸的电

子元件可完全由碳末做成，这种原件同时具有金属和半导体的性质；碳纳米管的抗张强度比钢高 100 倍；压力不会引起碳纳米管断裂，等等。

优异的力学性能使碳纳米管具有潜在的应用前景。例如，它可作复合材料的增强剂；又是一种很好的贮氢材料；特别是，碳纳米管形成的有序纳米孔洞厚膜，有可能用于锂离子电池；同时，在此厚膜孔内填充电催化的金属或合金后，可以用来催化 O_2 分解和甲醇的进一步氧化。这里相当于用碳纳米管作催化剂载体；气体通过碳纳米管的扩散速率为常规催化剂颗粒的上千倍，负载催化剂后会极大提高其活性和选择性。

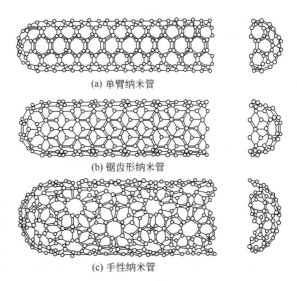
(a) 单臂纳米管

(b) 锯齿形纳米管

(c) 手性纳米管

图 8-9　三种类型的碳纳米管

除了碳纳米管外，人们已经合成了其他材料的纳米管，如 WS_2、MoS_2、MCM-41 管中管、肽、水铝英石、$NiCl_2$ 等材质的纳米管。

目前开发出的碳纳米管的制备方法很多，除了用炭棒作电极进行直流电弧放电外，还有用各种碳氢化合物（乙炔、乙烯、苯）等作碳源，在有催化剂（Co、Fe 等）或无催化剂的情况下，进行热解，可以获得单壁和多壁的碳纳米管。碳纳米管直径分布的宽度和峰值取决于催化剂成分、生长温度和其他条件。还有人在 1200℃ 的炉中用激光蒸发碳靶，采用 Co-Ni 作催化剂，也获得了有序的单壁碳纳米管束。

上述这些制法目前存在成本极高的问题，这阻碍了纳米碳管的工业化大生产。解决的办法，一方面是寻求新的原料来源，另一方面是改进现行制备工艺。

近有消息称[30]，原油中发现了天然碳纳米管的存在。已从墨西哥东南部油井中提取的多份原油样品中，发现了碳纳米管，这是世界上的首次。这种碳纳米管的强度是钢的 100 倍。目前，人工合成碳纳米管的工艺复杂，因此其价格为黄金的数倍。天然碳纳米管的发现，如果属实，那确是一个好消息。目前从上述油井中，每桶原油至少可以提取 2g 碳纳米管，而提取过程并不会影响原油的继续加工和使用。

同时，改进人造碳纳米管的工作在继续进行中。清华大学以 Fe/Al_2O_3 为催化剂，在流化床反应器中，通入氢和乙烯混合气，在 773K 或 873K 下反应 2h，每克催化剂上得碳纳米管 75mg，生成温度低，产率高[16]。

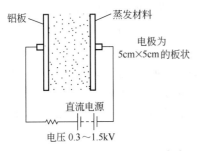

铝板　　　蒸发材料

电极为
5cm×5cm 的板状

直流电源

电压 0.3～1.5kV

图 8-10　磁控溅射法原理示意[14]

8.2.7　其他

磁控溅射（见图 8-10），是一种新型的低温溅射镀膜方法。用这种方法制备的薄膜具有高质量、高密度、良好的结合性和强度等优点。由于其装置性能稳定、便于操作、工艺易于控制、生产重复性好，适于大面积淀积膜，又便于连续和半连续生产，故已用于制造自清洁建筑玻璃。

除此而外，文献中已报道的纳米材料制法，其各种名称已达数十种之多，不可能一一在此列举。并且实际的工业生产方法，往往并不单一，是多种方法的组合，这和传统催化剂的生产是相同的。但理解了上述几种应用较广的基本制法后，就有助于解读其他新方法的原理和工艺。

8.3　测试表征要点

关于一般工业催化剂测试表征的仪器和方法，此前在第 3 章已有介绍。这些仪器和方法，对本章讨论的纳米催化材料，也是基本适用的，不必赘述。

不过，由于纳米催化材料基本结构单元的微细化，其测试表征方面，将会有更新、更细和更高的要求。相关的研究手段和实验方法，也必然会随制备技术的进步而不断更新。

从当前的发展形势看，纳米催化材料的测试和表征，对 X 射线衍射仪和电子显微镜等手段将会更加看重和依赖。有人提出，电镜将会承担相当大的一部分表征任务，这是不无道理的。组成结构决定材料性质，纳米粒子的形貌、粒径和粒径分布这三项基本数据，决定了纳米材料及其制品构件优异特性的一切。而 X 射线衍射仪和电镜，正是表征这三项基本性质的利器。尤其是电镜，欲直观看清粒子形貌，非他莫属。对纳米粒子，有时不仅要看最后成品，还要看它的半成品，如溶胶和凝胶、微乳液，以判断微粒成长机理。

关于粒径及其分布的测定，使用 X 射线衍射仪，用小角散射法（X 射线宽化法），当然也是可以做的。本书初版各章中，已有大量超细和纳米颗粒的测试数据记载，也几乎全是用这种方法测定的。甚至我国在近期颁布的纳米材料国家标准中，也主要推荐的是这种方法[24~27]。

但小角散射得不出粒子的形貌，所测的粒径是一个统计平均值，其粒径分布的数据偏差更大。因此，若主要用它来表征纳米材料，其准确度和精确性是大可质疑的。对于一个受测样品，假定我们看不到纳米粒的形貌，或者只把千差万别的粒子形貌都统一地简单化为一个当量的圆球，就得不到准确的粒径分布数据，也就不能确切知道粒子的大小是否均匀。在这样的情况下，我们单凭平均粒径的数据，就判定受测样品是否达到纳米材料的标准，恐怕也是大可质疑的。

本书第 7 章中，在介绍聚烯烃的茂金属催化剂时，涉及平均分子量和分子量分布的概念，与这里的情况是完全可以类比的。茂金属催化的高聚物分子量分布均匀，所得的线形高分子是非常整齐，像中国的挂面，所以才带来茂金属聚烯烃的优异特性。

纳米材料的粒径分布如果不集中、不均一，而是很宽或很弥散，那么尽管平均粒径合格，恐怕也不一定能作为纳米材料用。现以光催化为例。国内的研究者认为：“氧化钛颗粒分布宽是有害的。氧化钛的悬浮液中颗粒尺寸与可见光的波长接近时，分散系的浊度大，大大降低了分散系对光能的利用率。颗粒尺寸远大于可见光的波长时，分散系对光散射减弱，浊度也会降低，但大颗粒内部的氧化钛往往得不到光的激发，形成实际上的暗区，而颗粒核心部分的传质过程缓慢，因而用这种方法制备的氧化钛光催化剂活性往往不高”[13]。这种见解，相当精辟。我们可以再假想另一个例子，假如用一个介孔的膜催化剂，而膜上的孔径大小不均匀，就像一张破洞遍布的旧铜筛网，不应该穿透膜的反应物分子，也一起从大孔中逃了出去。因此，关键在于测定纳米粒子的形貌、粒径和粒径分布三项基本数据，要有好的仪器和方法，同时也要有严格的、科学的、统一的标准。

我们接触到一个无机颜料的测试方法[28]，它要限定一种铁系颜料颗粒的形貌和粒径，据称，"平均长轴直径与平均短轴直径由 350 个颗粒的长轴直径与短轴直径的平均值表示。这些直径的数据由放大的电子显微镜照片获取。原照片放大 20000 倍，而后再在纵向和横向各放大 2 倍。"这言简意赅的三句话，稍加展开，就可以形成一个纳米催化材料测定三项基本数据的标准。原方法是针对氧化铁黄颜料的，要求微粒形状是针形或纺锤形，所以要测取和限定长短粗细，要测长轴与短轴直径，以及两者的比值。该方法指定就用电镜法，限定了照片摄取和放大的程序，同时限定了颗粒的数量，因而也就限定了照片取景的视野，也保证了测试结果的重复性。如果得到一张这样的电镜照片，再利用图像处理，就可在计算机上用专用软件精确地计算出平均粒径，并标绘出粒径的分布曲线（参见图 8-7）。纳米微粒三大基本性能的问题，于是迎刃而解。按这种思路测试，目前在国内已经比较现实可行。因为许多纳米材料的研究者，已经在较多地使用电镜，包括新型的高清晰电镜和原子力电镜等，而相关的照片已公开发表不少（见图 8-11～图 8-15），只不过方法和标准上要规范和统一起来。总之，我们要记住一位科学家的话"纳米粒子是只有电子显微镜才能'看得见'的粒子"。

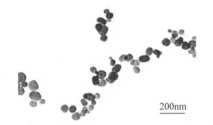

图 8-11　气相法制备的纳米微晶[13]

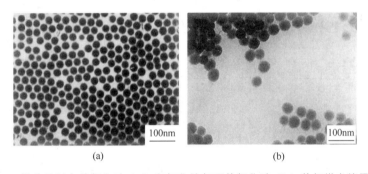

(a)　　　　　　　　　　　　(b)

图 8-12　微乳法制备的氧化硅（a）和氧化钛包覆的氧化硅（b）的扫描电镜照片[13]

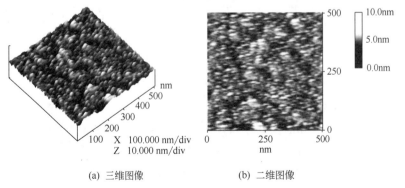

(a) 三维图像　　　　　　　(b) 二维图像

图 8-13　溶胶-凝胶法制备 TiO₂ 薄膜的原子力显微镜照片[13]

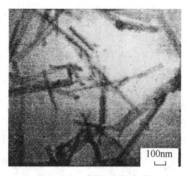

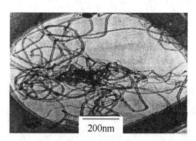

图 8-14　水热法制备的　　　　　　　　　图 8-15　热解法制备的
Ni(OH)$_2$ 纳米棒[15]　　　　　　　　　　碳纳米管[16]

8.4　研发案例述评

例 8-1　TiCl$_4$ 水解制纳米氧化钛粉体[13]

　　TiCl$_4$ 是一种价廉、易得的化工原料。强酸弱碱性的 TiCl$_4$ 极易水解，在空气中遇到水蒸气也会水解并发烟。TiCl$_4$ 在室温下也能迅速水解而产生块状沉淀 Ti(OH)$_4$，这种沉淀很难继续再溶解。成功地控制水解速率才能得到性能好的纳米晶。

　　以化学纯 TiCl$_4$ 为钛源，在冰水浴下，强力搅拌，将一定量的 TiCl$_4$ 滴入蒸馏水中。将溶有硫酸铵和浓硫酸的水溶液滴加到所得的 TiCl$_4$ 水溶液中，搅拌，以促进 TiCl$_4$ 水解。上述溶液的滴加混合过程，温度均控制在 15℃ 以下。

　　此时 TiCl$_4$ 的浓度为 1.1mol/L，Ti^{4+}/H$^+$＝15，Ti^{4+}/SO$_4^{2-}$＝1/2。将混合物升温至 95℃ 并保温 1h 后，加入浓氨水，调节 pH 值至 8 左右。室温下陈化 12h，过滤，用蒸馏水洗去 Cl$^-$ 后，用无水乙醇洗涤 3 遍，过滤，室温条件下将沉淀真空干燥，或将真空干燥后的粉体于不同温度下煅烧（升温速率为 3℃/min），即可得到不同形貌的纳米氧化钛粉体。

简要述评

　　本法是一种实验室制法。最可贵的是它用廉价的无机钛盐为原料，而不用钛酸酯。本法虽以水解反应为主，但也加入酸碱促进反应，这又接近于胶体的沉淀法。但它比传统的催化剂沉淀法要复杂，对条件有严格的控制，洗涤、干燥均有更高的要求，这是值得注意的。

例 8-2　用四氯化钛醇解法制备 TiO$_2$ 纳米粉体[11]

　　这是一篇十几年前公开的一份清华大学的发明专利。据称，按专利制出的 TiO$_2$ 纳米粉体，粒径均匀（4～10nm），且分散性好，原料价廉，工艺简单。

　　发明人认为，用有机钛酸酯（正丁酯或异丙酯）控制水解的溶胶-凝胶法，原料价格昂贵，而 TiCl$_4$ 与碱反应的沉淀法工艺复杂，粉体粒径大，均匀性差。而用本发明的方法，用醇解法直接形成溶胶，省去分离工序，又克服了上述溶胶-凝胶法和沉淀法的缺点。所用的醇可为甲醇、乙醇和异丙醇。

实施例 1

在室温下将 1.5mL TiCl_4（化学纯）溶液慢滴加到 15mL 无水乙醇中，经 15min 超声振荡，得到均匀透明的淡黄色溶液。将该溶液在密闭环境中静置 5d 进行成胶化，就可获得具有一定黏度的透明溶胶。该溶胶经 70℃ 加热处理，除去溶剂就可形成淡黄色的干凝胶。前驱体干凝胶经 500℃ 热处理 1h 就可形成 TiO_2 纳米粉体。为抑制结碳的生成，刚开始的升温速度必须很缓慢，控制在 5℃/min，以促进有机物的完全分解。

实施例 2

在室温下将 1.5mL TiCl_4（化学纯）溶液缓慢滴加到含水量为 10% 的 10mL 乙醇水溶液中，经 15min 超声振荡，得到均匀透明的淡黄色溶液。将该溶液在密闭环境中静置 90h，就可获得具有一定黏度的透明溶胶。该溶胶经 70℃ 加热处理，除去有机溶剂就可形成白色干凝胶。前驱体干凝胶经 500℃ 热处理 1h 就可形成 TiO_2 纳米粉体。为了抑制结碳的生成，刚开始的升温速度必须很缓慢，控制在 10℃/min，以促进有机物的完全分解。TEM 测试表明 TiO_2 纳米粉体的颗粒大小约为 12nm，分散性很好。

例 8-3　纳米 TiO_2 微球的制备及光催化性能研究[17]

近年来，光催化剂在环境污染物降解中的应用已受到人们的广泛注意。锐钛矿型 TiO_2 因兼有好的化学稳定性和高的光催化效率而被认为是一种很有前景的光催化剂。用作光催化的 TiO_2 一般由硫酸氧钛、硫酸钛或四氯化钛通过沉淀（或水解）法制得，但原料钛盐的阴离子残留在生成物中会影响产物的性能，为避免阴离子的干扰，可选用钛酸酯为原料，采用醇盐水解法、水热法和溶胶-凝胶法制备。本文以酞酸四丁酯为原料在表面活性剂溶液中，采用溶剂热技术直接得到了具有精细结构的锐钛矿型 TiO_2 纳米晶。

1. 纳米 TiO_2 微晶的制备

取一定量的钛酸四丁酯（化学纯），加到装有按比例混合的油酸和正己烷溶剂的聚四氟乙烯容器中。然后将此聚四氟乙烯容器装进不锈钢容器内，密封。在温度为 200℃ 时进行热处理 12h，自然冷却到室温。将反应混合物离心、抽滤，所得的白色沉淀依次用蒸馏水、无水乙醇洗涤三次，再以丙酮为提取剂对白色沉淀进行提纯。80℃ 下真空干燥 4h，得到细小的白色粉末，即纳米 TiO_2 微晶。

2. 光催化实验

实验在光化学反应仪中进行，反应容器为 500mL，中心用 500W 高压汞灯作为光源，通过石英夹套用水冷却后，可利用波长为 200~450nm。投入一定量的纳米 TiO_2 光催化剂，甲基橙溶液初始浓度为 20mg/L，以 240mL/min 流速通入空气，反应过程中定时取样测定甲基橙溶液的吸光度。

甲基橙溶液浓度为 20mg/L，实验温度为 70℃，纳米 TiO_2 样品和德国 P-25 型 TiO_2

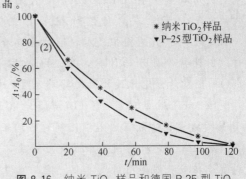

图 8-16　纳米 TiO_2 样品和德国 P-25 型 TiO_2 样品对甲基橙降解效率的影响

的浓度均为 1g/L，在此条件下进行光催化实验，结果如图 8-16 所示。实验表明两种光催化剂对甲基橙溶液的脱色效率基本相近，均具有良好的光催化活性。

3. 简要述评

本法在制备方法上，采用非水溶剂热分解钛酸丁酯的方法，有一定特色。把热分解的方法和类似微乳液的方法结合起来，并制得了与进口样品活性相近的光催化剂。

例 8-4　纳米 TiO_2 薄膜光催化降解苯胺[18]

本例素材取自最近发表的天津大学的研究报告。

苯胺是一种常见的环境污染物，主要来源于农药、染料、塑料和医药等行业，不仅是强致癌物，而且对人体血液和神经的毒性也很大，故消除苯胺污染物对于环保和人类健康有着重要的意义。

TiO_2 具有活性高、化学性能稳定、价廉易得等优点，采用负载型纳米 TiO_2 光催化降解环境中的有机污染物已成为近年来污染治理技术新的研究热点。本文通过溶胶-凝胶法制备了负载型纳米 TiO_2 光催化剂，以苯胺溶液为模拟废水，考察了降解过程中相关条件（膜层厚度、H_2O_2 用量等）的影响，并对降解反应的动力学特征及降解反应机理进行了探讨。

1. 纳米 TiO_2 薄膜的制备

室温下将钛酸四丁酯 $[Ti(OC_4H_9)_4$，化学纯] 和无水乙醇按 1：4 的比例混合，充分搅拌下缓慢加入少量浓硝酸，调节 pH 值为 3。在强烈搅拌下滴加 3 倍于 $Ti(OC_4H_9)_4$ 的去离子水，并加入体积比约为 2% 的稳定剂，继续搅拌直至得到浅黄色透明的 TiO_2 溶胶。待溶胶陈化 24h 后使用。

将预先酸碱处理后的石英载体浸入溶胶中，采用浸渍-提拉法涂膜，以 1mm/s 的速率向上缓慢提拉出液面，在空气中晾干后置于马弗炉内，以 5℃/min 升温至所需温度，保持 1h 后自然冷却，即得到透明的石英负载 TiO_2 薄膜。多层膜采用相同的方法重复多次制得。

2. 纳米 TiO_2 的表征和性能测试

使用日本理学 DMAX-2400 型 X 射线衍射仪进行 TiO_2 薄膜的晶相结构分析。光催化性能测试实验在自行设计组装的光催化反应装置上进行，取 800mL 苯胺溶液 ($50mg/L^{-1}$) 作为模拟废水，通过循环冷凝控温在 30℃ 左右，光源为 300W 的高压汞灯。打开紫外灯开始计时，每 20min 取样一次，共取五次。试样采用日本岛津 UV-16OA 型紫外分光光度计测定其吸光度，以此来确定纳米 TiO_2 薄膜的光催化性能。

经 500℃ 热处理后，TiO_2 薄膜光催化剂用 X 射线衍射仪测定，晶形为锐钛矿型，用 X 射线宽化法计算出光催化剂的平均粒径为 11.6nm。

反应装置是一种固定床式反应装置，反应器为套管结构，TiO_2 光催化剂以薄膜形式负载在多孔石英圆筒载体上。控制室温，并在一定光强度下，分别考察不同反应条件对苯胺（初始浓度为 50mg/L）光催化降解效果的影响。表 8-7 为不同反应条件下苯胺光催化降解 100min 的实验结果。

表 8-7　反应条件对光催化降解性能的影响

$R_c/\text{mL} \cdot \text{min}^{-1}$	$\eta_c/\%$	$R_{O_2}/\text{m}^3 \cdot \text{h}^{-1}$	$\eta_o/\%$	$W_{H_2O_2}/\%$	$\eta_{H_2O_2}/\%$	$N/$层数	$\eta_N/\%$
20	76.0	0	70.6	0.1	33.3	3	74.6
40	78.7	0.1	74.7	0.2	50.7	4	84.6
80	81.3	0.15	85.3	0.3	72.3	5	78.7
100	82.7	0.2	78.7	0.4	68.0	—	—

注: R_c 为反应循环速率; η 为光降解率; R_{O_2} 为 O_2 添加量; $W_{H_2O_2}$ 为 H_2O_2 添加量; N 为催化剂负载层数。

表 8-7 和图 8-17 的数据说明，本催化剂对苯胺能进行较快和较完全的无害化转化。最终降解产物为 NO_3^-、CO_2 和 H_2O 等。

简要述评

例 8-1～例 8-4 集中简介了国内 TiO_2 光催化剂研发的典型实例。相似的报告和专利在近 3～5年内大量涌现，不胜枚举。基本的材料是 TiO_2，也有用少量其他半导体氧化物杂化的。

国外的纳米 TiO_2，已有多家企业的定型产品出售，且其在太阳能利用、污水处理、空氧净化、抗菌保洁陶瓷、防霉或自洁玻璃等方面的应用，已有一定规模。国内自产的自洁玻璃，已开始在大型体育场馆的设计中应用，国产的纳米 TiO_2 粉，已有不止一家工厂生产。

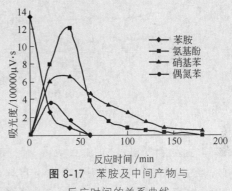

图 8-17　苯胺及中间产物与
反应时间的关系曲线

一位中国科学家预言：纳米氧化钛催化材料正成为纳米科技较早直接造福人类的有力工具[13]。这个预言已在我国成为现实。

例 8-5　在纳米 Cu-ZnO 上仲丁醇的催化脱氢[19]

Cu-ZnO 催化剂在醇类脱氢、甲醇合成和酯类氢解等催化反应中有着广泛的应用，但将其应用于丁醇脱氢反应的报道较少。本工作制备了纳米铜和纳米氧化锌，并采用超声方法制备了纳米铜和纳米氧化锌的混合催化剂，考察了 3 种催化剂在仲丁醇脱氢制备甲基乙基酮（MEK）反应中的催化活性。反应结果表明，与单独的纳米铜和纳米氧化锌相比，混合催化剂不但保持了较高的脱氢活性，且使反应的稳定性大大提高。对催化剂的 XRD，BET 和 EPR 研究结果表明，ZnO 起到分散和稳定 Cu 粒子的作用，铜和氧化锌之间存在某种相互作用。

1. 实验部分

纳米氧化锌用固相反应方法制备，纳米铜粉用等离子体法制备，纳米铜粉由吉林大学超硬材料国家重点实验室提供。将纳米铜和氧化锌（质量比为 1∶11）在无水乙醇中超声分散干燥后制得纳米 Cu-ZnO 混合催化剂。反应前后催化剂的 EPR 表征在 Bruker ER 200D-SRC 型电子顺磁共振仪上完成；XRD 结果在 Shimadzu XRD-3A 型 X 射线衍射仪上得到，根据 XRD 结果，由 Schelrer 公式计算氧化锌和铜的粒径；BET 比表面积，在

ASAP 2010 型比表面仪上测定。仲丁醇脱氢反应在固定床反应器中进行，催化剂用量 0.5g（40～60 目）。空速 1000h^{-1}。

2. 结果与讨论

图 8-18 示出了在 453K 和 553K 时的仲丁醇脱氢转化率随时间的变化结果。由图 8-18 曲线 a～c 可知，在 453K 反应时，氧化锌催化剂无脱氢活性（图 8-18 曲线 a），而纳米铜催化剂在反应初始时表现了较高的脱氢活性，但随着反应的进行，仲丁醇的转化率呈下降趋势（图 8-18 曲线 b）。纳米 Cu 和 ZnO 混合催化剂的催化脱氢活性明显升高，仲丁醇的转化率可提高 20% 左右，反应活性也相对稳定（图 8-18 曲线 c）。

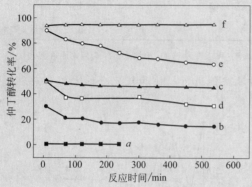

图 8-18 仲丁醇转化率随催化
剂反应时间的变化

在 553K 反应时，各催化剂上仲丁醇的转化率均大幅度提高。其仲丁醇转化率与反应时间的关系见图 8-18 曲线 a～f。可见纳米 ZnO 上仲丁醇的转化率在反应开始时为 50%，但反应 500min 后，其转化率只维持在 30% 左右（图 8-18 曲线 d）；对于纳米 Cu 催化剂，仲丁醇的转化率也由初期的近 90% 降至 62%（图 8-18 曲线 e）；只有在纳米 CuZnO 混合催化剂上，仲丁醇的转化率才维持在 94% 左右，且随反应时间的延长而保持不变（图 8-18 曲线 f）。

图 8-19 示出了在 553 K 反应温度下各种催化剂上由缩合产生的副产物 5-甲基-3-庚酮的选择性变化。由图 8-19 可见，纳米铜和纳米 ZnO 催化剂上几乎不产生缩合产

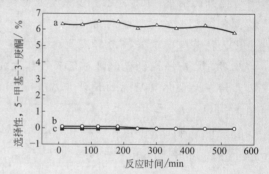

图 8-19 553K 下 5-甲基-3-庚酮的选择性
a—Cu-ZnO 催化剂，b—纳米 Cu，c—ZnO 纳米粒

物（图 8-19 曲线 b，c）；但在纳米 Cu-ZnO 混合催化剂上，其选择性大约为 6%（图 8-19 曲线 a），这说明在 Cu-ZnO 催化剂中，Cu 和 ZnO 之间存在某种相互作用，致使在该催化剂上产生了不同于单独的 Cu 或 ZnO 催化剂的反应活性位的性质。

图 8-20 示出了 553K 反应温度下的不同催化剂上由于仲丁醇脱水产生的副产物丁烯的选择性变化。由图 8-20 可见，对于纳米 ZnO 催化剂，丁烯的选择性在反应开始时随着反应的进行而逐渐升高，

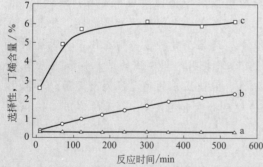

图 8-20 553K 下，丁烯选择性随反应时间的变化
（所有条件与图 8-19 相同）

约 100min 后维持在 6% 左右（图 8-20 曲线 c）；在纳米 Cu 上丁烯的选择性随着反应的进

行而不断增加（图 8-20 曲线 b）。对于 Cu-ZnO 混合催化剂，脱水产物丁烯的选择性相对于单独的 Cu 和 ZnO 催化剂上的选择性要小得多，并且这一选择性不随反应时间的变化而变化（图 8-20 曲线 a）。这一结果进一步表明，Cu-ZnO 混合催化剂中的 Cu 和 ZnO之间发生了相互作用。通常认为，反应中丁烯的生成量与催化剂表面酸性中心有关，这可能是纳米粒子之间的相互作用使催化剂的表面酸性中心发生了改变的缘故。

反应前后的纳米 Cu，ZnO 和 Cu-ZnO 混合催化剂的粒径大小和比表面积数据列在表 8-8 中。

表 8-8　新的和反应后的纳米催化剂（Cu、ZnO 和 Cu-ZnO）的粒径和比表面积

催化剂	Cu		ZnO		Cu-ZnO		
	$S_g/(m^2 \cdot g^{-1})$	d/nm	$S_g/(m^2 \cdot g^{-1})$	d/nm	$d(Cu)/nm$	$d(ZnO)/nm$	$S_g/(m^2 \cdot g^{-1})$
新催化剂[①]	3.6	90	68.8	15	90	16	31.2
催化剂[②]	3.1	123	—	16	100	17	—
催化剂[③]	0.3	169	—	15	114	16	32.7

①粒径；②453K 反应 9h；③553K 反应 9h。

从表 8-8 可见，反应前后 ZnO 粒子大小未发生变化；铜粒于明显长大，其比表面积的变化与粒径变化趋势相反；但在 Cu-ZnO 混合催化剂中，Cu 的粒径增幅相对较小，比表面积在反应前后也未发生变化。这一结果与前面的各种催化剂上仲丁醇脱氢活性的比较（图 8-18 和图 8-19）表明，ZnO 催化剂的失活与其粒径变化无关，Cu 催化剂上仲丁醇转化率的不断下降是因为其粒子长大和比表面积变小造成的，而 Cu-ZnO 催化剂维持高反应活性的重要因素是 ZnO 分散了 Cu，抑制了 Cu 粒子的迅速增长。

图 8-21 是反应后的 ZnO 和 Cu-ZnO 催化剂的EPR（电子顺磁共振）谱图。由图 8-21 可见，反应后 ZnO 催化剂中出现了很强的积碳信号（$g =$ 2.004，谱线 a），因此，ZnO 催化剂上仲丁醇转化率的下降很可能与此有关；但在反应后的 Cu-ZnO催化剂上几乎没有出现这种积碳信号（图 4 谱线 b，其上出现的二价铜信号可能是因为催化剂暴露于空气中所致），表明 Cu 和 ZnO 之间确实存在某种相互作用，使得 ZnO 表面的酸中心发生了变化，从而大大降低了催化剂表面积碳的可能性，使 Cu-ZnO 催化剂在仲丁醇脱氢反应中保持了很高的转化率和稳定性。

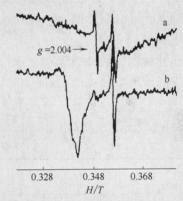

图 8-21　ZnO（a）和 Cu-ZnO 催化剂（b）在 553K 反应 9h 的 EPR 图谱

总之，纳米 Cu 和 ZnO 超声混合的催化剂 Cu-ZnO 在催化仲丁醇脱氢制备甲乙酮反应时所表现出的催化活性并不是单独的 Cu 和 ZnO 的反应活性的加和，混合 Cu-ZnO 催化剂既具有高的仲丁醇转化率，又维持了高的反应稳定性。催化剂的表征结果表明，ZnO 的存在分散了 Cu，增加了 Cu 粒子的稳定性，使 Cu 粒子在反应中不易长大；而纳米 Cu 和 ZnO 之间的相互作用改变了催化剂的表面性质，抑制了催化剂表面积碳。

3. 引用本文的编者点评

这是一篇吉林大学学生发表的学位论文摘编。写得非常好。实验设计和实施精准简练，结果解释合理可信。虽然是在十多年前，那时国内甚至国外的纳米催化剂刚刚起步开发。论文和今天的同类论文相比，也堪称典范。

例8-6　含纳米粉体的乙苯脱氢制苯乙烯催化剂[20]

该过程目的产物为苯乙烯，是高分子材料的最主要单体之一，用于制聚苯乙烯、丁苯橡胶等。该过程所用铁系催化剂，存在活性不高、选择性和效率偏低的缺点。

本专利技术所提供的催化剂，具有苯乙烯转化率高、选择性好、效率高而且稳定性好的特点。专利的主要创新思路，在于部分引入了纳米级 Fe_2O_3 粉体。

1. 制备与评价实验摘要

（1）Fe_2O_3 纳米粉体的制备

纳米级 Fe_2O_3 的制备方法如下：室温下，配制一定浓度的硝酸铁溶液，以碳酸钾为沉淀剂，控制 pH 终值9～10，制得 Fe_2O_3 水凝胶。充分水洗后用乙醇充分交换其中的水，制成 Fe_2O_3 醇凝胶，将醇凝胶转入高压釜中，加入适量的乙醇作干燥介质，密封高压釜，慢慢升温至260℃，保持1h后，释放出流体。用 N_2 充入反应釜以驱除剩余流体，冷却至室温后，得到纳米级 Fe_2O_3 原粉。

（2）催化剂制备

实施例1～3

催化剂制备方法。实例例1：将72.3g氧化铁红、296.1g氧化铁黄、1.7g20nm的氧化铁、100.5g碳酸钾、81.5g硝酸铈、10.3g钼酸铵、30g氧化镁及水泥、羧甲基纤维素在捏和机中搅拌1h，加入脱离子水，再拌和0.5小时，取出挤条，挤成直径3mm、长度8～10mm的颗粒，放入烘箱，80℃烘2h，120℃烘2h，然后置于马弗炉中，于900℃焙烧4h制得催化剂。实施例2、实施例3的制备方法同实施例1，只是纳米级氧化铁的加入量分别为2.5g和3.4g，纳米级氧化铁的粒径分别为10nm和5nm。参见表8-10。

比较例1～3和实施例4

比较例1～3的催化剂制备方法同实施例3，比较例1全部采用氧化铁红，比较例2采用氧化铁黄，比较例3则是氧化铁红、氧化铁黄各占一半，三个配方中均不含纳米 Fe_2O_3；实施例4加入10g10nm的 Fe_2O_3，其余同实施例3。比较例1～3的配方见表8-9。

表8-9　部分催化剂投料配方

原　　料	投料量/g		
	比较例1	比较例2	比较例3
Fe_2O_3	72.3	261.8	304.9
$Fe_2O_3 \cdot H_2O$	296.1	105.7	61.7
纳米 Fe_2O_3	1.7	2.5	3.4
K_2CO_3	100.5	150.5	87.5
$Ce(NO_3)_3 \cdot 6H_2O$	81.5	125.4	78.2
$(NH_4)_6Mo_7O_{24} \cdot 4H_2O$	10.3	8.0	12.1
MgO	20.0	25.0	18.0
水泥	25.0	30.0	20.0
羧甲基纤维素	10.0	15.0	10.0

2. 实验结果述评

从上述实验结果（见表8-10和表8-11）看，本发明的催化剂，在 Fe-K-Ce-Mo-Mg 基本组成的基础上，引入适当比例的纳米级氧化铁，所制成的脱氧催化剂既具有较高的活性、选择性，又有较高的比表面积和很好的稳定性能，是一种新型的乙苯脱氢氧化物

表 8-10　催化剂脱氢性能对比

催化剂	比表面积/(m²/g)	转化率/%	选择性/%	单程收率/%	备　注
实施例 1	5.34	71.2	93.1	66.3	加 nmFe₂O₃1.7g
实施例 2	6.32	77.3	95.0	73.4	加 nmFe₂O₃2.5g
实施例 3	9.14	78.6	95.6	75.1	加 nmFe₂O₃3.4g
比较例 1	3.26	76.5	94.3	72.1	无 nmFe₂O₃
比较例 2	4.13	69.4	92.3	64.1	无 nmFe₂O₃
比较例 3	3.47	72.0	93.8	67.5	无 nmFe₂O₃
实施例 4	9.16	78.7	95.5	75.1	加 nmFe₂O₃10g

表 8-11　实施例 3 催化剂的稳定性

反应时间/h	50	100	200	300	400
转化率/%	78.6	78.4	78.5	78.4	78.3
选择性/%	95.6	95.5	95.4	95.5	95.3

催化剂。本专利应是国内申请完整纳米工业催化剂专利的一个较早代表。

从配方投料比看，所加的纳米 Fe_2O_3 相对含量并不多，不足总 Fe_2O_3 的 10%，其余 90% 以上的铁均是市售的铁红、铁黄颜料（估计为 μm 级粒子）。这说明纳米 Fe_2O_3 效果明显。同时也说明，如果采用纳米粉体改进现行的非纳米传统催化剂，从成本等因素综合考虑，并非必须一步到位，全盘纳米化，而完全可以采用与本专利相似的部分混用的折中方案。

铁是金属催化元素中最价廉易得的。铁系催化剂很多，需求很大。本催化剂只是其中的一种，还有高温变换催化剂、铁系脱硫剂等。

本专利中所用的铁红和铁黄，如果是微米级的普通产品，是否可以换用透明铁红和透明铁黄，值得研究。这两种新产品，近年国内已有批量生产。因为其平均粒径已在纳米粉体的范围，所以才会透明。其生产方法不同于本专利纳米 Fe_2O_3 的醇溶胶制法，而是要简单一些（见例 8-9），成本可能低些，批量也会大些。

例 8-7　胶体沉淀法制备纳米 Fe_2O_3[21]

本例素材节选自一篇研究铁基透明颜料的报告。虽然论及颜料，但从例 8-6 可见，它同样可作为纳米催化剂的原材料。胶体沉淀法制备纳米 Fe_2O_3 的工艺流程如图 8-22 所示。

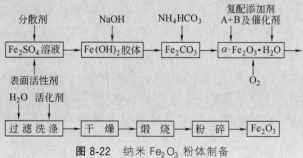

图 8-22　纳米 Fe_2O_3 粉体制备

取一定浓度的 $FeSO_4$ 溶液，放入圆底烧瓶，边搅拌边加入少量分散剂和表面活性剂的水溶液，慢慢加热不超过 30℃，搅拌均匀后，迅速滴入氢氧化钠溶液，得到墨绿色氢氧化亚铁胶体，再用碳铵将沉淀转化为碳酸亚铁，边搅拌边加入复配添加剂 A＋B，加入催化剂，在弱酸介质中通入空气，使 Fe^{2+} 氧化成 Fe^{3+}，进而氧化成 α-$Fe_2O_3 \cdot H_2O$，抽滤后加入去离子水洗涤多次，再用活化剂洗涤，然后在 105℃下干燥 30min，最后煅烧制得 α-Fe_2O_3 粉体，将粉体粉碎、过筛得到成品纳米粒子。

工艺条件：反应温度 30～38℃，Fe_2O_3 浓度 0.25mol/L，pH 值一般为 4～5，通气量 Q=4～6L/h，气流速率 18.6L/h，加入 0.25% 分散剂和 0.40%～0.45% 的表面活性剂，同时加入少量的复配添加剂 A＋B 与催化剂。按不同配方和工艺制备的 Fe_2O_3 成品的结果见表 8-12。

表 8-12　Fe_2O_3 的生成条件和实验结果

编号	反应物组成/mol·L⁻¹			pH 值	反应时间 /h	粒子 形貌	粒子尺寸 /nm
	$FeSO_4$	NaOH	NH_4HCO_3				
1	0.25	0.10	0.125	4.12	6.5	纺锤形	50～80
2	0.25	0.20	0.125	4.36	5.5	纺锤形	30～100
3	0.25	0.125	0.125	5.22	4	球形	40～100
4	0.25	0.125	0.125	4.50	4.5	球形	60～100
5	0.25	0.25	0.15	6.11	5	纺锤形	75～100
6	0.25	0.15	0.20	5.2	4.5	球形	40～100

简要述评

本法是一种改良的胶体沉淀法。所采用的流程和设备与国内传统的沉淀法相差无几，原料除少量表面活性剂等添加剂而外，也是充足易得而价廉的。但它同样可以做出纳米粉体的 α-Fe_2O_3。如果铁系的纳米粉体可用此法，那么，铜系的、镍系的、钴系的金属活性组分，也是可借鉴的。铝系的、硅系的、锌系的、钛系和锆系的氧化物载体或催化剂，也可参考。本法改进的主要关键在于一些添加剂的加入以及工艺条件的精细设计与控制，均与传统沉淀法有所不同。这里吸收了纳米材料制备的胶体化学法，微乳化法等的长处，其基本构思，可以引进和改造传统工业催化剂的沉淀法。

例 8-8　粒径和紫外吸收波长可控的氧化锌纳米晶制法[22]

这是 2005 年公开的一份上海交通大学的专利。具体涉及采用化学溶液法制备不同粒径和紫外吸收波长的氧化锌纳米晶，属无机纳米材料制备技术领域。

纳米氧化锌是一种良好的半导体材料，有良好的发光、光电转换、紫外吸收等性能，也用于工业催化剂领域，如作氧化锌脱硫剂，锌、锡、铁等的氧化物，还在光催化剂中用于 TiO_2 的杂化。

纳米氧化锌的制备方法报道较多。其中的溶液合成法简单方便，成本低。但目前各种方法只能制备大小单一的晶体，而尺寸对 ZnO 纳米晶的光电性能有很大的影响，因而难以满足市场需求。

本发明的目的在于针对现有技术的不足，提供一种粒径和紫外吸收波长可控、操作简单、反应温度低、成本低、生产效率高的氧化锌纳米晶的制备方法。

为实现这样的目的，本发明采用化学溶液法制备氧化锌纳米晶。将锌盐和氨源分别按照一定的浓度和比例溶解于甲醇溶液中，在溶液澄清后倒入聚四氟乙烯反应器中，密闭，升温至90～100℃，反应2～3h即可获得氧化锌纳米晶。制备的氧化锌纳米晶的尺寸根据反应条件的不同从15nm到40nm不等。

本发明的优良效果是：产物氧化锌纳米晶的粒径可以简单地由反应物（六水合硝酸锌和乌洛托品HMT）的浓度加以控制；无需添加表面活性剂或者聚合物，避免了后处理的麻烦过程，从而降低了成本；由于HMT是一种受热缓慢分解的氨源，可以均匀地和硝酸锌反应，因而可以均匀生成氧化锌纳米晶；甲醇是一种低沸点的溶剂，在较低的温度下具有较高的蒸气压，使得反应溶液黏度降低，为获得粒径较小的纳米晶体提供了条件；由于本发明采用的化学溶液法反应温度低，只有90～100℃，反应时间短，最短只需2～3h，反应原料便宜，只需要常用的锌盐和乌洛托品，溶剂甲醇可回收再利用，反应体系密闭，不会造成污染，因而本发明方法操作简单、成本低、效率高，制备的氧化锌纳米晶均是单晶，粒径从15nm到40nm可控，紫外吸收波长从345nm到375nm可控。

实施例1

① 反应溶液的制备：将0.00025mol硝酸锌、0.00037mol乌洛托品（六亚甲基四胺）溶解于100mL甲醇溶液中，搅拌至溶液澄清，即可制备成反应溶液。

② 纳米氧化锌的合成：将上述制备好的氧化锌纳米晶的生长反应溶液倒入聚四氟乙烯反应器中，密闭，升温至90℃，反应3h，反应结束后自然冷却至常温，取出样品用大量去离子水冲洗，经过多次洗涤后自然晾干即可获得氧化锌纳米晶。

对所得到氧化锌薄膜作X射线衍射谱图，所制备的氧化锌为六方晶形，氧化锌晶体的粒径为15nm。由透射电子显微镜照片可见，所制备的氧化锌为类球形颗粒状，粒径平均为15nm，与X射线衍射计算结果一致。所制得的氧化锌纳米晶的紫外-可见光吸收光谱中可见氧化锌纳米晶在345nm处有强吸收，而在可见光范围内具有很好的透光性。

实施例2

① 反应溶液的制备：将0.005mol硝酸锌、0.0075mol乌洛托品溶解于100mL甲醇溶液中，搅拌至溶液澄清，即可制备成反应溶液。

② 纳米氧化锌的合成：将上述制备好的氧化锌纳米晶的生长反应溶液倒入聚四氟乙烯反应器中，密闭，升温至100℃，反应2h，反应结束后自然冷却至常温，取出样品用大量去离子水冲洗，经过多次洗涤后自然晾干即可获得氧化锌纳米晶。

测试方法同实施例1，所得氧化锌晶体粒径为40nm，纳米氧化锌吸收红移至375nm。

简要述评

本专利思路新颖巧妙，简易可行。采用有机胺乌洛托品作沉淀剂，利用其受热缓慢分解的性能，类似于加入尿素的均匀沉淀法，有助于氧化锌纳米晶的分散和均匀化。所要注意的是使用甲醇溶剂并且加热至100℃，在设备操作上要保证操作者的安全和健康。

例 8-9 采用微乳液法生产透明氧化铁颜料的方法[31]

中国专利，公开号 CN 101319099A（2008 年）. 专利号 ZL200810035691.3（2011 年）

技术领域

本发明涉及无机化工颜料制造技术领域，特别是一种采用微乳液法生产透明氧化铁颜料的方法。这种纳米氧化铁，也可用作填料及催化剂。

背景技术

氧化铁颜料是一种十分重要的无机颜料，是各种合成无机颜料中仅次于钛白粉，居第二位量大面广的彩色颜料。氧化铁系颜料包括铁红、铁黄等，具有颜色多、色谱广、无毒、价廉的突出优势，已被广泛应用于油漆、涂料、建材、橡塑、机电、烟草、磨料和医药行业中。如例 8-6 所述，纳米级的透明氧化铁已开始用于催化剂。

对于颗粒纳米级（nm，10^{-9} 米）尺寸的氧化铁系颜料，例如透明氧化铁黄（简称透黄）或透明氧化铁红（简称透红）等，不仅具有上一代普通氧化铁（简称普黄）颜料几乎所有的优点，而且还具有透明度高、颗粒细小（最小尺寸方向 10～50nm，长度 100～200nm）、比表面积大（为普黄的 10 倍）、耐日晒等独特优点。

由于纳米粒子具有光衍射效应，使纳米尺寸的透明氧化铁颜料具有很好的光透射性和光稳定性，即使在紫外线照射下，其颜色的衰退仍然相当缓慢，因而可用于制造透明氧化铁清漆、外墙涂料、油漆等具有耐日晒、不变色、耐气候性要求高的场合的色料产品中。生产透明氧化铁颜料的工艺流程如下：

（1）制备硫酸亚铁

用硫酸溶解铁皮的方法获得硫酸亚铁，反应式如下：

$$Fe + H_2SO_4 \longrightarrow FeSO_4 + H_2 \uparrow$$

反应温度 40～80℃，硫酸质量浓度 10%～20%；

（2）制备硫酸高铁用浓度约 0.5～1.0mol/L 的硫酸亚铁溶液，在过量浓硫酸和氯酸钠的存在下进行氧化反应，生成硫酸高铁，反应式如下：

$$6FeSO_4 + NaClO_3 + 3H_2SO_4 \longrightarrow 3Fe_2(SO_4)_3 + NaCl + 3H_2O$$

反应温度 70～85℃，反应时间 30min 左右，之后升温至 80℃ 左右，再反应 15min 经检验无亚铁离子后备用；

（3）制备氢氧化铁晶核和初步细化

在紫红色硫酸高铁溶液中加水稀释、并搅拌均匀，快速滴加 NaOH 溶液，迅速形成 pH 值为 6.0～8.0 的极浓稠状棕红色沉淀，反应式如下：

$$2Fe_2(SO_4)_3 + 6NaOH \Longrightarrow 2Fe(OH)_3 \downarrow + 3Na_2SO_4$$

加入预制的亲油型微乳液 Ⅱ，加水稀释，搅拌 15min，再加入预制的亲水型微乳液 Ⅰ，再搅拌 15min 以上，即获得颗粒较细的氢氧化铁晶核沉淀；

（4）制备氧化铁黄 FeOOH 湿浆

将所述的颗粒较细的氢氧化铁晶核加热升温进行氧化水解反应

$$2Fe(OH)_3 \longrightarrow 2FeOOH + 2H_2O$$

先升温至 65～70℃，投入洁净的铁皮，并补加硫酸高铁溶液，继续升温至 80～83℃、并保持 5.5～6.5h，浆液稠度增加、浆色由红色转至黄色为主、pH 值渐转至 4～5 为止；过滤分离之后进行水洗，在无碱和亚铁离子可检出时，即得 FeOOH 湿浆，待后处理；

（5）铁黄 FeOOH 湿浆的后处理

净铁黄湿浆用微乳液Ⅰ和微乳液Ⅱ作纳米级再分散处理：在洁净铁黄湿浆中加水，并加入以5%～10%的稀 NaOH 溶液，调 pH 值至7～13，升温至30～80℃，中速搅拌，先加微乳液Ⅱ，搅拌后，再加微乳液Ⅰ，在30～80℃下反应2～3h后经沉淀过滤、冲洗去碱、烘干得透明氧化铁黄；

（6）透黄的再处理得透红，将所述的铁黄在250～300℃环境中焙烧1.5～3h，得透明氧化铁红。

（7）亲水性表面活性剂由耐酸碱和耐热性强的水溶性物质充任，可在水溶性吐温类（聚氧乙烯山梨糖醇酐脂肪酸酯）、十六烷基三甲基溴化铵、十二烷基苯磺酸钠、十二烯基磺酸钠或十二烷基硫酸钠中选择，以十二烷基苯磺酸钠为优选，在微乳化分散剂配方中的用量以每批反应后所得铁黄计，可选择0.5%～5%（质量分数）之间，优先选择0.5%～1.5%（质量分数）。

（8）亲油性表面活性剂，即油溶性表面活性剂，可在各种型号的油溶性山梨糖醇脂肪酸酯（司盘类）中选择，优先选择在热油中的溶解度较高的司盘类耐热品种，在微乳化分散剂配方中的用量以每批反应后所得铁黄计，可选择0.1%～0.8%（质量分数）之间，优先选择0.15%～0.5%（质量分数）。

（9）助乳化剂为水油双亲型助表面活性剂，可在胺类或沸点高于100℃以上的戊醇、异丁醇或正丁醇的低级醇类中选择，以正丁醇为优选，助乳化剂在微乳化分散剂配方中的用量，以每批反应后所得铁黄计，在0.3%～3%（质量分数）之间选择为好，优先选择0.5%～1.5%（质量分数）。

（10）油剂可以选择终沸点高于120℃的洁净植物油或矿物油，优先选用柴油或白油。

（11）微乳液Ⅰ与微乳液Ⅱ的用量比按重量计，可在20/80～80/20间选择，优先选择40/60～60/40间。

（12）微乳液Ⅰ与微乳液Ⅱ的每次包覆的搅拌时间可选20～180min，优先选择30～60min。

（13）微乳液Ⅰ与微乳液Ⅱ的包覆时的温度低于所选表面活性剂的最高耐热温度，最高80～60℃，最低30～40℃。

简要述评

本专利是一件生产纳米 Fe_2O_3 的专利，已经大批量生产十多年，已获发明专利授权。十余年间，我国已有二氧化钛、氧化铁、氧化硅、氧化铝、氧化锌、碳酸钙等多种纳米粉体材料陆续开发成功，可用作颜填料，也可用于催化剂。在本章的例8-7和例8-6也两处提及纳米氧化铁，而研发其它纳米催化材料的论文和专利，也在逐年增加中。

参 考 文 献❶

1 陈诵英. 全国超细颗粒及表面科学研讨会论文集. 长沙，1988

---

❶ 本章中带"T"编号文献请查阅第1章参考文献。

2 张池明. 超微粒子的化学特征. 化学通报，1993，(8)

3 高静平等. 第一届中国精细陶瓷粉体制备与处理学术会议论文集. 北京，1994

4 Kishida M, et al. J. Chem. Soc., Chem. Commun., 1995，763

5 孟广耀. 化学淀积法与无机新材料. 北京：科学出版社，1984

6 秦合法，刘佩若，陈信华. 无机膜化——一个方兴未艾的催化领域. 化学通报，1993，11

7 杨维慎，林励吾. 无机陶瓷膜的制备、评价及应用. 化学通报，1993，3

8 胡征，殷平，范以宁等. 化学镀镍-磷合金镀液及化学镀工艺. 中国专利 CN 1152629A. 1997

9 张立德，牟季美. 纳米材料学. 辽宁：辽宁科技出版社，1994

10 何天平，彭子飞，刘维剑等. 化学共沉淀法制备 $BaTiO_3$ 纳米粉. 化工时刊，1997，3

11 朱永法等. 用四氯化钛醇解法制备二氧化钛纳米粉体的方法. 中国专利 CN 1226511A. 1999

12 张立德. 纳米材料，北京：化学工业出版社，2000

13 高濂，郑珊，张青红. 纳米氧化钛光催化材料及应用. 北京：化学工业出版社，2002

14 张昭，彭少方，刘栋昌. 无机精细化工工艺学. 北京：化学工业出版社，2002

15 田周玲等. 氢氧化镍纳米棒的水热制备及其表征. 高等学校化学学报，2005，(8)

16 凌晨等. 铁基催化剂裂解乙烯制备高纯度碳纳米管. 石油化工，2005，(6)

17 张元广等. 纳米 TiO_2 微球的制备及光催化性能研究. 材料科学与工程学报，2003，(1)

18 贲宇恒等. 纳米二氧化钛薄膜光催化氧化降解苯胺的研究. 工业催化，2005，(5)

19 王振旅，马红超等. 在纳米 Cu-ZnO 上仲丁醇的催化脱氢. 高等学校化学学报，2002，23 (11)：2163～2165.

20 中国石化股份有限公司. 用于乙苯脱氢制备苯乙烯的氧化物催化剂. 中国专利 CN 1443738

21 童忠良. 纳米 α-Fe_2O_3 粒子的研究. 浙江化工，2001，(4)

22 王卓等. 粒径和紫外吸收波可控的氧化锌纳米晶的制备方法. 中国专利 CN 1562763A. 2005

23 金杏妹等，一种纳米尺寸丝光沸石合成方法. 中国专利 CN 1666956A. 2005

24 纳米粉末粒度分布的测定——X 射线小角散射法. GB/T 13221—2004

25 纳米镍粉. GB/T 19588—2004

26 纳米二氧化钛. GB/T 19591—2004

27 纳米氧化锌. GB/T 19589—2004

28 铁黄颗粒及其生产方法. 欧洲专利 EP 0887387A2. 1998

29 Shaomin Liu, et al. Methane Coupling Using Catalytic Membrane Reactors. Catalysis Reviews，2001，43 (1&2)，147～198

30 李永常. 碳纳米管研究近况. 天津化工，2005，(1)

31 采用微乳液法生产透明氧化铁颜料的方法中国专利 ZL200810035691.3 (王尚弟，王建明，2011)

第9章

分子筛催化材料

分子筛一类的催化材料，从本书初版的时候起，便一直是本书的一个比较重要的研讨内容。特别是在本书第二版第二章中，分子筛作为无机材质的离子交换催化剂，也早有所涉及；在其第九章中，我们也对分子筛催化材料的新进展开过比较详尽的讨论。事到如今，时过十五年。当年的新进展，已成为历史的旧闻甚至经典，而这类催化材料的更新更快进展，在近几年却更显得加速，简直可以和近十多年来"纳米催化材料"的快速进展并驾齐驱。

于是我们在此整合和扩充内容，再增写专门的章节，来加以讨论。由于相关分子筛材料工业化进程快，申报和授权的中国专利也多，本章重点评述国内专利，以期和读者一起，学习专利发明人解决问题的思路和方法。

9.1 新型分子筛催化材料的应用

9.1.1 ZSM-5 和择形分子筛[T7]

从 1948 年首次合成出丝光沸石型结晶硅铝酸盐以来，到目前为止，已人工合成出数以百计的结晶硅酸盐沸石。这些分子筛，有各种不同的命名和编号方法，由 Zeolite Socony Mobil 缩写命名的 ZSM 沸石，是美国 Socony Mobil 公司研究和开发的一系列新型合成沸石。从 ZSM-1 算起，世界上现已合成出数十种 ZSM 沸石以及更多按其他系列命名的沸石。其中，ZSM-5 是 Mobil 公司在 20 世纪 60 年代合成的一种目前应用最广的沸石。

从 ZSM-5 沸石性能研究中得到启发，美国的 P. B. Weist 于 1960 年首次提出择形催化的概念。从那时起，沸石择形催化的科学和技术得到了迅速的发展。

根据现已公认的概念，所谓择形分子筛，是有择形催化作用的分子筛，亦即具有特殊形状选择性的分子筛。

如前所述，沸石分子筛的晶体，具有丰富而均匀的微空通道和孔穴。因此可以理解，在分子筛孔道和孔穴中进行的催化反应，可能面临以下三种不同的条件和结果：①由于大多数活性中心都已被限制在孔结构之内，所以，只有那些半径与分子筛孔径相当（较小或略大）的反应物分子，才有可能进入孔内，并在其中的活性中心上发生作用［如图 9-1（a）所示］，而无法进入内孔的反应物，只有在为数很少的外表面的活性中心上反应；②只有那些进入孔后而又能再从孔中扩散出来的分子，才可能作为产品出现［如图 9-1（b）所示］。当然，这种分子也只占一部分，而其余的产物分子，或者体积较大，或者裂解成堵塞孔道，或使催化剂失活的小分子，则也不能从孔中排出而作为产物出现；③某些孔内反应，因为需要形成体积较大的过渡状态（或中间状态）分子，由于它们受到分子筛孔道孔穴尺寸的约束和限制，使得这些过渡状态的中间产物，难以在孔中形成；反之，分子较小的过渡状态中间产物，则可顺利形成 ［如图9-1（c）所示］。

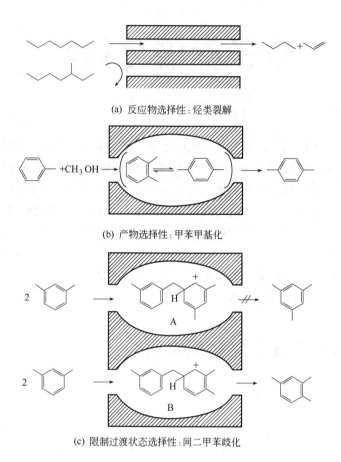

(a) 反应物选择性：烃类裂解

(b) 产物选择性：甲苯甲基化

(c) 限制过渡状态选择性：间二甲苯歧化

图 9-1 分子筛的三种形状选择性及其反应实例[T7]

对应于上述①、②、③三种截然不同的条件和结果，人们进一步将分子筛的形状选择性细分为三种：(a) 反应物选择性；(b) 产物选择性；(c) 限制过渡状态选择性（见图9-1）[T7]。

全面认识上述三种分子筛形状选择性的概念，对于理解形状选择催化的机理、分析相关的评价表征实验结果以及选择设计催化剂大有助益。现对照图9-1展开以下深入一层的分析。

9.1.1.1　关于反应物选择性

图9-1直观地表明，反应物的尺寸一般应小于分子筛孔径，有时或许可稍大，总之要接近或相当。因此，以烃类裂解为例，支链烃增大反应物分子直径后便可能无法入孔，见图9-1（a）下图；而较小直径的无支链烃，则可顺利出入，见图9-1（a）上图。

这一选择性启示人们：为择形反应选择分子筛催化剂，必须密切关注反应物及分子筛的尺寸，以及两者的匹配。有关尺寸的数据，可从相关手册与分子筛专著中找到，其例见表9-1。

表 9-1　分子直径与分子筛孔尺寸[T7]

分　子	动力学直径/nm	分子筛	孔尺寸/nm
He	0.25	KA	0.3
NH_3	0.26	LiA	0.40
H_2O	0.28	NaA	0.41
N_2,SO_2	0.36	CaA	0.50
丙烷	0.43	毛沸石	0.38×0.52
正己烷	0.49	ZSM-5	0.54×0.56/0.51×0.55
异丁烷	0.50	ZSM-12	0.57×0.69
苯	0.53	CaX	0.69
对二甲苯	0.57	丝光沸石	0.67~0.70
CCl_4	0.59	NaX	0.74
环己烷	0.62	AlPO-5	0.80
邻、间二甲苯	0.63	VPi-5	1.20
1,3,5-三甲苯	0.77		
$(C_4H_9)_3N$	0.81		

为了定量地表征和比较反应物选择性的高低，有人选用某种固定不变的反应物原料，进行"试验反应"（test reaction）。例如，为对比不同类型分子筛反应物选择性的高低，国外选用正己烷（分子直径 0.49nm）和 3-甲基戊烷（分子直径 0.56nm）的 1:1 混合物，作"恒定的"反应物原料，测定了不同的相对裂化速率，并换算成恒定指数 CI，加以表征。CI 的实验值选列入表 9-2。

表 9-2　某些典型催化剂在 316℃下的恒定指数（CI）值[T7]

分子筛	CI	分子筛	CI	分子筛	CI
无定形硅(510℃)	0.6	ZSM-4	0.5	ZSM-5	8.3
HY	0.4	ZSM-12	2.3	ZSM-11	8.7
氢型丝光沸石	0.4	Offretite 沸石	3.7	毛沸石	40

实验证明，CI 值大小和分子筛的孔尺寸有很强的依赖关系。该值若为 0~2，意味着形状选择性甚小，乃至于无（大孔分子筛）；其值为 2~12，表示形状选择性中平（中孔分子筛）；其值高于 12，表示有高的形状选择性（小孔分子筛）。表中所列的毛沸石分子筛，孔径尺寸仅为 0.38~0.52nm，CI 值最高达 40，因此，与其他分子筛相比，其形状选择性最好，最适于作催化裂化催化剂。

此外，用与此相近的方法，试验了庚烷的各种异构物在 HZSM-5 分子筛上的相对裂解速率（见表 9-3）。

表 9-3　庚烷在 HZSM-5 分子筛上的相对裂解速率（325℃）[1]

C_7 烷烃	r_{rel}（相对裂解速率）	C_7 烷烃	r_{rel}（相对裂解速率）
	1.00		0.38
	0.52		0.09

从表 9-3 中看出，起始反应原料的分子临界尺寸小于、等于分子筛开口孔的，尺寸较好

（无支链）。但在反应条件下，由于存在分子振荡的缘故，即使稍大的原料分子也可能有一部分进入内孔起反应（一支链）；而更大的分子（双支链）反应性最差，说明这些反应物分子受到了强的扩散控制。本实验的机理和图 9-1 (a) 的情况相对照，历程和结果完全一致。因此可以说，表 9-3 的实验结果和反应历程分析，是对"反应物形状选择性"概念最简明贴切的诠释。

9.1.1.2　关于产物选择性

当甲苯与甲醇发生甲基化反应生成二甲苯时，一般情况下产物为邻-、间-、对-这三种二甲苯异构物的平衡混合物［见图 9-1 (b)］。当生产对苯二甲酸乙二醇酯树脂（PET）时，需要目的产物对二甲苯。若此反应在 ZSM-5 分子筛孔内发生，则可大大提高对二甲苯的收率，这就是基于 HZM-5 的"产物选择性"。因为 ZSM-5 的孔尺寸与对二甲苯最接近，而邻-、间-二甲苯分子直径偏大（见表 9-1）。又据实验测定，对-二甲苯在 HZSM-5 分子筛中的扩散速度较其他两种异构物快 10^4 倍。显然，这里前者易于扩散出分子筛孔而成目的产物，而后两者则慢得多。由于"产物选择性"，ZSM-5 可使本反应的对二甲苯选择性高达 90% 以上，而更值得注意的是，对-二甲苯在这里的平衡转化率，理论上仅为24%。这种产物选择性机理而引起的超化学平衡现象，可以帮助解释第 8 章中表 8-6 的催化反应超平衡为什么发生在膜催化反应器上。

按照与上述反应相似的机理分析，基于产物选择性的概念，已经为好几个相似的反应，选择了有效的分子筛催化剂。例如甲苯歧化制二甲苯（STDP 过程），还有乙烯的芳烃烷基化生产对-乙基甲苯等，思路均是相近的。对-乙基甲苯生产，过去用传统的 Friedel-Crafts 催化剂，其与择形分子筛 ZSM-5 的对比实验结果见表 9-4。

表 9-4　甲苯乙基化生产对-乙基甲苯的产物分布[T7]

乙基甲苯	催化剂选择性/%	
	AlCl$_3$/HCl	ZSM-5
对-	34.0	96.7
邻-	55.1	3.3
间-	10.9	0

由以上各例可见，分子筛的产物形状选择性在改变产品分布、提高目的产物收率上有着显著的效果。然而也应当看到，这种产物选择性的存在，也有其有害的侧面。尺寸较大而难于从孔中扩散出去的产物分子，可能滞留孔内，而转化为不希望的副产物，甚至积碳，并引起催化剂失活。

9.1.1.3　关于限制过渡状态选择性

间二甲苯的歧化制三甲苯反应，在 HZSM-5 中进行时，分别可经两种联苯状的过渡状态中间物［图 9-1 (c) 的孔中］A 和 B，而 A 体积较大，受孔尺寸的限制，难于生成，故本反应这里以生成中间物 B 为主。经过 B 的状态，进一步反应，主要得到不对称的 1,2,4-三甲苯（希望的），而不是经过 A 生成对称的 1,3,5-三甲苯（不希望的）。

这种限制过渡状态选择性的概念，运用到苯与乙烯反应制乙苯，以及由甲醇合成汽油等 H-ZSM-5 形状选择催化剂设计上，均显示出其重要价值。

例如，在甲醇制汽油过程中，主要产物是烷烃、芳烃和水。本反应的机理研究证明，甲醇经双分子反应脱水得二甲醚之后，按经由碳正离子的许多中间反应进行。而中间产物中，分子最大的是杜烯（1,2,4,5-四甲苯），它对应于汽油中的高沸点组分，是不需要和应当加以限制的中间产物。由于有适当结构的择形分子筛，限制了杜烯的生成，于是才使该过程得到了理想的产品分布。这一成果，应归功于过渡状态形状选择性概念的运用。

这种概念也运用到烯烃的裂解。当己烯在 HZSM-5 分子筛进行裂解时，显示出下列的活性顺序

$$1\text{-己烯} \geqslant 3\text{-甲基-2-戊烯} > 3,3\text{-二甲基-1-丁烯}$$

类似的许多活性顺序研究结果，相当于前述催化剂制备设计所需的"活性样本"，甚有参考价值。

9.1.2　分子筛的酸性

前已述及，HZSM-5 是一种广泛应用的固体酸催化剂。其他类型的分子筛也有其对应的氢型衍生物。研究证明，Brφnsted 酸性中心，一般是各种氢型分子筛的活性中心。众所周知，酸可催化若干种重要的化工过程，从传统上应用过的质子酸（液态硫酸、磷酸等），直到 HZSM-5 都是。这时，催化活性与酸或固体酸的强弱直接相关。HZSM-5 常是一种较强的酸，但在必要时，可用离子交换法调整其强酸性至中强，甚至于弱。例如，已发现，经离子交换法制成的各种分子筛衍生物，其 Brφnsted 酸性有如下顺序

$$\text{H 型} > \text{La 型} > \text{Mg 型} > \text{Ca 型} > \text{Sr 型} > \text{Ba 型}$$

分子筛酸性的定量表征（包括酸的类型、酸强度和酸分布等），近年来大量使用碱（如吡啶）吸附态下的红外光谱法、NMR 或 ESR 等近代物理手段。

这种不同酸性对催化反应的影响，举实例如表 9-5。

分子筛的酸性除受取代金属离子影响外，还受其骨架上 Si/Al 比高低的影响，于是分子筛及其衍生物的酸性，亦可通过 Si/Al 比的变化而调节酸性高低，并由此而影响其性能，见表 9-6。

表 9-5　八面沸石上金属离子对异丙苯脱烷基化反应的影响[1]

离子	相对活性	离子	相对活性	离子	相对活性
Na^+	1.0	Ca^{2+}	50	La^{3+}	9.0×10^3
Ba^{2+}	2.5	Mg^{2+}	1.0×10^2	H^+	8.5×10^3
Sr^{2+}	20	Ni^{2+}	1.1×10^3	SiO_2/Al_2O_3	1.0

表 9-6　酸性分子筛按 Si/Al 比值分类

Si/Al	分子筛	酸 碱 性
低（1～1.5）	A 型、X 型等	晶格稳定性相对低；在酸中稳定性低；在碱中稳定性高；高浓度酸组分下显示中强酸度
中（2～5）	毛沸石 菱沸石、丝光沸石 Y 型、Chinoptilite 沸石	
高（10～∞）	脱铝沸石、毛沸石、丝光沸石、Y 型、ZSM-5	晶格稳定性相对高 在酸中稳定性高 低浓度酸组分下显示高强酸度

9.1.3　分子筛的同形替代材料[T7,T5]

20 世纪 70 年代分子筛催化材料发展到 ZSM-5 为代表产品的新阶段。这标志着人类已

经合成了高硅（与天然沸石比）、三维、交叉直通道的新型晶体结构的合成沸石，称为第二代分子筛。

20世纪80年代，美国又开发成功非硅、铝骨架的磷酸铝分子筛，称为第三代分子筛。此类分子筛开发的科学价值在于，给人们以启示：只要条件合适，其他非硅、铝元素也可以形成类似于硅铝分子筛的结构。这预示着，未来将有可能发现性能更加优异的各种分子筛的同形替代材料。

基础研究工作发现：第一、第二代分子筛骨架上的中心原子，并不是非铝、硅不可。Al中心原子可以被三价的原子，诸如B、Fe、Cr、Sb、As和Ga等所取代；而Si中心原子也可以被四价的原子，诸如Ge、Ti、Zr和Hf等所取代；甚至于合成富集为纯二氧化硅的分子筛（pentasil）也是可能的。

分子筛的各种同形替代材料可以影响到分子筛的若干性能，例如影响其形状选择性、活性以及导入组分的浸入（dispersion）。以ZSM-5为例，Al和其他Al替代分子筛之间，现已发现存在着下列活性顺序

$$B \ll Fe < Ga < Al$$

这种硼替代铝的"ZSM-5"有较弱的Brφnsted酸性，对于一些酸催化的反应，有甚高的选择性；镓替代铝的"ZSM-5"分子筛是一种有效的抗硫催化剂，用于低级烯烃合成芳烃，而无需在其表面再涂覆贵金属[T7]；另一种替代物非酸性的硅酸钛，在用H_2O_2进行的选择性氧化中，显示出非常有效的性能。

磷酸铝系分子筛是由Al和P合成的全新同形替代分子筛材料，1982年由美国UCC公司首次合成。1988年，Davis成功制备了孔径1.2nm的一种磷酸铝分子筛VPI-5，是当时孔宽最大的分子筛。合成出许多种改性磷酸铝分子筛的可能性都是存在的。P若被Si部分取代，则是硅磷酸铝（SAPO分子筛），它也有催化功能。各种金属都已被导入磷酸铝和磷硅酸铝这两类材料之中。图9-2所表示的一种最简单的SAPO结构。

就目前所知，新近合成的SAPO-n型分子筛有近30种微观结构，且大多数是新型的，表9-7是SAPO-n的一些典型性质。

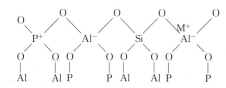

图9-2 硅磷酸铝（SAPO）分子筛结构示意

以磷酸铝为基础的分子筛，通常是用水热合成法合成的。其中的磷源，可来自磷酸。其合成工艺，大体与ZSM-5等合成分子筛相近。其模板剂也是用有机胺类。其化学组成通式，也有与硅铝分子筛相似的表示方法，例如可用下式表示

$$(0 \sim 0.3) R (Si_x Al_y P_z)$$

相似地，x、y、z分别代表Si、Al及P的物质的量。一般$x = 0.1 \sim 0.98$，$y = 0.01 \sim 0.60$，$z = 0.01 \sim 0.52$，并且也是$x + y + z = 1$。R代表有机胺或季铵离子。

一般磷酸铝分子筛都具有良好的热稳定性和水稳定性，可直接用作催化剂载体。由于它的骨架呈电中性，故纯的磷酸铝分子筛不具有离子交换功能。其表面上无强酸中心，故直接用作催化剂时，它只具有弱酸的性质。调节其性能的重要途径之一是骨架元素的杂原子化。

表 9-7　以硅磷酸铝为基础的新一代分子筛的典型结构[T5]

SAPO-n	结构类型	孔径/nm	孔容/(mL/g)	SAPO-n	结构类型	孔径/nm	孔容/(mL/g)
大孔型				26	新型	0.43	0.23
5	新型	0.80	0.31	33	新型	0.40	0.23
36	新型	0.80	0.31	34	菱沸石	0.43	0.3
37	八面沸石	0.80	0.35	35	插晶菱沸石	0.43	0.3
40	新型	0.70	0.33	39	新型	0.40	0.23
46	新型	0.70	0.28	42	林德 A 型	0.43	0.3
中孔型				43	水钙沸石	0.43	0.3
11	新型	—	0.16	44	拟菱沸石	0.43	0.34
31	新型	0.65	0.17	47	拟菱沸石	0.43	0.3
41	新型	0.60	0.22	很小孔型			
小孔型				16	新型	0.30	0.3
14	新型	0.40	0.19	20	方纳石	0.30	0.24
17	毛沸石	0.43	0.28	25	新型	0.30	0.17
18	新型	0.43	0.35	28	新型	0.30	0.21

目前，各种磷酸铝分子筛按合成条件及含硅量的不同也可呈现出中强酸到强酸的催化性质。在烃类转化中，它已可用于多种催化反应，包括裂化、加氢裂化、芳烃和异构烷烃的烷基化、二甲苯异构化、聚合、重整、脱氢、脱烷基化及水合反应等。此外，磷酸铝分子筛还可同样地用作催化剂载体及吸附剂。

9.1.4　金属掺杂分子筛[T7]

分子筛特别适用作金属或稀土金属的载体材料。这时，分子筛掺杂（Doped）后，可形成双功能或三功能的催化剂。掺杂稀土金属后，催化剂的活性及对水蒸气和热的稳定性将会增加。适当的金属掺杂催化剂，利用其载体的形状选择性，对加氢和氧化反应甚为有效。对于这些双功能或多功能的催化剂，影响其催化反应的重要因素是金属的分布位置、颗粒尺寸以及金属和载体间的相互作用。

金属掺杂双功能分子筛的性质可举出异构化和加氢催化剂为重要实例。金属含量的增加，可以促进加氢和脱氢步骤，而在分子筛孔穴约束下的 Brφnsted 酸性的增加，则又会促进异构化步骤的发生（见图 9-3）。

这种双功能催化剂，已被用于许多反应中，包括加氢裂解、重整、脱蜡等过程。它们常含 0.5% 的 Pt、Pd 或 Ni。含镍加氢裂解催化剂的优点是，其氢解活性较传统催化剂低。

用 [Pt] HZSM-5 作酸催化的歧化反应，在金属上进行的是聚集更大分子的加氢裂解反应，若不是这种裂解，则会发生催化剂上的积碳。

过渡金属和过渡金属配合物与分子筛的形状选择性结合起来，现在已经在大规模的工业过程中得到了应用。例如，X 分子筛掺杂 Rh 或 Ni^{2+}，用于烯烃低聚；[Rh] 分子筛，用于羰基化过程（OXO 合成，甲醇羰基化）；[Pd^{II}] [Cu^{II}]-分子筛，用于 Wacker 法，由乙烯

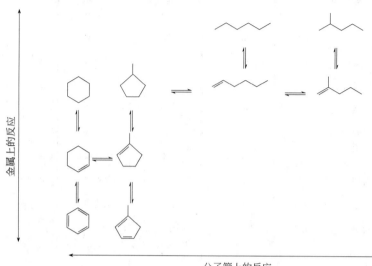

图 9-3 金属掺杂的双功能分子筛：异构化和加氢

氧化制乙醛；[Ru]-分子筛，用于氧的光敏反应。表 9-8 是 [Pt] ZSM-5 和传统负载 Pt 催化剂在加氢反应中的对比。

表 9-8 形状选择加氢[T7]

烯烃	反应温度/℃	转化率/%	
		[Pt]ZSM-5	Pt/Al$_2$O$_3$
己烯	275	90	27
4,4-二甲基-1-己烯	275	<1	35
苯乙烯	400	50	57
2-甲基苯乙烯	400	<2	58

从表 9-8 可以看出，ZSM-5 分子筛催化加氢，用无支链的烯烃效果较好（如苯乙烯），甚至非常好（如己烯），而用支链烃则都较差。这就是前述的反应物形状选择性的又一例证。

9.1.5 分子筛催化剂的应用

分子筛催化材料用途很广。在洗涤剂中，它用于取代磷酸盐。它还用作吸附剂，用于物料的净化和分离。清洁剂工业对分子筛有最大的需求。

表 9-9 和表 9-10 是分子筛工业应用的简单概括。

表 9-9 涉及分子筛的重要工业过程[T7]

过 程	起 始 原 料	分 子 筛	产 品
催化裂化	原油	八面沸石	汽油,导热油
加氢裂化	原油＋H$_2$	八面沸石	柴油
脱蜡	中等馏分油	ZSM-5,丝光沸石	润滑油

过 程	起 始 原 料	分 子 筛	产 品
苯烷基化	苯,乙烯	ZSM-5	苯乙烯
二甲苯异构化	二甲苯异构物的混合物	ZSM-5	对二甲苯
甲苯歧化	甲苯	ZSM-5	二甲苯,苯
MTG	甲醇	ZSM-5	汽油
MTO	甲醇	ZSM-5	烯烃
中间体产品	多种	酸性的和双功能的分子筛	化学品原材料
SCR 过程	火电厂燃料气	丝光沸石	无 NO_x 废气

表 9-10　采用沸石择形分子筛的工业过程[T5]

过 程 名 称	催化剂	过 程 名 称	催化剂
后重整工艺	毛沸石	烯烃转换成汽油和馏分油	ZSM-5
馏出油和润滑油脱蜡	ZSM-5	甲苯和乙烯合成对甲乙苯	ZSM-5
甲苯歧化	ZSM-5	烷烃和烯烃制芳烃	ZSM-5
乙苯合成	ZSM-5	甲醇转换成汽油	ZSM-5
烷烃和烯烃制芳烃	ZSM-5	甲醇转换制烯烃	ZSM-5
二甲苯异构化	ZSM-5	甲苯选择歧化制对二甲苯	ZSM-5

分子筛目前主要应用于石油炼制和石油化学工业的一些典型的工业部门[T7]。

（1）催化裂化（FCC）　重油转化成中等的馏分及高辛烷值汽油，用掺杂了铈和镧的 Y 型分子筛。FCC 和传统的热裂解过程相比，其优点是具有较好的转化收率和产品产量，比传统的钠长石催化剂，花费略少而又有对起始原料的灵活性。

（2）加氢裂化　这是一个"环境友好"过程。它在密封系统中进行重油馏分的 100% 转化。分子筛用作加氢活性组分（例如 Pt）的载体。这种双功能的催化剂已经开发成功。该催化剂上酸性分子筛的催化活性和钯的加氢活性结合起来。

（3）脱蜡过程　这也是一个工业催化裂化过程。含蜡的 C_{16}^+ 链烷烃被裂化，并部分转化为芳烃。

（4）甲醇制汽油（MTG）过程　原料甲醇由天然气或煤生产。该过程可将甲醇在一个两段的固定床或滴流床反应器中转化为高质量的、富含芳烃的汽油，用二氧化硅分子筛（pentasil）催化剂。过程从 1985 年起已经在新西兰投产，满足了该国三分之一的汽油需求量。

（5）甲醇制烯烃（MTO）过程　甲醇可用改性的二氧化硅分子筛（pentasil）催化剂转化为烯烃。

除上述几个过程外，可控的大规模酸催化有机合成也能得以进行。

（6）Mobil-Badger 过程　这是一个在二氧化硅分子筛（pentasil）上进行的芳烃气相烷基化过程。用苯和乙烯在一个多段的绝热反应器中生产乙苯。和传统的使用 $AlCl_3$ 作 Friedel-Crafts 均相催化剂相比，该多相催化过程有几大长处，这包括经济方面和环保方面的优点（在反应温度 400℃ 下达到 95% 的热量回收），直截了当的可再生性，无分离及回收催化剂的难题，不存在用 $AlCl_3$ 作催化剂时遇到的腐蚀和废物处理问题。

（7）甲苯异构化　该过程为从 C_8 芳烃馏分中获得较高含量的对-二甲苯。反应在 400℃ 下于 SiO_2 分子筛上进行，一般有氢气存在。这种对位选择二甲苯异构化以及甲苯歧化，属于工业上已经开发成功的过程。

在环境保护方面，分子筛催化剂用于燃料气（来自燃煤热电厂）SCR 工艺。这已是刊物和专利说明书上的常见选题。然而至今，由于投资较高以及分子筛对气流的敏感性，该过程尚未付诸工业实施。

近 20 年，在中间体和精细化学品的有机合成中，分子筛的应用已得到快速的发展，已取得巨大的成就。有机合成包括一整套的步骤，其中一些步骤还相当复杂。从表 9-11 中可见其概况。

表 9-11　使用分子筛催化剂的有机合成[T7]

烷基化反应

　　芳烃烷基化,侧链烷基化,芳香杂环化合物的烷基化

芳烃的卤化和硝化反应,脂肪烃的取代反应

　　醚和酯的生成,由醇和 H_2S 生成硫羟化物,由醇和 NH_3 生产胺类(丝光沸石、毛沸石)

异构化反应

　　芳烃和脂肪烃异构化,双键异构化

重排反应

　　烷烃、烯烃及功能化合物的骨架异构化,频哪酮(Pinacolone)重排,Wagner-Meerwei(瓦-米)重排,环氧化物重排,环醛缩醇重排

加成和消去反应

　　水合与脱水,同醇和酸加成和消去,含 N 和含 S 化合物的加成,加成制环氧化物

加氢和脱氢反应

　　脱氢环氧化作用

羰基化

氧化

　　用氧和过氧化物进行的氧化

缩合

　　三羟基丁醛的缩合,N 杂环化合物,异氰酸盐和腈的合成,环状化合物中的 O/N 交换

用分子筛，除了机理简单的反应（如缩水、加氢、取代、烷基化）外，更复杂的反应（如瓦-米重排、频那酮重排、杂环化合物的合成）也能用分子筛来催化。

分子筛在有机合成中的潜在用途已无须再详尽讨论。在今后的研究和开发中，分子筛无疑仍有更巨大的潜力。

我国在分子筛催化剂的开发应用中已有较好的基础，大多数通用性大品种的工业催化剂都已实现了国产化。分子筛领域有自主知识产权的专利也比较多，尤其是在各种炼油催化剂方面。但在一些新的应用领域，如甲醇制汽油和烯烃，以及复杂的有机合成方面的研究等方面，与国外尚有相当的差距。从发展趋势看，估计极有可能在不久的将来形成第四代分子筛新型催化材料。

9.2　新型分子筛催化剂的设计、开发及应用

在 ZSM-5 择型分子筛材料 1972 年开发成功之后，相关的应用研究和新产品开发，一直不断在世界范围内升温。特别是在上世纪 90 年代初，即择形分子筛 ZSM-5 原始创新的 20 年后，也就是 1992 年前后，Mobil 公司的研究人员，又发明了多种新型的择形分子筛，如 M41S、

MCM-1、MCM-48 和 MCM-50 等。从那时起，这类新材料的开发，包括中国在内的各重要化工大国，更是如火如荼地展开来。我们不难从国内专业刊物上看到，最近几年，但凡我国与化学化工相关的大型企业、科研机构、大专院校，在分子筛研究领域，相当多的单位都投入了大量资金和人力加以研究，并且已经见到初步成效，首先是在石油化工行业中。

此处仅摘要列举几段专利文献，以供参考。

例 9-1　一种高硅铝比小晶粒 NaY 分子筛的制备方法[2]
（中国专利 CN1785808A，2006 年）

该专利由中国石油天然气股份有限公司和石油大学（北京）共同申请和发明

技术领域

本发明是关于一种高硅铝比小晶粒 NaY 分子筛的制备方法，确切地说，是关于在反应混合物中不加入任何模板剂或添加剂直接合成高硅铝比小晶粒 NaY 分子筛的制备方法。

背景技术

Y 型分子筛作为催化剂活性组元或催化剂载体而广泛应用于催化裂化、加氢裂化及异构化等炼油过程中。常规方法合成的 Y 型分子筛一般具有 1000nm 左右的晶粒尺寸。小晶粒尺寸的 Y 型分子筛由于具有较大的外表面积和较高的晶内扩散速率，在提高转化大分子能力、减少产物的二次裂化及降低催化剂结焦等方面，表现出比常规晶粒尺寸的 Y 型分子筛更为优越的性能，但对于催化裂化（FCC）催化剂而言，由于使用条件及再生条件非常苛刻，并不是分子筛的粒径越小越好。分子筛粒径越小，其热稳定性、水热稳定性越差，催化剂的稳定活性越低，难以适应 FCC 装置苛刻的反应及老化条件。因此，要想制取既有良好的活性和产品选择性、又有较高稳定活性的 FCC 催化剂，分子筛的粒径应控制在一定的范围之内，同时应具有较高的硅铝比。

Y 型分子筛的硅铝比（SiO_2/Al_2O_3 摩尔比）与裂化/氢转移活性之比有直接的关系，提高骨架硅铝比，合理减少 Al 中心密度，提高酸中心的相对强度，有助于改变裂化/氢转移活性之比，降低催化焦的生成。另外，由于高硅铝比的分子筛具有良好的水热稳定性和热稳定性，能够承受催化裂化过程中苛刻的反应-再生条件，而且裂化选择性较好，焦炭产率较低，适合于重油的催化裂化。

发明内容

本发明的目的是提供一种不使用任何模板剂或添加剂，成本低廉、工艺简单，直接合成的高硅铝比小晶粒 NaY 分子筛的制备方法，特别是一种骨架硅铝比（SiO_2/Al_2O_3 摩尔比）在 5.5～7.0 之间，且平均晶粒在 300～800nm 之间的 NaY 分子筛的制备方法。

本发明所提供的一种高硅铝比小晶粒 NaY 分子筛的制备方法包括：

（1）制备导向剂　将硅源、铝源、碱液及水按照一定的配比投料，其摩尔配比的范围为（6～30）Na_2O：Al_2O_3：（6～30）SiO_2：（100～460）H_2O，搅拌均匀后，将混合物在 15～60℃下搅拌陈化 0.5～48h 制得导向剂。

（2）制备反应混合物　按（0.5～6）Na_2O：Al_2O_3：（8～30）SiO_2：（100～460）H_2O 的总投料摩尔比，在 15～80℃快速搅拌的条件下加入水、硅源、铝源、导向剂，其中导向剂的加入量占反应混合物质量分数的 1%～50%，并控制反应混合物酸碱度 pH 值在 11.0～13.5。

（3）合成高硅铝比小晶粒 NaY 分子筛　将步骤（2）所得的反应混合物分两步晶化。第一步进行动态晶化：温度控制在 20～80℃，晶化时间为 0.5～24h；第二步进行静态晶化：温度控制在 90～140℃，晶化时间为 5～100h。晶化完成后，再经过滤、洗涤、干燥，制得产品。

在反应混合物中不加入任何模板剂或添加剂，仅加入占反应混合物质量分数的 1%～50% 的导向剂，成本低。

将硅源、铝源、水、碱液按配比制备导向剂混合物，配比范围为 （6～30）Na$_2$O：Al$_2$O$_3$：（6～30)SiO$_2$：（100～460)H$_2$O，其中硅源为水玻璃，铝源为偏铝酸钠，碱液为氢氧化钠溶液，搅拌均匀后，进行陈化。

步骤（1）中的制备导向剂是在 15～60℃ 下搅拌陈化 0.5～48h，优选是在 15～40℃ 下搅拌陈化 2～24h 制得导向剂。

制备反应混合物时，在 40～80℃ 快速搅拌的条件下加入水、硅源、铝源、导向剂。

制备反应混合物时，水、硅源、铝源、导向剂的加入方式并不强调先后顺序。可以先加入水，快速搅拌下同时加入硅源和铝源，搅拌均匀后加入导向剂；也可以在快速搅拌下按照水、铝源、硅源、导向剂的先后顺序投料；或者在快速搅拌下按照水、硅源、铝源、导向剂的先后顺序投料；也可以在快速搅拌下按照硅源、水、导向剂、铝源的先后顺序投料。

导向剂的加入量占反应混合物质量分数的 1%～50%，并控制反应混合物的酸碱度 pH 值在 11.0～13.5，最优在 11.5～13.0 之间，最好是通过用加入导向剂的量来调节 pH 值，而不需另外加酸来调节凝胶的酸碱度。常规法制备 NaY 分子筛的反应混合物时，往往是加入较多的导向剂，一般以体系中 Al$_2$O$_3$ 的物质的量（mol）计加入 1%～50% 的导向剂，然后加入一定浓度的酸来调节反应混合物的酸碱度 pH 值在 13.0 左右。

最终的反应混合物分两步晶化，第一步进行动态晶化和第二步静态晶化。第一步动态晶化是指对反应混合物进行物理上的晶化，如用搅拌器对反应混合物的搅拌或对反应混合物的振荡等；第二步静态晶化是指将反应混合物进行静置晶化。

动态晶化的温度控制在 20～80℃，最优是在 40～80℃，晶化时间为 0.5～24h，最优为 1～12h；第二步静态晶化：温度控制在 90～140℃，最优是在 90～120℃，晶化时间为 5～100h，最优为 10～96h，再经过滤、洗涤、干燥，制得高硅铝比小晶粒 NaY 分子筛产品。

本发明中反应混合物指的是包括水、硅源、铝源和导向剂在内、且酸碱度合适的混合物。其中水是去离子水或蒸馏水；硅源为水玻璃、硅溶胶、硅胶、白炭黑中的一种或多种混合物；铝源为偏铝酸钠、硫酸铝、氯化铝、硝酸铝、氢氧化铝、拟薄水铝石中的一种或多种混合物。

本发明晶化时间短，仅需要 5～124h，最优 10～80h。

本发明不用额外加模板剂或添加剂，所用原料价廉、易得，工艺简单易行，有利于降低 NaY 的制造成本。

应用本发明所述方法：不使用任何模板剂或添加剂，可以直接合成出硅铝比在 5.5～7.0 之间，尤其是在 6.0～6.5 之间的 NaY 分子筛，其平均晶粒尺寸在 300～800nm，尤其在 400～600nm 之间，既具有较高的硅铝比，又具有较小的晶粒尺寸。

本发明中直接合成的 NaY 分子筛由于具有较高的硅铝比和大小适当的晶粒尺寸，使得分子筛相比常规 Y 型分子筛具有更好的结构稳定性和催化活性。

例 9-2　一种高硅铝比的小晶粒 ZSM-5 沸石分子筛的合成方法[3]

（中国专利 CN1699173A，2005 年）

技术领域

本发明属于分子筛合成技术领域，特别涉及高硅铝比的小晶粒 ZSM-5 分子筛的合成方法。

背景技术

美国 Mobil 石油公司发明的 ZSM-5 分子筛已在烃类的择型裂化、烷基化、异构化、歧化、脱蜡、醚化等石油化工过程中得到了极为广泛的应用。

该专利中报道的 ZSM-5 分子筛的合成方法是将硅源、铝源、碱、水以及四丙基氢氧化铵有机模板剂混合制成反应混合物，然后将此反应混合物在 100～175℃ 下晶化 6h 至 60 天（有机法）。后来改进的不使用有机模板剂的 ZSM-5 分子筛的合成方法（无机法）也有大量的报道。一般来说，无机法的产物结晶度和硅铝比都不如有机法，比表面也明显低于有机产物，但由于未使用有机模板剂，成本大大降低，且无有机胺对环境的污染，因而现在工业上一般使用无机法来合成 ZSM-5 分子筛。以上所述专利报道的 ZSM-5 分子筛的晶粒尺寸一般都在几微米以上，由于大晶粒 ZSM-5 分子筛存在许多不利因素，例如：分子筛的晶粒大，孔道比较长，所以内扩散限制比较严重，不适于大分子反应和液态反应，而且容易生成积碳，使用寿命短等。而小晶粒分子筛正好弥补这一切不足，所以，目前小晶粒 ZSM-5 分子筛的合成引起了国内外石油化工领域的广泛关注。但是对于小晶粒 ZSM-5 分子筛的报道不是很多。

如何提高小晶粒 ZSM-5 分子筛的硅铝比是一个重要课题，一般来说，投料硅铝比越高，则合成分子筛时所得胶体越黏稠，需要的投水量较大，因而单釜产率降低。现有技术中以水玻璃为硅源合成 ZSM-5 时，一般产物分子筛占合成体系中水重量的比例小于 8%，投料水/铝比一般大于 1500，水/硅比大于 30，否则所成胶体太黏稠，容易出现丝光沸石和石英等杂晶，而得不到高结晶度的 ZSM-5 产品。

发明内容

本发明的目的就是提供一种合成成本低，方法简单易行，ZSM-5 沸石分子筛粒度均匀的硅/铝比的小晶粒 ZSM-5 沸石分子筛的合成方法。

本发明的技术解决方案：

（1）将铝盐用去离子水溶解后，再用矿物酸酸化，然后加入盐，待完全溶解后，加入用水溶解的表面活性剂；铝盐是硫酸铝、氯化铝或硝酸铝；矿物酸为硫酸、磷酸、硝酸或盐酸；表面活性剂是异丙醇、正丁醇、叔丁醇或异丁醇。

（2）将水玻璃、去离子水、模板剂混合；模板剂为正丁胺、乙二胺或三丙胺。

（3）将铝盐溶液慢慢地滴加到水玻璃溶液中，使得混合物的总组成的摩尔比为 $Na_2O : Al_2O_3 : (SiO_2-H_2O) = (1.5～4.0) : 1 : (20～280) : (500～2000)$，其中 Na_2O 代表混合物的碱度。

（4）在混合物中可以加入分子筛晶种，分子筛晶种的加入量按质量分数，干基晶种质量/SiO_2＝0～15N，晶种中 SiO_2 和 Al_2O_3 不计入混合物总组成中；分子筛的晶种是 ZSM-5 分子筛或者 Y 型沸石。

（5）将反应混合物按常规方法水热晶化：水热晶化温度为100～180℃。

铝盐为工业硫酸铝。矿物酸为硫酸。分子筛晶种的加入量按质量分数，干基晶种质量/SiO_2＝0～10％。分子筛的晶种是 ZSM-5 分子筛。模板剂是正丁胺。表面活性剂是异丙醇。下面结合具体实施方式对本发明做进一步的说明。

实施例 1 称取工业硫酸铝（Al_2O_3 的质量分数为 15.8％）8.6g，向其中加入230g 蒸馏水使其溶解，然后加入硫酸（质量分数为 26％，d_4^{20}＝1.192）28g，调节溶液的碱度。再加入氯化钠10g。不断搅拌使其完全溶解后，再加入异丙醇1.5g，形成 A 溶液。用 100g 水溶解 517g 水玻璃（27.6％SiO_2，8.8％Na_2O，63.6％H_2O，均为质量分数），然后加入自制的 ZSM-5 晶种 2.5g，加料过程中不断进行机械搅拌，慢慢地加入正丁胺后，形成 B 溶液。将 B 溶液在不断的搅拌下慢慢加入到 A 溶液当中，然后用乳化机乳化 15min，再将该反应混合物装到反应釜中，在 100℃搅拌晶化 24h，然后升温至170℃，晶化24h，所得产物经过滤、洗涤、干燥后得 ZSM-5 产品 170g（干基）。平均晶粒直径 40nm，SiO_2/Al_2O_3 为 90。

实施例 2 称取工业硫酸铝（Al_2O_3 的质量分数为 15.8％）8.6g，向其中加入200g 蒸馏水使其溶解，然后加入硫酸（质量分数为 26％，d_4^{20}＝1.192）50.2g，调节溶液的碱度，再加入氯化钠10g，不断地搅拌使其完全溶解后，再加入叔丁醇2.6g，形成 A 溶液。用 100g 水溶解 500.4g 水玻璃（27.6％SiO_2，8.8％Na_2O，63.6％H_2O），然后加入自制的 ZSM-5 晶种 3.0g，加料过程中不断进行机械搅拌，慢慢地加入正丁胺后，形成 B 溶液。将 B 溶液在不断地搅拌下慢慢地加入到 A 溶液当中，然后用乳化机乳化 15min，再将该反应混合物装到反应釜中，在 100℃搅拌晶化 24h，之后升温至150℃，晶化34h，所得产物经过滤、洗涤、干燥后得 ZSM-5 产品 165g（干基）。平均晶粒直径 60nm，SiO_2/Al_2O_3 为 90。

例 9-3 纳米尺寸丝光沸石的合成方法[3]

华东理工大学 2005 年公开的专利。本发明是关于合成纳米尺寸丝光沸石的新方法，这种纳米尺寸分子筛的平均粒径是纳米级。纳米尺寸分子筛已被广泛应用于石油催化裂化、石油化工及精细化工方面。

丝光沸石具有优良的耐热、耐酸和抗水汽性能，工业上广泛用作气体或液体混合物分离的吸附剂及石油化工与精细化工催化剂。将丝光沸石用于甲胺催化合成，不仅使用温度比传统催化剂低，而活性相当好，对二甲胺的选择性则远远优于传统催化剂。

本发明提供的液相合成法，在 180℃下晶化制备了 20～150μm 的丝光沸石，晶化时间 24h，需使用大量模板剂及晶种，且产品粒度较大。

国内某些研究者采用在四乙基铵离子作用下，运用硅溶胶、铝酸钠和氢氧化钠合成了晶粒尺寸为 $20\sim30\mu m$ 的丝光沸石膜，但晶化前需要搅拌老化 3d，在 170℃下晶化 $3\sim4d$，并且此法中晶化母液浓度极小（$H_2O/SiO_2=62.5$）、原料很贵，不利于工业大量合成沸石的需要。

本发明需要解决的技术问题是公开一种纳米尺寸丝光沸石合成方法，以解决现有技术中存在的问题。

本发明的特点是用 NaCl、有机弱酸作合成添加剂，并采用对晶化母液适当老化的方法合成纳米尺寸丝光沸石，晶化时间短、产品结晶度高、平均晶粒尺寸小。

由上述公开的技术方案可见，本发明是使用少量四乙基铵离子化合物作模板剂，以廉价的硅胶粉作硅源，市售铝酸钠作铝源，所合成的纳米尺寸丝光沸石，结晶度高，成本低，便于工业化生产。

可以通过调节 NaCl 的量来调节合成丝光沸石的结晶度。可以通过调节老化时间、晶化温度、晶化时间来调节纳米尺寸丝光沸石的粒径。用本方法合成的纳米尺寸丝光沸石及其改进型可以用作多种催化剂、催化剂助剂和吸附剂。

原料

硅胶粉：含 SiO_2 92.44%（质量分数）

铝酸钠：Al_2O_3 5.301×10^{-3} mol/g；Na_2O 6.541×10^{-3} mol/g，化学纯。

四乙基氢氧化铵：含量 61.60%（质量分数），工业品。

氯化钠：含量 99.5%（质量分数），化学纯。

甲酸：含量 99.0%（质量分数），化学纯。

取 10.35g 铝酸钠、2.01g 氢氧化钠、6.11g 氯化钠、46.03g 四乙基氢氧化铵溶液，在搅拌的情况下溶解于 123.43g 去离子水中，在不断搅拌下将 50g 硅胶粉加入上述溶液中。用乙酸调节 pH 值至 11，搅拌均匀后，转入不锈钢压力釜中，室温搅拌老化 1h。按一定升温程序进行晶化，晶化温度为 170℃，晶化时间为 16h，搅拌速度 300r/min。晶化完毕进行抽滤、洗涤、干燥，得到纳米丝光沸石产品，采用 X 射线衍射仪（XRD）分析其结晶度和物相结构，化学分析法分析其化学组成，用 XRD 法测得平均晶粒尺寸，电子显微镜（SEM）观测其晶貌。结果其结晶度为 61.7%、晶粒尺寸为 40.0nm。原始投料组成为 Al_2O_3：Na_2O：SiO_2：H_2O：模板剂：NaCl=1：1.0：15：180：3：2.5（摩尔比）。

简要述评

丝光沸石自 20 世纪 70 世代工业化形成专利技术以来，技术进展缓慢，专利创新接近停滞状态。本发明根据生产技术中存在的问题，提出了生产周期短且产品晶粒尺寸达到纳米级别的制备方案。发明具有新颖性和实用性。

例 9-4　ZSM-5 分子筛的新合成方法[4]

国内 ZSM-5 分子筛工业合成方法的专利技术进展，可举一例说明如下。本专利有较高的实用性和经济性，富有特色。相近的中国专利甚多。

美国 Mobil 石油公司发明的 ZSM-5 分子筛（美国专利 USP 3702886，1972）得到了极其广泛的应用。该专利报道的 ZSM-5 合成方法是将硅源、铝源、碱、水以及四丙基氢氧化铵有机模板剂混合制成反应混合物，然后将此反应混合物在 $100\sim170℃$ 下晶化 6h～60d（有机法）。不使用有机模板剂的 ZSM-5 分子筛的合成方法（无机法）也有大量报道。一般说来无机法的产物结晶度和硅铝比都不如有机法，比表面积也明显低于有机法产物，但由于未使用有机模板剂（帮助定型分子筛孔道形状的铵化合物等），因而成本大大降低，且不存在有机胺对环境的污染，因而现在工业上一般都采用无机法来合成 ZSM-5 分子筛。

由于 ZSM-5 分子筛是一种硅铝比较高的分子筛，受反应混合物胶体黏稠度的限制，合成时的单釜产率难以提高。

本专利发明人发现，如果提高原料水玻璃的温度，则其与铝源等所成胶体的黏稠度大大降低，从而有可能减少投料水量，提高单釜合成效率。此即本专利的主要创新思路。在基本不改变制备工艺的前提下，提高 ZSM-5 分子筛的单釜合成效率，同时得到与有机胺法相当的高结晶度和高比表面积的 ZSM-5 分子筛产品。

专利实施 取 1.0L 水玻璃，加热至 $100℃$，向其中加入 21.0g ZSM-5 分子筛，并搅拌均匀。将由 76.5mL 硫酸铝溶液和 175.7mL 稀硫酸所组成的酸化硫酸铝溶液，在搅拌下加入到上述已加热的水玻璃中制成反应混合物，所得物料总体积为 1260mL，将该反应混合物装入反应釜中，于 $180℃$ 下搅拌、干燥后，得 ZSM-5 产品 170g（干基），其相对结晶度为 95%，热崩塌温度为 $1105℃$，BET 比表面积为 $354m^2/g$，与对照专利（CN 85100463 A）相比，本专利单釜产量增加了 1.7 倍。

例 9-5 SAPO-11 分子筛催化丁烯异构化反应的研究[5]

在连续流动固定床反应装置上，考察温度、空速及添加水蒸气对混合丁烯在 SAPO-11 分子筛催化剂上骨架异构化的影响。结合催化剂的 NH_3-TPD 表征与 Al_2O_3 催化剂的评价结果，对催化剂酸性能和孔结构与丁烯骨架异构化进行关联。结果表明，对于丁烯骨架异构，分子筛催化剂优于 Al_2O_3 催化剂，显示出催化剂孔结构的重要作用。SAPO-11 分子筛酸量越小，转化率越低，酸量过小时催化剂基本没有活性，说明丁烯异构转化与表面酸量有密切关系。分子筛催化剂上添加少量的水蒸气使转化率有所降低，但异丁烯选择性明显增加。

异丁烯是重要的有机化工原料，主要用于生产甲基叔丁基醚、丁基橡胶和甲基丙烯酸甲酯等。近年来，由于丁基橡胶的需求迅速增长，使异丁烯的需求量剧增。正丁烯异构化是缓解该需求的有效途径。实验证明，分子筛催化剂（ZSM-35、ZSM-22、SAPO-11）是良好的正丁烯骨架异构化催化剂。SAPO-11 及 MeAPO-11 属一维十元环（$0.39nm\times0.64nm$）椭圆形孔结构的微孔分子筛（Me 代表金属原子），因其能够有效抑制丁烯聚合和裂解等副产物的发生，在异构化研究中备受青睐。

此前的研究者，有人认为 SAPO-11 及 MeAPO-11 的结晶度和酸性对丁烯异构化有极大影响。对于 SAPO-11 分子筛酸强度在异构化中的作用方面，以及水蒸气对反应的影响方面，不同研究者也还存在较大分歧。

本实验在已有的正构烷烃临氢异构研究基础上，探讨不同酸量的 SAPO-11 分子筛的丁烯异构化性能，并在异构化效果较好的分子筛上考察添加水蒸气对丁烯异构化反应的影响。

1. 实验部分

(1) 催化剂制备　用不同硅含量的 SAPO-11 分子筛，以 Al_2O_3 为黏结剂，适宜的压力下挤条成型，120℃ 干燥，粉碎，筛选粒径为 0.3～0.5mm 部分，540℃ 焙烧，得实验所用催化剂，分别记为 SAPO-11-s、SAPO-11-m 和 SAPO-11-w。

(2) 表面酸的表征　在自装多功能表征系统上进行 NH_3-TPD（程序升温脱附），催化剂样品装载量为 0.3g。首先进行催化剂处理，空气气氛下从室温升温到 823K，恒温 40min，切换为 N_2，降温至 373K，温度稳定后吸附 NH_3 至饱和（使加入酚酞的蒸馏水变红），而后升温脱附 NH_3，升温速率为 $5K \cdot min^{-1}$（参照文献从 403K 开始升温到 823K）。脱附过程中用蒸馏水吸收 NH_3，再由稀硫酸滴定法计算酸量。

(3) 异构性能评价　原料为混合丁烯，组成为：$w(C_1 \sim C_3) = 3.0\%$，$w(n-C_4^0) = 18.4\%$，$w(i-C_4^0) = 16.2\%$，$w(t-C_4^=) = 15.1\%$，$w(1-C_4^=) = 37.5\%$，$w(i-C_4^=) = 0.7\%$，$w(c-C_4^=) = 7.4\%$，$w(C_5^+) = 1.0\%$ 和 w 其他 $= 0.7\%$。

异构化反应在常压连续流动固定床管式反应器上进行，催化剂装载量为 1.0g。反应条件为常压、温度 440～520℃、空速 0.54～5.40h^{-1}。反应产物以 GC-2000 气相色谱仪进行分析（Al_2O_3 毛细管柱，氢火焰离子化检测器）。

2. 结果与讨论

(1) 反应时间　在常压、500℃ 和空速 5.4h^{-1} 条件下，$C_4^=$ 混合物在 SAPO-11-m 分子筛催化剂上的转化率、选择性和收率随反应时间的变化见图 9-4。

从图 9-4 可以看出，随反应时间的增加，转化率下降，选择性增大。转化率基本呈线性降低，说明催化剂随着反应的进行均匀失活，正丁烯异构化过程中的积碳为非选择性积碳。积碳失活催化剂在 520℃ 通空气再生处理后，在相同条件下进行重复实验，催化活性和选择性基本恢复，说明催化剂再生稳定性较好。因此，以下各温度条件实验均在再生催化剂上进行。

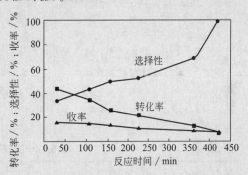

图 9-4　反应时间对丁烯在 SAPO-11-m 上异构化的影响

反应时间对丁烯各异构体之间分布的影响见图 9-5。

从图 9-5 可见，整个实验时间范围内，丁烯异构体 1-丁烯、顺-2-丁烯和反-2-丁烯的分布几乎不变。由于反应伴随着催化剂的积碳，说明丁烯各异构体之间的催化转化仅需要少量的酸中心。

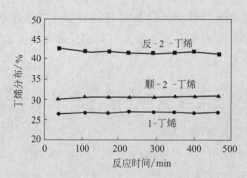

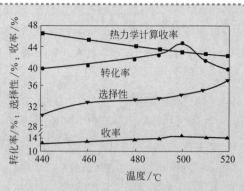

图 9-5　反应时间对丁烯各异构体之间分布的影响　　　图 9-6　反应温度对丁烯异构化的影响

（2）温度　从 440℃开始，当转化率小于 10％时进行催化剂再生处理。实验发现，500℃时转化率最高，又对 490℃和 510℃两个温度点补做。不同温度下，30min 的转化率和选择性的变化见图 9-6。

从图 9-6 可以看出，随着温度的升高。转化率增加，500℃时，转化率较高，继续

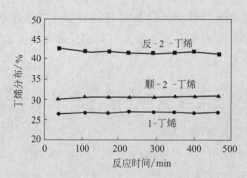

图 9-7　反应温度对丁烯各异构体之间分布的影响

1，2—反式2-丁烯；3，4—顺式 2-丁烯；
5，6—1-丁烯

升高温度，转化率下降，表明丁烯的转化存在一个较佳的温度值，温度小于 500℃时，转化率随着温度的增加而增加。不同温度下丁烯各异构体之间分布见图 9-7。从图 9-7 可以看出，丁烯各异构体分布在实验温度范围内的变化都不大，与热力学计算呈现的规律一致。而实验值相对于计算有些偏离，反式 2-丁烯和顺式 2-丁烯低，1-丁烯相对较高，可能与催化剂的椭圆形孔道大小有关。

（3）空速　在 500℃和丁烯分压为 0.1MPa（N_2 为稀释剂）的条件下，空速对异构化反应的影响见表 9-12。

表 9-12　空速对丁烯异构化的影响

项目	丁烯异构体			
空速/h^{-1}	0.54	0.72	0.81	1.08
转化率/%	68.3	50.2	51.5	52.5
选择性/%	24.2	29.5	35.8	35.6
收率/%	16.5	14.8	18.4	18.7
（$C_1 \sim C_3$）收率/%	21.9	13.2	18.3	16.7
收率/%	37.2	23.8	23.5	24.2

从表 9-12 可以看出，随着空速的增加转化率降低，选择性增加；较高的空速对异构化反应影响大。Simon M W 等人曾以 ZSM-22 为催化剂，也得到了相同规律。

（4）不同催化剂的影响　SAPO-11 分子筛与 Al_2O_3 的表面酸 NH3-TPD 表征结果见表 9-13。从表 9-13 可以看出，总酸量的大小依次为：SAPO-11-s＞Al_2O_3＞SAPO-11-m＞SAPO-11-w；SAPO-11 分子筛和 Al_2O_3 均不含强酸（氨脱附温度大于 733K）。以混合丁烯为原料，在常压、反应温度 500℃和空速 $3.36h^{-1}$ 的实验条件下，考察了不同催化剂对异构化反应的转化率、选择性和催化剂稳定性的影响。实验结果显示，SAPO-11-w 催化剂上，30min 时丁烯转化率较低；而在其他催化剂上丁烯转化率均在 40％以上。结合 NH₃-TPD 表征结果可知，丁烯异构化与催化剂的酸量有关，酸量过低时基本没有异构活性；说明可能丁烯转化需要多个相邻酸中心的参与。

表 9-13　NH₃-TPD 表征结果（以表面酸量表示）　　　　单位 mmol/g

催化剂	（403～603）K 酸量	（603～733）K 酸量	＞733K 酸量	总酸量
SAPO-11-s	0.400	0.100	0	0.500
SAPO-11-m	0.297	0.047	0	0.344
SAPO-11-w	0.089	0.057	0	0.146
Al_2O_3	0.287	0.132	0	0.419

SAPO-11-s 和 Al_2O_3 上不同反应时间对异构化的影响分别见图 9-8、图 9-9。

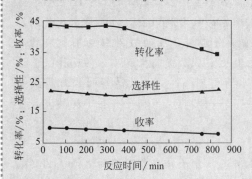

图 9-8　SAPO-11-s 上反应时间对异构化的影响

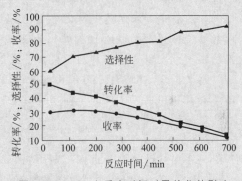

图 9-9　Al_2O_3 上反应时间对异构化的影响

SAPO-11-s 和 SAPO-11-m 相比，SAPO-11-s 的活性和选择性均高于 SAPO-11-m，200min 内异丁烯收率达到 30％以上。在 Al_2O_3 催化剂上，催化活性稳定性较好，但丁烯主要转化为裂解产物（$C_1\sim C_3$）和重组分（C_5^+），异丁烯选择性明显低于 SAPO-11-s 催化剂。Al_2O_3 催化剂中含有大量的大孔和微孔结构，而 SAPO-11 分子筛中仅含有一维十圆环孔道结构。

（5）水蒸气对异构化反应的影响　调变催化剂的吸脱附性能，以 SAPO-11-s 为催化剂，考察水蒸气对异构化反应的影响。实验表明，添加少量水蒸气提高了正丁烯异构化选择性，但随着反应的进行，所得异丁烯选择性大于 100％。发现与原料相比产物中异丁烷减少，推测产物中有部分异丁烯来自于异丁烷的反应。

异丁烷转化为异丁烯的途径有氢转移和脱氢反应。发生氢转移反应时应该产生等物质量的烷烃，而产物分析发现，丙烷和正丁烷的含量并未增加，由此说明发生氢转移可能性不大。发生脱氢反应时，产物中应该可以检测到与异丁烷转化的等物质的量的H_2，与实验结果相符。在不添加水蒸气时异丁烷转化较低，表明水蒸气的加入促进了异丁烷脱氢反应。异丁烷的脱氢反应与水蒸气的分压有关，水蒸气的含量越高，越有利于异丁烷脱氢。

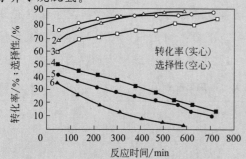

图 9-10 水蒸气分压对异构化转化率和选择性的影响

1，5—水蒸气分压/大气压力=0.02；2，6—水蒸气分压/大气压力=0.04；3，4—水蒸气分压/大气压力=0

添加水蒸气条件下丁烯异构结果见图 9-10，其中，异构选择性为去除异丁烷脱氢部分后的数据。由图 9-10 可见，水蒸气的分压越大，转化率越低。水蒸气的分压较低时，虽然转化率降低，但异丁烯选择性却大幅度增加，总的结果是异构物收率也略有增大。进一步增加水蒸气的分压，转化率继续降低，选择性也降低，但仍高于无水时的选择性。表明添加少量水蒸气有利于提高生成异丁烯的选择性，水蒸气分压太大则不利于异构化反应。

Szabo J 等人以氟改性的 Al_2O_3 为催化剂，原料中加入水蒸气转化率变化不大，异丁烯选择性增加，他认为这与水蒸气的加入能够使催化剂上部分 L 酸转化为 B 酸有关。水蒸气在酸位上的吸附影响了反应物和产物吸附、脱附行为，抑制了聚合、裂解反应的发生，从而提高生成异丁烯选择性。

总之，以 SAPO-11 为催化剂时，添加少量水蒸气可提高异构化选择性，既提高了丁烯有效利用率，又促进了异丁烷脱氢转化为异丁烯，尤其适合以含有异丁烷的混合丁烯为原料的异构化过程。

3. 结论

（1）丁烯骨架异构由催化剂的孔结构和酸性决定，分子筛上异丁烯的选择性明显高了 Al_2O_3；随 SAPO-11 催化剂酸量的增大，丁烯转化率增大；催化剂的酸量过小时，催化剂基本没有活性。

（2）随着温度的升高，异丁烯选择性增大，丁烯转化率存在最大值；空速增大，转化率降低，选择性增大，高空速条件下影响较小。

（3）添加水蒸气，使丁烯转化率下降，异丁烯选择性增加；少量的水蒸气更有利于异丁烯选择性的提高。

例 9-6　由甲醇生产低碳烯烃的方法及其催化剂[6]
（中国专利 CN102875291A，2013 年）

本发明涉及一种甲醇生产低碳烯烃的方法，主要解决现有技术中低碳烯烃收率较低的问题。本发明方法主要包括以下步骤：（1）甲醇原料分两部分经过分布板、分布管以递流接触形式进入第一反应区，与包括硅铝磷分子筛的催化剂接触，生成的气相物流和催化剂进入第二反应区，生成包括低碳烯烃的产品物流，同时形成待生催化剂；（2）待生催化剂至少分为两部分，一部分返回至第一反应区，一部分去再生器再生，形成再生催化剂；（3）再生催化剂返回至第一反应区；其中，所述分布管位于第一反应区出口端，分布板位于第一反应区入口端，甲醇进料温度在100～300℃之间的技术方案较好地解决了上述问题，可用于低碳烯烃的工业生产中。

技术领域

本发明涉及一种由甲醇生产低碳烯烃的方法。

低碳烯烃，即乙烯和丙烯，是两种重要的基础化工原料，其需求量在不断增加。一般地，乙烯、丙烯是通过石油路线来生产，但由于石油资源有限的供应量及较高的价格，由石油资源生产乙烯、丙烯的成本不断增加。近年来，人们开始大力发展替代原料转化制乙烯、丙烯的技术。其中，一类重要的用于低碳烯烃生产的替代原料是含氧化合物，例如醇类（甲醇、乙醇）、醚类（二甲醚、甲乙醚）、酯类（碳酸二甲酯、甲酸甲酯）等，这些含氧化合物可以通过煤、天然气、生物质等能源转化而来。某些含氧化合物已经可以达到较大规模的生产，如甲醇，可以由煤或天然气制得，工艺十分成熟，可以实现上百万吨级的生产规模。由于含氧化合物来源的广泛性，再加上转化生成低碳烯烃工艺的经济性，所以由含氧化合物转化制烯烃（OTO）的工艺，特别是由甲醇转化制烯烃（MTO）的工艺受到越来越多的重视。

美国专利US4499327中对磷酸硅铝分子筛催化剂应用于甲醇转化制烯烃工艺进行了详细研究。认为SAPO-34是MTO工艺的首选催化剂。SAPO-34催化剂具有很高的低碳烯烃选择性，而且活性也较高，可使甲醇转化为低碳烯烃的反应时间达到小于10s的程度，甚至达到提升管的反应时间范围内。

US6166282中公布了一种甲醇转化为低碳烯烃的技术和反应器，采用快速流化床反应器，气相在气速较低的密相反应区反应完成后，上升到内径急速变小的快速反应区后，采用特殊的气固分离设备初步分离出大部分的夹带催化剂。由于反应后产物气与催化剂快速分离，有效地防止了二次反应的发生。经模拟计算，与传统的鼓泡流化床反应器相比，该快速流化床反应器内径及催化剂所需贮藏量均大大减少。但该方法中低碳烯烃碳基收率一般均在77%左右，存在低碳烯烃收率较低的问题。

CN 1723262中公布了带有中央催化剂回路的多级提升管反应装置，用于氧化物转化为低碳烯烃工艺。该套装置包括多个提升管反应器、气固分离区、多个偏移元件等，每个提升管反应器各自具有注入催化剂的端口，汇集到设置的分离区，将催化剂与产品气分开。该方法中低碳烯烃碳基收率一般均在75%～80%之间，同样存在低碳烯烃收率较低的问题。

现有技术均存在低碳烯烃收率较低的问题，本发明有针对性地解决了该问题。

发明内容

本发明所要解决的技术问题是现有技术中存在的低碳烯烃收率较低的问题，提供一种新的由甲醇生产低碳烯烃的方法。该方法用于低碳烯烃的生产中，具有低碳烯烃收率较高的优点。

为解决上述问题，本发明采用的技术方案，一种由甲醇生产低碳烯烃的方法，包括以下步骤：主要为甲醇的原料分两部分经过分布板、分布管以逆流接触形式进入第一反应区，与包括硅铝磷分子筛的催化剂接触，生成的气相物流和催化剂进入第二反应区的低碳烯烃的碳基收率达到 85.13％（质量分数），比现有技术的低碳烯烃碳基收率高出可达到 2 个百分点以上，取得了较好的技术效果。

本发明所采用的硅铝磷分子筛的制备方法是：首先制备分子筛前驱体，将摩尔配比的模板剂——三乙胺组成原料混合液，在 100～250℃的温度下经过 1～10h 的晶化后获得；再次，将分子筛前驱体、磷源、硅源、铝源、模板剂、水等按照一定的比例混合后在 110～260℃下水热晶化至少 0.1h 后，最终得到 SAPO 分子筛。将制备的分子筛与所需比例的黏结剂混合，经过喷雾干燥、焙烧等操作步骤后得到最终的 SAPO 催化剂，黏结剂在分子筛中的质量分数在 10％～90％之间。

下面通过实施例对本发明作进一步的阐述。

具体实施方式

实施例 1

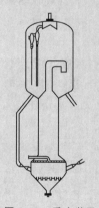

图 9-11　反应装置

在如图 9-11 所示的反应装置上，催化剂活性组分为 SAPO-34 分子筛，分子筛在催化剂中的质量分数为 40％，甲醇原料分两部分经过分布板、分布管以逆流接触形式进入第一反应区，与催化剂接触，生成的气相物流和催化剂进入第二反应区，生成包括低碳烯烃的产品物流，同时形成待生催化剂，待生催化剂分为两部分，90％返回至第一反应区，10％去再生器再生，形成再生催化剂，再生催化剂返回至第一反应区，再生催化剂平均积碳量为 0.01％（质量分数），分布管位于第一反应区出口端，分布管为树枝型，分布管上的气体出口方向偏向下，与水平方向夹角为 48°，分布板位于第一反应区入口端，分布板开孔率为 0.55，第二反应区出口设有气固快速分离设备，甲醇进料温度为 100℃，第一反应区反应条件为：反应温度为 350℃，反应压力（以表压计）为 0.01MPa，气相线速为 0.3m/s。第二反应区反应条件为：反应温度为 420℃，反应压力（以表压计）为 0.01MPa，气相线速为 0.9m/s。反应产品采用在线气相色谱分析，低碳烯烃碳基收率为 83.42％（质量）。

实施例 2

按照实施例 1 所述的条件和步骤，待生催化剂分为两部分，10％返回至第一反应区，90％去再生器再生，形成再生催化剂，再生催化剂返回至第一反应区，再生催化剂平均积碳量质量分数为 1.6％，分布板开孔率为 0.75，甲醇进料温度为 300℃，第一反应区反应条件为：反应温度为 450℃，反应压力（以表压计）为 0.01MPa，气相线速为 0.8m/s；第二反应区反应条件为：反应温度为 500℃，反应压力（以表压计）为 0.01MPa，气相线速为 3m/s。反应产品采用在线气相色谱分析，低碳烯烃碳基收率为 84.85％（质量）。

简要评述

这一件最新公开的中国专利，代表了磷酸硅铝分子筛成功用于 MTO 新工艺（由甲醇制烯烃）的新水准，催化剂与反应器同步开发，同步用于大型工业装置，达到与国外专利相当水平。

参　考　文　献 ❶

1　Richadson J. T. Principles of Catalysis Development. Plenum 出版公司，1989

2　一种高硅铝比小晶粒 NaY 分子筛的制备方法，中国专利 CN1785808（2006）

3　一种高硅铝比的小晶粒 ZSM-5沸石分子筛的合成方法，中国专利 CN 1699173A（2005）

4　ESM-5分子筛的新合成方法．中国专利 CN1187642A（1998）

5　SAPO-11 分子筛催化丁烯异构化反应的研究．工业催化．2008（11）

6　由甲醇生产低碳烯烃的方法及其催化剂，中国专利 CN 102875291A（2013）

---

❶本章中带 "T" 编号的文献请查阅第 1 章参考文献。

第 10 章

若干催化剂的新进展

10.1 均相配合物催化剂的应用 [T7]

均相配合物催化剂，通常是指在均相（一般为液相）进行的，催化剂与反应物有配位作用的催化剂。所以，固体配合物催化剂、或者在均相进行的非配合物催化剂，如无机酸和杂多酸的均相催化剂，均不属此类。

均相配合催化的发展，晚于目前应用最广泛的多相催化。但在近 30 年中，一些新的化工过程，使用过渡金属的配合物催化剂，在工艺上得到较快的发展，并且使过去无法得到的产品可以获得。虽然直到 21 世纪的今天，多相催化过程仍具有经济上的更大重要性，然而均相催化也在继续以更快的速度增长着。据估计，在工业催化中所占的比例，均相催化已占到大约 15% 的份额[T7]，而在石油化工中，已有 20 多个生产过程采用均相配合催化反应[T5]。

我国有关这类催化剂的研究，特别是工业催化剂的创新，也有少部分工作展开[1~5]，但总体实力还较其他催化剂薄弱，故有待大力加强。

这类催化剂的大规模发展，始于 20 世纪 50 年代以后，主要是 Ziegler 型催化剂的发展以及接踵而来的乙烯氧化制乙醛、甲醇羰基化制醋酸等一系列重要工业过程的突起。

现在，由均相变价金属配合物催化的反应，已经应用到几乎所有的化工领域。其中也覆盖了某些聚合过程，当然并不仅仅是聚合过程。有关概况可见图 10-1、表 10-1 及表 10-2。

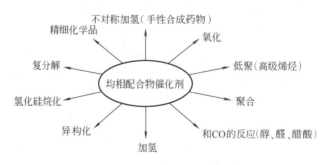

图 10-1　由均相配合物催化的工业反应

表 10-1　使用均相过渡金属配合物催化的工业过程

单 元 操 作	过 程 / 产 品
烯烃二聚	单烯烃二聚(Dimersol 过程);由丁二烯和乙烯合成 1,4-己二烯(Du Pont 公司)
烯烃低聚	丁二烯三聚制环十二碳三烯(Hüls 公司);乙烯低聚制多种 α-烯烃(SHOP、Shell 法)
聚合	由烯烃和二烯烃制高聚物(Ziegler-Natta 过程)
和 CO 的反应	羰基化(醛化,烃氧化 Reppe 反应);甲醇羰基化制醋酸(Monsanto 公司)
氢氰化	由丁二烯和 HCN 制己二腈(Du Pont 公司)
氧化	环己烷氧化;羧酸的生产(己二酸和对苯二酸);环氧化物生产(丙烯氧化,Halcon 过程);乙醛(Wacker-Hoechest 过程)
异构化	双键异构化;1,4-二氯-2-丁烯制 3,4-二氯-1-丁烯(Du Pont 公司)
复分解	由环辛烯制辛烯衍生物(Hüls 公司)
加氢	不对称加氢(L-二羟基苯丙氨酸生产,Monsanto 公司),苯制环己烷(Procatalyse 公司)

表 10-2　世界用均相催化过程生产的化学品产量

过 程	10^6 t/a	过 程	10^6 t/a
氧化	14.0	低聚	0.8
和 CO 的反应	8.0	氢氰化	0.4
加氢	1.4		

以下简介的是,若干重要均相配合物催化过程及催化剂的开发近况。

10.1.1　羰基化反应及其催化剂

以不饱和烃类化合物为原料,与 CO、HY(Y＝H、—OH、—OR、—O$_2$CR)反应,由于在羰基金属配合物的催化作用下,可以活化有机物分子而引入羰基,故称羰基化反应,其通式为

$$\begin{matrix}\diagup \\ C＝C \\ \diagup \quad \diagdown\end{matrix} +CO+HY \longrightarrow -\overset{\mid}{\underset{\mid}{C}}-\overset{\mid}{\underset{H}{C}}-\overset{\parallel}{\underset{O}{C}}-Y \tag{10-1}$$

当式(10-1)中的 Y 分别代表 H、—OH、—OR(R＝烷基)等时,该羰基化反应,分别称氢甲酰化反应、氢羧基化反应以及氢酯基化反应等。

羰基化反应的原料可以用烯烃,也可以用炔烃及其衍生物,而其产品则包括醛、酮、酸、酐、酯、醌、酰氯等多种有机物。这些有机物中,包括了制备增塑剂、洗涤剂及润滑油等中间体的重要化工产品。以下介绍氢甲酰化反应(OXO 合成)。

由合成气与烯烃反应制醛、醇等,是均相配合催化最早开发的过程(1938 年)。对应的氢甲酰化工业催化剂首次开发成功后,已经历过 4 次换代开发:①20 世纪 40 年代开始采用羰基钴体系;②20 世纪 60 年代发展了三丁基膦改性的羰基钴体系;③20 世纪 70 年代发展了羰基铑体系;④近十余年,发展了三苯基膦改性的羰基铑体系(见表 10-3)。

从表 10-3 可见,铑体系催化剂效能大大高于钴体系,前者使用的催化剂量大大减少,特别是改性铑体系的反应温度和压力变得更为缓和,而选择性更高。这些特点代表着开发和改进现有工业均相配合物催化剂的主攻方向。

用以下具体实例加以分类说明。

表 10-3　丙烯氢甲酰化工业过程

项　　目	催 化 剂		
	羰基钴	Co/膦化物	Rh/膦化物
反应压力/MPa	20～30	5～10	0.7～2.5
反应温度/℃	140～180	180～200	90～125
C_4 选择性	82%～85%	>85%	>90%
正异构醛比(n/i)	80/20	到 90/10	到 95/5
催化剂	$[HCo(CO)_4]$	$[HCo(CO)_3(PBu_3)]$	$[HRh(CO)(PPh_3)_3]/PPh_3$ 到 1∶500
主要产品	醛	醇	醛
烯烃加氢	1%	15%	0.9%

例 10-1　以丙烯为原料的 OXO 合成

OXO 合成过程，或称烯烃的氢甲酰化反应，可谓目前工业上最重要的均相配合催化反应。本反应最重要的起始原料是丙烯。烯烃的氢甲酰化主要是经由中间产物正丁醛，转化为 1-正丁醇和 2-乙基-己醇，如下式

$$CH_3CH=CH_2+CO+H_2 \longrightarrow CH_3CH_2CH_2CHO$$

$$\xrightarrow{H_2} CH_3CH_2CH_2CH_2OH$$

$$\xrightarrow[2.\ H_2]{1.\ 碱} CH_3(CH_2)_3-CH-CH_2OH$$
$$\qquad\qquad\qquad\qquad | $$
$$\qquad\qquad\qquad\qquad C_2H_5$$

$$\left(+CH_3-CH-CH_3 \right)$$
$$\qquad\qquad | $$
$$\qquad\quad CHO$$

按本反应生产的世界最大装置建在德国，由 Hoechst 和 BASF 生产，拥有世界产量的 50%，其核心工业装置，按此知名的 OXO 合成工艺生产，用钴和铑催化剂[5]。原用的催化剂为膦化物改性的 $[Co_2(CO)_8]$，1976 年从美国联碳公司引进铑催化剂，例如 $[HRh(CO)(PPh_3)_3]$（Ph=苯基）。这种催化体系在较低温度和压力下，有较高的选择性。

在其他同类装置中，例如 Shell 过程，还有使用膦化物改性钴催化剂的，例如用 $[HCo(CO)_3(PR)_3]$。

本反应的反应机理已研究得比较清楚。其简化的机理，可参考图 10-2 所表示的一种催化剂循环示意图。

本反应用铑催化剂的低压过程的有关数据整理如表 10-3。德国的该催化过程有下列优点：①铑系催化剂的活性较钴系高 1000 倍；②大大过量的 PPh_3，可以获得较高的醛选择性，以及线形正构醛和异构醛之比（n/i）；③PPh_3 的存在，明显增加了催化剂的稳定性和寿命，催化剂挥发性低，可从反应器产物中蒸馏回收，铑损失有限（$<1\times 10^{-6}$）；④反应物的有效提纯，避免了催化剂的中毒，并延长了催化剂的寿命。

从这里可以看出，德国装置使用的铑催化剂，已在几个方面较好地解决了均相配合催化工业化中的几大常见难题。这对其他同类催化剂的设计开发，是极有益的启发。

然而，目前本法的铑催化剂价格仍然较高，在催化剂回收和设备腐蚀方面仍存在一些问题。因此，进一步的研究仍在不断地展开，以期开发出一种非均相的铑催化剂。但由于这种催化剂稳定性较差，研究工作至今仍受到一些阻碍。

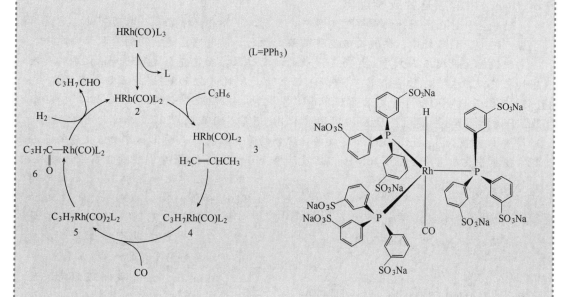

图 10-2　丙烯用 [HRh(CO)(PPh₃)₃]
　　　　氢甲酰化的机理

图 10-3　一种新的铑配合物催化剂 TPPTS

新近的一种突破在于使用"两相技术"（Ruhrchemie/RhÔne-Poulenc 过程），已商业化。该技术使用一种新的水溶性铑配合物，同时使用一种新的膦化物 TPPTS[T7] 作配体，TPPTS 的结构见图 10-3。这种膦化物的苯环上增加了若干个极性的—SO₃Na 取代基。

目前，该两相技术已有 Hoechst 公司的一家 3.0×10^5 t/a 生产厂，使用水/有机物两相体系生产丁醛成功，其产物选择性提高（正异构比 $n/i > 95/5$），而且催化剂的分离及回收均较简单。图 10-4 是该过程的流程示意。

在这种两相过程中，催化反应发生在催化剂水相之外，反应后经相分离后，易于回收。这一特点，对于未来的工业均相配合催化反应具有重要的示范作用。

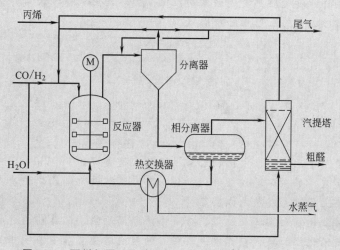

图 10-4　丙烯氢甲酰化的 Ruhrchemie/RhÔne-Poulenc 过程

例 10-2 甲醇羰基合成制醋酸

醋酸是一种众所周知的重要化工原料，目前其世界年产量已高达数百万吨。它是用于生产醋酐、醋酸纤维、醋酸乙酸酯等的基本原料，同时它也是常用的有机溶剂之一。

醋酸的大规模工业生产，经历了漫长的演变过程，而这整个过程均与催化剂的开发密切相关。其生产方法存在过三种，即乙醛法、丁烷或轻油氧化法以及醇羰基化法。1960 年德国 BASF 公司开发了高压甲醇羰基化法，用碘化钴催化剂，在 250℃、60～70MPa 的苛刻条件下进行反应，甲醇转化率 65%，醋酸收率以甲醇计为 85% 左右。1970 年，美国 Monsanto 公司开发成功铑配合物作主催化剂、碘化物作助催化剂的新过程，使羰基化压力降至 33～40MPa、温度降至 150～200℃，而且催化剂体系性能卓越，甲醇转化率几乎近于 100%，同时醋酸选择性 99%，CO 选择性大于 90%，基本上无副产物，产品质量高。这在为数极多的有机合成反应中，目前尚属罕见的例外。

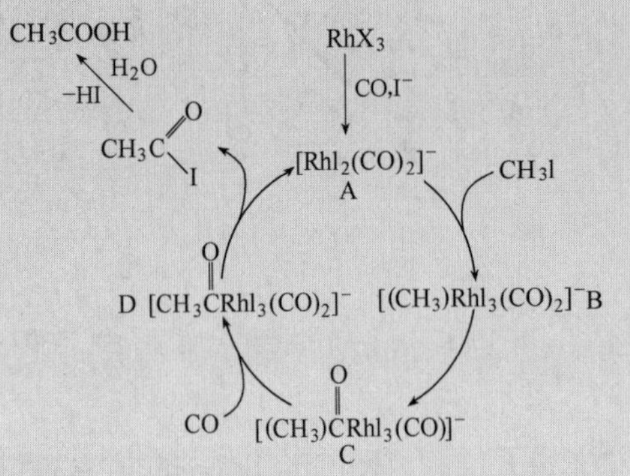

Monsanto 法合成醋酸的有关反应，目前也已研究得较为清楚。至少在近期，尚看不到有更好的过程和催化剂与之相匹敌。反应式如下，反应机理如图 10-5 所示。

图 10-5 甲醇羰基化生产醋酸的反应机理（Monsanto 法）

$$CH_3OH + CO \xrightarrow{[RhI_2(CO)_2]^-} CH_3COOH$$

例 10-3 Wacker 法乙烯选择氧化制乙醛

配合物催化氧化反应在工业上的应用较为广泛。其中，最成功的是 Wacker 反应，即烯烃在氯化钯、氯化铜作用下直接氧化成醛或酯。早在 1894 年就已发现，将乙烯通入氯化钯水溶液中可以生成乙醛和金属钯，但这是计量的化学反应。1959 年，Wacker 工业电化学集团的 Smidt 等，成功地利用氧化铜将上述反应生成的零价钯重新氧化成二价钯，使上述钯的计量反应，变成崭新的催化剂循环反应。当时认为其反应机理中包括了催化剂和乙烯形成中间配合物的步骤（图 10-6）。

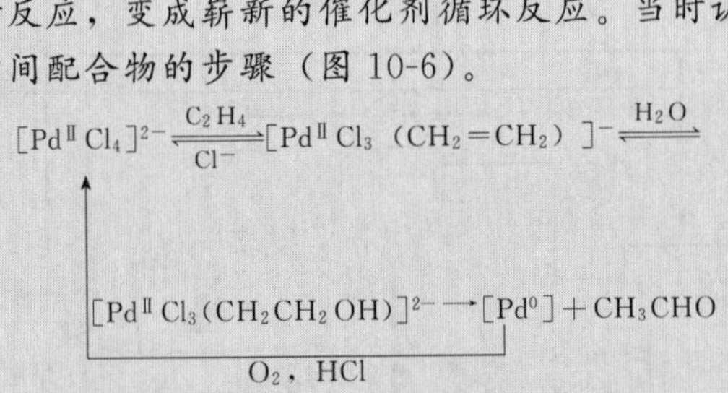

图 10-6 乙烯选择氧化制乙醛的一种机理

此反应主要用于乙烯配合氧化制乙醛，以后，这类定名为 Wacker 法的催化反应又用于其他多种反应，如在环烷酸钴催化剂作用下，己烷氧化制己二酸等，机理相近。这些过程都是工业上已较为成熟的方法了。

现行的乙烯氧化制乙醛工业过程，分一步法和两步法，其目前的进展在工艺的改进和优化方面，而催化剂的换代在其次。在核心的鼓泡塔反应器中，气相原料乙烯和空气（或氧），以及催化剂的盐酸水溶液，发生反应。两步过程互相交替地完成。在一步法中，反应和用氧再生是同步进行的，而两步法是分开进行的。两步法中，空气可用于再生催化剂并达到乙烯的完全转化（见图10-7）。其缺点是与一步法相比，需较高的能耗；其次，鼓泡塔需承受较高压力，并需用耐腐蚀材料，因而要求较高的设备投资。

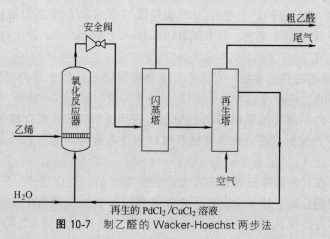

图 10-7 制乙醛的 Wacker-Hoechst 两步法

两步法在 $100 \sim 110℃$、1MPa 下操作，催化剂再生在 100℃、1MPa 下进行，选择性 94%，在醋酸等副产物被两段蒸馏除去后，粗品乙醛得以提浓。该过程以所产乙醛计，收率为 85%。

经进一步研究，本反应的完整催化循环机理可用图10-8加以描绘。

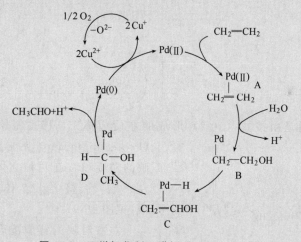

图 10-8　乙烯氧化制乙醛机理（Wacker 法）

10.1.2　不对称加氢：Monsanto L-多巴过程[T7,T5]

不对称加氢属于充满希望的另一尖端化学领域——均相立体选择催化。很多生物分子都有生成对映体的两种立体几何结构的性质，称为手性或者光学活性。而手性生物对映体中，往往只有其中一种才具有生物功能。但据计算，一个复杂的有机物原料分子，如果其中含有 7 个手性碳原子，而由它合成的产物又是机会均等的话，则将会有 $2^7 = 128$ 种结构的立体异构产物生成，但其中却有 127 种产物并没有生物功能。甚至更坏的是，其中某些异构体还会有副作用。这就要求在手性中心上合成出理想结构和理想几何形状的产品。显然，这对药物合成特别重要，当然同时也特别困难。

均相立体催化的发展，涉及面将很广，包括加氢、脱氢、氧化、脱卤、脱烷基、环化、歧化等各方面。现举一加氢方面的实例。

众所周知，Rh 膦配合物，主要作为有旋光性（不对称）加氢的催化剂。其中，研究最充分且已有工业价值的是两种：〔RhCl(PPh₃)₃〕（Wilkinson 催化剂）和〔HRh(CO)(PPh₃)₃〕。

Wilkinson 催化剂的膦配合物，对烯烃反应物非常敏感。已被用于实验室规模的有机合成以及精细化学品的生产方面。

目前，均相不对称催化加氢的最出色应用，在于 Monsanto 的合成 L-多巴过程。L-多巴，即 L-二羟基苯丙氨酸，是一种手性氨基酸，用于帕金森氏症（Parkinson's disease）的治疗。

为了合成这种在对映选择反应方面有光学活性的产品，类似于 Wikinson 催化剂而又有光学活性的许多膦配合物，被开发出来。要求烯烃的加氢必须是前手性的（Prochiral），也就是说，催化剂本身必须具有一种配合到金属中心上并形成理想的手性结构的不对称立体选择性。

在这种 Monsanto 过程中，乙酰胺基肉桂酸衍生物 A 被不对称加氢，得到 L-多巴的一种左旋前体 B（3,4-二羟基苯基丙胺衍生物），见式（10-2）[T7]。

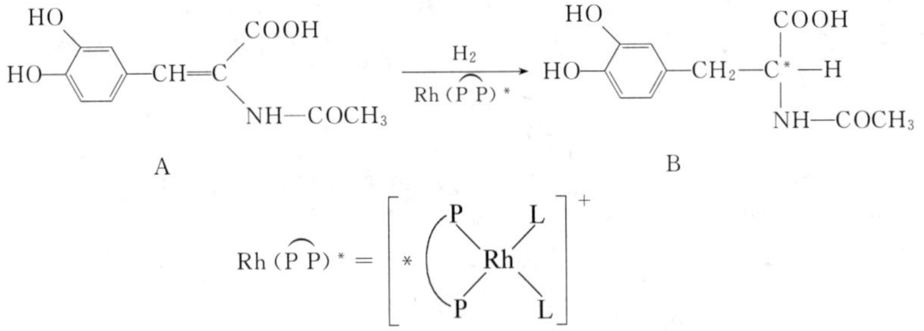

$$ \text{(10-2)} $$

之后，L-多巴则是由按式（10-2）形成的左旋前体 B，移去氮原子外的乙酰被护基（Protecting group）后形成的。L-多巴可有对映的左旋和右旋两种立体结构，分别由膦的左、右旋螯合配体催化剂作用生成（见图 10-9）[T7]。

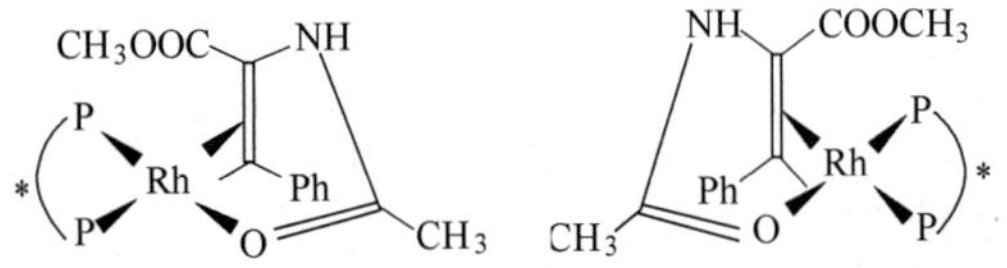

左右对映的铑膦配合物催化剂，通常有不同的热力学和动力学稳定性，并且在合适的条件下，其中一种的影响，可以引起对映选择产物的生成。改变催化剂中不同的膦配体，可最终导致所需手性催化剂的形成。

图 10-9 两种对映 L-多巴及其对应配合物催化剂

如图 10-10 所示的膦配体（DIPAMP），可使式（10-2）中的原料 A 不对称加氢，最终达到左旋光学氨基酸超过 96%（左右旋比 98:2）。只有这种左旋对映体，才具有治疗帕金森氏症的药性。

这种生产 L-多巴的不对称加氢，是利用配体改性进行铑膦配合物催化剂剪裁的一个极好例证。

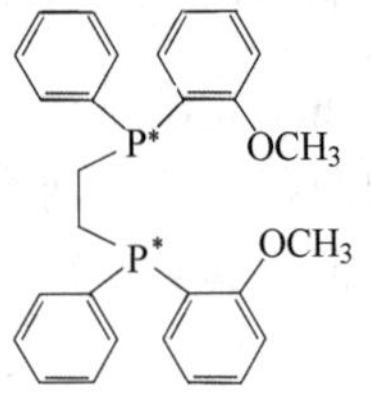

图 10-10 一种生产左旋 L-多巴的膦配体[T7]

10.1.3　SHOP 法乙烯低聚

在洗涤剂、增塑剂和润滑剂生产中，大量使用长链 α-烯烃作为原料。目前，这些 α-烯烃产品主要由乙烯低聚生产

$$n\mathrm{CH}_2 =\!\!= \mathrm{CH}_2 \longrightarrow \mathrm{CH}_3\mathrm{CH}_2-(\mathrm{CH}_2\mathrm{CH}_2)_{n-2}-\mathrm{CH} =\!\!= \mathrm{CH}_2 \tag{10-3}$$

许多基于 Co、Ti 和 Ni 的过渡金属均相配合催化剂，被用作这些反应的催化剂。用镍催化的 Shell 公司高级烯烃生产过程（SHOP 法），有巨大的工业价值。

乙烯低聚时，按统计分布的方式转化成 α-烯烃。转化中，优先生成较低烯烃（所谓 Schuz-Flory 分布）。此反应在 $80\sim120℃$ 及 $7\sim14\mathrm{MPa}$，并有膦配体（如 $\mathrm{Ph}_2\mathrm{PCH}_2\mathrm{COOK}$）的镍催化剂存在下进行。产品混合物用蒸馏的方法分离成 $\mathrm{C}_4\sim\mathrm{C}_{10}$、$\mathrm{C}_{12\sim18}$ 及 C_{20+} 馏分。

$\mathrm{C}_{12}\sim\mathrm{C}_{18}$ 馏分含有洗涤剂工业所需长链 α-烯烃。分馏塔顶和底部的其他更短或更长的烯烃，送双键异构化和复分解联合操作处理。异构化得到一种按统计分布的内烯烃混合物。这种混合物的复分解，则得到一种来自 $\mathrm{C}_{10\sim14}$ 内烯烃的新的烯烃混合物。从这种新的混合物中，能分离出 $\mathrm{C}_{10\sim14}$ 烯烃的混合物。该过程如式（10-4）所示。

$$\tag{10-4}$$

若将内烯烃混合物和乙烯一起，在多相催化剂 $[\,\text{例如 } \mathrm{Re}_2\mathrm{O}_7/\mathrm{Sn}(\mathrm{CH}_3)_4/\mathrm{Al}_2\mathrm{O}_3\,]$ 上裂解，则可得到一种无支链的末端烯烃（terminal olefins），其所产烯烃含 $94\%\sim97\%$ 的 n、α-烯烃，以及 $>99.5\%$ 的单烯烃。SHOP 过程的流程如图 10-11 所示。

上述异构化与复分解的联合工艺，加上蒸馏和循环操作，提供了获得所需要的碳数分布的一种独特技术。

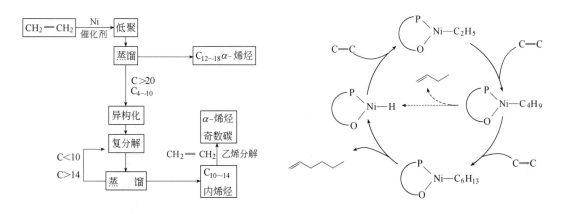

图 10-11　SHOP 过程流程框图　　　　图 10-12　用镍配合物催化剂进行乙烯低聚的机理

特殊配合物催化剂的机理研究显示，带有 P-O 螯合基团的镍的氢化物，是催化活性物种，此金属氧化物和乙烯反应，得到烷基镍中间物，中间物进一步被乙烯插入或消去而增长，成为对应的 α-烯烃。该乙烯低聚的简化机理示于图 10-12。

SHOP 过程首次于 1979 年在美国付诸生产，并达到 6.0×10^5 t/a 的能力。本法的主要优点在于有调节 α-烯烃产品以满足市场需求的能力。

己烯和辛烯产品，可与乙烯共聚，得到高抗拉强度的聚乙烯，用于包装材料。癸烯生产高温马达油。最高级的烯烃用于转化成表面活性剂。

10.2 环境保护用催化剂 [T1]

如前所述，近年在所有工业催化剂中，环境保护用催化剂的比重日益攀升，而人们对环境保护用催化剂的关注也日益密切。

中国环境保护工程及环保催化剂的大规模起动晚于发达国家，环保催化剂的实际应用有待大力加强，同时这也表明，环保催化剂在中国将有潜力巨大的市场。不过目前已开始在重视有关的研究，并有初步的研究成果和专利技术发表[6]。

环境专家认为，目前最令人担忧的全球环境问题是：与大气污染有关的①酸雨和氧化剂问题；②温室效应问题；③同温层以及对流层中的臭氧问题；以及与水体有关的④水质污染问题。

产生酸雨的污染物主要有二氧化硫（SO_2）和氮的氧化物（NO_x）。随着"化石燃料"——煤、天然气和石油消耗量在 20 世纪中下叶的剧增，大气中的 CO_2 以及 SO_2、NO_x 也就随之增加。其他气体如氯氟烃（CFCs）以及甲烷等的增加，也会影响到地球的气温。但温室效应还是以 CO_2 的影响为最大。已经发现，大量使用的制冷剂和清洁剂 CFCs 进入同温层后，引起同温层中臭氧浓度的急剧减少，大陆上空气于是形成所谓"臭氧空洞"，减弱了臭氧层原本对过多紫外线的防护作用。水体污染主要来自生活污水、工业污水和农药化肥。水体污染物对工农业生产和人类的危害是显而易见的，特别是对渔业资源的破坏最为严重，加上鱼类又对毒物有生物积累作用，通过食物链可以对人类健康构成严重威胁。

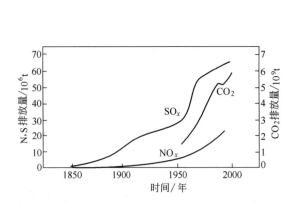

图 10-13 近 150 年来地球大气中主要污染气体的年排放量[11]

注：N 以 NO_x 计，S 以 SO_2 计。

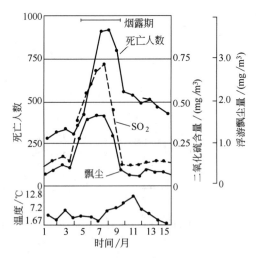

图 10-14 大气中 SO_2 和飘尘含量与死亡人数的关系[T2]

与水体有关的污染有局部性和地域性，而与大气有关的污染则是全球性的，无国界的。分析大气污染产生的原因，显然和20世纪后半期世界的能源和化工原料的结构有关。这期间产生的环境污染，是石化工业发展所付出环境代价的一个主要组成部分。从图10-13可以看出，引起大气污染的主要三类气体 CO_2、SO_2、NO_x，恰好是在20世纪中叶，特别是石油化工高速发展的60～70年代急剧增加，其他温室气体也有相近的激增趋向。表10-4表明了大气中温室气体在近几个世纪中明显增加的情况。并且说明，这些气体中大多数，将在数十年甚至一两个世纪中积累和稳定，而不会在短期内重新消失。图10-14表示由 SO_2 造成的大气污染后果的典型实例。

表 10-4　大气中温室效应气体的寿命及含量[T1]

温室效应气体	大气中的寿命/年	产业革命前的含量(体积分数)	1985年的含量(体积分数)增加率	2050年的含量(体积分数)推算值
CO_2	80～200	$275×10^{-6}$	$345×10^{-6}(0.4\%)$	$400×10^{-6}～600×10^{-6}$
CH_4	5～10	$\sim 0.7×10^{-6}$	$1.7×10^{-6}(0.9\%)$	$2.1×10^{-6}～4.0×10^{-6}$
N_2O	120	$285×10^{-9}$	$0.4×10^{-9}(0.25\%)$	$350×10^{-9}～450×10^{-9}$
CFC-12	110	$\sim 0.0×10^{-9}$	$0.38×10^{-9}(5.0\%)$	$0.7×10^{-9}～4.8×10^{-9}$
CFC-11	65	$\sim 0.0×10^{-9}$	$0.22×10^{-9}(5.0\%)$	$2.0×10^{-9}～4.8×10^{-9}$

解决目前人类面临的环境污染问题，化工也将起着核心的作用。而其中环保催化剂的应用，亦是相当普遍的重要手段之一。从战略上说，解决该问题基本有下列3条途径：①将排放出的污染物转化成无害物质，或者回收加以重新利用；②在生产过程中尽可能减少污染的排放量，及至达到无污染排放；③用新的化学制品取代对环境有害的物质，从源头上根本消除污染问题。尽管目前地球环境问题已发展到相当严重的地步，但对各种污染物的处理，目前还大都采用第一条途径。以工业排放尾气中的 NO_x 的无害化处理为例，有如图10-15所示的十多种方法，其中可能涉及多种催化剂。

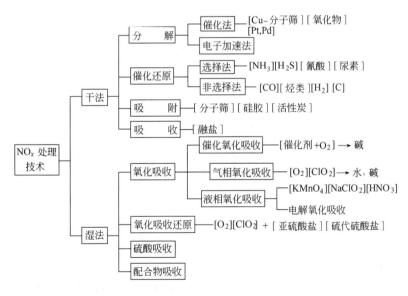

图 10-15　NO_x 的处理技术

SO_2 几乎全部由煤和石油燃烧时产生。目前利用催化剂可以在重油使用前回收30%～

90％的硫。使用前的脱硫及回收，是根治 SO_2 污染和酸雨危害的方法，而粗放的高硫煤和石油燃烧，显然是极不合理又极不经济的方法，亟待纠正。传统的非催化的石灰石泥浆吸收法，比较昂贵和落后，近已有多种催化方法有望取代它。例如，以 V_2O_5 为催化剂制成硫酸加以回收。另一种是以 $CeO_2/n MgO \cdot MgAl_2O_4$ 为催化剂，先将 SO_2 氧化成 SO_3，再加 MgO 反应生成 $MgSO_4$ 以控制 SO_x 的排放量，最后再将其还原，回收 H_2S。

20 世纪 60 年代后半期，由于机动车（主要是汽车用汽油机）排放的尾气，已成为大气污染物质的主要来源之一。相似的还有柴油机尾气净化的问题。对汽车尾气净化催化剂的大量研究，至 1975 年，就达到了实际应用的目的。该技术的核心，是让热的汽车尾气通过粒状或蜂窝状载体上负载的贵金属"三效催化剂"而达到无害化处理。这种三效催化剂，可使尾气中的烃类（包括苯类）、CO 和 NO_x 三种有害成分进行氧化还原而主要转化成 CO_2 和 N_2 等，以达到净化[T1]。

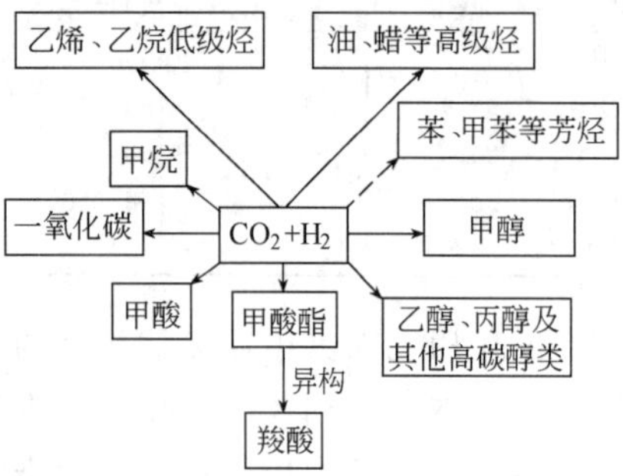

图 10-16 CO_2 加氢的催化反应

主要温室气体 CO_2 处理，因为排放量达大（大气中的碳已达几千亿吨），不可能用类似于 SO_2 或 NO_x 的方法。所以，提倡节能和开发新的非石化燃料，如核能、太阳能等，那才是根本的出路。CO_2 的回收和利用之类的二次防范措施，已研究成多种方法：纯化学的、光化学的和电化学的等等。但不管利用何种方法，都要借助于催化剂。目前最有应用前景的是将分离出的 CO_2 作为化工原料，通过催化加氢，合成出各种各样的化工产品，如 CH_4、CH_3O、乙烯、芳烃、羧酸等，如图 10-16 所示。

氯氟烃类（CFCs）化合物，目前大量用作冷冻剂、发泡剂和清洁剂。现已查明，CFCs 是破坏臭氧层以及牵涉到温室效应的主要污染物。因此，除了减少排放、分解、回收再利用外，最有效的办法是开发可取代它的化合物。目前已经找到了几种可以取代 CFCs 的化合物，大多数是 CFCs 的氢化物。如用 HCF-123（CF_3CHCl_2）取代 CFC-11（$CFCl_3$ 发泡剂），用 HFC-134a（CF_3CFH_2）取代 CFC-12（CF_2Cl_2 冷冻剂），等等。制备这些新化合物，大都要通过催化合成的途径，因此，制备 CFCs 的取代物，已被认为是催化研究中富有吸引力的新领域。

现在的污水净化，使用各种单元过程，从最古老的沉淀、过滤到以后的添加絮凝剂絮凝，以至近代的离子交换膜分离和生物氧化，等等。

目前最广泛使用的先进净化水质的工艺，是利用化学的氧化剂或还原剂以及光化学反应，将水中有机或无机污染物进行氧化或还原，以达到无害化的目的。在这些过程中，如果添加微生物或酶在内的催化剂，就可以大大强化净化的效果。例如，在对难降解的或高浓度的有机废水的湿式氧化处理以及生物氧化的前处理工艺中，添加高效的催化剂或者酶，就可以在低温常压、甚至常温常压下达到水质净化的目的。目前，利用这些方法，对消除水中一些含氯溶剂、杀虫剂、防腐剂等中的含氟污染物已取得了很好的效果。还通过不同生理特性和代谢类型的微生物间的协同作用，使污水中的有毒物质不断被转化分解或吸附沉淀，达到净化。这种方法，已成功用于污水中酚、氰、苯等毒物的净化。

上述各种处理"三废"保护环境的方法，普遍使用化学反应、吸收与吸附、或者生物化学的方法，即非化学催化的方法。这已沿用多年。近年，用化学催化的方法解决环保问题，有了更快的进步。典型的实例包括负载贵金属的汽车尾气催化剂，以及基于二氧化钛的光化学催化剂。

20世纪后半期，由机动车汽油机、柴油机所排放的汽车尾气，形成了大气污染的主要来源之一。对汽车尾气净化催化剂的大量研究，1975年开始进入实际应用阶段。该技术的核心，是让热的汽车尾气通过粒状或蜂窝状载体上负载的贵金属催化剂，使烃类（包括苯类）、CO和氮氧化物 NO_x 这三种有害成分进行氧化还原并主要转化成 CO_2 和 N_2 等，以达到净化。

近年，随着全球经济的迅猛发展，汽车产量更加快速地增加。全球汽车和摩托车的保有量现已超过10亿辆。我国在2010之后每年产汽车已超过1000万辆，目前是世界第一的汽车生产和消费大国。雾霾问题也与此相关。汽车在给人们带来便利的同时，其尾气所造成的污染也日趋严重，以至于在一些发达国家中，汽车尾气排放的污染物已达到大气总污染的 $30\%\sim60\%$（见表10-5）。

表10-5 不同污染源对大气的污染程度[T20]

大气污源源	美 国	日 本	德 国
汽车运输业/%	60.6	33.5	32
工业、动力企业/%	30.3	36.0	28
其他/%	9.1	30.5	40

国外经验证明，成功地控制机动车尾气污染，除了从源头上控制燃料油的质量（无铅、低芳烃、低烯烃、低硫化物等）外，最关键的手段则是"三效催化剂"的使用。发达国家的这种催化剂，早已和机动车配套生产使用，强制执行多年，并已大见成效。相关的催化剂专利技术，已趋基本定型。

我国用化学催化剂净化污染空气，包括净化汽车尾气、含苯有机废气、含硫有机废气、硝酸尾气等的催化剂，以往也有一定的技术储备及工业生产[14]。其中，国产汽车尾气催化剂，也以铂、钯、铑等贵金属作为催化剂活性组分，与国外大体相同，有的产品还加入稀土金属等助剂。其载体形状有球形、椭圆柱形、蜂窝形等。国内有多家单位包括高校院所，并发和生产过这种催化剂。其中有些国产催化剂的产品质量达到过 ISO 9004-1 标准，其净化性能为 $CO\geqslant90\%$、$HC\geqslant90\%$、$NO_x\geqslant30\%$，正常使用寿命5万公里。

然而应当看到，20年前我国汽车保有量远低于发达国家，解决相关的污染问题，显得并不迫切，所以那时的市场需求和新产品研发压力相对较小。如今，作为支柱产业之一的汽车工业，在我国的汽车年产量也有一千多万辆，我国已成为汽车生产和消费的世界第一大国，而汽车保有量也在节节攀升。同时，国际标准也在继续提高要求，我国在这个技术领域的差距，又有进一步拉大的可能。据了解，国外在这种催化剂的蜂窝状陶瓷载体的研究方面，以及各种贵金属组分在载体断面的非均匀分布及其优化方面，也曾经并且不断地进行着研发。有鉴于此，国内的相近研发和创新工作的开展[15]是值得重视和鼓励的。

基于二氧化钛 TiO_2 的光化学催化剂，是当今工业催化剂开发的一个新热点。以纳米 TiO_2 等半导体氧化物为催化剂，可在室温下进行深度反应，直接利用太阳光作光源来活化催化剂，驱动氧化还原反应，因而有可能发展成为一种独特的、理想的环境污染治理技术。尤其是近几年，纳米尺寸 TiO_2 的理论研究和工业应用，有了新的突破，使其应用范围扩展到污水处理、空气净化、抗菌和自清洁功能等诸多领域。目前国内的相关研究空前活跃。

国外研究发现，污水中的许多有机污染物，都可以通过光催化反应而达到完全降解，从而大大降低其被污染的程度。例如，TiO_2 可降解下列污染物：含碳化合物、芳香族化合物、含氮化合物、含硫化合物、表面活性剂、金属配合物等。实现这类反应的设备是光催化反应器。而催化反应器中使用最普遍的催化剂就是由纳米 TiO_2 粉体或薄膜构成的。TiO_2 还可以掺入少量其他半导体氧化物作助剂或负载其他金属组分。国外已有太阳能污水处理装置开始投入实际应用，包括循环式、连续式、板式、管式（类似于太阳能热水器）等多种。已有少数工厂用这种装置处理污水，包括被污染的地下水、垃圾渗出液和工业废水。这类示范装置的运转，证明了 TiO_2 光催化反应器可用于工业废水、农业废水和生活污水中的有机物及部分无机物的脱毒降解。

根据对废水处理相似的原理，TiO_2 光催化剂也能在室温条件下，利用空气中的氧气和水蒸气，去除其中的氮氧化物、硫化物、甲醛等有害气体，从而大大提高传统空气净化器的效率。

涂有纳米 TiO_2 薄膜的自清洁玻璃或薄板，可以有特殊的保洁除菌功能，可制成灭菌或自清洁的玻璃与墙壁，用于医院等公共场所的自洁灭菌，以及冷藏车的除臭等方面。国内拟在新建的大型体育场馆的屋顶等处安装国产自清洁玻璃。这种玻璃利用纳米 TiO_2 的光催化反应，可以把吸附在 TiO_2 表面的有机油污等，通过氧化-还原反应最终转化成为二氧化碳和水，连同玻璃上剩余的无机物一起，被雨水冲刷干净。这就是一种自清洁过程。

10.3 前沿的催化过程和催化剂开发趋向[T7]

10.3.1 均相催化

据预计，均相变价金属催化剂的重要性，今后还会进一步增长。其增长的巨大驱动力将导致这个领域引入一些新的过程和催化剂。根本的原因是出于经济上的考虑，因为这些新的过程和催化剂能极大地影响生产成本和产品质量。在未来的化工过程中，原材料的最优开发、过程能耗的降低以及其环境友好性将仍然占着主导的地位。

催化剂的选择性越来越变成化工过程的一个决定性因素，尤其是在聚合物工业与医药品工业中。较高的选择性意味着所采用原料得到更好利用，及副产物的生成较少。副产物的生成必然要采用昂贵的分离过程，或者产生环境的污染。

在基础化学品工业中，采用新催化过程的机会相对要少些，而一些高附加值产品，例如精细及专用工业化学品的生产中则会采用多一些。

在药品和农用化学品这两个部门，均相催化剂有其优势。借助于过渡金属，配合物的分子常能以"单步一釜"的反应而合成。在这两部门，还有许多运用生物技术，特别是酶催化技术的潜在领域[T7]。

特别值得注意的是，使用过渡金属配合物的不对称催化领域。它用于加氢、异构化等多种反应。在许多情况下，需要更高的局部-立体选择性（region and stereoselectivities），需要适于催化过程的新的活性配合物。

迄今为止，均相催化的主要优势在于，一般它能有效活化的主要是烯烃，而不是烷烃。如烷烃中的 CH 活化，能够以均相催化反应的方式变为现实的话，那将打开许多工业化学品的新的廉价生产途径。主要目标在于甲烷或低级烷烃以催化过程加以利用。化学计量的并且还是催化的 CH 活化反应，现在已被发现。关键的反应是 C—H 键用金属中心的插入而断裂。许多有趣的反应也因此而成为可能。该活化反应主要得到的是一些含氧化合物，例如

醇、醛和羧酸（见图 10-17）。另一合乎需要的
反应是甲烷直接氧化制甲醇。

均相催化应用的另一个领域是早已知道的
合成气化学。如从合成气转化为 $C_2 \sim C_4$ 烯烃，
或 C_1 和 C_2 的氧化物，如甲酸甲酯和醋酸。

甲醇也是一些进一步合成反应的重要起始
原料，其进一步的反应可能有羰基化、还原羰
基化及氧化羰基化等。例如甲醇经由乙醛而制
乙醇。

在 CO_2 化学领域，虽然许多 CO_2 的过渡
金属配合物及其典型反应均是已经知道的，但
尚无一种进入工业化阶段。至今研究过的是
CO_2、醇与烯烃制酯和内酯，以及 CO_2 还原为
CO 的反应。

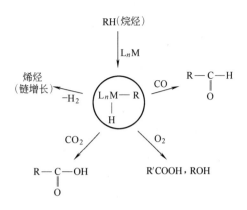

图 10-17 烷烃的 CH 活化[T7]

$L_nM=$ 催化剂（M= 金属，L= 配位体）

长期以来令人特别感兴趣的是太阳能起动的基于水和空气的反应，包括大气中的氮制氨
或肼、氧活化用于燃料电池以及水的光化学裂解制氧和氢。有趣的探讨在于羰基催化剂和原
子簇。

改变所用均相催化剂存在于其中的相，也是一个重要的潜在开发领域。例如这样一种多
相催化——催化剂溶于溶剂中，而在此溶剂中，反应物或产物是不溶的。反应之后，催化剂
和反应物溶液可用简单的相分离过程而分开。特别是，两相过程若用的水溶性催化剂，则有
非常好的前景。均相催化剂的多相化，是另一个需要而且可能改进的领域。

以上表明，虽然均相的过渡金属催化在前几年已取得显著的成就，但在基础研究和工业
应用两方面，进一步的开发仍然存在着非常大的潜力。

10.3.2 多相催化

现代表面研究技术的发展，帮助了新的多相催化剂的开发设计，以及现有工业催化剂的
改善。未来多相催化剂开发的主要领域，可以预期是在以下两个方面：第一，改进现有的过
程，即增加收率和选择性，以及在生产过程中节能；第二，开发新的过程，即借助新的催化
剂，利用其他原料进行生产。

由于严峻的环保需要，也由于化工反应现已倾向于采用较温和的条件，这就意味着，已
提高了对多相催化剂的要求。这些要求是：①更好地脱除原料与中间体中的有害杂质；②开
发低"三废"排放的过程，包括精细化学品生产中的这种低"三废"过程；③借助采用更简
单的原材料（即烷烃）的方法，减少过程的工序；④取代昂贵和来源不广的催化剂组分（即
用其他金属或氧化物取代 Pt 等）。

基于上述的各项要求，可从以下三方面具体分析 21 世纪多相催化的开发趋向。

10.3.2.1 使用其他廉价原料

在许多化学品生产中，原材料成本占总成本的 70%，因此采用廉价原料，如甲烷、乙
烷、丙烷、丁烷代替对应的烯烃，是一种流行的选择趋势。

天然气中的主要成分是甲烷。甲烷是一种重要的化工原料，在甲烷转化为相对分子质量

更高的下游化工产品时,流行的工艺是用水蒸气转化法,先生成合成气(CO+H₂)。该过程是强吸热反应,温度高,能耗高,原料成本高。一种有发展前途的反应是,使用碱金属或碱土金属催化剂,用甲烷氧化偶联反应,生成乙烷或乙烯(式10-5),而由乙烯可以再反应得芳烃、高聚物等其他下游产品。

$$2CH_4 + 0.5O_2 \xrightarrow{\text{催化剂}} C_2H_6 + H_2O \qquad (10-5)$$

式(10-5)反应已在世界范围内广泛进行过多年研究,已有一定成效,但仍有缺点,就是其反应温度在600℃以上,仍嫌过高。

另一条可能的路线,是甲烷首先部分氧化为含氧化合物(甲醇、高级醇类、醛类)或者合成气,而后脱氢耦联,得芳烃等。

乙烷、丙烷和异丁烷的氧化脱氢,可得对应的烯烃及低聚物。

丙烷氨氧化制丙烯腈的中试装置,已由BP公司在运转。再一个经济上有利的过程,可能是丙烷直接氧化制丙烯酸,或异丁烷直接氧化制甲基丙烯酸。

C₁化学产品展现出良好前景,尤其是甲醇,目前其价格已经持续下降至乙烯价格的两倍左右。有关催化剂研究的主要挑战,在于甲醇氧化耦联生产乙烯二元醇类化合物。

烃类氧化的选择性较低,其中有较好前景的反应是丙烯直接氧化制丙烯氧化物,苯直接氧化制苯酚以及丙烷直接氧化制异丙醇和丙酮。

10.3.2.2 能源工业用催化剂

传统的燃烧过程,一般在高温下进行,会引起不希望的氮的氧化物生成。燃烧用催化剂,要达到燃料在低温下的快速完全燃烧。甲烷在燃气透平中的催化燃烧,已经由一家日本的公司开发完成。不过与之匹配的金属氧化物催化剂尚不具备足够的热稳定性,以及对催化剂毒物的稳定性。

用催化剂改进的燃料电池,可使矿物燃料得到最有效利用,用于直接发电。较好的燃料电池原料为合成气或甲烷,而用甲醇在技术上尚不成功,因其活化能仍较高。

新型催化剂,可以分解NO$_x$为N₂和O₂,可能是由于在这些SCR过程中使用了氨,而使NO$_x$被氨脱除。在日本,已发现[Cu]ZSM-5分子筛,是对NO$_x$的分解有高的活性与稳定性的催化剂[7]。

10.3.2.3 多相催化剂开发的前沿趋向

仅归纳并简述目前流行的多相催化剂开发方向[T7]。

① 催化剂几何形状的优化(车轮状、蜂窝状),可提供对反应气体较低阻力以及反应器中的低压力降,使得催化剂的机械和热稳定性得到改善。

② 新型的载体材料,例如菱镁矿、碳化硅和改善了孔结构的二氧化锆(或ZrSO₄)陶瓷等,预示着新的希望。在固体内部中孔和微孔相结合,加速了气体的传输过程。催化剂和载体的孔隙率与结构问题将更加成为一个令人关心的课题。

③ 更高的起始原料纯度,可以用防护催化剂来实现。该催化剂可以脱除催化剂的毒物,如硫化物、卤化物、金属及有机杂质。在这里,分子筛有优于传统吸附剂活性炭等的特点。

④ 新的选择性助催化剂的探索,将得到改进,而越来越多的不常见元素,如Sc、Y、Ga、Hf和Ta等,将会被用于作催化剂的助剂。分子筛还有巨大的潜力。尤其可以预期的是二氧化硅分子筛和金属掺杂分子筛,将在有机合成中得到更广的应用。硅铝酸盐和层状硅

酸盐的工业应用，也即将来临。

⑤ 另一有希望的化合物是杂多酸。在日本，此类催化剂主要用在加氢/脱氢、选择氧化以及酸/碱反应中。

⑥ 其他酸/碱反应的重要性也将增大。这类催化剂有：载体材料（B/Al$_2$O$_3$、Zr/TiO$_4$、W/ZrO$_2$）的酸改性物和超强酸；金属氧化物表面上结合的金属，如 Fe$_3$O$_4$ 上的 FeSO$_4$、ZrO$_2$ 或 TiO$_2$ 上的 ZrSO$_4$[7]等。

⑦ 胶体或非晶态金属及其合金，是更有趣的非传统催化剂。不过在制造这类催化剂时，存在难于重复生产的困难。另一种开发的可能性是，用过渡金属化合物，如 Mo 和 W 的碳化物和氮化物，这两种化合物，已被用于实验，作为贵金属铂的潜在代用品。

⑧ 新型催化反应器，例如膜反应器，将在未来被应用到传统领域中。今天这种反应器已经不仅应用到均相催化领域，而且还用到选择加氢领域。在膜反应器中进行的选择氧化反应，已呈现出希望。

⑨ 未来的另一挑战是新材料及能源的开发利用。几十年后，将需要更多抗毒的催化过程，以便能经济地加工原油、焦油砂以及油页岩。煤的气化和液化的重要性，将会重新得到重视。即使将来借助于太阳能的制氢工艺及其高温反应器问世，其他化学品所存在的问题，仍需要借助催化剂才能解决。

10.3.3　相转移催化

发生在任何物相中的化学反应，其必要条件是两种反应物分子之间必须发生碰撞。氯辛烷与氰化钠，在一起共热两星期也不会发生反应，就是因为两者完全互不相溶的缘故。这时，若使用既具亲油性又具亲水性的溶剂，例如某些醇、酮和环氧化合物等，也未必可行，因为无机盐在这些溶剂中的溶解度很小，而有机物又常常难溶于水。

相转移催化 PTC（phase transfer catalysis）方法，其原理是利用特殊的阳离子表面活性剂作催化剂。它既具有一定的亲水性，又具有一定的亲油性；既分布于两相之中，而又富集于两相界面之上。这样，相转移催化剂的阳离子可以携带水相中的亲核阳离子，进入有机相，而与有机原料进行亲核取代反应，反应后再释放出表面活性剂原有的阳离子。紧接着，这种阳离子又立即返回到水相中，再一次把水相中的亲核阳离子带入有机相，进行下一轮的反应。如此循环不已，在有机相中不断地生成了目的产物。

以上述氯辛烷与氰化钠的反应为例，若在氯辛烷与氰化钠水溶液的两相体系中加入1.3%（摩尔分数）的氯化己基三丁基鏻进行搅拌，结果在 1.8h 后就顺利得到了高产率的壬腈。这一反应过程可用下式表示

$$
\left[\begin{array}{c} C_4H_9 \\ C_6H_{13}-P-C_4H_9 \\ C_4H_9 \end{array}\right]^+ CN^- + C_8H_{17}Cl \longrightarrow C_8H_{17}CN + \left[\begin{array}{c} C_4H_9 \\ C_6H_{13}-P-C_4H_9 \\ C_4H_9 \end{array}\right]^+ Cl^-
$$

有机相

$$（10\text{-}6）$$

$$
\left[\begin{array}{c} C_4H_9 \\ C_6H_{13}-P-C_4H_9 \\ C_4H_9 \end{array}\right]^+ CN^- + NaCl \Longrightarrow NaCN + \left[\begin{array}{c} C_4H_9 \\ C_6H_{13}-P-C_4H_9 \\ C_4H_9 \end{array}\right]^+ Cl^-
$$

水相

目前，成功的 PTC 催化剂包括季铵盐、季䏲盐、聚乙二醇和冠醚等多类共数十种化合物。除冠醚外，多数 PTC 催化剂可用不太复杂的方法进行制备。PTC 根据相态的不同，可分多种，以液-液两相应用较广。液-液 PTC 反应，其催化循环可表示如下

$$\text{有机相} \quad Q^+Y^- + RX \longrightarrow RY + Q^+X^-$$

$$\text{水 相} \quad Q^+Y^- + X^- \longrightarrow Y^- + Q^+X^-$$

式中，RX 为有机相中的反应物；Y^- 为水相中反应试剂的阴离子；RY 为有机相中的产物；X^- 为催化剂；Q^+X^- 为其离解生成的离子对；Q^+Y^- 为催化剂的阳离子与水相试剂的阴离子形成的离子对。

从化学上讲，PTC 反应属于亲核取代反应，其典型例子就是卤代烷中的卤素被 OH^-、CN^-、RO^-、$RCOO^-$ 等阴离子或具有未共享电子对的基团如 $\overset{\cdot\cdot}{N}H_2$ 等所取代，而卤代烷中的烷基即与这些阴离子或电负性基团相结合，等于是往这些阴离子或电负性基团上引入了烷基，因而 PTC 反应也可称为烷基化反应，其中包括对 C、O、N 等原子的烷基化，由此可见 PTC 的适用范围应相当广泛。

从反应体系上讲，PTC 还可以有固-液相反应，其原理与液-液反应相通，不同的是反应在固相中生成 Q^+Y^-，而在液相中生成产物（RX）而已。例如，甲基丙烯酸钠（固相）与环氧氯丙烷（液相）生成甲基丙烯酸缩水甘油酯。近来又出现了固-液-液三相的 PTC 反应，是将一般的相转移催化剂锚定在高分子载体上，制成固体催化剂。这种固载化的 PTC 催化剂，便具有了多相催化剂的特点，以致反应后便于回收，重复使用，或连续化进行生产。

PTC 工艺的优点是：①能使采用传统方法难以实现的反应顺利进行；②反应条件温和，操作简便，反应时间短，副反应少，选择性高，产率高；③无需使用昂贵的特殊溶剂，用水和常见有机溶剂即可。

PTC 工艺尚存在一些有待改进之处：①有时会发生乳化和聚集现象；②除高分子负载的催化剂外，一般催化剂的分离回收仍比较困难；③工业 PTC 反应器目前一般以间歇式搅拌釜为主，但近年已开发出 PTC 用膜反应器，以期进行连续化操作。

从相转移催化原理可以看出，凡是能与相转移催化剂形成可溶于有机相的离子对的多种类型化合物，均可选用 PTC 法进行生产。

目前，PTC 技术已用于各种有机合成反应，如醚化、酯类合成、醛类合成、醛酐缩合、氰化、氧化、硫原子烷基化、碳原子烷基化等反应。

预计 21 世纪 PTC 技术在有机合成中，特别是在精细化学品的生产中将会有更大的发展和进步。

10.3.4 酶催化在化工中的应用

在 21 世纪，除上述大规模工业化的诸多多相与均相及相转移等化学催化剂以外，将会加速开发的特殊催化剂领域还有生物催化过程、酶催化、光催化以及电催化等。

酶催化在 20 世纪的石油化工大发展中，其应用的规模相对较小。如环境化工中废水的生化处理，以及某些药品（维生素、柠檬酸、L-丙氨酸等）生产中的生化过程，都是实例[8]。但直接用于生产典型工业化学品原料的酶催化过程，无论其规模的大小或技术上的成熟程度，仍不能和典型的多相催化或均相催化相比拟。此外，曾经在 20 世纪 80 年代欧洲

首先开发了酶催化甲醇合成蛋白质饲料的生物化工过程，从那以后也并未见到曾经预期的大规模发展，以及在世界上的流行。

然而不能据此否定酶催化的先进性，以及它在未来的典范性和生命力。毕竟酶的高活性、高选择性和极其缓和的反应条件，正是目前均相或多相催化可望而不可即的。因此如果谈到催化和催化剂的发展潜力和远景，实际上酶催化才真正是最大和最久远的，因此酶催化在 21 世纪必有更光明的前景。

例如不妨设想，如果人类今后数十年内，在无数的氧化酶或羟化酶中，可以分离、筛选甚至繁衍改良出一种全新的酶，而它可以将甲烷直接氧化而得到甲醇，并且可以经济地进行工业化大生产。那时"石油化工"将成历史，而"甲醇化工"的新时代将会来临，这已不再是人类的空想，尤其是人类已进入克隆生物和基因工程新时代的今天。

比较现实一些的例子，首先可以举出从甘油用酶催化过程生产 1,3-丙二醇的实例。它是一种近几年特别受到国外化工界关注的化工原料。前 20 年就有一期的美国化学文摘 CA 的五年累积索引中，登录它的有关信息就有上千条。1,3-丙二醇可以与对苯二甲酸等缩聚，合成新型的聚酯高聚物，这种高聚物可以是性能优异的聚酯纤维，也可以是一种可降解塑料的主要成分。而用于生产 1,3-丙二醇的原料，则是目前农副产品加工业结构调整后大量过剩的廉价甘油。因此，目前欧美发达国家正大力开发 1,3-丙二醇的生产和应用。一种工艺是从乙烯出发的羰基化法，另一种工艺就是用微生物作催化剂的酶催化法。前一种方法已有大规模的生产，而后一种方法也已有中试结果，并有大量论文和专利发表[9,10]。

其次，环氧乙烷、环氧丙烷等氧化链烯烃是重要的塑料原料，迄今是由化学法经高温高压反应生产的。Cetus 公司开发的酶法新工艺，可能使塑料工业发生划时代的变化，因而引起工业界的高度重视。该方法由两个反应系构成，有三种酶参加[11]

$$CH_2\!=\!\!=\!CH_2 + X^- + H_2O_2 \xrightarrow{\text{卤代氧化酶}} CH_2\!-\!CH_2 \xrightarrow{\text{卤代醇环氧酶}} CH_2\overset{O}{\underset{\diagup\ \diagdown}{}}CH_2$$

$$葡萄糖 + O_2 \xrightarrow{\text{吡喃乙-氧化酶}} H_2O_2 + 葡糖眈 \qquad (10\text{-}7)$$

$$\Big\downarrow H_2$$

$$果糖$$

副产物葡糖眈经氢化可还原成果糖。该法中所需卤素可用食盐代替，这比化学法所需用的卤素便宜得多。上述反应中，如底物改为丙烯，则获得的产物是环氧丙烷。

再次，丙烯酰胺也是重要的化工原料和高分子单体，聚丙烯酰胺可用于造纸、水处理、石油开采等。丙烯酰胺用丙烯腈水解生产。化学水解需在高温高压下进行，能耗高、污染重。若利用假单孢杆菌为催化剂（菌体内有丙烯腈水合酶系，以 ESH 表示），则反应可在常温常压下进行，且无污染。此反应过程已于 1985 年在日本工业化。目前，我国用酶法生产丙烯酰胺，已在建设年产 5000t 的工业化生产装置[12]。该反应的历程可表示如下[11]

$$CH_2\!=\!CHCN + HOH \xrightarrow{\text{ESH}} CH_2\!=\!CH\overset{O}{\overset{\|}{C}}NH_2 + ESH \qquad (10\text{-}8)$$

$$\text{丙烯腈} \qquad\qquad\qquad\qquad \text{丙烯酰胺}$$

1990 年后，酶催化还在精细化工、食品、特别是制药工业中得到广泛的应用。特别是手性化合物及手性药物的生物合成，已成为制药工业的关键技术。目前，国际上销售的1850 种药物中，化学合成药 1327 种，其中手性药物 528 种；天然及半合成药物 523 种，其中 517 种为手性药物[12]。追求光学纯（专一手性）是手性药物合成的最新目标。光学纯药物须用新的合成和分离（拆分）技术。从利用水解酶进行手性化合物拆分，到利用生物催化酶从潜手性化合物直接合成专一手性化合物，所使用的生物催化剂有水解酶类、氧化还原酶类及裂解酶类，等等。国外由 R，S-酯酶合成的新药 S-奈普森，年产量已达 100t。

目前国外报道的大规模酶催化生产装置概况见表 10-6。

表 10-6　国外已报道的大规模酶催化生产装置概况[12]

过　程	生物催化剂	产　品	年产量/t
水解	淀粉糖苷酶	葡萄糖	$(1000\sim2000)\times10^4$
	腈水解酶	丙烯酰胺	1000
	青霉素氨基水解酶	6-APA	1000
拆分外消旋混合物(有外消旋作用)	己内酰胺酶	4-羟苯基甘氨酸	1000
	假单胞菌酶	巯基丙氨酸	500
拆分外消旋混合物(没有外消旋作用)	脱卤酶	S-2-氯丙酸	2000
氧化	山梨醇脱氢酶	L-山梨酸	50000
	水解酶	肉碱	150
异构化	葡萄糖(XYL)异构酶	异葡萄糖	800×10^4
C—C 合成	丙酮酸脱羟化酶	苯乙酰甲醇	$300\sim500$
	酪氨酸苯酚裂解酶	L-二羟基苯丙氨酸	50
非手性前体合成	富马酸酶	苹果酸	50
	天冬氨酸氨裂解酶	天冬氨酸	400
肽合成	嗜热菌蛋白酶	甜味二肽	2000
	胰蛋白酶	胰岛素	远小于 1
甘氨酸基转移	环糊精葡萄聚糖转化酶	β-环糊精	$800\sim1500$

参　考　文　献 ❶

1　羰基合成精细化学品技术研讨会论文集. 成都，1994

2　王定博、杨世炎，李树本. 水溶性膦配体 TPPTS 及在水-有机两相氢甲酰化的应用. 石油化工，2000，29（9）：654～657

3　张华温. 羰基合成制丁醇催化剂的发展和研究方向. 齐鲁石油化工，1984，6

4　BASF 公司（德国）. 使用铑催化剂的加氢甲酰化制醛工艺和铑催化剂的萃取回收工艺. 中国专利 CN 1210513A

5　Uemura S, et al. Frontiers and Tasks of Catalysis Towards the next century［国际会议论文集］. 日本，1998，111

6　汽车尾气氧化氮净化用催化剂. 中国专利 CN 1184706A

7　Kochloefl　K. Chem. Ind，1989，(8)：41

8　微生物发酵生产新型赤霉素. 中国专利 CN 1188807A

9　1,3-丙二醇的制备方法. 中国专利 CN 1201407

10　L. A. 拉芬得等（美国纳幕尔杜邦公司）. 利用单一微生物将可发酵碳源生物转化成 1,3-丙二醇. 中国专利 CN 1189854A

11　李再资. 生物化学工程基础. 北京：化学工业出版社，1999

12　童海宝. 酶催化. 催化反应的新领域. 精细与专用化学品，1998，(13)：6

13　闵恩泽，吴巍等. 绿色化学与化工. 北京：化学工业出版社，2000

14　化工产品手册. 新领域精细化学品. 北京：化学工业出版社，1999

15　胡丽华等. 一种董青石质蜂窝陶瓷及其制备方法. 中国专利 CN1730431A. 2006

---

❶ 本章中带"T"编号文献请查阅第 1 章参考文献。